海岛建筑热工设计方法

谢静超　张晓静　王建平　白　璐　著

中国建筑工业出版社

图书在版编目（CIP）数据

海岛建筑热工设计方法 / 谢静超等著. — 北京：中国建筑工业出版社，2024.2
ISBN 978-7-112-29586-9

Ⅰ.①海… Ⅱ.①谢… Ⅲ.①岛-建筑热工-建筑设计 Ⅳ.①TU111.3

中国国家版本馆 CIP 数据核字（2024）第 019245 号

本书包括 7 章，分别是：绪论、中国海岛建筑气候分区、极端热湿气候区气候特征及建筑设计原则、海岛建筑热工计算基本参数、海岛建筑外表面换热系数、盐雾环境下海岛建筑墙体热质迁移特性、海岛建筑热工设计案例分析。文后还有附录。

本书作者基于本团队近年来在海岛建筑热工与节能方向的研究成果，并查阅了国内外大量文献资料，著成本书。希望本书的内容能为海洋特殊气候条件下建筑节能研究提供理论指导，令读者能够对海岛建筑热工设计有基本了解。

本书可供热带海岛地区民用建筑热工设计、供暖通风与空气调节设计、能耗模拟及节能评估等人员使用，也可供相关专业大专院校师生使用。

责任编辑：胡明安
责任校对：赵　力

海岛建筑热工设计方法
谢静超　张晓静　王建平　白　璐　著

*

中国建筑工业出版社出版、发行（北京海淀三里河路 9 号）
各地新华书店、建筑书店经销
北京科地亚盟排版公司制版
建工社（河北）印刷有限公司印刷

*

开本：787 毫米×1092 毫米　1/16　印张：19¾　插页：4　字数：490 千字
2024 年 1 月第一版　2024 年 1 月第一次印刷
定价：**80.00** 元
ISBN 978-7-112-29586-9
（42346）

序

南海岛礁和领海问题事关我国领土完整和国家安全。南海又称南中国海，水域面积约350万平方公里，其中我国传统海疆线（即U形“断续线”）内的水域面积约210万平方公里，位于北回归线与北纬4°之间。南海分布约260个基本由珊瑚礁构成的岛屿、沙洲和礁、滩（已命名）。其中高潮时露出水面的天然岛屿约47个，陆地面积约12.81平方公里，按所处地理位置分为东沙群岛、西沙群岛、中沙群岛及南沙群岛。

南海四季如夏，具有高温、高湿、高盐、强辐射的典型气候特征。以西沙群岛的三沙市为例，该地区月平均气温、年平均气温均在28℃左右，极端平均气温35℃，气温年较差和日较差小于3℃，年平均相对湿度85%，年平均降雨量在1300mm以上。近地表面的空气温度、相对湿度和太阳辐射参数的峰值和平均值常年处于地表极高值区间，为典型的极端热湿气候。极端热湿气候条件下，自然通风建筑的室内热环境指标远离人体热舒适区，只有在开启空调系统时才能达到人体热舒适的基本要求，而且空调系统的运行时间要远远长于内陆地区。因此，研究适应南海极端恶劣气候、能源资源极度匮乏的建筑热工设计参数和方法，发展地域性超低能耗建筑，对创造宜居、宜游、宜业的海岛人居环境，促进南海开发具有重要的战略意义。

然而，在我国现有的建筑气候分区和建筑热工设计分区中，并没有明确区划南海极端热湿气候区，而是将南海海域笼统地划归为夏热冬暖气候区。但事实上，由于地理纬度、地势条件及海岛微气候等因素而引起的陆海气候特征差异悬殊。例如，南沙永暑岛1月份平均气温为25℃，比同属夏热冬暖地区的陆地城市广州、韶关的平均气温高出13～15℃，与后者7月份的平均气温接近。这导致极端热湿气候区的海岛建筑室内热环境恶劣，建筑能耗过高。

聚焦海岛开发建设的重大需求，以提高室内热环境舒适度、降低建筑能耗为目标，谢静超教授及其团队基于建筑热工设计原理，通过岛礁现场调研、风洞实验测试、数值模拟计算等研究手段，从“设计参数准备、计算模型构建、典型案例解析”等关键层面，系统、全面地阐述了极端热湿气候区建筑热工设计的理论方法和技术措施，解决了我国海岛建筑节能设计的数据瓶颈问题，建立了热-湿-盐多场耦合的围护结构热质传递计算模型，提出了适应极端热湿气候区地域气候特征的超低能耗海岛建筑的基本设计策略和具体技术案例。

这本专著是谢静超教授及其团队在海洋建筑热工和节能领域长期科研的学术成果。该书的出版，将为我国海洋气候条件下建筑热工、节能设计提供基础数据和理论方法，为海岛超低能耗建筑研究奠定科学基础。期待这本专著在我国海岛绿色低碳发展中产生积极的影响。

刘加平

2023 年岁末于古城西安

前　言

我国是一个海陆兼具的国家，《中华人民共和国国民经济和社会发展第十四个五年规划和2035年远景目标纲要》中指出，要积极拓展海洋经济发展空间，坚持陆海统筹，加快建设海洋强国，有序推进海岛绿色生态宜居建设，打造绿色低碳智慧型海岛。因此，我国海域岛礁建筑的节能设计和绿色发展极其必要。

然而，目前我国海岛建筑节能设计中存在一系列问题。首先，海岛建筑气候区属不准确，通常粗略地归属为与邻近陆地省份相同的气候区，导致海岛建筑设计策略与实际气候特征不匹配。其次，海岛建筑热工、节能设计用室外计算参数缺失，局限了海岛建筑节能设计的准确性。再次，海岛建筑围护结构热工设计指标无标准可循，造成室内环境质量下降和建筑能耗增加。此外，热-湿-盐多场耦合下海岛建筑围护结构热质迁移机理及规律不明。高温、高湿、高盐、强辐射等多场耦合作用下，围护结构存在热、湿、盐的耦合迁移及含盐湿空气的对流传质问题，这比陆地围护结构构造设计所面临的科学问题更加复杂。

在此背景下，作者基于本团队近年来在海岛建筑热工与节能方向的研究成果，并查阅了国内外大量文献资料，著成本书。全书内容共分为7章：第1章绪论，介绍海岛建筑热工研究的意义及存在的问题；第2章明确中国海岛建筑气候分区，完善我国陆海统筹的建筑气候区划；第3章定义极端热湿气候区，并明确其建筑设计基本原则；第4章阐述海岛建筑气象数据统计方法，形成海岛建筑热工、节能设计用地面气象参数和太阳辐射参数集；第5章提出极端热湿气候区海岛建筑外表面换热系数测量方法和计算模型，给出关键参考值；第6章揭示盐雾环境下海岛建筑墙体热质迁移机理和特性，并建立热-湿-盐三场耦合热质模型；第7章介绍海岛建筑热工设计典型案例，包括隔热防潮、通风、遮阳等。希望本书的内容能为海洋特殊气候条件下建筑节能研究提供理论指导，令读者能够对海岛建筑热工设计有基本了解。

本书由谢静超主编，张晓静副主编。各部分的编者是：谢静超、张晓静、王建平（第1章、第7章），谢静超、张晓静、白璐（第2章至第6章）。感谢郝梓仰、尹凯丽、崔亚平、解月、盖世博、李倩、赵宇晨、余琛融、苏磊、刘晓彤、李冰倩、王静文等同学为本书的图表绘制和文字校对付出的工作。

本书的研究内容和学术成果得到国家自然科学基金重大项目课题“极端热湿气候区围护结构热质迁移与热工指标体系”（项目编号：51590912）、面上项目“热-湿-盐多强场耦合作用下海岛建筑表面换热系数研究”（项目编号：52178061）的资助。由衷感谢国家自然科学基金委的支持，使得本书顺利出版。

本书承蒙中国工程院院士、我国绿色建筑和建筑节能领域著名专家刘加平教授在百忙之中拨冗赐序，谨向刘院士表示衷心感谢！

由于著者水平有限，书中难免存在疏漏和不足，恳请读者批评指正。

目 录

序

前言

第 1 章　绪论 …… 1

1.1　海岛超低能耗建筑的研究意义 …… 1

1.2　海岛建筑设计中存在的问题 …… 2

1.3　本书主要内容 …… 3

参考文献 …… 3

第 2 章　中国海岛建筑气候分区 …… 5

2.1　中国海域概况 …… 5

2.1.1　主要海岛介绍 …… 5

2.1.2　南海岛屿概况 …… 6

2.2　海陆气候差异性分析 …… 6

2.2.1　海陆气候对比组选取标准 …… 7

2.2.2　温度特性对比分析 …… 7

2.2.3　相对湿度及降水量对比分析 …… 11

2.2.4　风场特性对比分析 …… 13

2.2.5　日照时数对比分析 …… 16

2.3　现行建筑气候区划标准的海岛气候分区 …… 17

2.3.1　气象台站选取 …… 17

2.3.2　分级分区方法 …… 17

2.3.3　分级区划指标 …… 18

2.3.4　分级区划结果 …… 19

2.4　基于气候特征的海岛建筑气候聚类分区 …… 20

2.4.1　分区用台站及气象参数 …… 20

2.4.2　聚类分析方法概述 …… 20

2.4.3　海岛聚类分区方法及区划 …… 26

2.4.4　各分区气候特征差异的主成分分析 …… 28

2.5 海岛建筑气候分区结果 …… 32
2.5.1 空间插值方法 …… 32
2.5.2 区划指标的空间分布特征 …… 34
2.5.3 各海域海岛建筑气候归属 …… 37
参考文献 …… 39

第3章 极端热湿气候区气候特征及建筑设计原则 …… 42

3.1 极端热湿气候区定义及气候特征 …… 42
3.1.1 极端热湿气候区定义及区辖 …… 42
3.1.2 极端热湿气候区的气候特征 …… 42
3.2 极端热湿气候区海岛建筑设计原则 …… 45
3.2.1 海岛建筑基本设计原则 …… 45
3.2.2 建筑性能化设计的技术策略 …… 45
参考文献 …… 49

第4章 海岛建筑热工计算基本参数 …… 50

4.1 室外气象参数 …… 50
4.1.1 气象要素类型与数据质量控制 …… 50
4.1.2 气象数据逐时化方法 …… 52
4.1.3 气候参数的统计方法及取值 …… 55
4.2 太阳辐射数据与推测模型 …… 63
4.2.1 太阳辐射要素与质量控制 …… 63
4.2.2 水平面太阳散射辐射模型 …… 65
4.2.3 垂直面太阳辐射模型 …… 78
4.2.4 夏季太阳辐射标准值 …… 89
4.3 隔热设计典型日 …… 97
4.3.1 隔热设计典型日挑选方法 …… 97
4.3.2 隔热设计典型日的挑选结果 …… 98
4.4 通风设计计算参数 …… 101
4.4.1 自然通风室外计算参数 …… 101
4.4.2 机械通风室外计算参数 …… 102
4.5 典型气象年 …… 109
4.5.1 典型气象年生成方法 …… 109
4.5.2 代表海岛的典型气象年 …… 115
参考文献 …… 120

第5章　海岛建筑外表面换热系数 …… 122
5.1　建筑外表面换热系数概述 …… 122
5.1.1　基本概念 …… 122
5.1.2　国内外研究现状 …… 123
5.2　建筑外表面对流换热系数的实测研究 …… 127
5.2.1　建筑外表面对流换热系数测试方法 …… 127
5.2.2　萘升华技术在极端热湿气候区的适用性分析 …… 131
5.2.3　基于萘升华法的热带海岛建筑外表面对流换热系数现场实测 …… 134
5.2.4　西沙建筑外表面对流换热系数全年逐日统计结果 …… 143
5.3　建筑外表面辐射换热系数的模型计算 …… 144
5.3.1　建筑外表面辐射换热系数的计算方法 …… 144
5.3.2　我国不同城市天空有效温度预测模型 …… 149
5.3.3　西沙地区天空有效温度预测模型 …… 156
5.3.4　不同计算方法的结果对比 …… 158
5.4　建筑外表面蒸发换热系数及总换热系数的确定 …… 160
5.4.1　建筑外表面蒸发换热系数的计算方法 …… 160
5.4.2　西沙建筑外表面蒸发换热系数全年逐日统计结果 …… 162
5.4.3　不同时间维度的建筑外表面总换热系数统计结果 …… 162
参考文献 …… 168

第6章　盐雾环境下海岛建筑墙体热质迁移特性 …… 170
6.1　概述 …… 170
6.1.1　盐雾环境下建筑表面氯离子浓度研究 …… 170
6.1.2　建筑材料湿物性参数研究 …… 171
6.1.3　建筑表面对流传质系数研究 …… 172
6.1.4　围护结构热质迁移研究 …… 173
6.2　盐分对材料湿物性参数的影响 …… 175
6.2.1　实验方案 …… 175
6.2.2　盐分对材料湿物性影响的实验结果 …… 187
6.2.3　多因素影响下湿物性参数计算模型的建立 …… 194
6.2.4　盐分对湿物性参数影响的成因分析 …… 200
6.3　热湿地区海岛建筑外壁面与环境的质交换 …… 202
6.3.1　墙体表面对流传质系数的测试方法 …… 202
6.3.2　萘升华测试法的实验验证 …… 205

6.4 盐雾环境下建筑墙体热质耦合迁移模型的建立 …… 208
6.4.1 建筑多孔材料内热、湿和盐的迁移机理分析 …… 208
6.4.2 围护结构热质耦合迁移数学模型 …… 213
6.4.3 围护结构热质耦合迁移模型的求解与验证 …… 217
6.5 含盐建筑墙体热质耦合迁移特性 …… 220
6.5.1 含盐板壁定常边界条件下热湿传递特性 …… 220
6.5.2 含盐板壁周期边界条件下热湿传递特性 …… 223
6.5.3 盐雾沉降对围护结构热性能的影响 …… 231
参考文献 …… 236

第7章 海岛建筑热工设计案例分析 …… 240

7.1 海岛建筑外墙隔热防潮设计 …… 240
7.1.1 外墙隔热设计及优化 …… 240
7.1.2 外墙防潮性能研究 …… 252
7.2 不同结构通风屋顶设计 …… 261
7.2.1 屋顶通风的基本方式和结构 …… 262
7.2.2 通风平屋顶隔热性能模拟研究 …… 263
7.2.3 通风坡屋顶隔热性能模拟研究 …… 270
7.3 海岛宾馆建筑的窗墙比优化 …… 276
7.3.1 外遮阳工况下窗墙比对空调负荷的影响 …… 277
7.3.2 外遮阳工况下窗墙比对天然采光的影响 …… 290
7.3.3 基于采光和节能需求的窗墙比取值 …… 295
参考文献 …… 296

附录 …… 298

附录A 台站基本信息 …… 298
附录B 气候区划专用气象参数数据集 …… 301

第1章

绪　论

我国是一个海陆兼具的国家，陆地面积960余万平方千米，海域总面积约473万km^2，海域总面积约占陆地面积的1/2[1]。《海岛统计调查公报》[2] 显示我国共有海岛11000余个，面积约占我国陆地面积的0.8%；其中，有居民海岛489个，12个主要海岛县（市、区）常住总人口约为344万人；2022年末全国海洋生产总值94628亿元。《中华人民共和国国民经济和社会发展第十四个五年规划和2035年远景目标纲要》中指出，要积极拓展海洋经济发展空间，坚持陆海统筹，加快建设海洋强国，有序推进海岛绿色生态宜居建设，打造绿色低碳智慧型海岛。因此，我国海域岛礁建筑的节能设计和绿色发展极其必要。

1.1　海岛超低能耗建筑的研究意义

在我国广阔的海洋国土中，南海部分岛礁被他国侵占，油气和渔业资源被吞食，南海岛礁和领土回归是我国将要解决的重大问题。随着我国综合国力的提升与世界局势的改变，在南海建设军民两用的大型人工岛基地已刻不容缓，因此，研发适应南海的地域性超低能耗建筑，为南海军民创造适宜的人居环境，是我国国防安全的重大需求。南海和南海诸岛位于北纬4°以北、北回归线以南。年平均气温在28℃左右，极端平均气温35℃，气温的年较差和日较差小于3℃；年平均降雨量在1300mm以上，其中台风雨约占1/3，年平均相对湿度85%。四季如夏、高温高湿高盐是对南海气候的别称，是一种典型的极端热湿气候。该地区建筑仅依靠隔热、遮阳、自然通风等被动式技术所营造的室内热环境指标偏离人体热舒适区，全年均依赖于空调，且能耗极高。南海常规能源匮乏，南沙海域虽蕴藏丰富的油气资源，但尚未进入采炼阶段。南海岛礁远离大陆，柴油需由大型补给舰从大陆转运过去，长途运输难度大、代价高。而南海海域接近赤道，每年受太阳直射2次，太阳能资源丰富，属于太阳能富集地区。其中南沙群岛的年日照时间超过3000h，年平均太阳能辐射总量超过6500kJ/m^2。

因此，针对国家需求，围绕南海地域特点，需要重点研究高温、高湿、强风暴雨和高盐作用下适应南海极端自然环境条件和发展需求的建筑设计原理与方法。

1.2 海岛建筑设计中存在的问题

目前我国极端热湿气候下海岛建筑发展存在如下问题：

(1) 海洋气候条件建筑节能基础气象参数研究缺乏，且海岛建筑热工、暖通空调设计用室外计算参数缺失。

准确可靠且长期连续记录的精细化气象数据是获得建筑节能室外设计计算参数的基础。然而，我国南海地区由于观测站点建站较晚、数量稀少且维护不便等客观原因，气象观测数据存在缺失严重、更新滞后及质量参差不齐等问题，且记录数据为 4 次定时或日值数据，缺乏逐时气象参数数据。另外，南海地区仅极个别站点具有气象辐射资料数据，且记录年限较短、数据质量差。上述问题直接限制了海岛建筑节能设计及研究的准确性。此外，在海岛热工及暖通空调设计计算中，室外计算参数必不可少。《民用建筑供暖通风与空气调节设计规范》GB 50736—2012[3] 中室外设计计算参数包括室外空气计算参数及夏季太阳辐射照度，参考台站的纬度范围为北纬 20°～50°；然而，我国南海海岛大多分布在北纬 10°～20°，因此当前南海多数海岛室外设计计算参数无标准可查。

(2) 建筑气候分区标准陈旧且海洋建筑气候区属不明晰。

我国现行的《建筑气候区划标准》GB 50178—1993（以下简称：《标准》）[4] 于 1993 年颁布，其主要目的是区分我国不同地区气候条件对建筑影响的差异性[5]，并明确各气候区建筑的基本要求，提供建筑设计所需的气候参数，从总体上做到合理利用气候资源，是我国建筑行业首先要遵循的一部综合性、基础性、强制性国家标准。然而，《标准》颁布至今已有 30 年之久，《标准》的适用性和时效性是否满足当前建筑节能的发展需求，值得深入探讨。此外，《标准》是针对 960 余万平方公里的陆地制定的，海岛地区笼统粗略地归属为与邻近省份相同的气候区属，海岛建筑设计也参考邻近陆地。而现阶段我国海岛地区的建筑总量、海洋生产总值以及人口数量均有所提升，亟须对海岛建筑进行准确的气候分区和精细化的设计。《标准》将全国划分为 7 个一级建筑气候区，涉及海洋国土的分区包含建筑气候Ⅱ、Ⅲ、Ⅳ区，我国南海海域目前被笼统地归为第Ⅳ建筑气候区，使整个Ⅳ区跨纬度 23°（相当于哈尔滨到广州的纬度跨度）。作者团队前期研究证明[6]，我国南部海域岛礁与建筑气候Ⅳ区的沿海和内陆城市气候环境相差甚远，将Ⅳ区城市的建筑节能设计参数以及对建筑的基本要求直接应用于我国南海岛礁，并不能满足该地区的建筑设计与节能需求，致使能源浪费和室内环境质量下降等问题。因此，有必要明确该地区的气候区属，并研究发展适应该地区特殊气候条件的建筑设计方法与模式，以满足南海岛礁大规模建设的国家重大需求。

(3) 海岛建筑围护结构热工设计指标无标准可循。

建筑热工设计是实现建筑节能的首要条件，《民用建筑热工设计规范》GB 50176—2016[7] 从能耗需求及设计可操作性出发，规定了围护结构各部位具体的热工设计参数。规范和标准的做法易于实施管理，但难免出现以偏概全的问题。目前我国南海地区热工设计多按照夏热冬暖地区规范笼统执行，然而南海地区地理、气候问题相对复杂，与之相关的建筑技术科学问题还在不断探索之中，导致标准规范的规定和学界研究相互矛盾。因此，针对南海极端热湿气候下的海岛建筑，一套完整的超低能耗建筑围护结构热工设计指标体系亟待研究。

(4) 热-湿-盐多场耦合下海岛建筑围护结构热质迁移机理及规律不明确。

在室内热湿环境评价及建筑节能计算过程中，只考虑围护结构传热过程并不准确，尤其是对高温、高湿地区，围护结构湿迁移造成的潜热量不可忽视。另外，极端热湿地区具有高盐雾气候特征，盐分在空气中以气溶胶形态存在，可通过对流传质在多孔材料中迁移，势必会对多孔材料热湿物性及围护结构传热量造成影响。终年高温、高湿、高盐、强辐射是南海显著的气候特点，在多强场耦合作用下围护结构存在热、湿、盐的耦合迁移及含盐湿空气的对流传质问题，这比大陆围护结构构造设计所面临的科学问题更加复杂。然而，目前高盐雾极端热湿地区多层构造围护结构耦合热、湿、盐分迁移的研究仍不足，热-湿-盐多场耦合作用下围护结构热质迁移机理及规律尚不明确，亟待研究。

解决上述海岛建筑节能设计中的问题，可为海岛建筑热工设计相关标准和规范的制定提供科学基础，为海洋气候适应性建筑节能技术的应用提供理论指导，为高品质、精细化海岛建筑设计提供技术支撑，促进宜居、宜业、宜游的海岛开发建设。

1.3 本书主要内容

本书共包含 7 章，系统阐述极端热湿气候区的区辖和气候特征，给出海岛建筑热工计算气象边界参数和热过程关键参数，揭示盐雾环境下海岛建筑墙体热质迁移机理和特性，介绍海岛建筑热工设计典型案例。

第 1 章绪论，概述我国海岛开发建设的重要性，以及当前海岛建筑发展中存在的问题。第 2 章中国海岛建筑气候分区，根据更新后的气象数据资料，选用适合海岛建筑气候分区的方法进行海岛气候区划，再结合地理信息系统（Geographic Information System，GIS）技术对我国海域海岛的气候参数进行空间插值和特征分析，以得出精确的海岛建筑气候分区结果。第 3 章极端热湿气候区气候特征及建筑设计原则，提出极端热湿气候区的定义及区辖，明确极端热湿气候区的主要气候特征，并基于敏感性分析给出气候适应的建筑性能化设计原则。第 4 章海岛建筑热工计算基本参数，介绍了海岛建筑热工设计、节能设计必需的基本气象参数及其统计方法，包括隔热设计典型日、通风设计计算参数、典型气象年、夏季太阳辐射标准值等。第 5 章海岛建筑外表面换热系数，基于风洞实验和理论推导，得到了海岛建筑外表面对流、辐射、蒸发换热系数。第 6 章盐雾环境下海岛建筑墙体热质迁移特性，揭示了海岛建筑墙体的热质耦合迁移机理，建立了热-湿-盐三场耦合模型。第 7 章海岛建筑热工设计案例分析，介绍了外墙隔热防潮、通风屋顶、遮阳等典型热工设计案例。

参考文献

[1] 湖南地图出版社．中国海洋国土知识地图集［M］．长沙：湖南地图出版社，2010.

[2] 自然资源部．2017 年海岛统计调查公报［R］．北京：自然资源部，2018.

[3] 中华人民共和国住房和城乡建设部. 民用建筑供暖通风与空气调节设计规范：GB 50736—2012 [S]. 北京：中国建筑工业出版社，2012.

[4] 国家技术监督局，中华人民共和国建设部. 建筑气候区划标准：GB 50178—1993 [S]. 北京：中国计划出版社，1993.

[5] 谢守穆.《建筑气候区划标准》GB 50178—93 介绍 [J]. 建筑科学，1994 (4)：57-61.

[6] 崔亚平，谢静超，张晓静，等. 中国海陆气候差异性及海域建筑气候区划现状 [J]. 哈尔滨工业大学学报，2018，50 (2)：191-198.

[7] 中华人民共和国住房和城乡建设部. 民用建筑热工设计规范：GB 50176—2016 [S]. 北京：中国建筑工业出版社，2016.

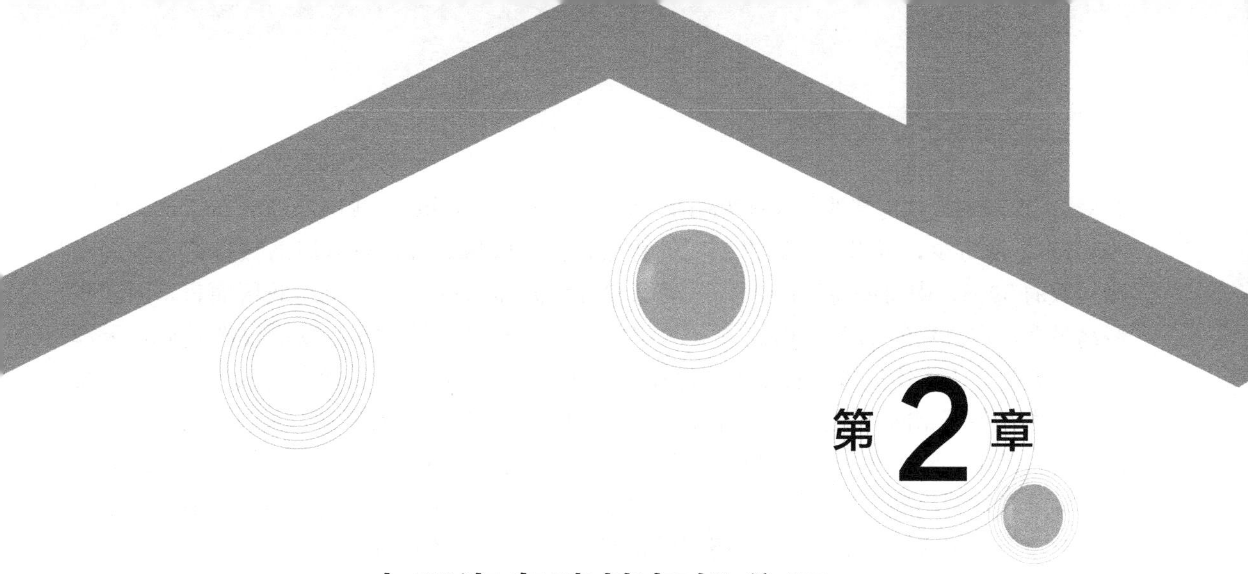

第2章

中国海岛建筑气候分区

本章介绍我国海岛概况，对比分析海陆气候差异，依据现行气候区划指标体系对我国海岛建筑气候进行区划，明确海岛建筑气候区属，并基于 GIS 技术给出中国海岛气候分区图。

2.1 中国海域概况

中国拥有广袤的海洋领土，渤海、黄海、东海、南海海域，统称为“中国近海”[1]。四大海域连成一片自北向南呈弧状分布，是北太平洋西部的边缘海，南北纬度跨度约 44°，东西经度跨度约 20°。其中，渤海位于 37°07′～41°00′N、117°35′～121°10′E 之间，其北、西、南三面被辽宁省、河北省、天津市和山东省包围，东面有渤海海峡与黄海相连；渤海与黄海的界限，一般以辽东半岛南端的老铁山岬经庙岛群岛至山东半岛北部的蓬莱角连线为界。黄海位于 31°40′～39°50′N、119°10′～126°50′E 之间，也是三面被陆地包围的半封闭浅海；北岸为我国辽宁省和朝鲜平安北道，西岸为我国山东省和江苏省，西北通过渤海海峡与渤海相通，南部与东海相接；黄海面积约为 38 万 km^2。东海位于 21°54′～33°17′N、117°05′～131°03′E 之间；西北接黄海，西濒我国上海市、浙江省、福建省，南界至我国广东省南澳岛与台湾省南端鹅銮鼻处连线，与南海相通；东海面积约为 77 万 km^2。南海约位于 2°30′S～23°30′N、99°10′～121°50′E 之间，四周几乎被大陆、岛屿所包围；北邻我国广东省、广西壮族自治区、台湾省和海南省；南海面积约 350 万 km^2，相当于渤海、黄海、东海总面积的 2.8 倍。毗邻我国的海域总面积超过 470 万 km^2；其中，根据《联合国海洋法公约》的规定，我国主张管辖的海域面积为 300 余万平方公里。

2.1.1 主要海岛介绍

《联合国海洋法公约》中对海岛的定义为“四面环水并在高潮时高于水面的自然形成的陆地区域”，《中华人民共和国海岛保护法》[2] 也对海岛作了同样的定义。我国是世界上海岛数量最多的国家之一。根据最新版《海岛统计调查公报》[3] 数据显示，截至 2017 年，在我国管辖的 300 余万平方公里的海域中，共有海岛 1.1 万余个，约占我国陆地面积的

0.8%；我国的大陆海岸线长18400km，岛屿岸线长14247km。我国海岛分布不均，呈现"南方多、北方少，近岸多、远岸少"的特点。根据区域划分，东海海岛数量约占我国海岛总数的59%，南海海岛约占30%，渤海和黄海海岛约占11%。就行政区而言，浙江省海岛最多，占总数的37%，福建省（20%）和广东省（16%）海岛数量仅次其后，天津市、江苏省、上海市三省、直辖市的海岛数量相对较少。此外，我国海岛的分布离大陆海岸的距离也各不相同，根据离岸距离的远近，可分为陆连岛、沿岸岛、近岸岛和远岸岛4大类型。其中，陆连岛是沿岸岛的一种特殊类型，它原是独立海岛，由于离大陆海岸较近，为了开发利用和交通运输方便，由人工修建桥梁或堤坝等与大陆相连接；沿岸岛系指岛屿分布位置离我国大陆的距离小于10km的海岛；近岸岛系指岛屿分布位置离我国大陆的距离大于10km而小于100km的海岛；远岸岛指岛屿分布位置离大陆海岸超出100km的海岛。我国大部分的海岛分布在沿岸海域，沿岸岛约占我国当前调查海岛总数的57%，近岸岛数量约占39%，远岸岛约占4%。

县域海岛（海岛县）[4,5] 是指我国沿海的群岛、列岛或独立海岛，以有人岛群为主体，并包括了邻近分散的无人岛，按县级行政单元的要求组成的一个整体，是海岛居民主要的居住地区和海岛经济活动开发建设区域。中国有12个海岛县，分别为辽宁省长海县，山东省长岛县，上海市崇明区，浙江省嵊泗县、岱山县、定海区、普陀区、玉环市和洞头区，福建省平潭县和东山县，以及广东省的南澳县。

根据我国海岛的地理分布情况以及各海域和行政区的海岛数量占比，除海岛县外，本章还选取了位于江苏省连云港市东面海域上的西连岛、浙江省的大陈岛、广东省的上川岛、广西壮族自治区的涠洲岛、海南岛的19个县级及以上城市，以及位于我国南海海域的远岸岛礁东沙、西沙、珊瑚、美济、南沙和永暑等40个海岛台站，台站详细信息见本书附录A，对应序号1～40。

2.1.2 南海岛屿概况

南海分布着约260个已命名的基本由珊瑚礁构成的岛屿、沙洲和礁、滩。其中高潮时露出水面的天然岛屿约47个，陆地面积约12.81km^2。按所处地理位置分为南沙群岛、西沙群岛、东沙群岛及中沙群岛，统称南海诸岛。

南沙群岛位于南海南部，是南海诸岛中距离祖国大陆最远、分布最广、岛礁数量最多的一组群岛。地理位置在北纬3°40′～11°55′、东经109°30′～117°50′之间，南北宽约1018km，东西长约1203km，海域面积约71万km^2，以永暑岛为中心。西沙群岛位于南海的西北部，地理纬度在北纬15°40′～17°10′、东经111°～113°之间，海域面积约5万km^2，以永兴岛为中心。中沙群岛位于南海中东部，地理位置在北纬13°57′～19°33′、东经113°02′～118°45′之间，海域面积约39万km^2。东沙群岛是距离大陆最近、岛礁最少的一组群岛，地理位置在北纬20°33′～21°10′、东经115°54′～116°57′之间，海域面积约7000km^2，以东沙岛为中心。

2.2 海陆气候差异性分析

我国海岛跨越热带、亚热带和暖温带三个气候带，遍布我国渤海、黄海、东海和南

海。由于地理位置分布不同，各岛气候不仅受到纬度影响，也受到大陆和海洋的共同作用。因此，各岛的气候特征较陆地城市而言有着显著差异，气象要素的分布和变化规律在不同的海域也明显不同。

2.2.1　海陆气候对比组选取标准

根据纬度分布和各海域海岛的数量占比，本章选取长岛作为北海海域的代表，嵊泗作为东海海域的代表，西沙和永暑作为南海海域的代表，分析不同海域主要海岛的气候特征。在选定的海岛和海域岛礁的基础上，陆地城市的选取标准如下：(1) 地理位置与海岛（或海域岛礁）同纬度或相近纬度，且属于现行标准的同一气候分区；(2) 1985—2014 年近 30 年的气象数据可获取；(3) 气候具有代表性的沿海城市。根据以上选取标准，确定海陆气候对比组，分别为：长岛与龙口、嵊泗与上海、广州与西沙、广州与永暑，表 2-1 给出了所选取各海陆对比组城市的经纬度。经前期不同台站的气象数据统计工作可知，这 3 个海陆对比组代表性高，可很好地反映海陆之间的气候特征。

海陆对比组各城市的地理位置　　表 2-1

海域	北海		东海		南海		
城市	龙口	长岛*	上海	嵊泗*	广州	西沙*	永暑*
纬度	37°37′N	37°56′N	31°24′N	30°44′N	23°13′N	16°50′N	9°23′N
经度	120°19′E	120°43′E	121°29′E	122°27′E	113°29′E	112°20′E	112°53′E

* 表示海岛县或海域岛礁。

2.2.2　温度特性对比分析

统计各海陆对比城市的基本温度特征，将累年逐月平均气温、累年逐月平均最高气温、累年逐月平均最低气温、累年逐月极端最高气温、累年逐月极端最低气温值分别绘制于图 2-1 中。通过观察逐月气温情况，初步判断海岛的气温变化要明显平缓于同纬度的陆地城市。

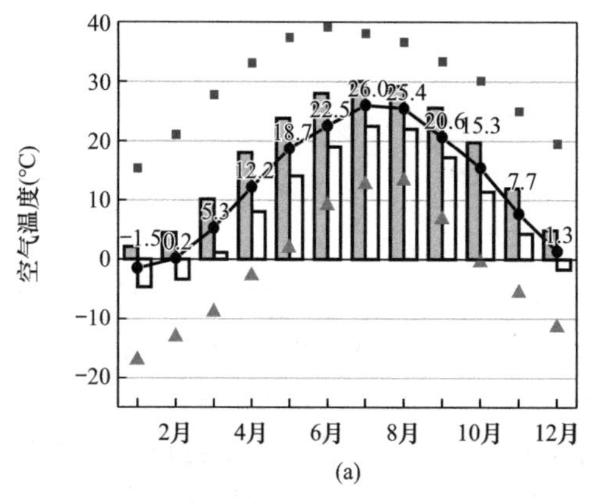

(a)

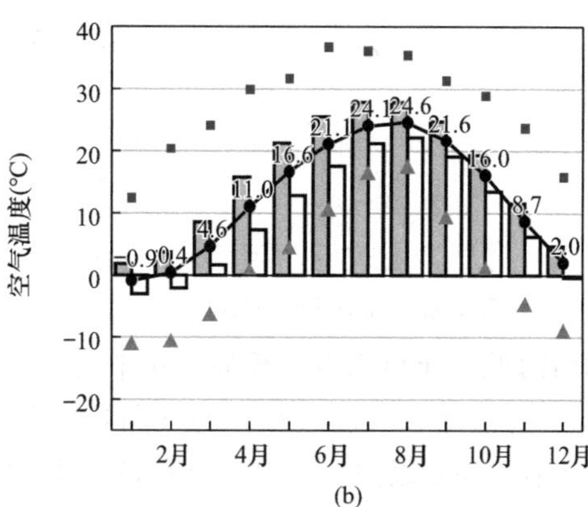

(b)

图 2-1　各海陆对比组城市的空气温度图（一）

(a) 龙口；(b) 长岛

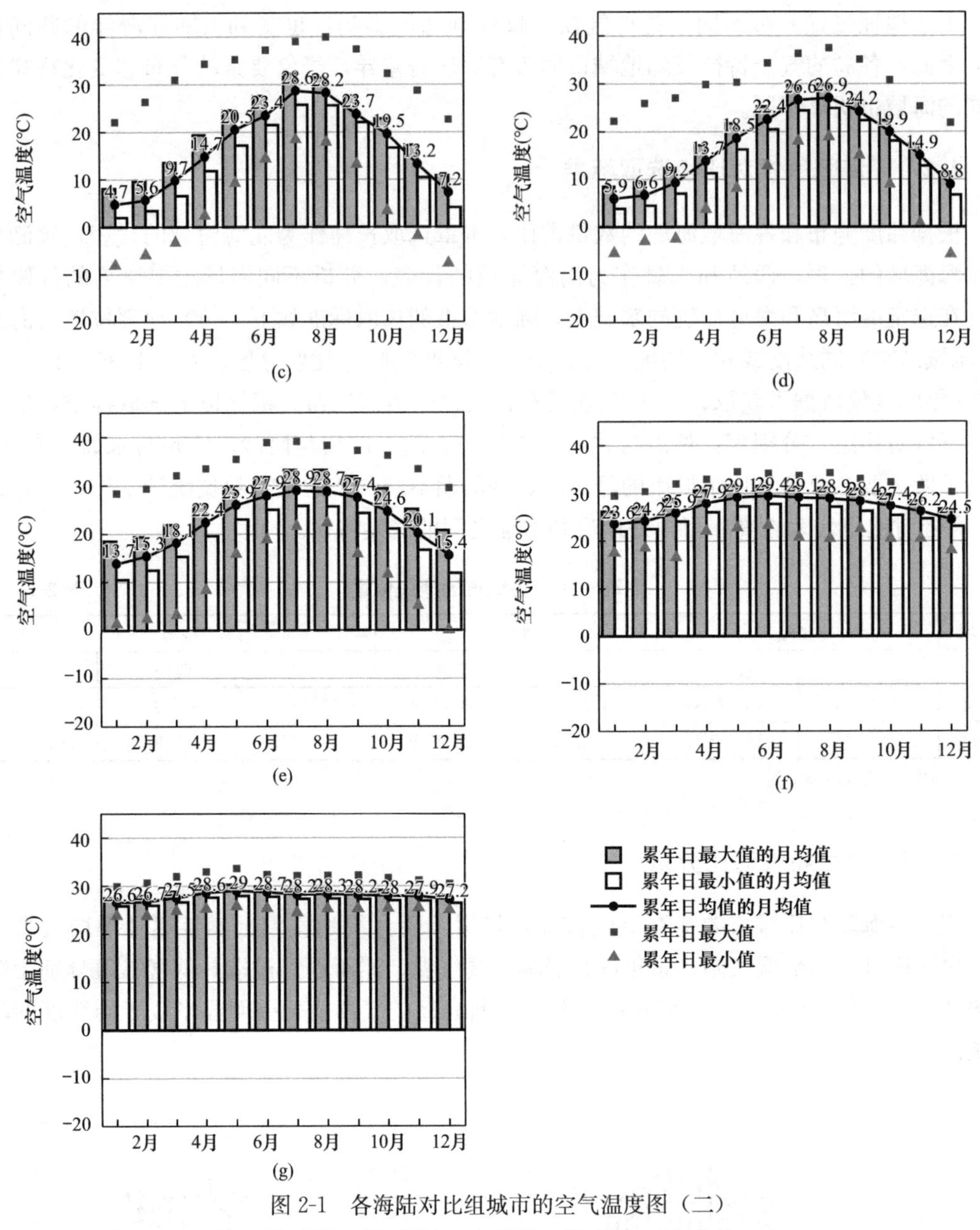

图 2-1　各海陆对比组城市的空气温度图（二）

（c）上海；（d）嵊泗；（e）广州；（f）西沙；（g）永暑

（1）海岛气温的日、年较差较陆地小

统计各海陆对照组城市的 30 年的日较差数据，并汇总于表 2-2 中。以长岛和纬度相近的沿海城市龙口为例，长岛的年平均气温日较差为 6.4℃，龙口的年平均气温日较差为 8.2℃。在夏季，长岛最热月的气温日较差只有 5.6℃，气温日较差最大的 4 月份和 5 月份，也在 8.5℃以内；龙口各月日较差平均值均在 6.6℃以上，最大的 4 月份日较差高达 10.0℃。嵊泗与同纬度的沿海城市上海相比，嵊泗的气温日较差年平均值比上海低 1.6℃，气温日较差月均值低于上海 0.8～2.2℃。位于南海海域的西沙与广州、永暑相比，气温日较差的年均值分别低 3.3℃、5.5℃，气温日较差月均值低 1.9～6.5℃。

海陆对比组气温日较差的月平均值、年平均值（℃）　　　　**表 2-2**

城市	1月	2月	3月	4月	5月	6月	7月	8月	9月	10月	11月	12月	年均
龙口	6.8	7.9	9.0	10.0	9.8	9.1	7.5	7.2	8.3	8.4	7.6	6.6	8.2
长岛*	4.8	5.7	6.8	8.5	8.5	8.1	6.6	5.6	5.7	5.9	5.4	4.8	6.4
上海	6.0	6.2	7.0	7.7	7.4	6.0	6.5	5.8	5.5	6.2	6.9	6.7	6.5
嵊泗*	4.6	4.9	5.3	5.7	5.5	4.8	5.3	5.0	4.4	4.3	4.7	4.8	4.9
广州	8.0	7.0	6.6	6.5	6.9	6.7	7.4	7.6	7.6	8.3	8.5	9.0	7.5
西沙*	4.1	4.6	4.7	4.6	4.4	3.7	3.8	3.9	4.4	4.3	3.7	3.6	4.2
永暑*	1.7	2.0	2.2	2.4	2.3	2.1	1.9	2.1	2.0	2.1	2.0	1.6	2.0

* 表示海岛县或海域岛礁。

表 2-3 给出了各海陆对比组城市全年各月平均温度及气温年较差。由表可知，长岛与龙口、嵊泗与上海气温年较差的差值均在 3℃的范围内。以长岛、龙口对照组为例，长岛的气温年较差为 25.4℃，龙口的年较差为 27.5℃，长岛低 2.1℃；对于上海、嵊泗对照组，上海气温年较差为 23.9℃，嵊泗年较差为 21.1℃，嵊泗低 2.8℃；而西沙、永暑的年较差与广州对比发现，广州气温年较差为 15.1℃，西沙为 5.8℃，永暑更小，为 2.4℃。由此可见，海岛气温年较差相对更小，而南海海岛由于远离大陆且纬度较低，相较于沿海城市有较大差异。

海陆对比组气温的月均值及年较差（℃）　　　　**表 2-3**

城市	1月	2月	3月	4月	5月	6月	7月	8月	9月	10月	11月	12月	年较差
龙口	−1.5	0.2	5.3	12.6	18.7	23.2	26.0	25.4	21.3	15.3	7.9	1.3	27.5
长岛*	−0.9	0.4	4.6	11.0	16.6	21.1	24.1	24.6	21.6	16.0	8.7	2.0	25.4
上海	4.7	6.2	9.7	15.2	20.5	24.2	28.6	28.2	24.5	19.5	13.6	7.2	23.9
嵊泗*	5.9	6.6	9.2	13.7	18.5	22.4	26.6	26.9	24.2	19.9	14.9	8.8	21.1
广州	13.7	15.3	18.1	22.4	25.9	27.9	28.9	28.7	27.4	24.6	20.1	15.4	15.1
西沙*	23.6	24.2	25.9	27.9	29.1	29.4	29.1	28.9	28.4	27.4	26.2	24.5	5.8
永暑*	26.6	26.7	27.5	28.6	29.0	28.7	28.2	28.3	28.2	28.0	27.9	27.2	2.4

* 表示海岛县或海域岛礁。

通过上述分析可以看出，不同海域海岛城市的日较差与年较差均小于所对应的沿海陆地城市；对于不同的海域，从北海海域、东海海域再到南海海域，各城市的气温日较差与年较差逐步减小，南海海域海岛的气温日、年波动更加平缓一些。进一步对以上现象产生的原因进行分析，气温的日较差和年较差大小受到纬度、下垫面性质、地形、季节以及天气情况等因素的影响。根据本书附录 A 各台站信息的海拔可知，本章所选海陆对比城市的观测站均不处于高原或盆地，且《建筑节能气象参数标准》JGJ/T 346—2014 规定，地面气象观测站的选址一般为平整开旷场地，故可认为本章所选取的海陆对比城市地形条件均作平地处理。因此，在相同纬度、相同时间，造成北海和东海海域海岛和陆地城市逐月气温差别的主要原因，是海面和陆面两种下垫面的比热特性和对太阳辐射的吸收能力的差异。

海洋具有不同于陆地的辐射性质、热容量和热传导方式。海洋对太阳辐射的平均反射率，从海洋冰面边界到赤道，可以由 5%变化到 10%～14%，而陆地则为 10%～30%，在单位面积上海洋吸收太阳辐射比陆地多，使海面和陆面的辐射差额出现了差别[6]，进而影响了海岛与陆地城市的气温特征。此外，海水的比热容也比陆地大，大约是陆地的 2 倍，当吸收或放出同等热量时，海面的温度变化较小；并且海水的热传导不仅有垂直方向的，也有水平方向的，因此，海洋的温度变化较陆地缓慢。在白天，由于海洋水体蓄热，海面温度上升速度较地面慢且升幅小，这一蓄热特性会使海岛城市的日最高温度比其内陆对照城市低；夜间，由于海洋水体散热，海面温度下降速度较地面慢且降幅小，这一散热特性使海岛城市的日最低温度比其内陆对照城市高，结果造成海岛城市的日较差比其内陆对照城市小。同样地，由于海陆热力特性的不同，同一纬度的陆地冬夏两季热量得失的差值比海洋大，所以距离海洋越近的城市受海洋的影响越大，气温年较差越小，故海岛的气温年较差较陆地城市更小。

（2）海岛气温变化的相位与陆地不同步

由于海面和陆面热力性能的不同，导致了海洋和陆地增温、减温的差异，不仅影响了海陆城市的气温年、日较差，还形成了海洋性气候气温变化相位落后于大陆性气候，出现了部分海洋性气候地区一年中的最热月和最冷月迟于内陆的现象。对比表 2-4 中的同纬度海陆对照组，由龙口、长岛的 30 年月均温度统计结果可知，龙口的最热月为 7 月，平均温度为 26.0℃，长岛的最热月（24.6℃）出现在 8 月，滞后龙口一个月；长岛与龙口的最冷月均出现在 1 月，相较而言长岛比龙口高 0.6℃。对比上海、嵊泗 30 年的月均温度统计值，上海的最热月（28.6℃）为 7 月，嵊泗滞后一个月，最热月出现在 8 月，比上海低 1.7℃；两个城市的最冷月均出现在 1 月，且嵊泗的最冷月月均温度比上海高 1.2℃。而广州与西沙、永暑的月均温度对比发现，广州最热月（28.9℃）出现在 7 月，西沙、永暑最热月分别为 6 月和 5 月，比广州提前，并且月均温度都在 29.0℃以上；广州、西沙、永暑的最低温度均出现在 1 月，分别为 14.9℃、23.6℃和 26.6℃。

海陆对比组最高、最低月平均气温及大陆度 **表 2-4**

城市	类别	地理纬度(°)	最高月平均气温		最低月平均气温		大陆度 K
			统计值(℃)	出现月份	统计值(℃)	出现月份	
龙口	陆地	37.62	26.0	7	−1.5	1	49.29
长岛*	海岛	37.93	24.6	8	−0.9	1	44.40
上海	陆地	31.25	28.6	7	4.7	1	47.62
嵊泗*	海岛	30.73	26.9	8	5.9	1	40.71
广州	陆地	23.22	28.9	7	14.9	1	29.44
西沙*	海岛	16.83	29.4	6	23.6	1	7.85
永暑*	海岛	9.23	29.0	5	26.6	1	−1.61

* 表示海岛县或海域岛礁。

根据以上结果进一步分析其成因，由于东亚冬季风（一般是 11 月到次年 3 月）十分强大，风向又呈离岸方向，因此我国南起浙江沿海，北至黄渤海最北部的海岛城市，最冷月仍为 1 月而非 2 月，海洋影响仅表现为 2 月平均气温（长岛、嵊泗分别为 0.4℃、6.6℃）比 12 月（分别为 2.0℃、8.8℃）低，而一般内陆地区 12 月气温反较 2 月低。也就是说，这部分海域同纬度的范围内，内陆的最低气温出现在 1 月 15 日之前，而海岛则在 1 月 15 日之后，即海岛全年最冷期至少比内陆地区延后 10～15 天。而对于夏季，由 2.2.4 节风场特性对比分析的统计可知，风向偏东南，因而我国黄渤海域以及浙江沿海以

北的地区，海洋对气候的影响比冬季明显得多，海岛城市如长岛、嵊泗的最热月均出现在8月，而沿海陆地城市龙口、上海最热月则为7月。因此海岛在夏季受海洋影响比陆地城市强，也主要表现在夏季的气温日较差大大减小。

(3) 海岛的大陆度小于陆地

气候大陆度 K 是海陆间热量交互作用的标志，也是某地气候受大陆影响的程度，它取决于海陆面积之比、地理位置、地势、海拔高度、大气环流及洋流等因子。测定大陆度的方法有很多，一般分为温度法、纬圈距平法、气团法及综合法等。其中，温度法中采用的气温年较差最能反映出海陆的影响，并且温度易观测且记录长久，准确性也高。因此，本章采用温度法中广泛应用的 V. Conrad 公式[7] 计算各海陆对比城市的 K 值，公式为：

$$K=\frac{1.7A}{\sin(\varphi+10)}-14 \tag{2-1}$$

式中　K——大陆度；

A——气温年较差，℃；

φ——当地纬度，°。

计算结果列于表 2-4 中。按 50 作为海洋性气候和大陆性气候的分界，可以看出调研的所有海域海岛及沿海城市的 K 值均小于 50，即均呈现海洋性气候，但龙口、上海、广州等沿海城市均比对应海岛的 K 值高，即海洋性气候特征更明显。

2.2.3　相对湿度及降水量对比分析

统计各海陆对比城市的基本相对湿度特征，将累年各月平均、最大及最小相对湿度绘制于图 2-2 中。从图中可以看出，海岛较沿海陆地城市而言相对湿度更高，长岛、嵊泗、西沙、永暑的年平均相对湿度比对应的沿海陆地城市分别高 4%、4%、1%、6%。但并非所有月份的相对湿度均为海岛高于陆地，一般而言，海岛最热月的相对湿度要更高一些。西沙与永暑的相对湿度常年处于较高值，几乎均在 80%以上，累年相对湿度的逐月最小值也在 70%以上。

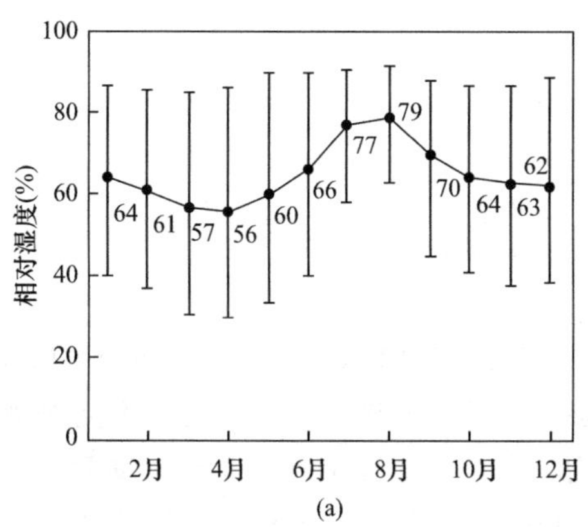

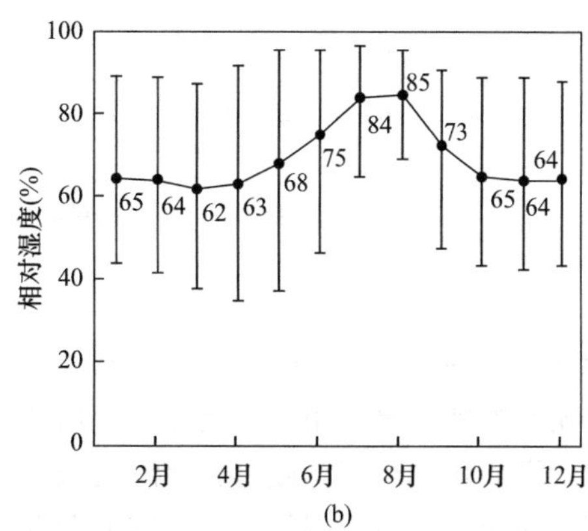

图 2-2　海陆对照组的 30 年相对湿度的月平均值、月最大值及最小值（一）

(a) 龙口；(b) 长岛

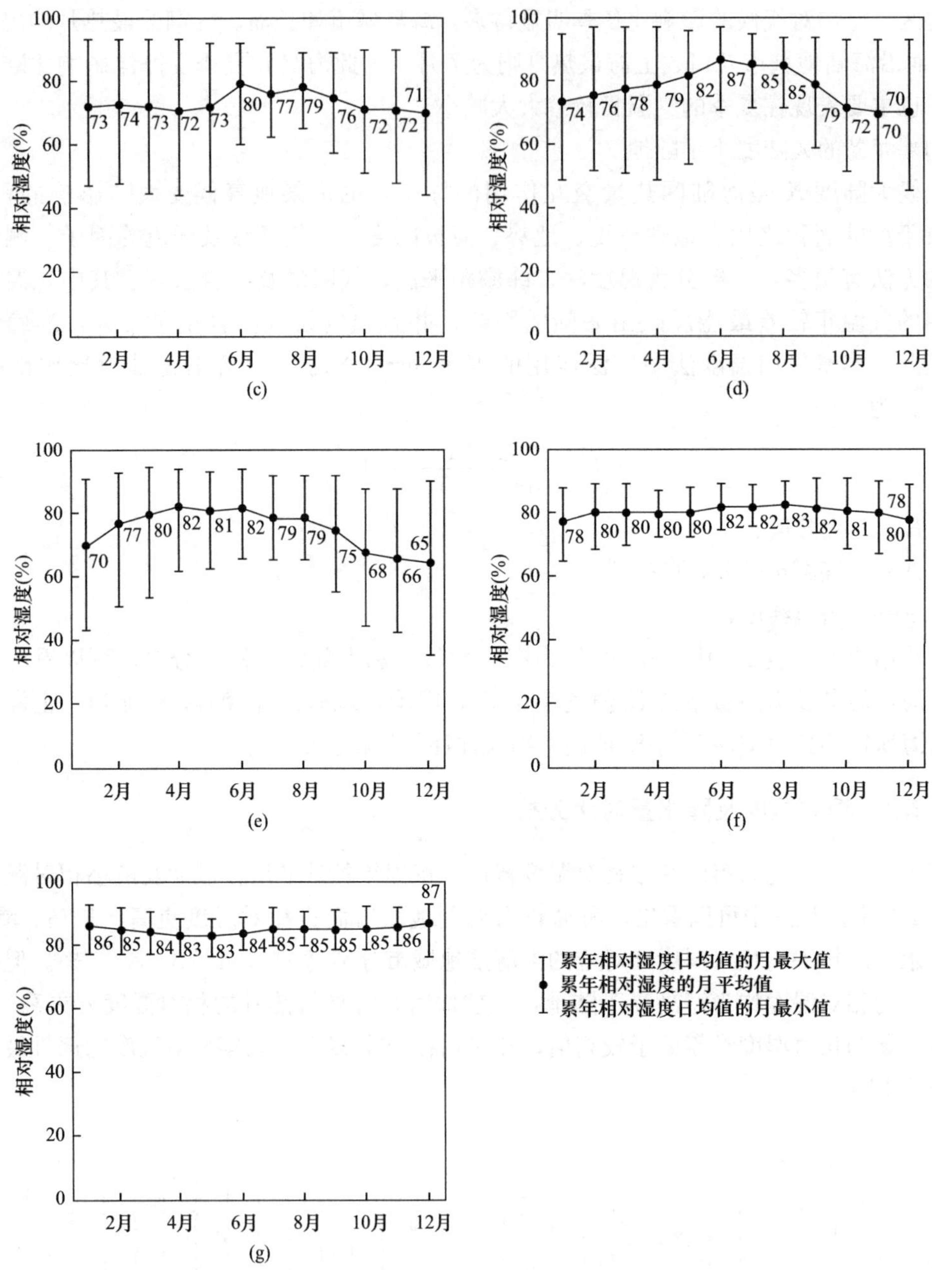

图 2-2　海陆对照组的 30 年相对湿度的月平均值、月最大值及最小值（二）

(c) 上海；(d) 嵊泗；(e) 广州；(f) 西沙；(g) 永暑

统计各海陆对比城市的降水量，将不同台站的月平均降水量统计值绘制于图 2-3 中，发现广州与西沙、永暑相比，夏春季广州降水多、秋冬季海岛降水多；对于不同海域的海岛，从北海海域到东海海域再到南海海域，月均降水量按地理位置从北至南逐渐增多。特别对于调研海岛中最南端的永暑，降水量最多的月份达到了 479mm，并且其降水量最大值多年出现在冬季（12 月份），而并非在夏季。

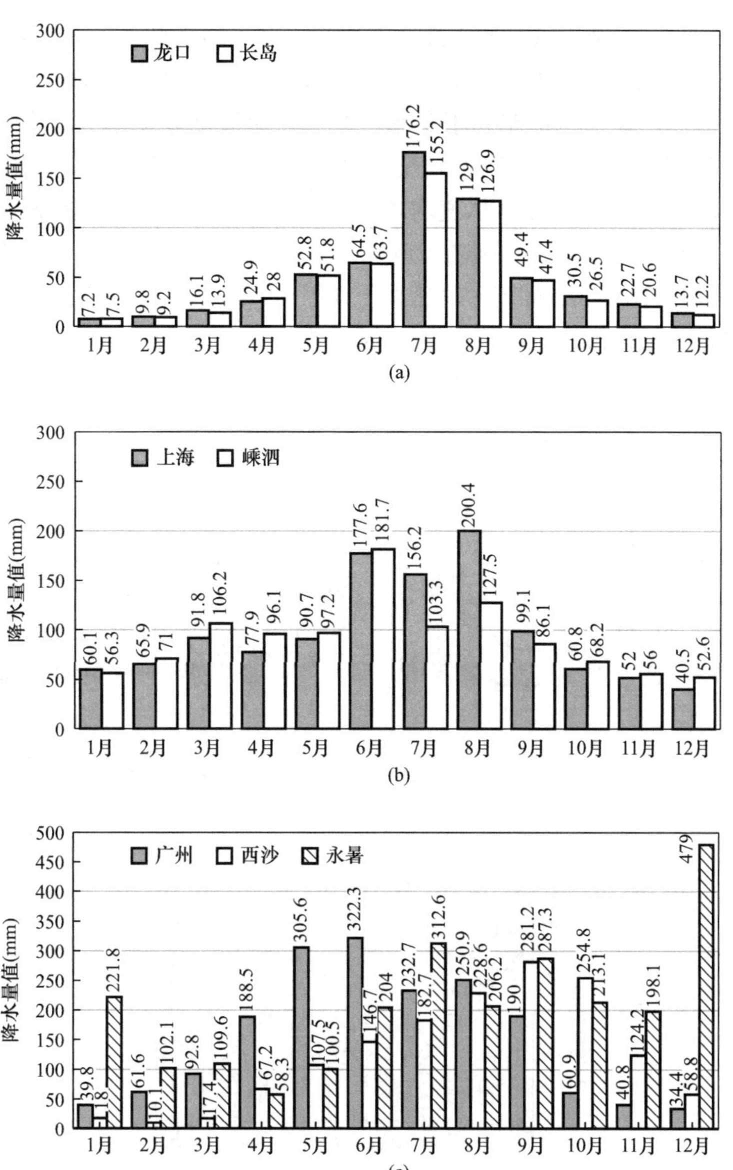

图 2-3 海陆对照组的 30 年月平均降水量

(a) 龙口和长岛；(b) 上海和嵊泗；(c) 广州、西沙和永暑

2.2.4 风场特性对比分析

统计各海陆对比城市的全年风速，从各月平均风速的对比图 2-4 中可以得到各海陆对比组的全年基本风场特征。由于海面上摩擦力小，因此海岛的风速普遍比陆地城市大得多。以长岛、龙口为例，长岛全年的平均风速较高，为 5.1m/s，龙口的年平均风速为 3.3m/s；长岛的夏季风速较低，平均风速为 4.1m/s，冬季风速较高，平均风速为 6.1m/s；龙口的夏季和冬季平均风速均在 3m/s 左右。对于嵊泗、上海海陆对比组，嵊泗的年平均风速为 6.6m/s，远高于上海的年平均风速 3.1m/s，嵊泗的夏季平均风速为 6.2m/s，冬

季平均风速为 6.8m/s，全年风速大小波动不明显，冬季风速略高；上海各月风速变化不大，均处于 3m/s 左右。西沙的全年平均风速为 4.1m/s，冬季平均风速为 4.2m/s，夏季平均风速为 4.5m/s，夏季风速略高于冬季，全年风速波动幅度不大；广州的全年风速、夏季和冬季风速的平均值均为 1.7m/s，全年月均风速变化不明显。从不同海域的海陆对照组来看，各海域的海岛台站全年风速均高于陆地城市，海岛的风速在不同季节间变化有更明显的差异，陆地城市的全年风速在 2m/s 上下波动，但是波动范围均很小。此外，统计各台站的年平均大风日数，即瞬时风速大于或等于 17.2m/s（或风力达到 8 级以上）的天数。统计结果显示长岛、嵊泗的年平均大风日数分别为 3 天和 16 天；对应陆地站龙口、上海分别为 0 天、1 天；而西沙的年平均大风日数为 8 天。

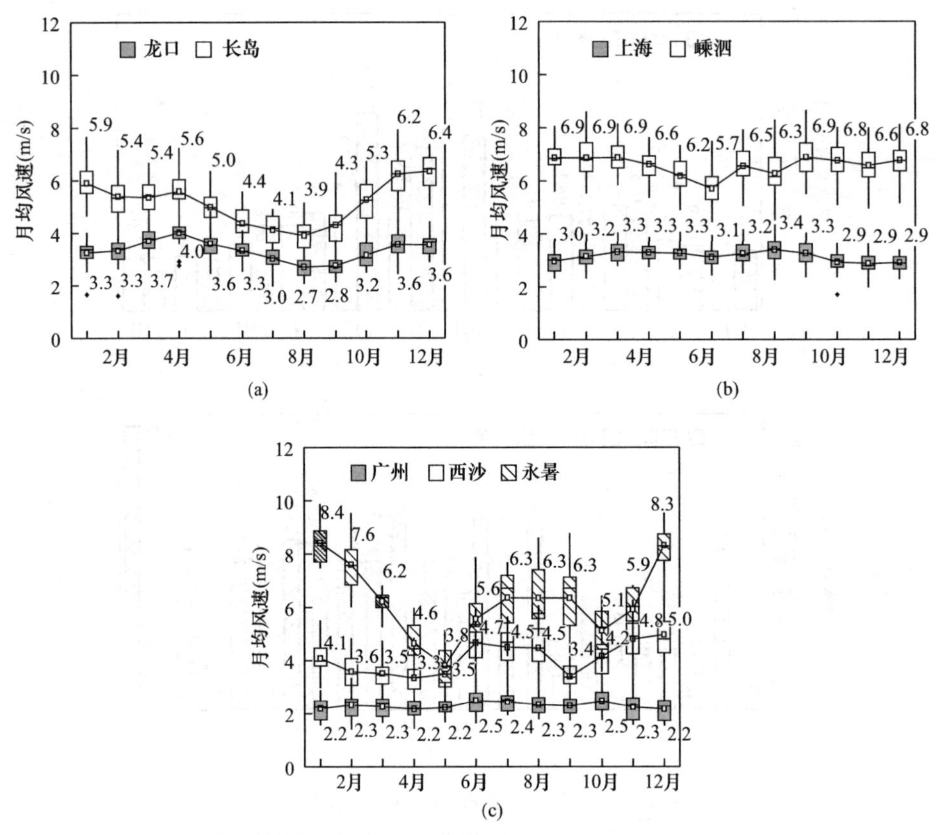

图 2-4 海陆对照组的 30 年平均风速图

(a) 龙口和长岛；(b) 上海和嵊泗；(c) 广州、西沙和永暑

风速的日变化曲线形状是反映沿海台站气候海洋性是否典型的一个最灵敏的指标[8]。由于海洋上大气层白天比夜间稳定，因而海上风速夜间大而白天小，即风速日变化平均曲线呈谷状。但是，由于沿岸岛也会受到陆地的影响，因此很难呈现出典型的谷形风速日变化曲线。本节所调研的海岛站如长岛、嵊泗和西沙等，其风速日变化反映为曲线比较平直，或略有不规则起伏，但均没有典型的谷形日变化曲线；而永暑因面积较小，陆面的影响较低，因而能够显示出这种典型的谷形日变化，如图 2-5 所示。从图中还可以看出陆地城市，如龙口、上海、广州等是典型的夜低昼高的峰形曲线。

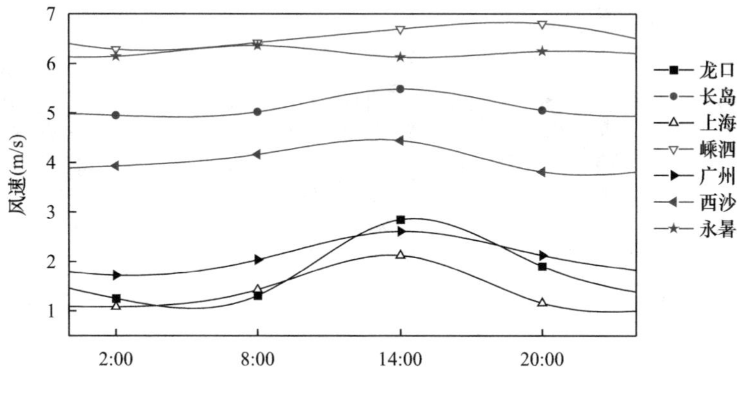

图 2-5 各台站风速日变化曲线

图 2-6 进一步给出了各海陆对比组的全年各风速风向的频率分布特征。长岛的全年主导风向为北风，同纬度的龙口主导风向为西北风；嵊泗的主导风向为北偏西北风，同纬度的陆地城市上海主导风为东北风；西沙主导风向为东北风，广州的主导风向为东风。可以看出，海岛与陆地的全年主导风向有所差异；结合冬季和夏季风场特性，判断主要是受不同季节海陆季风的影响。若以 5m/s 的风速为界，可以发现内陆城市在 5m/s 以上风速的频率均小于 10%，而海岛风速大于 5m/s 的频率分别为长岛 51.8%、嵊泗 68.6%、西沙 36.9%。

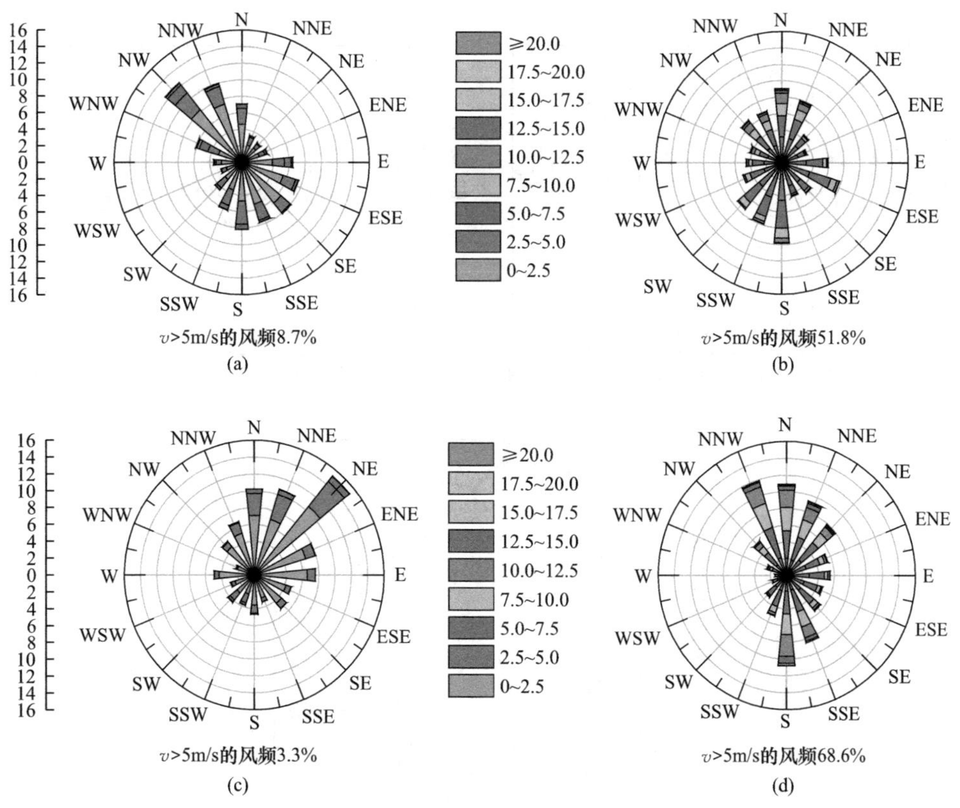

图 2-6 海陆对照组的风玫瑰图（彩图见文后插页）（一）

（a）龙口；（b）长岛；（c）上海；（d）嵊泗

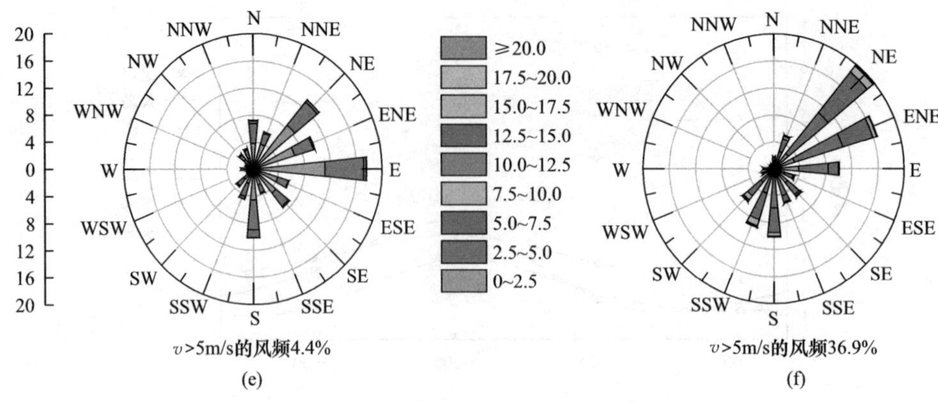

图 2-6　海陆对照组的风玫瑰图（彩图见文后插页）（二）

（e）广州；（f）西沙

2.2.5　日照时数对比分析

就全年日照时数而言，从各海域的海陆对照组图 2-7 可以发现，南部海域岛礁与陆地城市相比，日照时数明显较长，如 2～6 月份西沙比广州的月总日照时数长出 100h 以上。而对于北部和东部海域海岛的日照时数与内陆城市相比，没有显著差异，个别月份会有 10～20h 的差值。此外，各海陆对照组的月度太阳总辐射与日照时数有类似的关系。

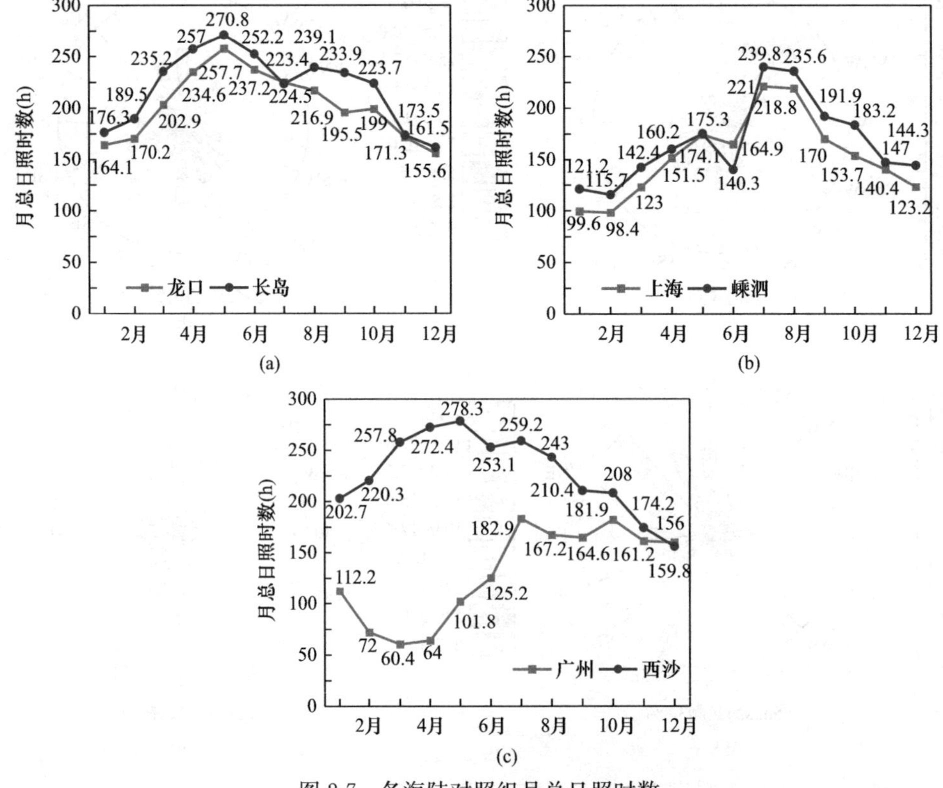

图 2-7　各海陆对照组月总日照时数

（a）龙口和长岛；（b）上海和嵊泗；（c）广州和西沙

2.3 现行建筑气候区划标准的海岛气候分区

《建筑气候区划标准》GB 50178—1993（以下简称：《标准》）中的建筑气候分区，是国内目前最常用的建筑气候区划方法。《标准》的制定区分了我国不同地区气候条件对建筑影响的差异性，明确了各气候区的建筑基本要求。为了初步判断海岛的建筑气候分区归属，采用《标准》中的气候区划方法，对海岛的建筑气候分区进行现状分析。

2.3.1 气象台站选取

针对本书研究对象进行范围界定，将主要海岛划分到 3 个海域。其中，渤海、黄海统称为北海海域，北海海域毗邻辽宁省、河北省、天津市和山东省；东海海域毗邻江苏省、上海市、浙江省和福建省；南海海域毗邻广东省、广西壮族自治区和海南省。为与海岛进行对比分析，本章将相关沿海城市也纳入研究范围，选取了 9 个沿海省（自治区、直辖市）的 43 个沿海城市及 52 个近海城市。依据《沿海行政区域分类与代码》HY/T 094—2022[9]，本章讨论的沿海城市指有海岸线的直辖市、地级市、县、县级市和市辖区等；近海城市指有海岸线的省（自治区、直辖市）的其他非沿海城市，所选台站详细信息见附录 A。以上选取的海岛、沿海城市、近海城市共计 135 个台站。

2.3.2 分级分区方法

根据《标准》规定，当前我国的建筑气候区划方法为分级分区，一级区反映了全国建筑气候类型上大的差异，即冷、热、干、湿的不同。根据气候特征将我国划分为七个一级分区，包括第Ⅰ建筑气候区（严寒区）、第Ⅱ建筑气候区（寒冷区）、第Ⅲ建筑气候区（夏热冬冷区）、第Ⅳ建筑气候区（夏热冬暖区）、第Ⅴ建筑气候区（温和区）、第Ⅵ建筑气候区（高寒区）、第Ⅶ建筑气候区（干寒区）等七个大区。

一级区划以 1 月平均气温（$\bar{t}_1$）、7 月平均气温（$\bar{t}_7$）、7 月平均相对湿度（RH_7）为主要区划指标；以年降水量（P）、年日平均气温低于或等于 5℃的日数（$d_{\leqslant 5}$）和年日平均气温高于或等于 25℃的日数（$d_{\geqslant 25}$）为辅助指标。在各一级区内，分别选取能反映该区建筑气候差异性的气候参数或特征作为二级区划指标，包括 $\bar{t}_1$、$\bar{t}_7$、冻土性质、P、7 月气温日较差（DR_7）和年最大风速（v_{max}），将全国分为 20 个二级区，各级区划指标列于表 2-5。

中国建筑气候区划指标 **表 2-5**

区名	一级区划指标		区名	二级区划指标	
	主要指标	辅助指标			
Ⅰ	$\bar{t}_1 \leqslant -10$℃ $\bar{t}_7 \leqslant 25$℃ $RH_7 \geqslant 50\%$	200mm$\leqslant P <$800mm $d_{\leqslant 5} \geqslant 145$ 天	ⅠA	$\bar{t}_1 \leqslant -28$℃	永冻土
			ⅠB	$-28℃ < \bar{t}_1 \leqslant -22$℃	岛状冻土
			ⅠC	$-22℃ < \bar{t}_1 \leqslant -16$℃	季节冻土
			ⅠD	$-16℃ < \bar{t}_1 \leqslant -10$℃	季节冻土

续表

区名	一级区划指标		区名	二级区划指标	
	主要指标	辅助指标			
Ⅱ	$-10℃<\bar{t}_1\leqslant0℃$ $18℃<\bar{t}_7\leqslant28℃$	90天$\leqslant d_{\leqslant5}<$145天 $d_{\geqslant25}<$80天	ⅡA ⅡB	$\bar{t}_7\geqslant25℃$ $\bar{t}_7<25℃$	$DR_7<10℃$ $DR_7\geqslant10℃$
Ⅲ	$0℃<\bar{t}_1\leqslant10℃$ $25℃<\bar{t}_7\leqslant30℃$	$0\leqslant d_{\leqslant5}<$90天 40天$\leqslant d_{\geqslant25}<$100天	ⅢA ⅢB ⅢC	$v_{max}\geqslant25m/s$ $v_{max}<25m/s$ $v_{max}<25m/s$	$26℃<\bar{t}_7\leqslant29℃$ $\bar{t}_7\geqslant28℃$ $\bar{t}_7<28℃$
Ⅳ	$\bar{t}_1>10℃$ $25℃<\bar{t}_7\leqslant29℃$	100天$\leqslant d_{\geqslant25}<$200天	ⅣA ⅣB	$v_{max}\geqslant25m/s$ $v_{max}<25m/s$	
Ⅴ	$0℃<\bar{t}_1\leqslant13℃$ $18℃<\bar{t}_7\leqslant25℃$	$0\leqslant d_{\leqslant5}<$90天	ⅤA ⅤB	$\bar{t}_1\leqslant5℃$ $\bar{t}_1>5℃$	
Ⅵ	$-22℃<\bar{t}_1\leqslant0℃$ $\bar{t}_7<18℃$	90天$\leqslant d_{\leqslant5}<$285天	ⅥA ⅥB ⅥC	$\bar{t}_1\leqslant-10℃$ $\bar{t}_1\leqslant-10℃$ $\bar{t}_1>-10℃$	$\bar{t}_7\geqslant10℃$ $\bar{t}_7<10℃$ $\bar{t}_7\geqslant10℃$
Ⅶ	$-20℃<\bar{t}_1\leqslant-5℃$ $\bar{t}_7\geqslant18℃$ $RH_7<50\%$	$10mm\leqslant P<600mm$ 110天$\leqslant d_{\leqslant5}<$180天 $d_{\geqslant25}<$120天	ⅦA ⅦB ⅦC ⅦD	$\bar{t}_1\leqslant-10℃$ $\bar{t}_1\leqslant-10℃$ $\bar{t}_1\leqslant-10℃$ $\bar{t}_1>-10℃$	$\bar{t}_7\geqslant25℃$　$P<200mm$ $\bar{t}_7<25℃$，$200mm\leqslant P<600mm$ $\bar{t}_7<25℃$，$50mm\leqslant P<200mm$ $\bar{t}_7\geqslant25℃$，$10mm\leqslant P<200mm$

2.3.3 分级区划指标

《标准》中给定的区划指标权威性与可获取性均较高。其中，一级区划指标的筛选，是考虑到温度、相对湿度、降水在全国的分布差异最明显，形成了我国各地气候特征的主要差异，即冷热干湿的不同。此外，这三种气候要素对建筑产生的影响也是最大的，一是它们几乎影响到建筑行业的各个专业，如热工、暖通、规划、设计、结构、地基、给水排水、建材、施工等专业，都与温度、相对湿度、降水有关；二是它们对建筑的规划、设计、施工起主要作用，如建筑围护结构的热阻要求和供暖能耗计算主要决定于温度和相对湿度条件。所以《标准》中的一级区划以气温、相对湿度和降水量作为指标，以全面反映建筑气候特征。有了指标要素后，指标值的统计方式也是较为关键的问题，所挑选的区划指标依据如下：

（1）最冷月平均温度 $\bar{t}_{min}$ 和最热月平均温度 $\bar{t}_{max}$

气温作为指标，有年平均气温、最高/最低月平均气温、高于或低于某一界限温度的天数等统计值。其中，月平均气温能较好地反映一个地区的冷热程度，并且暖通空调的设计计算参数也多是以月平均气温为基础进行统计。故选取对建筑起决定性作用的最冷月平均气温和最热月平均温度为主要指标。《标准》中考虑陆地城市最热月为7月，最冷月为1月，所以直接计算这两个月的月均温度；而通过2.2.2节温度特性对比分析对海岛全年气温分析可知，受海洋影响，海岛的最热月可能存在滞后或提前的情况。故本研究按实际的最热月和最冷月温度进行统计计算。

（2）年日平均气温≤5℃的日数 $d_{\leqslant5}$ 和年日平均温度≥25℃的日数 $d_{\geqslant25}$

一个地区的建筑设计策略与该地区是否长期处于高温或者低温天气密切相关。气象指

标年日平均气温低于或等于5℃的日数，即冬季供暖期天数，能反映一个地区寒冷期的长短；年日平均温度大于或等于25℃的日数能反映一个地区炎热期的长短，故将这两个指标作为辅助指标。

(3) 最热月平均相对湿度 RH_7

相对湿度是影响建筑热湿传递过程的主要因素之一。通过2.2.3节相对湿度及降水量对比分析可知，海岛的相对湿度相较于内陆城市而言有明显差异，特别是我国南海海域常年处于年平均相对湿度80%以上的高湿状态，防潮设计对于加强围护结构的热工性能、延长围护结构的使用寿命，意义重大。此外，在气温较高时，空气相对湿度对人体舒适度以及室内热湿环境有较明显的影响，降低相对湿度是改善室内热环境的最有效措施。因此最热月平均相对湿度作为一级区划的主要指标。

(4) 年降水量 P

降水量反映了一个地方的干湿程度，且对建筑围护结构的热湿传递及渗透作用影响明显，降水过多会造成建筑的一些构件变形和裂缝。并且对建筑而言，降水量与降水强度关系到屋面、墙面、地面等建筑外围护结构的设计，故采用年降水量作为辅助指标。

二级区划主要考虑各二级区内建筑气候上小的不同，且按各区不同的气候特点，选取不同的指标进行区划。第Ⅱ建筑气候区按最热月平均气温 $\bar{t}_{max}$ 及气温日较差 DR_7 划分为ⅡA和ⅡB区，区分建筑夏季隔热和冬季防寒要求的不同。第Ⅲ建筑气候区按30年一遇的最大风速 v_{max} 和最热月平均气温 $\bar{t}_{max}$ 的不同划分为三个二级区，区分建筑抗风压和防热等要求的不同。第Ⅳ建筑气候区气候按 v_{max} 为25m/s划分为两个二级区，区分建筑抗风压等要求的不同。

2.3.4 分级区划结果

当前《标准》给出的建筑气候分区图是基于200多个陆地台站1951—1980年的地面气象观测数据，气象数据年代久远且海岛台站数量稀少，在时间和空间上不能满足本书要求。本书沿用《标准》中的分级分区方法及指标体系，对数据的记录时段进行更新，采用1985—2014年近30年的气象数据进行区划指标的统计；并在空间尺度上对台站进行扩充，增加了不同海域的40个海岛台站和95个陆地台站。最终，根据选定135个台站的1985—2014年的气象数据进行建筑气候区划。

各海岛及邻近省份陆地台站的建筑气候区划专用气象参数数据集见本书附录B。可以看出，我国北海海域以及东海海域的海岛基本与其毗邻省份的陆地台站归属于同一个气候分区，可纳入现行的建筑气候分区图中。其中，辽宁省的海岛台站长海与辽宁省的锦州、营口、丹东、大连等陆地台站均归属于第Ⅱ建筑气候区；山东省的海岛台站长岛与山东省的龙口、威海、成头山、潍坊、青岛、日照和海阳等陆地台站也均属于第Ⅱ建筑气候区；江苏省的西连岛与江苏省的赣榆、射阳、东台、南通等陆地台站属于第Ⅲ建筑气候区；上海的崇明岛与浙江省的嵊泗、定海、普陀、玉环、大陈、洞头等主要海岛县（区）与浙江省的温州、杭州、石浦等陆地台站同属于第Ⅲ建筑气候区；福建省的海岛台站平潭与福建省的宁德、厦门、福鼎等陆地台站同属于第Ⅳ建筑气候区。

对我国南部海域主要海岛进行建筑气候区划发现，南海海域的分区结果相比于北海以及东海海域较为复杂，各海岛的区属也难以统一。其中广东省的东山、南澳、上川岛等海岛与广东省的广州、东莞、深圳、中山、茂名等陆地台站同属第Ⅳ建筑气候区；广西的涠洲岛与广西的钦州、北海、防城港等陆地台站也均可划分到第Ⅳ建筑气候区中；而海南岛的大部分台站以及西沙、珊瑚、东沙、美济、南沙、永暑等海岛均不属于现行建筑气候分区中的任一分区。

以上分级区划的结果提出了一个非常重要的问题，即我国当前的建筑气候区划体系对于南海海域包括海南岛在内的海岛，并没有给出正确的建筑气候区属。为研究设计适应南海气候的地域性建筑，明确适宜的建筑气候分区是基础前提和设计依据。

2.4 基于气候特征的海岛建筑气候聚类分区

通过对海域气候区划现状及海陆气候差异性分析，发现中国海洋国土的建筑气候分区不明确，现行建筑气候分区标准不能覆盖海洋地区。因此，有必要针对我国广阔的海洋国土进行精细的建筑气候区划，以使当地建筑与气候真正地协调适应。本节首先根据更新后的气象数据资料，选用适合海岛建筑气候分区的方法进行海岛气候区划；其后，采用主成分分析方法对各分区的气候特征进行可视化对比分析。

2.4.1 分区用台站及气象参数

为了确保海岛的气候区划结果能纳入我国现行分区体系，并更好地与《标准》中的建筑气候分区相统一，本节与2.3.4节一样选用本书附录B中的135个台站。

各台站的气候区划用气象参数，沿用了《标准》中分级分区方法的区划指标，包括最热月月均温度、最冷月月均温度、全年气温不高于5℃的天数、全年气温不低于25℃的天数、最热月相对湿度、最热月日较差、最大风速、年降水量8种气候要素。选择与分级分区相同的气象参数，一方面有助于新方法与传统方法的比较；另一方面，这几种气象参数也是公认地对于建筑设计影响较为明显的气象指标，能很好地反映一个城市的主要地域气候特征。

2.4.2 聚类分析方法概述

为了从数学角度对气象要素进行客观划分，聚类分析的方法被广泛使用[10]，它是数理统计学中研究“物以类聚”的一种方法。对建筑气候要素进行聚类分析，是根据不同城市与建筑相关的气候特征的相似程度，将所有的城市划分为不同气候区，使同一建筑气候区中的城市有较大的气候相似性，可以对该区域中的各城市开展相似的建筑设计研究；而不同建筑气候区中的城市之间有较大的相异性，故建筑设计策略也不尽相同。本书采用聚类分析的方法研究海岛的建筑气候分区，一方面可以验证海岛与其毗邻省份的陆地城市是否可归属为相同的建筑气候区，另一方面可以探究不同海域海岛的气候区属。

当前的各类研究已经提出了很多聚类的算法，根据类形成的方式，通常可以将算法分为两大类：层次聚类算法和划分式聚类算法[11]。其中，层次聚类算法，特别是凝聚式层次聚类算法，由于在计算上简单快捷，能够得到稳定的聚类结果，而深受学者的推

崇[12-15]，是主要的聚类方法之一。本节也选用这种成熟的聚类方法，作为我国海岛建筑气候区划的方法。凝聚式层次聚类的基本思想是：首先将每个样本作为一个类，计算各类之间的距离；然后根据某种计算原则选择距离最小的两个类合并为一个新类；进一步计算新的划分下各类之间的距离，合并过程反复进行，直到所有的样本都聚到一类当中，或者达到所需要的聚类数为止。凝聚式层次聚类过程如图 2-8 所示。

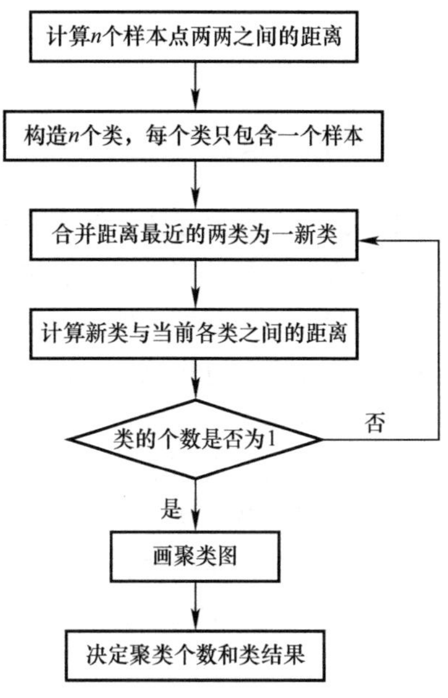

图 2-8　凝聚式层次聚类过程

1. 气象参数无量纲化处理方法

气候分区用气象参数是在完全不同的计量单位和数量级下测量的，如果某种气象参数取值范围很广，那么计算得到的样本间距离将会受到这个特定气象参数的制约。例如，所挑选台站的年降水量在 370～2629mm 的区间范围内，而气温日较差处于 2～12℃的范围，两者数量级有明显差异。因此，所有台站在进行距离度量和聚类分析前，都应该对不同的气象参数进行无量纲化处理，以使每个参数对样本之间距离的贡献大致呈比例[16,17]。

常见的 4 种无量纲化处理方法[18,19] 有：

(1) 极差标准化法

也被称为极值化方法，是最简单的方法，通过重新缩放观测数据的特征范围，使其在［0，1］或［−1，1］范围内变换，选择的目标范围取决于数据的性质。对［0，1］范围变换的极值化方法的一般公式如下，即每一个变量值与最小值之差除以该变量取值的全距：

$$x'_{ik}=\frac{x_{ik}-\min(x_k)}{\max(x_k)-\min(x_k)} \tag{2-2}$$

式中　x_{ik}——气象台站 i 的第 k 个气象参数；

$\min(x_k)$——气象参数指标 k 的最小值；

$\max(x_k)$——气象参数指标 k 的最大值；

x'_{ik}——无量纲化处理后台站 i 的第 k 个气象参数值。

(2) 平均值归一化

$$x'_{ik}=\frac{x_{ik}-\bar{x}_k}{\max(x_k)-\min(x_k)} \tag{2-3}$$

$$\bar{x}_k=\frac{1}{n}\sum_{i=1}^{n}x_{ik} \tag{2-4}$$

式中　$\bar{x}_k$——气象参数指标 k 的均值。

(3) 标准化法

也称为 Z-score 标准化，即每个变量值与其平均值之差除以该变量的标准差。无量纲化后各变量的均值为 0，方差为 1，从而消除了量纲和数量级的影响。

$$x'_{ik}=\frac{x_{ik}-\bar{x}_k}{\sigma_k} \tag{2-5}$$

$$\sigma_k=\sqrt{\frac{1}{n}\sum_{i=1}^{n}(x_{ik}-\bar{x}_k)^2} \tag{2-6}$$

式中　σ_k——气象参数指标 k 的标准差。

该方法是目前多变量综合分析当中最常用的一种方法。但是在标准化的同时，也消除了各变量在变异程度上的差异，从而使转换后的各变量在聚类分析中的重要性程度被同等看待。而在实际分析当中，需要根据各气象参数在不同单位间取值的差异程度大小决定其在分析中的重要性程度，差异程度大的其分析权重也相对较大，而该方法在无量纲化过程中不能满足这一方面的要求。

(4) 均值化方法

它将特征向量的各组成部分进行缩放，使整个向量的长度为 1，即将每个分量除以该向量的欧几里得范数。标准化后各变量的平均值为 1，标准差为原始变量的变异系数。

$$x'_{ik}=\frac{x_{ik}}{\bar{x}_k} \tag{2-7}$$

该方法在消除量纲和数量级影响的同时，保留了各变量取值差异程度上的信息，差异程度越大的变量对聚类分析时的影响也越大。该无量纲化的方法在保留变量变异程度信息时，并不是仅取决于原始变量标准差，也取决于原始变量的变异系数，保证了数据的可比性。

有研究表明[19]，当综合评价的指标值都是客观数值时，一般来说用均值化的方法进行无量纲化是比较好的选择。这种广泛使用的无量纲化方法也可以最大限度地减少气候数据的信息损失。它是通过以下方式实现的：1）消除不同气候变量的维度和大小顺序的影响；2）保持每个变量的差异性扩展；3）不改变不同变量之间的相关系数。原始数据中包含两部分信息：一为各指标变异程度上的差异信息，由均值化后协方差矩阵的主对角线上元素的大小反映；另一部分为各种指标间相互影响程度上的信息，也可由均值化数据的协方差矩阵来反映。

通过以上对各种无量纲化方法的对比，在本研究中选用了均值化方法对各台站的原始气象数据进行无量纲化处理。

2. 各气象台站间的距离度量算法

有了无量纲的气象参数，接下来需要定义样本相似性测度，即测量任意两个观测台站之间气候特征的“相似度”[20]。对于每个气象台站而言，有 p 个气象参数变量，故每个气象台站可以看成 p 维空间中的一个点，n 个气象台站就组成了 p 维空间中的 n 个点，即构成一个 $n\times p$ 的空间矩阵。用 x_{ik} 表示气象台站 i 的第 k 个气象参数变量，用 d_{ij} 表示气象台站 i 与 j 之间的距离。

最常见、最直观的距离度量公式有以下几种：

(1) 绝对值距离：

$$d_{ij}=\sum_{k=1}^{p}|x_{ik}-x_{jk}| \tag{2-8}$$

（2）欧氏距离：

$$d_{ij}=\left[\sum_{k=1}^{p}(x_{ik}-x_{jk})^2\right]^{1/2} \tag{2-9}$$

以上距离的计算公式可以统一成闵可夫斯基距离公式：

$$d_{ij}=\left[\sum_{k=1}^{p}|x_{ik}-x_{jk}|^q\right]^{1/q} \tag{2-10}$$

（3）马氏距离：

$$d_{ij}=\sqrt{(x_i-x_j)^{\mathrm{T}}V^{-1}(x_i-x_j)} \tag{2-11}$$

$$V=\frac{1}{m-1}\sum_{i=1}^{m}\left(x_i-\frac{1}{m}\sum_{i=1}^{m}x_i\right)\left(x_i-\frac{1}{m}\sum_{i=1}^{m}x_i\right)' \tag{2-12}$$

$$x_i=(x_{i1},\ x_{i2},\ \cdots,\ x_{ip})^{\mathrm{T}} \tag{2-13}$$

以上距离公式中，欧氏距离是聚类分析中最常用的距离测量方法，当各指标的测量值相差悬殊时，需要先对数据进行无量纲化处理。马氏距离的计算不受指标量纲的影响，并且对指标的相关性也做了考虑，但由于其计算复杂性及其数据矩阵的协方差阵 V 的不确定性，使其使用受到限制。经过对比，本节选用欧氏距离的方法对任意两个台站无量纲化后的数据进行距离计算，再进一步用于聚类分析。

3. 类间距离度量及层次聚类算法

在各气象台站聚类的过程中，需要通过一定的准则将相似的类进行合并，这就意味着要计算类与类之间的距离。设 G_{K} 和 G_{L} 分别是聚类过程某步的两个类，记 G_{KL} 是这两类之间的距离。

常用的类间距离计算方法[21] 有：

（1）最短距离法

也被称为单连接法。在这种聚类中，两个类之间的距离由一个类的任意样本到另一个类中的任意样本的最短距离决定。两组类之间的距离计算公式如下：

$$D_{\mathrm{KL}}=\min\{d_{\mathrm{kl}}\,|\,k\in G_{\mathrm{K}},l\in G_{\mathrm{L}}\} \tag{2-14}$$

式中　d_{kl}——两个样本点之间的距离。

此方法的主要缺点为有链接聚合的趋势，即容易造成某一类当中样本过多，而其他聚类组中样本偏少的现象，所以最短距离法的聚类效果并不好，实际中不推荐使用。

（2）最长距离法

也被称为完全连接法，它克服了最短距离法链接聚合的缺陷，两个类之间的距离由一个类的任意样本到另一个类中的任意样本的最长距离决定。两组类之间的距离公式如下：

$$D_{\mathrm{KL}}=\max\{d_{\mathrm{kl}}\,|\,k\in G_{\mathrm{K}},l\in G_{\mathrm{L}}\} \tag{2-15}$$

在该准则下，合并类的过程如图 2-9、图 2-10 所示。但是，若样本中存在异常数据值，这种方法可能不太稳定，受异常值的干扰较大。

（3）类平均法

也被称为平均连接法，两类之间的距离定义为类间任意两个样本之间的平均距离，即：

$$D_{\mathrm{KL}}=\frac{1}{n_{\mathrm{K}}n_{\mathrm{L}}}\sum_{k\in G_{\mathrm{K}}}\sum_{l\in G_{\mathrm{L}}}d_{\mathrm{kl}} \tag{2-16}$$

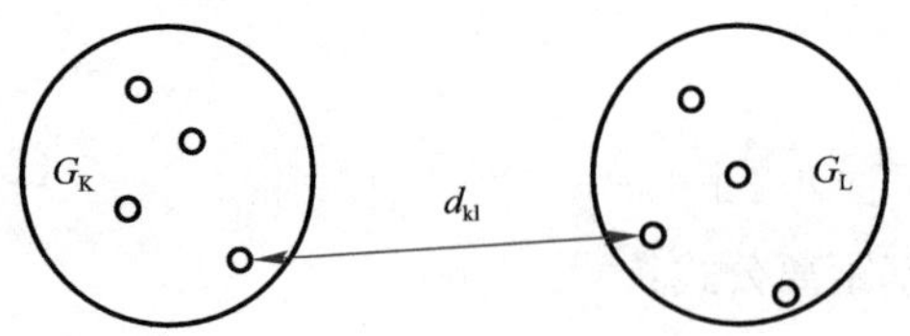

图 2-9 最短距离法计算原理示意图

G_K　d_{kl}　G_L

图 2-10 最长距离法计算原理示意图

该准则下合并类的过程如图 2-11 所示。类平均法是聚类效果较好、应用比较广泛的一种聚类方法。它有两种形式，一种为组间连接法，在计算距离时只考虑两类间样本之间距离的平均；另一种是组内连接法，在计算距离时把两组所有样本之间的距离都考虑在内。

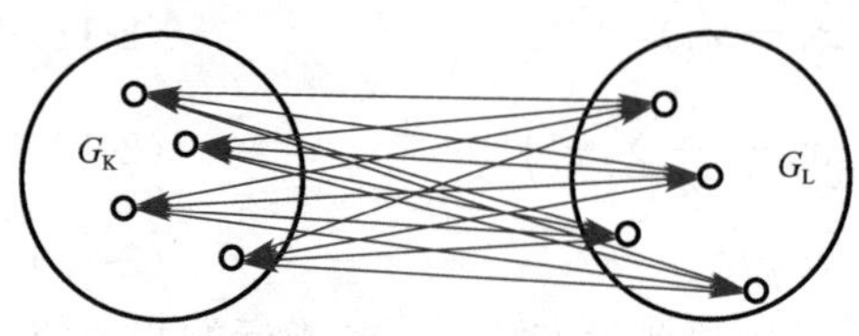

图 2-11 类平均法计算原理示意图

（4）重心法

根据物理意义，每个类都可以确定出一个重心，类与类之间的距离可以用重心之间的距离代表，从物理观点来看较为合理。若样本之间采用欧式距离，设某一步将类 G_K 与类 G_L 合并成 G_M，它们各有 n_K，n_L，n_M 个样本，它们的重心用 $\overline{X}_K$，$\overline{X}_L$ 和 $\overline{X}_M$ 表示，显然：

$$\overline{X}_M=\frac{1}{n_M}(n_K\overline{X}_K+n_L\overline{X}_L) \tag{2-17}$$

某一类 G_J 的重心为 $\overline{X}_J$，它与新类 G_M 的距离是：

$$D_{JM}^2=(\overline{X}_J-\overline{X}_M)'(\overline{X}_J-\overline{X}_M) \tag{2-18}$$

重心法虽然有很好的代表性，但并未充分利用各样本的信息。

（5）离差平方和法

该方法也被称为 Ward 最小方差方法，其思路是找到一个局部最优解[22]。先将 n 个样本各自成一类，然后每次缩小一类离差平方和就要增加，选择使离差平方和增加最小的两类进行合并，直到所有的样品归为一类。设将 n 个样本分为 k 类 G_1，…，G_K，在类 G_L 中样品的离差平方和是：

$$S_L=\sum_{i=1}^{n_L}(x_{ip}-\overline{X}_L)'(x_{ip}-\overline{X}_L) \tag{2-19}$$

式中　x_{ip}——类 G_L 中的第 i 个样本；

n_L——G_L 中的样本个数；

$\overline{X}_L$——类 G_L 的重心。

整个类内平方和是：

$$S=\sum_{t=1}^{k}S_L=\sum_{t=1}^{k}\sum_{i=1}^{n_L}(x_{ip}-\overline{X}_L)'(x_{ip}-\overline{X}_L) \tag{2-20}$$

若将类 G_K 与类 G_L 合并成一个新类 G_M，则定义类 G_K 与类 G_L 之间的距离平方 D_{KL}^2 为离差平方和的增量。

$$D_{KL}^2=S_M-S_K-S_L \tag{2-21}$$

综合上述各聚类算法的特点，并结合近几十年的气候区划研究，Ward 最小方差方法会得到较为合理的聚类结果[22-26]。因此本节选用 Ward 方法来进行聚类分析。

4. 最佳聚类数目确定方法

在聚类过程中可以得到不同数量的类群。为了寻求最佳的分区结果以表征不同城市之间气象参数的分布特征，需要确定一个最佳的聚类数，通常有两种判断方法。

一种方法是使用系统谱系图（树状图），如图 2-12 所示。在系统谱系图中，横轴代表观测城市和类，每个观测站被认为是树状图中的一个叶子（Leaf）；在合并不同类的地方，会创建一个节点（Node）和一个分支（Clade）；最高的两个分支之间的连接被称为根（Root），它代表所有的观测城市被分配到一个类当中。树状图的纵轴显示各类之间的相对距离以及节点的高度。节点的高度表示合并后各类之间的差异性，高度越高，类之间的距离或差异性就越大。在确定聚类数时，可以通过在系统谱系图的纵轴上选取某一特定值划线横切，根据此横线穿过的分支数量即可判定当前的聚类水平。通过观察系统谱系图，可以直观地比较不同聚类数的聚类结果；选择合适的切割点，可以确定最佳的聚类数，以表征不同城市之间气象参数的分布特征。

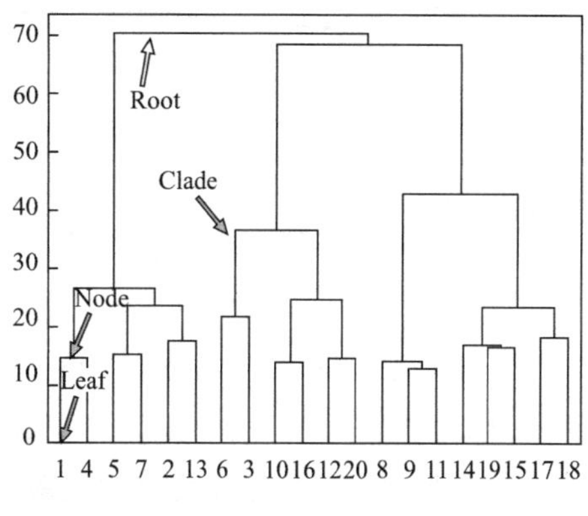

图 2-12 系统谱系图

Demirmen[27] 提出了根据系统谱系图来确定聚类数的准则，包括以下几点：

（1）任何类都必须在邻近类中是突出的，即各类重心之间距离必须大。这意味着不同类之间应该有明显的差异，以便能够清晰地区分它们。

（2）各类所包含的元素都不应过多。这意味着每个类的大小应该适中，不宜过于拥挤或过于稀疏。过多的元素可能导致类内的差异过大，而过少的元素可能导致类内的相似性过高。

（3）分类的数目应该符合使用的目的。根据具体的分析需求和目标，确定合适的聚类数目。例如，如果需要将城市按照不同的气象参数分组，那么聚类数目应该能够充分体现这些参数的分布特征。

（4）若采用几种不同的聚类方法，则在各自的聚类图上应发现相同的类。这意味着在使用不同的聚类方法进行分析时，应该得到一致的聚类结果，以增加结果的可靠性和稳定性。以上准则可以帮助确定最佳的聚类数，以表征不同城市之间气象参数的分布特征，并确保聚类结果具有合理性和稳定性。

聚类数目的确定还可以利用统计数据值来判定，包括立体聚类准则（Cophenetic correlation coefficient，CCC）、伪 F 统计值（Pseudo F-statistic，PSF）和伪 t^2 统计值（Pseudo T-squared statistic，PST2）。这些统计值可以用来确定合适的聚类数。

CCC 是通过将计算的 R^2 与预期的 R^2 进行比较得到的[28]。CCC 为正值表示观察到的 R^2 大于从均匀分布中取样时的预期值，这表明存在可能的聚类。CCC 与聚类数的关系图可以用来判定聚类数目。当 CCC 图的峰值出现在聚类数大于 2 个或 3 个时，表明有较好的聚类结果；峰值出现在 0～2 个聚类数之间时，表明可能存在聚类但是需要谨慎判断；如果 CCC 为负值，则表明可能存在离群值。例如，在图 2-13 的例子中，当聚类数为 3 时，

CCC 有一个局部峰值，而聚类数为 4 时，CCC 曲线下降，然后再稳定增加，在聚类数为 11 时趋于平缓，这表示最佳的聚类数目可能为 3 或 11。

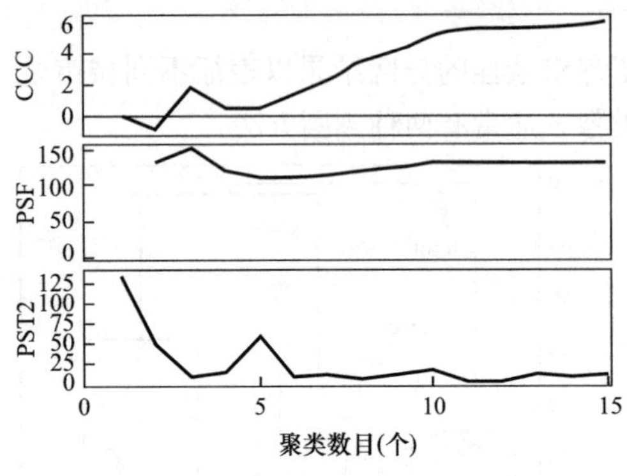

图 2-13　判断聚类数的统计数值

PSF 计算了类间方差与类内方差的比值。PSF 值越大，表示类间距离越大，类内距离越小。可以根据 PSF 值的局部最大值或较大跳跃来确定合适的聚类数目。这是因为当观测值被合并为 k 个聚类数时，如果聚类内差异较小时，将聚类数从 $k-1$ 增加到 k 将导致 PSF 的值大幅增加[29]。在图 2-13 的例子中，PSF 的曲线表明较好的聚类结果可能是聚为 3 类或 11 类。

PST2 也量化了在给定步骤中被合并的两个类之间的差异[25]。两个集群间的相似度越高，PST2 值越小。在判断聚类数目时，应该从右往左观察 PST2 与聚类数的关系图，当找到第一个明显大于前一个数值的聚类数时，该值右侧或者上一步的聚类数即为该集群的最佳聚类数[30]。因此，当 PST2 在聚类层次 k 有明显的跳跃时，选择 $k+1$ 层次的聚类为最优聚类结果。以图 2-13 的 PST2 曲线为例，可以观察到，当聚类数为 11 个、6 个、3 个和 2 个时可能有较好的聚类水平。

综合以上三个统计值，表明当聚类数为 3 个或 11 个时，可能为较好的分类结果。

2.4.3　海岛聚类分区方法及区划

根据聚类分析方法的介绍，对选取的 135 个台站的 8 种气象要素进行聚类分区，过程简述如下。

(1) 选取能代表 135 台站气候特征的 8 种气象要素，$\bar{t}_{min}$、$\bar{t}_{max}$、DR_7、$d_{\leqslant 5}$、$d_{\geqslant 25}$、v_{max}、RH_7、PRE，并构成一个 135×8 的观测数据矩阵。

(2) 采用均值化方法对观测数据矩阵中的 8 种气象要素进行数据无量纲化处理。

(3) 采用欧氏距离的方法，通过计算任意两个城市之间的气候特征距离，得到一个距离矩阵。

(4) 使用 Ward 最小方差法进行类之间的合并，首先将两个气候特征最接近的两个城市合并为一个类，然后重复这个操作，直至所有的城市都被聚为一个类为止。

(5) 绘制系统谱系图，确定统计数据 CCC、PSF、PST2，并根据 2.4.2 节中 4. 的两种判断方法确定最佳聚类数目。

步骤 (3)、(4)、(5) 可以使用统计分析系统软件 (Statistical Analysis System, SAS) 中的 PROC CLUSTER 程序来实现。

根据上述判断依据，通过 CCC 的最大值、PSF 的局部峰值以及 PST2 的局部最低值判断准则来确定最佳聚类数目。图 2-14 的结果显示，CCC 值随聚类数的增加而单调递增，无法根据 CCC 来确定最优聚类数。当聚类数为 3 时，PSF 达到一个局部峰值，这表明聚类数为 3 个时可能为合理的聚类结果。进一步分析 PST2 的变化趋势，发现聚类数为 4 个、6 个和 8 个时，对应 PST2 存在局部最小值，因此判定这几种情况为潜在合理的聚

类结果。根据经济适用性原则[31]，当有多个合理的聚类结果时，应该选取较小的聚类数。因此，在这种情况下，研究进一步关注聚类数为 3 个和 4 个时的聚类结果。

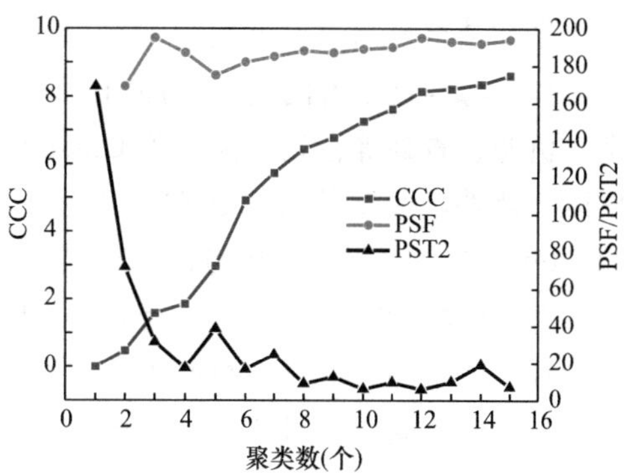

图 2-14　CCC，PSF 和 PST2 的统计值

图 2-15 显示了 135 个城市的系统聚类结果谱系图。根据谱系图结果，如果 135 个城市被划分为 3 个类群，按逆时针顺序，第一类自朝阳至东台，第二类自南京至石浦，第三类自衢州至永暑，这三类分别包含 40 座、21 座和 74 座城市，其中被划分到第三类的城市数目约占所有城市数的 55%，这样的分区情况并不是一个好的聚类结果。此外，根据二级分区法的区划结果可知，现有的三个建筑气候区（Ⅱ、Ⅲ、Ⅳ区）不能覆盖所有的 135 个站点。因此，有必要在现有的建筑气候区划体系中增加新的建筑气候区，且至少增加一个气候区。综上所述，本节最终选择 4 个聚类数（Cluster），将所调研的海岛和陆地台站聚类为 4 个气候区。

注：*代表海岛。

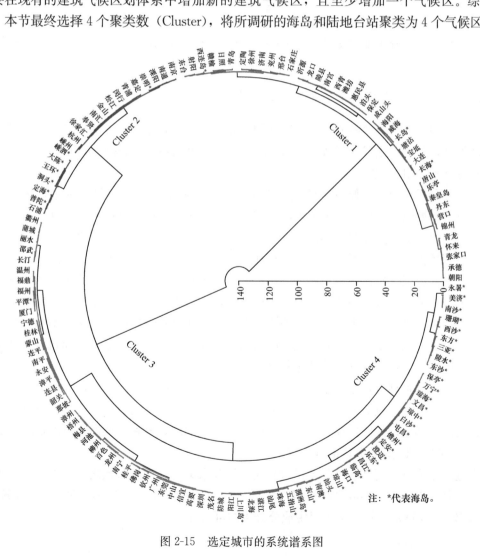

图 2-15　选定城市的系统谱系图

聚类结果显示，位于北海海域、东海海域的海岛基本与邻近省份陆地城市聚为同一类，如长海与辽宁省的朝阳、锦州、营口、丹东、大连，长岛与山东省的龙口、潍坊、济南、沂源、青岛等台站，被聚为 Cluster 1，这些台站在分级分区中全部归属于第Ⅱ建筑气候区；此外，西连岛与邻近省份江苏省的赣榆、徐州、射阳、东台等陆地台站也被聚到 Cluster 1 中，表明西连岛与第Ⅱ建筑气候区中的台站气候特征更为相近。

东海海域的嵊泗、定海、普陀、大陈、玉环、洞头等海岛气象站与上海的 8 个台站以及浙江省的杭州、嵊州、石浦等台站的气候特征相近，被聚为 Cluster 2，该类中的城市在分级分区时均属于第Ⅲ建筑气候区。

Cluster 3 中包含了分级分区中被定义为第Ⅳ建筑气候区的平潭岛，以及其邻近省份福建省的 11 个陆地城市，包括长汀、福鼎、宁德、福州、厦门等气象台站，还有广西的 11 个陆地城市和广东的 12 个陆地城市，通过比对发现 Cluster 3 与第Ⅳ建筑气候区中的城市有较好的一致性。

Cluster 4 由海南省的气象站以及南海海域的所有海岛，包括东山、南澳、上川岛、涠洲岛、东沙、西沙、珊瑚、南沙、美济和永暑组成，几乎所有被聚类到 Cluster 4 的海岛台站在分级分区时都不能被划分到我国现行建筑气候体系中所定义的任何一个建筑气候区内。

2.4.4 各分区气候特征差异的主成分分析

为更好地观察聚类后各分区气候特征的差异，采用主成分分析方法，将 8 种气候要素进行降维处理，提取主成分对各 Cluster 中城市的气候特征进行可视化分析。

1. 主成分分析概述

主成分分析在建筑气候分区研究中有重要作用。通过对多个气候指标进行主成分分析，可以将原始数据转化为一组无关的主成分，从而减少变量的维度和复杂性。这样做的好处是可以更好地理解和解释不同城市之间的气候特征差异，并为建筑设计和规划提供相关的信息和依据。具体来说，主成分分析在建筑气候区划中的作用如下[32-35]：

（1）气候数据分析：通过主成分分析，可以从原始的气候数据中提取出主要的气候变量和特征。有助于了解不同地区的主导气候特征，为建筑设计和规划提供基础数据。

（2）变量权重确定：主成分分析确定每个主成分在原始数据中的权重，即每个气候变量对主成分的贡献程度。通过确定变量的权重，可以了解哪些气候变量对建筑设计和规划具有较大的影响，从而有针对性地进行设计和规划。

（3）气候类别划分：通过主成分分析，可以将不同城市的气候数据转化为主成分得分，即每个城市在主成分上的投影值。通过比较不同城市的主成分得分，可以判断样本间的距离远近，即城市间的气候差异。这有助于气候类别的划分和建筑设计与规划的调整。

2. 主成分分析步骤及 R 语言实现

在进行主成分分析之前，需要进行相关性检验来确定各气象参数之间的相关性。通过相关性矩阵可以观察各参数之间的相关性程度，如图 2-16 所示。此外，还需要进行 KMO 检验和 Bartlett 球形度检验来确保主成分分析的可行性。

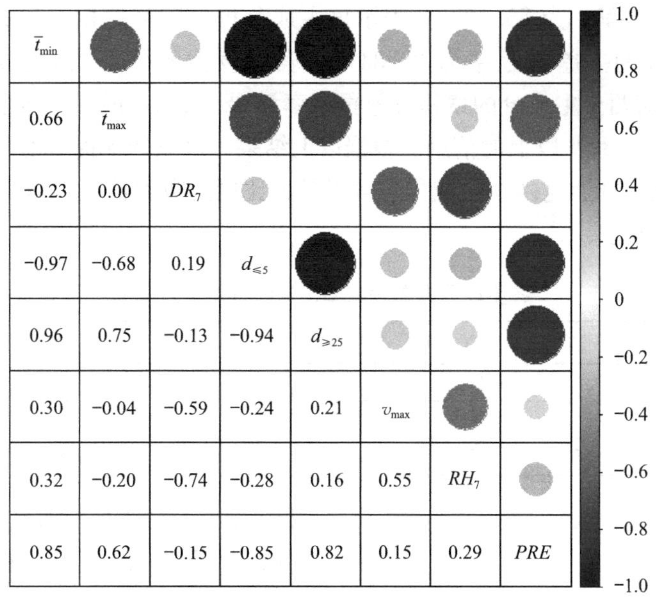

图 2-16　各气候参数间的相关性矩阵

主成分分析的步骤包括：

（1）初始变量标准化：对所有气象参数进行标准化处理，以确保各参数具有相同的尺度。

（2）计算协方差矩阵：计算标准化后的气象参数的协方差矩阵，该矩阵描述了各个参数之间的线性相关性。

（3）求协方差矩阵的特征值与相应的标准正交特征向量：通过对协方差矩阵进行特征值分解，得到特征值和相应的特征向量。特征值表示每个主成分的方差贡献程度，特征向量表示每个主成分的方向。

（4）计算方差及累积方差比例，选择主成分个数：通过计算特征值的贡献率和累积贡献率，选择合适的主成分个数。一般认为，当累积贡献率达到 80%以上时，可以由这些主成分来表征气候场的主要特征。

（5）计算主成分得分：通过将原始数据与所选择的主成分的特征向量进行线性组合，得到每个样本在主成分上的得分。

（6）分析主成分分析图：通过散点图或其他可视化方法，展示各个主成分之间的关系以及样本在主成分上的分布。

在选择主成分个数时，可以通过碎石图来辅助判断。当折线由陡峭突然变得平缓时所对应的个数即为提取主成分的个数。此外，特征值大于 1 也可以作为提取主成分的依据。

本书使用 R 语言进行主成分分析并绘制相关图形。关于主成分分析的理论和数学公式计算可参考文献［26］，在此不做详细介绍，仅对本节结果进行说明。

3. 主成分分析结果的气候表征

各主成分方差贡献率、累积方差贡献率见表 2-6，碎石图见图 2-17。从图表中可以看出，前两个主成分的特征值大于 1，说明这两个主成分可以较好地解释原始数据的方差。

第一主成分的方差贡献率为 55.70%，表示该主成分可以解释原始气象数据的 55.70%的信息。第二主成分的方差贡献率为 26.34%，表示该主成分可以解释原始气象数据的 26.34%的信息。前两个主成分的累积方差贡献率为 82.04%，说明这两个主成分共同反映了原始气候数据集中 82%以上的信息。根据以上结果，可以选择提取前两个主成分来表征所调研城市的气候特征。这两个主成分包含了较大比例的数据信息，可以用来代表原始气象数据集的主要特征。

各主成分方差贡献率、累积方差贡献率 **表 2-6**

分类	PC1	PC2	PC3	PC4	PC5	PC6	PC7	PC8
各主成分方差	4.46	2.11	0.52	0.35	0.31	0.15	0.10	0.01
方差贡献率(%)	55.70	26.34	6.51	4.38	3.85	1.89	1.22	0.11
累积方差贡献率(%)	55.70	82.04	88.55	92.93	96.78	98.67	99.89	100.00

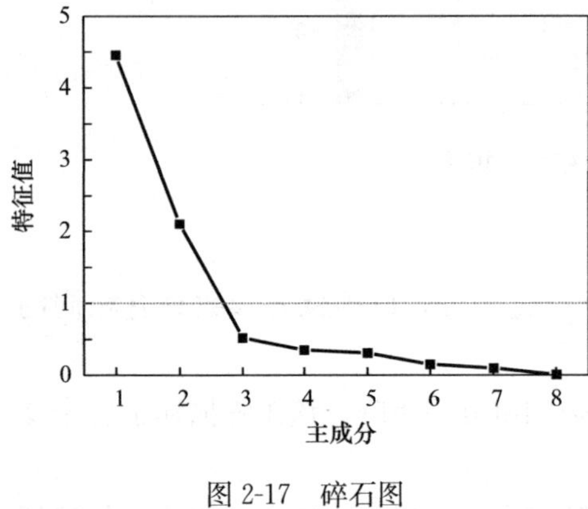

图 2-17　碎石图

根据表 2-7 的主成分载荷矩阵和图 2-18 的主成分载荷图，可以分析主成分与对应气象参数之间的相关性程度。主成分载荷矩阵表明了提取的两个主成分与原始气象要素之间的关系。每个主成分对应一列，其中的数值表示该主成分与对应气象要素之间的相关系数。某主成分中某一气象要素的载荷量越大，说明该主成分能更明显地反映该气象要素所表征的气候意义。主成分载荷图则可视化了主成分载荷矩阵的内容。图 2-18 中的每个箭头表示一个原始变量，箭头的方向和长度表示了该变量与主成分之间的相关系数及变量对主成分的贡献程度大小。箭头的方向可以显示变量与主成分之间的正负相关性，箭头的长度可以反映变量对主成分的贡献程度。

主成分载荷矩阵 **表 2-7**

气候参数	第一主成分(PC1)	第二主成分(PC2)
$\bar{t}_{min}$	0.970	0.107
$\bar{t}_{max}$	0.726	0.511
DR_7	−0.436	0.786
$d_{\leqslant 5}$	−0.920	−0.248
$d_{\geqslant 25}$	0.902	0.115
v_{max}	0.391	−0.725
RH_7	0.420	−0.768
PRE	0.899	0.159

根据图 2-18 的主成分载荷图，可以得到以下信息：

第一主成分（PC1）中载荷量大的气象要素是 $\bar{t}_{min}$、$\bar{t}_{max}$、$d_{\leqslant 5}$、$d_{\geqslant 25}$ 以及 PRE，这

些要素的载荷量均在 0.7 以上。PC1 与 $\bar{t}_{min}$、$\bar{t}_{max}$、$d_{\geqslant 25}$ 及 PRE 呈正相关，而与 $d_{\leqslant 5}$ 呈负相关。表明 PC1 主要反映了一个地区的冷热程度和降水情况。PC1 大的城市全年室外气温高，且高温持续时间长，年降水量较多；PC1 较小的城市最冷月气温低，全年低温天数较多，且年降水量少。

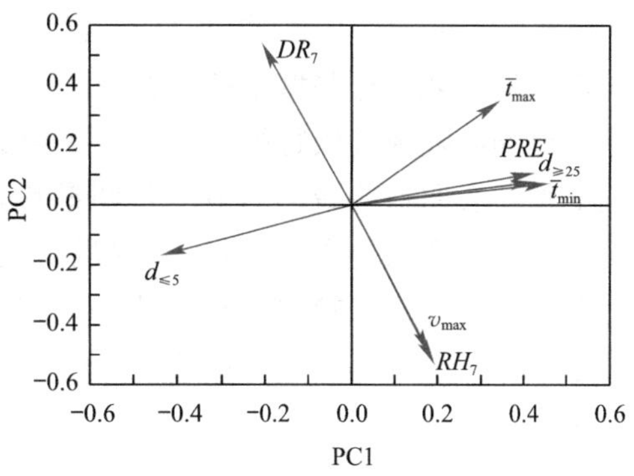

图 2-18 主成分载荷图

第二主成分（PC2）中载荷量大的气候要素为 DR_7、v_{max} 和 RH_7，这些要素的载荷量均在 0.7 以上。PC2 与 DR_7 呈正相关，与 v_{max} 和 RH_7 呈负相关。这说明 PC2 可以表征一个地区的昼夜温差、风力大小及相对湿度情况，这三个方面的气候特征可以很好地体现出一个城市受海洋性气候影响程度的大小。PC2 较大的城市气温日较差较大，风力较弱，相对湿度较低，表现出明显的大陆性气候特征；PC2 较小的城市昼夜温差较小，最热月的相对湿度较大且当地风力较强，反映了该地区受海洋影响较为明显。

在图 2-19 的主成分分析图中，不同的椭圆框区域表示不同分区（Cluster）的城市，圆形表示海岛城市。根据 PC1 和 PC2 的投影值，可以对城市进行分类。

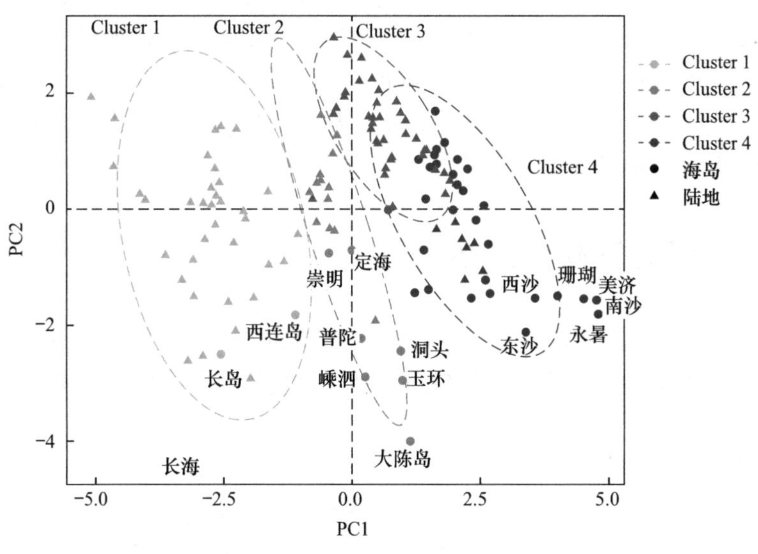

图 2-19 主成分分析图

其中，Cluster 1 中的城市（以北海海域海岛及沿海陆地城市为主）位于 PC1 的负半轴，表示这些城市的最冷月和最热月温度均较低，全年高温天数较少，降雨量较小。而长海和成山头受海洋影响更显著。Cluster 2 中的城市（以东海海域海岛和沿海陆地城市为主）在 PC1 坐标轴上的投影有正有负，但绝对值较小，表示这些城市的最冷月和最热月温度相对较中等。其中，Cluster 2 中的海岛城市普遍位于 PC2 的负半轴，表明这些地区气温日较差较小、风速和最热月相对湿度偏大，受到海洋气候影响较为明显，尤其是大陈岛。Cluster 3 中的城市（以东海海域的沿海陆地城市为主）大部分位于 PC1 和 PC2 的正半轴，表明这些城市的最热月和最冷月温度相对较高，但风力较小、相对湿度较低，更偏向陆地气候特征。Cluster 4 中的所有城市（以南海海域海岛为主）位于 PC1 的正半轴，表明这些城市的最冷月和最热月温度都是最高值，降水量相对较大。特别是，美济、南沙和永暑在 PC1 轴上的投影值更大，表示这些城市全年处于高温天气，相对湿度和风速较大，日较差很小。此外，图中还显示了 Cluster 3 和 Cluster 4 中的城市在主成分分析图中有部分重叠现象，这些城市需要进一步辅助其他指标进行详细的建筑气候区属研究。

通过基于气候特征的聚类分区结果，以及主成分分析图对各分区气候特征的直观展示，可以初步得出以下结论：

北海海域的海岛及沿海陆地城市具有相似的气候特征，可以归属到相同的建筑气候区，并纳入当前的建筑气候分区体系。这些城市受到亚欧大陆性气候的影响，室外气温较低，全年低温持续时间较长，降水量较少。

东海海域的海岛相较于陆地城市，受海洋性气候的影响更为明显。虽然冷热程度和降水情况与陆地城市之间差异不大，但全年最大风速更大，最热月相对湿度偏高。因此，东海海域海岛建筑在设计中，需要更加注重自然通风的设计。

对于南海海域的海岛，特别是分散在我国南海的远岸岛礁，气温与广东、广西等沿海陆地城市有明显不同。这些岛礁的全年气温波动不大，最冷月份气温较高，高温持续时间长且降水量明显更多，最大风速也更大。在这种湿热气候条件下，如果参考邻近省份（如广东、广西）陆地城市的建筑设计，会对建筑寿命和全年运行能耗产生较大影响。因此，需要为南海海域补充一个新的建筑气候区，提供相应的建筑气候参数，并明确该气候区内的建筑基本要求及建筑设计策略。

2.5 海岛建筑气候分区结果

本节运用 GIS 技术对我国海域海岛的气候参数进行空间插值和特征分析，给出了海岛的建筑气候分区图和分区表，为海岛的建筑设计和规划提供了重要的参考依据。

2.5.1 空间插值方法

在海岛建筑气象参数的空间特征分析中，利用 GIS 技术进行空间插值是关键的工作步骤。通过采用科学的算法和有限的沿海陆地和海岛地面气象台站观测数据，可以推算出无气象观测的海岛的气象参数值。

GIS 技术可以对观测数据进行空间化分析，通过空间插值方法来填补未知位置的数据。空间插值是根据已知的离散数据点的数值和空间位置，对未知位置的数值进行估算的方法。空间插值方法的选择取决于数据的性质、采用密度以及对精度和平滑度的要求，表 2-8 中是一些不同空间插值方法及其特点。根据不同的情况和目标，可以选择合适的插值方法进行空间外推分析，以推算无气象观测台站的气象参数值。

不同空间插值方法及其特点 表 2-8

方法	简介	优点	缺点
自然邻域法	又称为临近点插值法，是一种近似估计的方法。将未知点的值设为与其最近邻观测点相同的值	最简单的局部插值法，适用于站点密集的地区，且地区地形应大致相同	对逐渐变化的空间变量（如温度、降水）的插值不太适合，且对高程变化较大的区域误差很大
反距离权重法	使用距离的倒数作为权重，距离越近的点权重越大，将带有权重的已知点的数值进行加权平均，得到待插点的估计值	模型简单、便于理解、容易计算	对观测点的密度和分布敏感
样条函数法	通过多项式拟合样本点数据来产生平滑插值曲线，计算过程采用最小曲率的概念	能够产生平滑的插值结果，并且具有较高的精度，适用于各种数据插值问题，包括一维和多维数据	对数据点的分布要求较高，样本点稀少或小区域内插值要素的数值有较大变化时估计误差较大
趋势面法	将数据视为一个连续的表面并由一个多项式函数描述。通过拟合多项式函数，可以得到表面的系数，从而获得数据的整体趋势	能够揭示数据的整体趋势和变化规律，多项式的次数增加，拟合曲面与实际表面越接近	对数据的分布要求较高，并且在数据存在较大离群值或噪声时，拟合结果可能不准确
克里金法	以区域变化量理论为基础，利用半变异函数描述数值在空间的变异性，是对空间分布数据求最优、线性、无偏内插的估计	考虑了样本点在空间结构中随机分布的特点与空间自相关性，可以给出估计值误差范围	计算过程复杂且计算量大，需要人为选定半变异函数

国内外气象学领域对不同气象参数适宜的空间插值方法进行了广泛应用与分析。如李军等[36] 对中国 623 个气象站 1961—2000 年的逐月平均气温进行了空间插值，并利用交叉检验方法对插值精度进行了评估，结果表明考虑了海拔高度影响的普通克里金是最优空间插值方法。李新[37] 等对气象台站稀少且西北地区无气象台站的青藏高原地区 1961—1990 年最冷月平均气温进行空间插值对比分析，结果发现考虑高度影响的协同克里金插值表现出一定优势。石朋[38] 等采用常用的空间插值方法对降雨量进行插值分析，对比结果表明考虑高程信息的协同克里金方法的插值效果最优。朱芮芮[39] 等对无定河流域的降水量进行了插值和空间变异性分析，发现采用球面模型的普通克里金方法的整体插值效果最佳。

根据以上的研究和分析，不同气象参数在空间插值方法的选择上可能存在一定差异，结合研究结果，克里金法被认为是较适合的插值方法，特别是当数据中存在空间相关距离或方向偏差时。对于克里金法，需要进一步对其原理和过程进行分析，以选择最适合的模型进行空间插值。在具体应用中，还需要考虑数据的性质、采样密度、空间变异性以及对精度和平滑度的要求，以决定使用哪种克里金模型（如普通克里金、协同克里金等）和参数设置（如变异函数、变异距离等）。

克里金法的插值公式为：

$$\hat{Z}(s_o) = \sum_{i=1}^{N} \lambda_i Z(s_i) \tag{2-22}$$

式中 $Z(s_i)$——第 i 个位置处的测量值；

s_o——预测位置；

N——测量值数；

λ_i——第 i 个位置处的测量值的未知权重，用于表示位置 i 对位置 s_o 的影响程度。

权重系数的计算通常使用变异函数来进行，变异函数描述了空间相关性的特征。

克里金法的主要步骤包括：

(1) 数据的探索性统计分析：对已知数据进行分析，包括平均值、方差、空间相关性等统计指标的计算，以及通过图表和统计方法来探索数据的特点和规律。

(2) 变异函数建模：选择合适的变异函数来描述空间的相关性。常用的变异函数包括球型、指数型、高斯型等，其中球型模型是最常用的模型之一。通过拟合变异函数与已知数据的空间相关性来确定变异函数的参数。

(3) 创建表面：根据变异函数和已知权重系数，通过对每个位置进行加权综合的方式来生成预测表面。通常以栅格化的形式表现，形成空间插值的结果。

(4) 预测未知值：利用生成的预测表面，根据特定位置的权重系数，对未知位置进行预测并得到相应的数值。

综上所述，本研究采用普通克里金法的球型函数，利用已知的沿海陆地和海岛 30 年地面气象台站观测数据生成的 8 种区划指标气象参数，对无气象观测的海岛的气象参数进行空间插值，以获取我国领海范围内的气象参数数据。

2.5.2 区划指标的空间分布特征

插值后，采用分级云图的形式进行关键气候指标的空间特征分析。云图是一种图像化的表达方式，通过对云图进行合理分级，可以清晰地显示气候分区的指标阈值，从而帮助确定海岛建筑气候区的地理边界和区域，并比较海陆气候要素的差异。

图 2-20 中给出沿海及海岛地区的最冷月温度的分级云图。可见，我国各海域海岛最冷月平均温度分布与陆地较为一致，且温度带与纬度带走势相近。整体上从北向南温度逐渐升高，呈现出地带性分布特征。其中，渤海及黄海海域大部的海岛最冷月均温度均在 5℃以下，黄海南部至东海海域最冷月温度处于 5～15℃，南海海域最冷月气温也在 15℃以上，而南海南端的最冷月气温超过了 25℃。此外，该分级云图中－10℃、0℃、10℃这三条等温线分别代表了第Ⅱ、Ⅲ、Ⅳ建筑气候区的分界线，由此也可以判断海岛的气候区属。

图 2-21 给出沿海及海岛地区的年降水量分级云图。我国各海域海岛年降水量从北向南逐渐递增，呈现出地带性分布特征。其中，渤海及黄海海域大部海岛的年降水量在 1200mm 以下；东海海域年降水量处于 1500～1800mm；南海海域全年降水量在 1800mm 以上，且南沙群岛地区的年降水量均超过 2400mm。

从年日平均气温≤5℃的日数分布图（图 2-22）可以看出，环渤海地区海岛和黄海北部海岛全年气温低于 5℃的天数超过了 90 天，黄海南部海岛全年气温低于 5℃的天数在 30～90 天之间；从东海到南海海域的海岛，全年低于 5℃的天数不足 30 天；对于南海地区海岛，全年日平均气温没有低于 5℃的情况。从年日平均气温≥25℃的日数分布图 2-23

可以看出，北海海域大部的海岛日平均气温高于 25℃的天数均不超过 60 天；东海海域海岛全年超过 25℃的天数基本在 60～120 天；南海海域在 20°N 以北地区海岛，日平均气温高于 25℃的天数不超过 200 天，在 20°N 以南的海岛，日平均气温超过 25℃的天数在 200 天以上，特别是南沙群岛全年日均气温均在 25℃以上。

年最大风速和最热月气温日较差在海陆之间的差异较为明显。从年最大风速分布图 2-24 中可以看出，黄渤海连接处的辽东半岛地区，最大风速在 25m/s 以上；东海与黄海分界处年最大风速在 30m/s 以上；南海海域的海岛年最大风速均在 30m/s 以上。从最热月气温日较差分布图（图 2-25）中可以看出，我国北海海域、东海海域的海岛及沿海城市最热月气温日较差在 5～7.5℃，向内陆延伸日较差逐渐变大；南海海域海岛的最热月气温日较差均在 5℃以内，气温昼夜变化小。

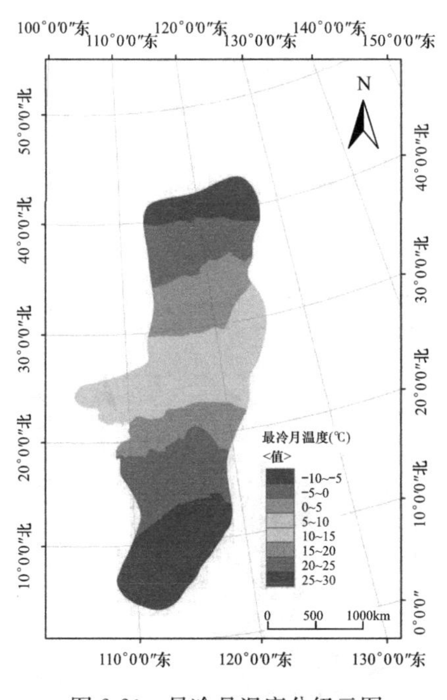

图 2-20　最冷月温度分级云图

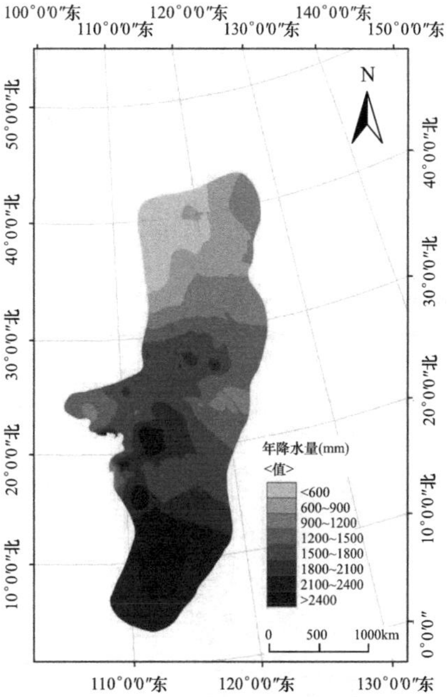

图 2-21　年降水量分级云图

结合基准住宅建筑模型，对不同海域海岛的建筑能耗特征进行分析。从年累积热负荷分布图（图 2-26）中可以看出，从北到南，基准住宅建筑的单位面积年累积热负荷逐渐降低，并且北海海域的热负荷变化较大，从黄海与东海分界（环渤海地区的海岛到长江口东北岸启东角到济州岛西南角连线），基准住宅建筑的年累积热负荷从 80kWh/(m^2 · a) 降至 40kWh/(m^2 · a)；东海及南海海域海岛的基准住宅建筑年累积热负荷均在 40kWh/(m^2 · a) 以下；特别是南海海域的东沙以南，所有海岛的基准住宅建筑全年无热负荷需求。从年累积冷负荷分布图（图 2-27）中可以看出，从北到南，基准住宅建筑的单位面积年累积冷负荷逐渐增多，北海海域的海岛单位建筑面积年累积冷负荷为 10～30kWh/(m^2 · a)；东海海域海岛冷负荷为 20～40kWh/(m^2 · a)；从南海与东海的分界线（广东省南澳岛与台湾岛南端鹅銮鼻一线）以南地区，海岛基准住宅建筑的年累积冷负荷变化显著，单位建筑面积的年累积冷负荷从 40kWh/(m^2 · a) 逐渐上升到 100kWh/(m^2 · a) 及以上。

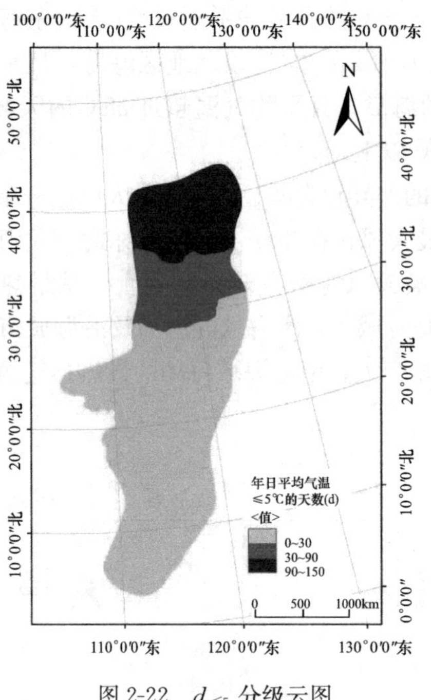

图 2-22　$d_{\leqslant 5}$ 分级云图

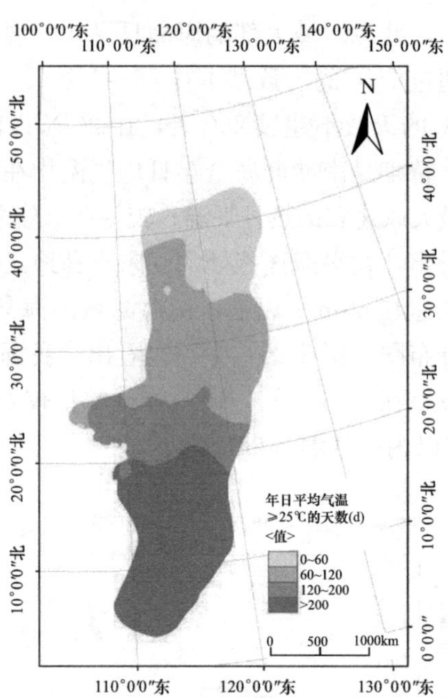

图 2-23　$d_{\geqslant 25}$ 分级云图

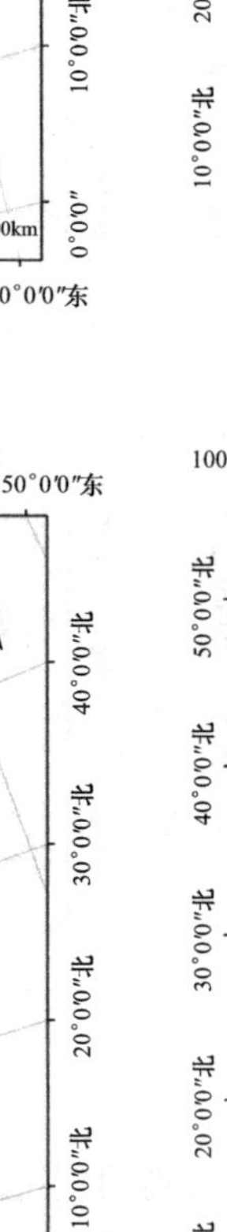

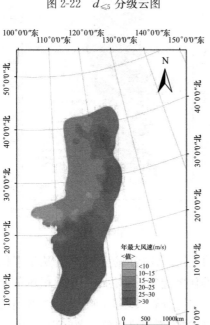

图 2-24　年最大风速分级云图

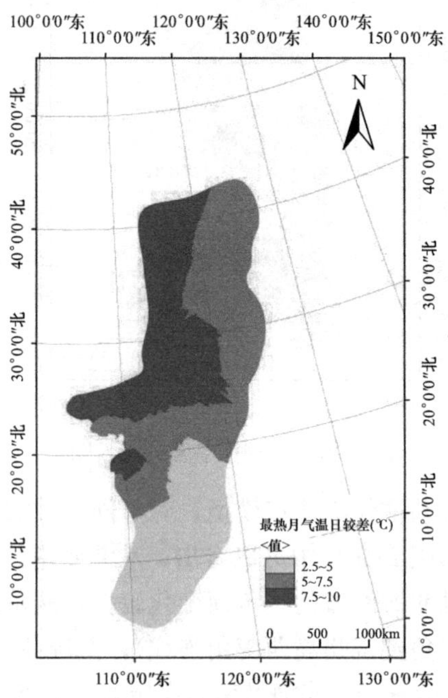

图 2-25　最热月气温日较差分级云图

从基准住宅建筑的单位面积年累积总负荷分布图 2-28 中可以看出，东海海域海岛的建筑年累积负荷最低；位于黄海的海岛以及南海广东省以南的海岛，年累积负荷为 60～80kWh/(m^2·a)；渤海以及南海中部的年累积负荷范围为 80～100kWh/(m^2·a)；南海最南端群岛建筑的年累积负荷最高，超过了 100kWh/(m^2·a)。

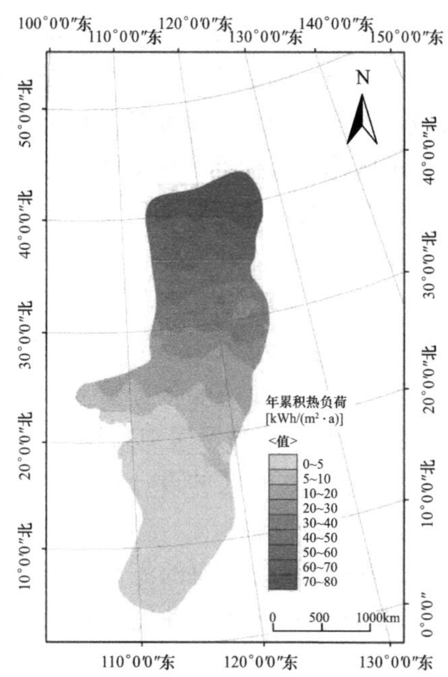

图 2-26 基准住宅建筑年累积热负荷分布图

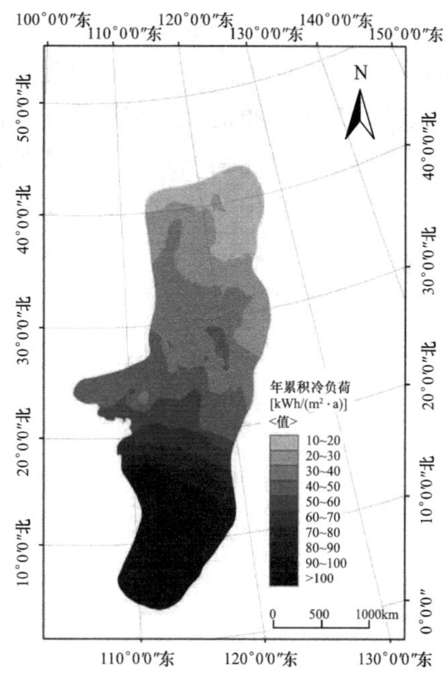

图 2-27 基准住宅建筑年累积冷负荷分布图

2.5.3 各海域海岛建筑气候归属

结合海岛建筑气候分级云图的空间特征分析，对各海域海岛建筑气候区属进行论述，气候区划专用气象参数数据集见本书附录 B：

（1）基于气候特征的海岛建筑气候聚类分析结果将北海海域的长海、长岛和西连岛与第Ⅱ建筑气候区的沿海省份陆地台站聚为一类，其中，西连岛与《标准》分级分区的结果不符；进一步结合能够表征能耗特征的建筑性能指标，长海、长岛和西连岛与第Ⅱ建筑气候区沿海省份陆地台站表现出较强的能耗相似性，表明西连岛可纳入第Ⅱ建筑气候区。再通过海岛与沿海城市的建筑性能指标对比，表明北海海域海岛没有进一步细化二级分区的必要性。最后，结合最新数据统计的最冷月气温分布情况，结论为：北海海域以江苏省的西连岛为界，在进行海岛建筑设计时，西连岛及其以北的海岛属于第Ⅱ建筑气候区，建筑的基本要求应符合《标准》中对第Ⅱ建筑气候区建筑的规定，应满足寒冷地区的热工设计指标，设计策略可参考邻近陆地城市。

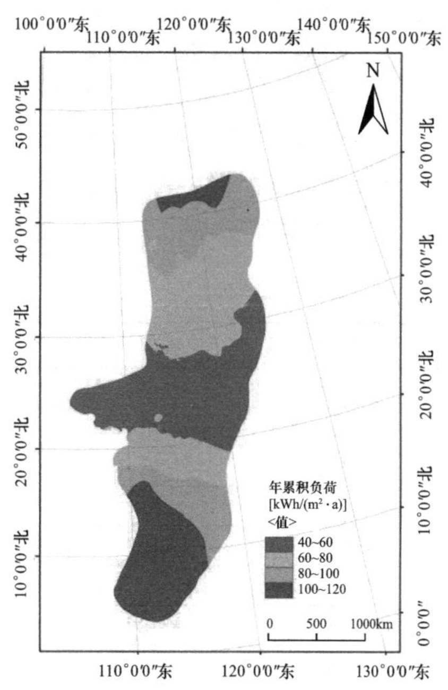

图 2-28 基准住宅建筑年累积负荷分级云图

（2）基于气候特征的海岛建筑气候聚类分析结果将东海海域的崇明、嵊泗、定海、普陀、大陈、玉环、洞头与第Ⅲ建筑气候区的沿海省份陆地台站聚为一类，这与《标准》分级分区的结果一致；且作为辅助的建筑性能指标也反映出这些城市的建筑能耗特征较为一致，表明以上海岛可纳入第Ⅲ建筑气候区。再结合海岛与沿海城市之间建筑性能指标的对比，说明这些海岛的纳入没有细化第Ⅲ建筑气候区二级分区的必要性。最后，结合最新数据统计的最冷月气温分布情况，结论为：东海海域以平潭岛为界，平潭岛及以北至西连岛以南的海岛，属于第Ⅲ建筑气候区，建筑的基本要求应符合《标准》中对第Ⅲ建筑气候区建筑的规定，应满足夏热冬冷地区的热工设计指标，在进行建筑设计时可参考第Ⅲ建筑气候区邻近陆地城市的设计策略。

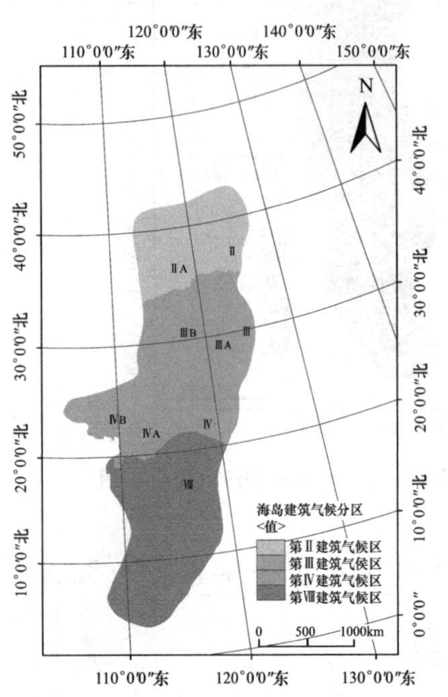

图 2-29　海岛建筑气候分区图
（彩图见文后插页）

（3）东海与南海海域的分界，本书以公认的广东省南澳岛为界。结合气候特征的聚类分区结果，以及建筑性能指标的辅助，东海海域平潭岛以南至南海海域南澳岛以北的海岛，属于第Ⅳ建筑气候区，建筑宜参考第Ⅳ建筑气候区的设计策略，应满足夏热冬暖地区的热工设计指标。

（4）南海海域南澳岛以南的海岛，聚类分区结果将其纳入新气候区；而建筑性能指标结果证明部分海岛（如南澳岛、涠洲岛、上川岛）与第Ⅳ建筑气候区内城市的建筑能耗特征相近，再结合分级分区的结果以及气象参数分级，将以上海岛纳入第Ⅳ建筑气候区。而以 20°N 的东沙为界，南海海域在 20°N 以南的海岛，需要补充定义一个新的建筑气候区，将南海海域岛礁纳入其中。

综上所述，图 2-29 给出了海岛建筑气候分区图，表 2-9 给出了海岛建筑气候分区表。

海岛建筑气候分区表　　**表 2-9**

海岛	省份	气候区属	东经（°）	北纬（°）	海拔（m）
长海	辽宁	Ⅱ	122.58	39.00	35.50
长岛	山东	Ⅱ	120.72	37.93	40.00
西连岛	江苏	Ⅱ	119.43	34.78	26.90
崇明	上海	Ⅲ	121.50	31.67	4.30
嵊泗	浙江	Ⅲ	122.45	30.73	80.00
定海	浙江	Ⅲ	122.10	30.03	36.00
普陀	浙江	Ⅲ	122.30	29.95	85.20
大陈	浙江	Ⅲ	121.90	28.45	86.00
玉环	浙江	Ⅲ	121.27	28.08	96.00
洞头	浙江	Ⅲ	121.15	27.83	68.60
平潭	福建	Ⅳ	119.78	25.52	32.00
涠洲岛	广西	Ⅳ	109.10	21.03	55.00
东山	广东	Ⅳ	117.50	23.78	53.30
南澳	广东	Ⅳ	117.03	23.43	8.00
上川岛	广东	Ⅳ	112.77	21.73	22.00

续表

海岛	省份	气候区属	东经（°）	北纬（°）	海拔（m）
东沙	海南	Ⅷ	116.43	20.40	6.00
琼山	海南	Ⅷ	110.37	20.00	9.90
海口	海南	Ⅷ	110.25	20.00	64.00
临高	海南	Ⅳ	109.68	19.90	31.70
澄迈	海南	Ⅳ	110.00	19.73	31.40
定安	海南	Ⅷ	110.33	19.67	53.30
文昌	海南	Ⅷ	110.75	19.62	21.70
儋州	海南	Ⅳ	109.58	19.52	169.00
屯昌	海南	Ⅳ	110.10	19.37	118.30
昌江	海南	Ⅷ	109.05	19.27	98.10
白沙	海南	Ⅳ	109.43	19.23	215.60
琼海	海南	Ⅷ	110.47	19.23	24.00
东方	海南	Ⅷ	108.62	19.10	8.00
琼中	海南	Ⅳ	109.83	19.03	250.90
万宁	海南	Ⅷ	110.33	18.80	39.90
五指山	海南	Ⅳ	109.52	18.77	328.50
乐东	海南	Ⅷ	109.17	18.75	155.00
保亭	海南	Ⅷ	109.70	18.65	68.60
陵水	海南	Ⅷ	110.03	18.55	35.20
三亚	海南	Ⅷ	109.52	18.23	6.00
西沙	海南	Ⅷ	112.33	16.83	5.00
珊瑚	海南	Ⅷ	111.62	16.53	4.00
南沙	海南	Ⅷ	114.22	10.23	—
美济	海南	Ⅷ	115.32	9.55	—
永暑	海南	Ⅷ	112.53	9.23	—

参考文献

［1］ 中国气象局国家气象中心．中国内海及毗邻海域海洋气候图集［M］．北京：气象出版社，1995.

［2］ 全国人民代表大会常务委员会．中华人民共和国海岛保护法［J］．新疆农垦科技，2010，27（7）：62-67.

［3］ 自然资源部．2017年海岛统计调查公报［R］．北京：自然资源部，2018.

［4］ 许长新．全国海岛县（区）产业发展报告（2012）［M］．北京：海洋出版社，2013.

［5］ 张然．中国县域海岛综合承载力与经济发展研究［D］．青岛：青岛大学，2016.

［6］ 广东省海岛资源综合调查大队．全国海岛资源综合调查报告［M］．北京：海洋出版社，1996.

［7］ 苏从先．气候大陆度的决定方法［J］．气象学报，1956（3）：99-114.

［8］ 林之光．渤海石油钻井平台上海洋性气候特征的研究［J］．海洋学报，1993，15（4）：

7-12.

［9］ 中华人民共和国自然资源部. 沿海行政区域分类与代码：HY/T 094—2022［S］. 北京：中国标准出版社，2022.

［10］ 许馨尹. 基于聚类分析的建筑气候分区模型及节能控制研究［D］. 西安：西安建筑科技大学，2023.

［11］ Gurrutxaga I，Albisua I，Arbelaitz O，et al. SEP/COP：An efficient method to find the best partition in hierarchical clustering based on a new cluster validity index［J］. Pattern Recognition，2010，43（10）：3364-3373.

［12］ 周世兵. 聚类分析中的最佳聚类数确定方法研究及应用［D］. 无锡：江南大学，2012.

［13］ Tasdemir K，Milenov P，Tapsall B . Topology-based hierarchical clustering of self-organizing maps［J］. IEEE，2011（3）：2107527.

［14］ 淦文燕，李德毅，王建民. 一种基于数据场的层次聚类方法［J］. 电子学报，2006，34（2）：258-262.

［15］ Vijaya P A，Murty M N，Subramanian D K . Efficient bottom-up hybrid hierarchical clustering techniques for protein sequence classification［J］. Pattern Recognition，2006，39（12）：2344-2355.

［16］ Chen X Y，Wang S N，Wang J M，et al. Representation subspace distance for domain adaptation regression［C］//International Conference on Machine Learning(PMLR)，2021，8：275-285.

［17］ David M J，Robert T，Duin P W . Feature scaling in support vector data descriptions［C］//8th Annual Conf. of the Advanced School for Computing and Imaging，Lochem(ASCI)，2000，6：250-262.

［18］ 韩胜娟. SPSS聚类分析中数据无量纲化方法比较［J］. 科技广场，2008（3）：229-231.

［19］ 叶宗裕. 关于多指标综合评价中指标正向化和无量纲化方法的选择［J］. 统计科学与实践，2003（4）：24-25.

［20］ Fovell R G，Fovell M C . Climate zones of the conterminous united States defined using cluster Analysis［J］. Journal of Climate，1993，11：101175.

［21］ 任雪松，于秀林. 多元统计分析［M］. 北京：中国统计出版社，2011.

［22］ Ward，Joe H . Hierarchical grouping to optimize an objective function［J］. Publications of the American Statistical Association，1963，58（301）：236-244.

［23］ Hao Z，Zhang X，Xie J，et al. Building climate zones of major marine islands in China defined using two-stage zoning method and clustering analysis［J］. 建筑学研究前沿：英文版，2021，10（1）：14-20.

［24］ Xiong J，Yao R，Grimmond S，et al. A hierarchical climatic zoning method for energy efficient building design applied in the region with diverse climate characteristics［J］. Energy and Buildings，2019，186（3R.）：355-367.

［25］ Szmrecsanyi B . Grammatical variation in british english dialects：A study in corpus-based dialectometry［J］. Semantic Scholar，2012，2：101017.

［26］ Unal Y，Kindap T，Karaca M . Redefining the climate zones of Turkey using cluster analysis

[J]. International Journal of Climatology，2003，23（9）：275-288.

[27] Demirmen F. A semiobjective method for condensing classifications [J]. Journal of the International Association for Mathematical Geology，1973，5（3）：285-296.

[28] Sarle W . Cubic clustering criterion [R]. A-108，Cary，NC：SAS Institute，1983.

[29] Caliński T，Harabasz J. A dendrite method for cluster analysis [J]. Communications in Statistics-theory and Methods，1974，3：1-27.

[30] Duda R O，Hart P E . Pattern classification and scene analysis [J]. IEEE Transactions on Automatic Control，2003，19（4）：462-463.

[31] Caliński T，Ja H. A dendrite method for cluster analysis [J]. Communications in Statistics - Theory and Methods，1974，3：1-27.

[32] 张慧玲. 建筑节能气候适应性的时域划分研究 [D]. 重庆：重庆大学，2009.

[33] 李本纳，林健枝. 地理信息系统与主成分分析在多年气象观测数据处理中的应用 [J]. 地球科学进展，2000，15（5）：7-16.

[34] 缪启龙，李兆之，窦永哲. 陕西省气候的主成分分析与区划 [J]. 地理研究，1988（2）：7-15.

[35] 缪启龙，李兆元，窦永哲. 主成分分析在气候区划中的应用 [J]. 南京气象学院学报，1987（4）：63-72.

[36] 李军，游松财，黄敬峰. 中国1961-2000年月平均气温空间插值方法与空间分布 [J]. 生态环境，2006，15（1）：6-12.

[37] 李新，程国栋，卢玲. 青藏高原气温分布的空间插值方法比较 [J]. 高原气象，2003，22（6）：9-15.

[38] 石朋，芮孝芳. 降雨空间插值方法的比较与改进 [J]. 河海大学学报：自然科学版，2005，33（4）：5-13.

[39] 朱芮芮，李兰，王浩，等. 降水量的空间变异性和空间插值方法的比较研究 [J]. 中国农村水利水电，2004（7）：4-9.

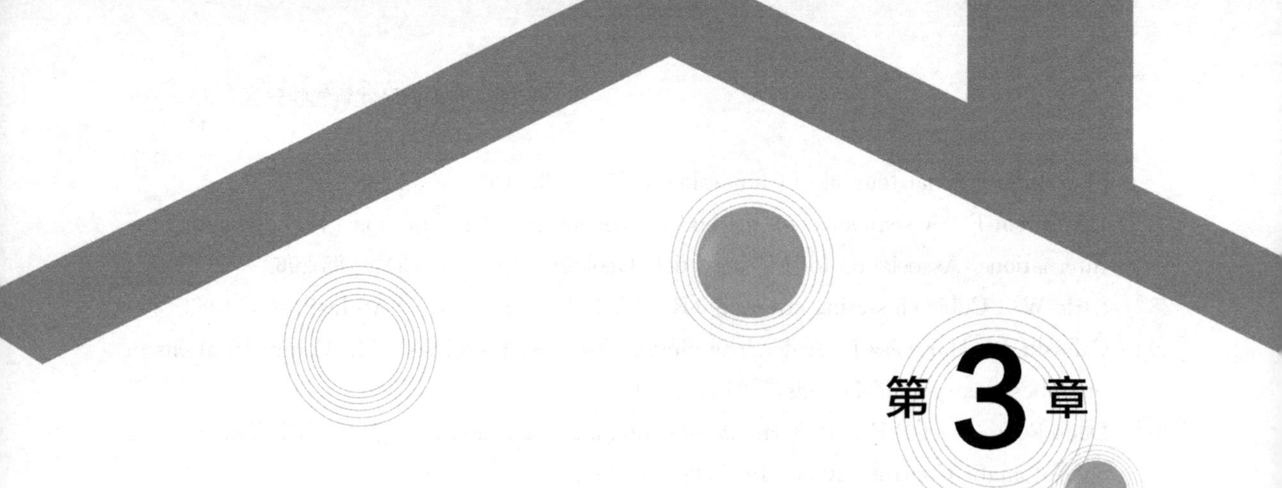

第3章

极端热湿气候区气候特征及建筑设计原则

南海海域参考现行建筑气候分区标准的区划指标及阈值，将定义为第Ⅷ建筑气候区。本章将明确第Ⅷ建筑气候区的定义及具体阐明该区的气候特征，并提出相应的海岛建筑设计策略。

3.1　极端热湿气候区定义及气候特征

第Ⅷ建筑气候区的近地表面的空气温度、相对湿度和太阳辐射参数的峰值和平均值常年处于地表极高值区间。因此，将该气候区命名为极端热湿气候区。

3.1.1　极端热湿气候区定义及区辖

参照现行建筑气候分区标准的区划指标及阈值，给出极端热湿气候区的气候指标阈值及所区辖台站，列于表3-1。

极端热湿气候区的分区指标及区辖城市　　表3-1

<table>
<tr><th rowspan="2">区名</th><th colspan="2">一级区区划指标</th><th rowspan="2">区辖城市</th></tr>
<tr><th>主要指标</th><th>辅助指标</th></tr>
<tr><td>极端热湿气候区</td><td>$\bar{t}_{min}\geq 18℃$</td><td>$d_{\geq 25}\geq 200$ 天</td><td>海口、三亚、东方、琼海、琼山、昌江、定安、文昌、乐东、保亭、万宁、陵水、西沙、珊瑚、东沙、南沙、美济、永暑</td></tr>
</table>

3.1.2　极端热湿气候区的气候特征

根据极端热湿气候区所辖城市的历年气候要素统计值，阐明该建筑气候区的基本气候特征。从各气候参数的统计结果来看：

（1）气温方面，如图3-1和图3-2所示。最冷月平均气温不低于18℃，最热月平均气温多数处于27～30℃之间；极端最高气温一般在40℃，个别地区可达43℃；气温年较差为2～11℃，年平均气温日较差为2～9℃，最热月的日较差均值基本在8℃以内；累年日平均气温高于或等于25℃的日数为200～365天，累年日平均温度稳定低于或等于5℃的日数为0。

（2）相对湿度方面，如图 3-3 和图 3-4 所示。年平均相对湿度为 82%左右，四季变化不大，相对湿度最低月的平均值也在 80%；雨量丰沛，年降雨日数为 130～220 天，年降水量大多在 1500～2500mm，是我国降水量最多的地区；年暴雨日数为 10～30 天，各月均可发生，主要集中在 7 月、12 月，暴雨强度大，部分地区日最大降雨量可达 600mm 以上。

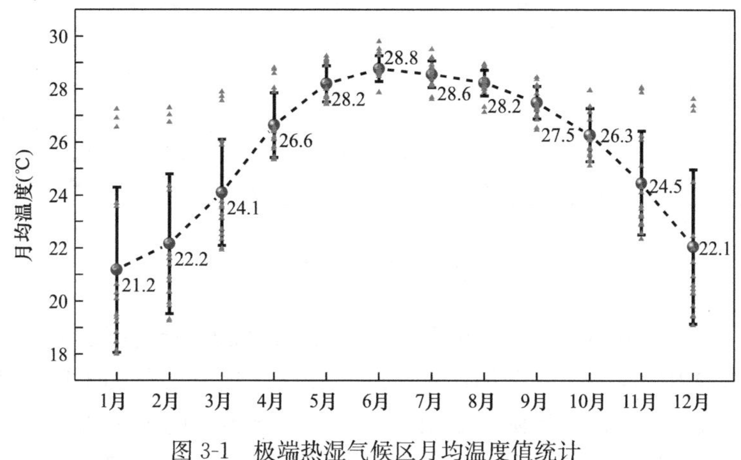

图 3-1　极端热湿气候区月均温度值统计

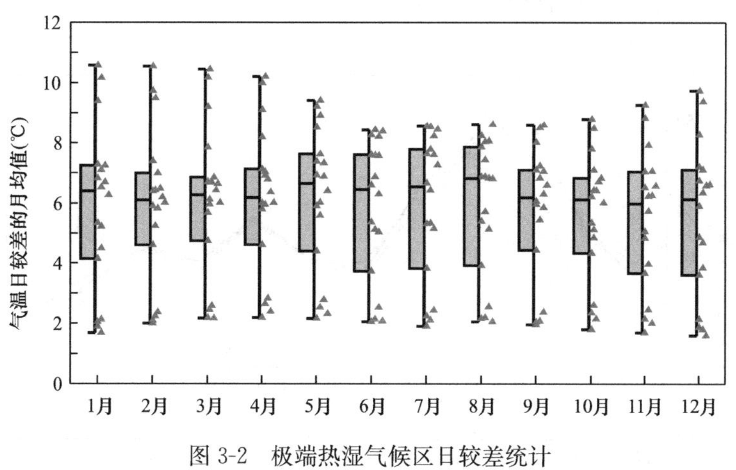

图 3-2　极端热湿气候区日较差统计

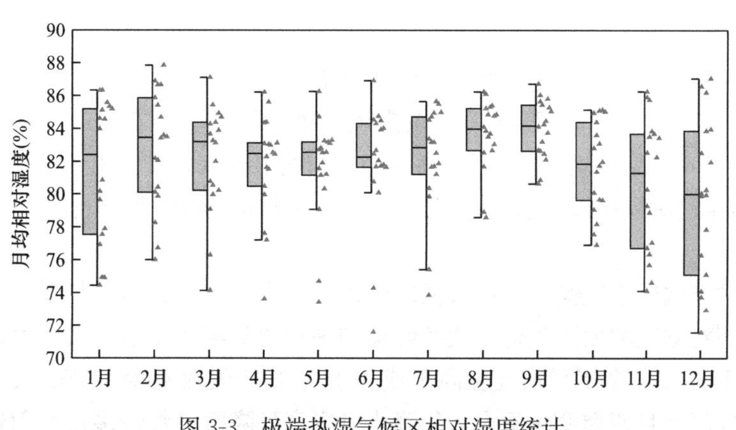

图 3-3　极端热湿气候区相对湿度统计

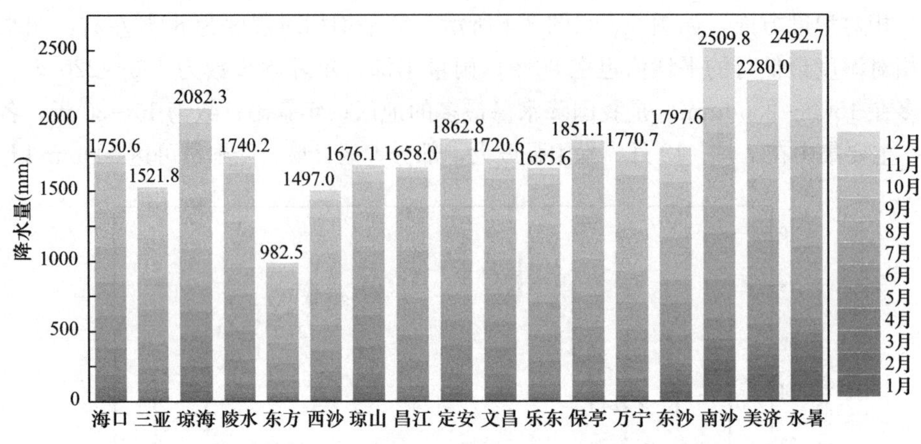

图 3-4　第Ⅷ建筑气候区降水量统计

（3）太阳辐射资源方面，如图 3-5 所示。年太阳总辐射量整体较第Ⅳ建筑气候区高，水平面太阳月总辐射能在 350～700MJ/m^2 范围内变化，且呈双峰形曲线，5 月和 7 月的总辐射月总量值偏高。南海远岸岛礁（如南沙、美济和永暑）的太阳辐射资源特征较为不同，3 月份的水平面太阳月总辐射量最高，5～8 月份相较其他城市明显偏小。年日照时数大多在 1800～3000h，年日照百分率为 40%～68%。

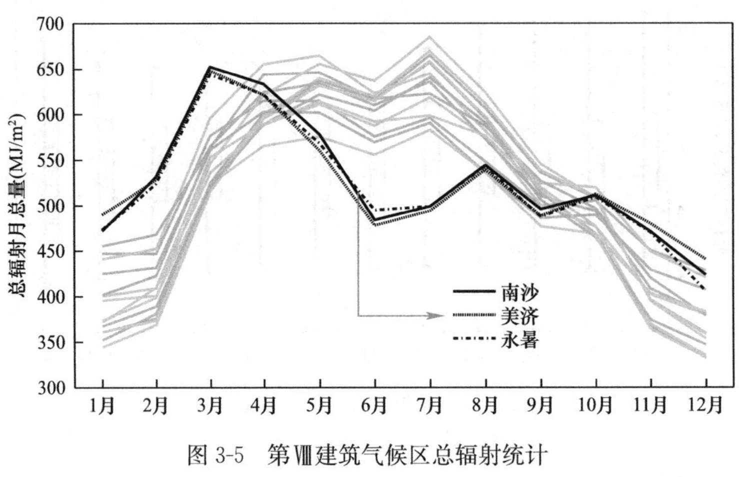

图 3-5　第Ⅷ建筑气候区总辐射统计

（4）风力资源方面，如图 3-6 所示。10 月至翌年 3 月普遍盛行东北风和东风，且风速偏高；4～9 月大多盛行南风、西南风和东南风。年平均风速为 3.5m/s，风速高于 5m/s 的频率在 35%～56%范围内。南海远岸岛礁的风速明显偏大，其中南沙群岛的平均风速在 7m/s 以上；历年逐时风速最大值可达 42m/s，且该建筑气候区所有台站历年最大风速均在 20m/s 以上。

根据以上对极端热湿气候区气候特征的分析，给出该区定义为：长夏无冬，近地表面的空气温度、相对湿度和太阳辐射参数的峰值和平均值常年处于地表极高值区间，最冷月平均气温不低于 18℃，全年平均气温高于或等于 25℃的天数不少于 200 天。该气候区年平均相对湿度较高，且四季变化不大，年降水量丰富且降雨日数较多；太阳辐射资源较丰

富，年日照时数较长；风力资源方面，10 月至翌年 3 月盛行东北风和东风且风速较高，4 月至 9 月盛行南风、西南风和东南风。

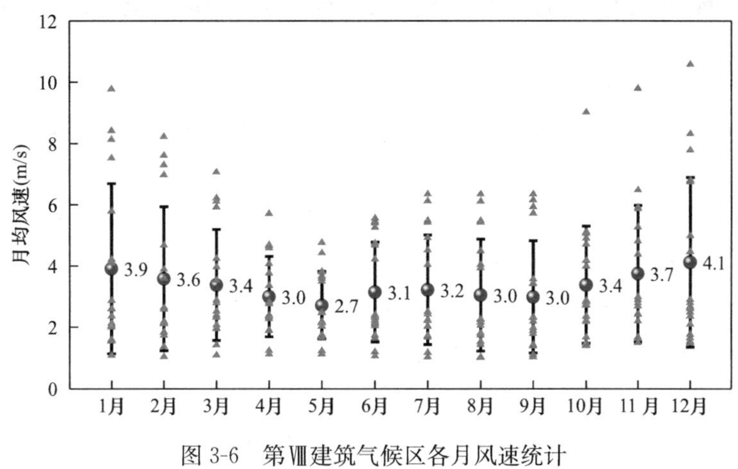

图 3-6　第Ⅷ建筑气候区各月风速统计

3.2　极端热湿气候区海岛建筑设计原则

该地区常年需要辅助机械除湿以及制冷才能满足人体热舒适的基本要求，且空调运行时间远长于内陆地区。因此应根据其高温、高湿和多雨的特点，选择适合的建筑形式、建筑材料和能耗控制措施。

3.2.1　海岛建筑基本设计原则

该区内的建筑基本要求及节能措施应符合以下规定：

（1）该区建筑物必须充分满足夏季防热、防雨要求，冬季可不考虑防寒保温。建筑物应设遮阳装置，尽可能避免建筑西晒。宜将建筑设计为架空楼板的轻质传统被动建筑，设计为高顶棚和可开式落地窗。

（2）该区建筑的总体规划、单体设计和构造处理应使建筑物开敞通透，可充分利用自然通风，以加快人体汗液蒸发，降低体温。在夏季温高湿重、室外风速较大的条件下，尽可能开窗通风增加室内风速，降低室内标准有效温度和操作温度，从而减少高温高湿给人体带来的不舒适问题。

（3）极端热湿气候区建筑物尚应注意防热带风暴和台风、暴雨袭击及盐雾侵蚀。对盐雾环境下的建筑墙体，应以阻湿流、抗盐分为建造原则，增加隔汽层，墙体最外层材料使用孔隙率小的材料，若是水泥砂浆则建议掺拌粉煤灰或矿粉。

3.2.2　建筑性能化设计的技术策略

设计初期的建筑方案决策对于建筑能耗和物理环境性能有重要影响[1]。在建筑设计初期，通过利用计算机辅助设计方法、绿色建筑性能模拟技术以及参数化设计工具，可以将性能目标纳入考虑范畴。但由于精细化的性能设计对时间成本、计算机的算力以及建筑设计人员的专业能力要求较高，因此在进行精细的性能化设计前，可以通过本节提供的方法和工具，以建筑能耗为评价指标，对关键设计参数进行初步分析，确定极端热湿地区热工设计参数的优先程度，以便设计师在方案阶段进行重要参数的性能化设计，更好地实现建筑节能效果。

1. 建筑热工性能评价指标

设供暖和制冷系统能效比分别为 η 和 EER，计算得到单位建筑面积供暖与制冷的年平均能耗总和，公式为：

$$E_{BED}=HLD/\eta+CLD/EER \tag{3-1}$$

式中 HLD——单位建筑面积的年累积热负荷指标，kWh/(m^2·a)；

CLD——单位建筑面积的年累积冷负荷指标，kWh/(m^2·a)；

E_{BED}——建筑物供暖空调年平均能耗指标，用于评估建筑整体热工性能。

该指标基于建筑年累积热负荷和冷负荷计算得出，考虑了外墙、屋面、外窗的传热系数，外墙、屋面的太阳辐射吸收系数以及外窗的太阳得热系数，同时该指标还考虑了建筑的体形系数等因素。在同一地区，E_{BED} 值能够直观准确地反映建筑整体的热工性能。该指标可以为后续的性能化设计和经济分析提供基础。E_{BED} 可以通过 BPT V1.0 工具计算得到。

2. 敏感性分析方法及模型参数选择

敏感性分析是一种通过对模型中的输入变量进行变化，观察输出变量的变化，并从定量分析的角度研究不同输入变量对输出变量的影响程度的方法。本节采用了扩展傅里叶幅度检验法（EFAST），以建筑能耗为目标，提炼出建筑性能优化设计中的关键设计参数。EFAST 方法是结合 Sobol 方法和傅里叶幅度法的一种新型全局敏感性分析方法。它基于 Fourier 级数展开，能够考虑输入变量之间的相互作用，并评估它们对输出变量的敏感性，用于确定模型中的关键输入变量，以进行模型优化。在 EFAST 方法中，通过分解模型结果的方差来计算敏感度系数，敏感度系数反映了模型计算结果对输入变量的敏感程度。

在建筑性能化设计中，有几个关键的技术要素需要考虑：围护结构的热工性能、无热桥的设计及施工、气密性、高效的新风热回收系统以及可再生能源应用等。围护结构的热工性能是一个重要的考虑因素，其中涉及以下设计参数：外墙和屋面的平均传热系数和壁面辐射吸收系数，外窗的平均传热系数和太阳得热系数，各朝向窗墙面积比及建筑体形系数等。通过优化这些设计参数，可以实现建筑的能耗降低和舒适性提升。主要参数的描述和参数取值范围见表 3-2。所选取参数同时也是 BPT V1.0 软件进行建筑能耗计算时的输入参数。模型的输出为建筑热工性能评价指标 E_{BED} 值，即为建筑物供暖空调年平均能耗指标。由于第Ⅷ建筑气候区仅有建筑冷负荷，故本案例利用建筑年累积冷负荷作为模型输出。

输入模型变量及取值范围 **表 3-2**

序号	输入参数	描述	分布方式	取值范围	离散步长	单位
1	U_{wall}	外墙传热系数	均匀分布	0.3～1.5	—	W/(m^2·K)
2	U_{roof}	屋顶传热系数	均匀分布	0.3～0.4	—	W/(m^2·K)

续表

序号	输入参数	描述	分布方式	取值范围	离散步长	单位
3	U_{window}	外窗传热系数	均匀分布	2.5～3.5	—	$W/(m^2 \cdot K)$
4	$SHGC$	太阳得热系数	均匀分布	0.1～0.6	0.1	—
5	α	外壁面辐射吸收系数	均匀分布	0.2～1.0	0.2	—
6	S/V	体形系数	离散分布	0.1～0.4	0.1	1/m
7	$WWR_{E/W}$	东西向窗墙比	离散分布	0～0.8	0.2	—
8	$WWR_{S/N}$	南北向窗墙比	离散分布	0～0.8	0.2	—
9	ACH	换气次数	均匀分布	0.2～1.0	0.2	h^{-1}

3. 基于年平均能耗指标的设计参数敏感性分析

本节以第Ⅷ建筑气候区的琼海和西沙为研究案例，进行建筑设计参数的敏感性分析。为了实施敏感性分析，本研究选用 SimLab 软件，这是一款由 Cédric J. Sallaberry 开发的用于敏感性和不确定性分析的非商业软件。建筑能耗模型模拟步骤如图 3-7 所示。

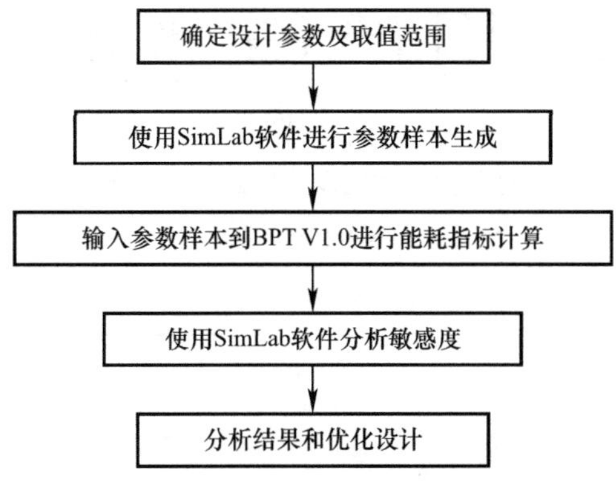

图 3-7　建筑能耗模型模拟步骤

首先，确定需要分析的设计参数及其取值范围；第二步，使用 SimLab 软件进行参数样本的生成，采用 EFAST 方法进行随机抽样，生成不同输入变量的组合作为建筑性能指标计算模型的输入参数；第三步，将参数样本作为输入，通过 BPT V1.0 标准计算工具计算建筑物供暖空调年平均能耗指标；最后，将 BPT V1.0 计算得到的结果作为输出，同参数样本组合输入 SimLab 软件中，进行敏感性分析。

通过上述过程，得到不同输入变量对输出变量的敏感性指标，包括一阶敏感性指数（表示该输入变量在其他变量保持不变的情况下对输出变量独立影响程度，如图 3-8 所示）和总敏感性指数（表示该输入变量对输出变量的总体影响程度，如图 3-9 所示），可以反映该地区各设计参数对建筑能耗的影响程度。总敏感性指数排序与一阶敏感性指数排序相比，部分参数之间的排序稍有不同，其原因是总敏感性指标考虑了不同设计参数之间的耦合作用，所以图 3-9 的结果更符合客观实际。从图中的总敏感性指数及各参数排序可得，处于第Ⅷ建筑气候区的琼海、西沙等代表性城市，南向及北向的窗墙面积比是对建筑能耗影响最显著的变量，其次是太阳得热系数，再者为体形系数、外壁面辐射吸收系数以及房间换气次数等参数。因此，在对第Ⅷ建筑气候区的建筑进行性能化设计时，应该首先对南北向的窗墙比以及建筑遮阳策略进行优化设计。

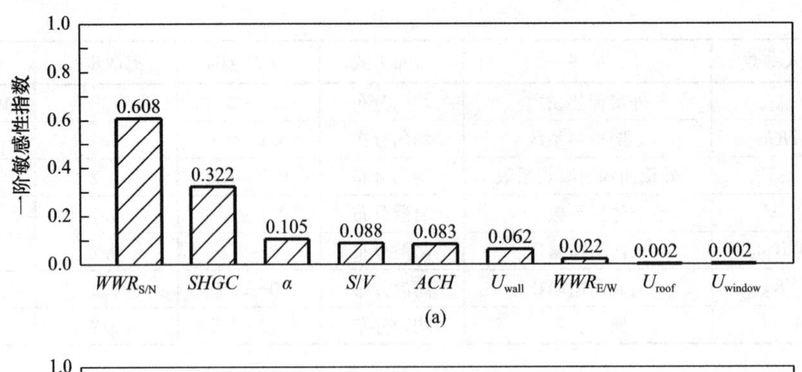

(a)

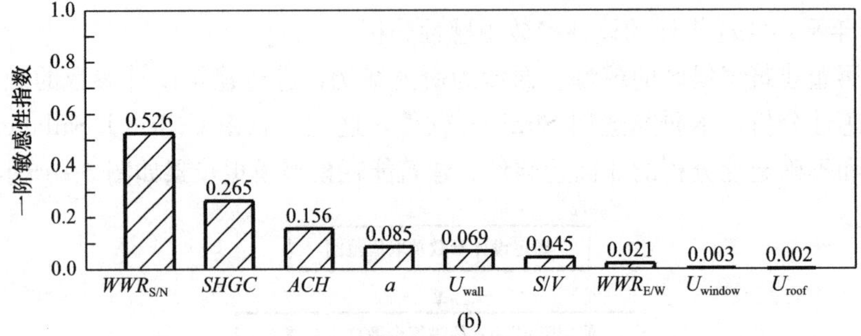

(b)

图 3-8　建筑热工性能设计参数一阶敏感性分析

（a）琼海；（b）西沙

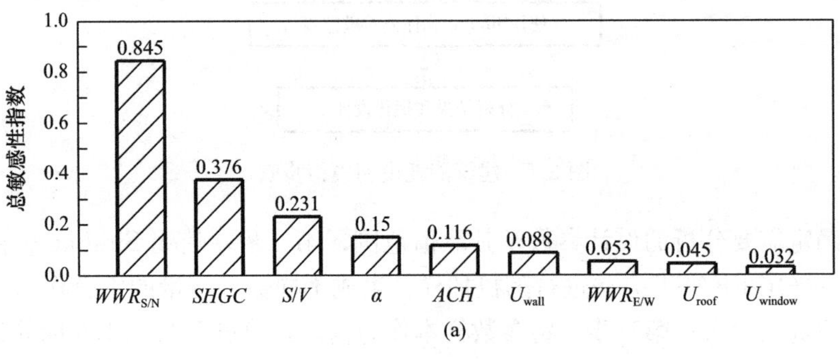

(a)

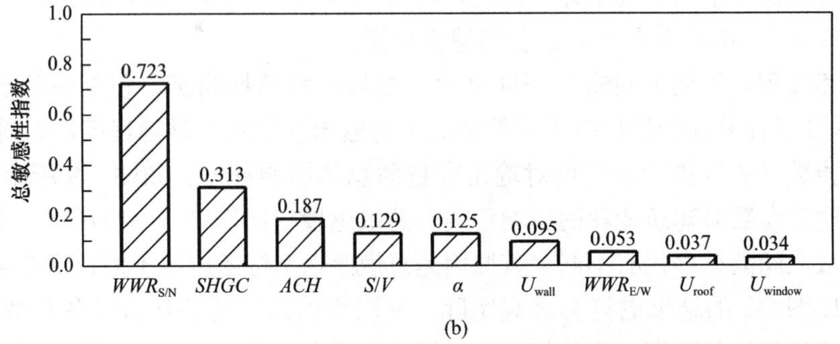

(b)

图 3-9　建筑热工性能设计参数总敏感性分析

（a）琼海；（b）西沙

参考文献

[1] 林波荣，李紫微. 面向设计初期的建筑节能优化方法［J］. 科学通报，2016，61（1）：113-121.

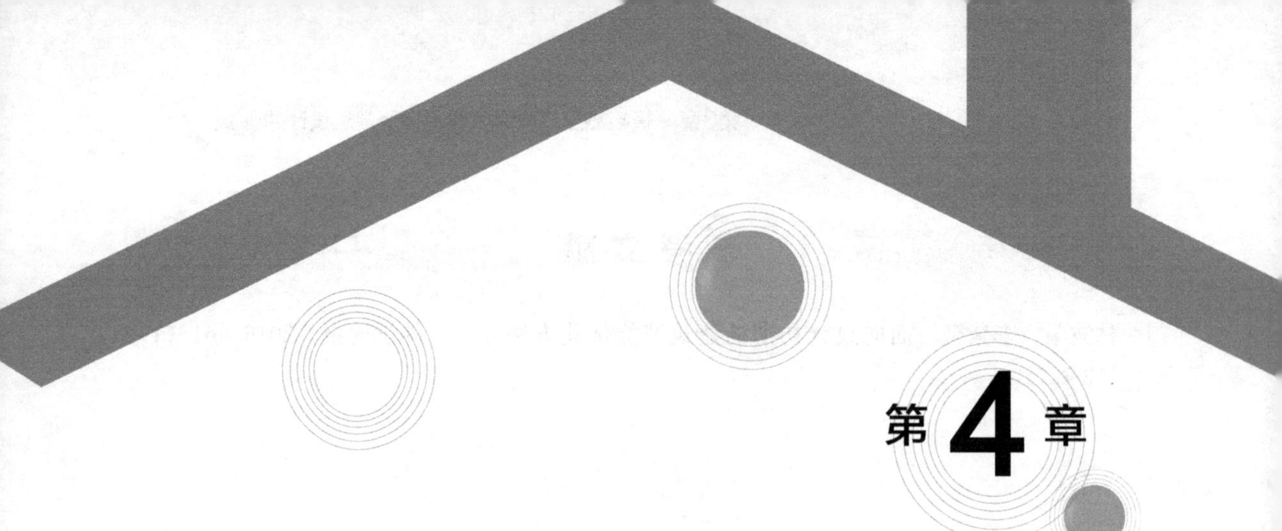

第4章

海岛建筑热工计算基本参数

建筑围护结构热工设计是保证室内热环境的重要措施。在建筑热工设计时，为保证建筑能满足室内基本热湿环境要求，必须考虑室外气候条件和室内设计基准。本章在综合考虑现行规范和前人学术成果的基础上，分别建立了适用于南海地区的水平面和垂直面太阳辐射推测模型，并给出低纬度地区夏季太阳辐射标准值。然后针对南海地区的高温、高湿、强辐射等气候特点，确定了极端热湿气候区建筑隔热设计及通风设计需求的室外设计计算参数，并生成了极端热湿气候区代表海岛的建筑能耗模拟用典型气象年。

4.1 室外气象参数

准确、全面的气象数据是建筑热工研究的基础。世界气象组织（World Meteorological Organization，WMO）规定，30年记录是获得气候特征的最短年限，并且近期的数据更具有代表性。因此，通过国家气象信息中心（National Meteorological Information Center，NMIC）获取了我国南海28个海岛城市从1985年至2014年这30年的原始地面观测数据，以此为基础建立极端热湿气候区的建筑气象数据参数集。

4.1.1 气象要素类型与数据质量控制

气象要素是表征大气和下垫面状态的物理量，包括空气温度、空气相对湿度、气压、降水、风速风向、日照、辐射、云量、能见度等。《建筑气候学》一书指出，从建筑热环境和气候设计的角度考虑，一个地区最基本的气候特征一般包括空气温度、相对湿度、降水量和太阳辐射等气象要素[1]；若需要全面反映一个地区的气候特征，还需提供的气象参数包括风速风向、度日数、日照率等气象要素及其统计值。进一步参考我国《建筑气候区划标准》GB 50178—1993 中与建筑专业相关的基本气象参数，本书最终选定的气象要素类型如表4-1所示，包括了本站气压、气温、相对湿度、降水量、风速风向、日照时数、太阳辐射等要素。

气象要素的类型及精度　　表 4-1

气象要素	术语缩写	单位	精度
气压	PRS	百帕(hPa)	±0.1
气温	TEM	摄氏度(℃)	±0.1
相对湿度	RHU	百分率(%)	±1
降水量	PRE	毫米(mm)	±0.1
风速	WIN	米每秒(m/s)	±0.1
风向	—	方位	—
日照时数	SSD	小时(h)	±0.1
太阳辐射	RAD	兆焦耳每平方米(MJ/m^2)	0.01

数据资料的来源与质量是进行建筑热工设计和节能设计时可靠性与准确性的重要保障。本书所采用的数据来自国家气象信息中心提供的中国地面气象观测数据，反映了距离地球陆地表面一定范围内的气象状况及其变化过程[2]，主要分为地面基本气象观测数据以及辐射观测数据。其中，气象观测站按承担的观测业务属性和作用又分为国家基准气象站（简称基准站）、国家基本气象站（简称基本站）和国家一般气象站（简称一般站）三类。基准站是根据国家气候区划以及气候观测系统的要求，为获取具有充分代表性的长期、连续气候资料而设置的气候观测站，是国家气候站网的骨干。基本站是根据全国气候分析和天气预报的需要所设置的气象观测站，大多担负区域或国家气象情报交换任务，是国家天气气候站网中的主体。一般站是按省（区、市）行政区划设置的地面气象观测站，获取的观测资料主要用于本省（区、市）和当地的气象服务，也是国家天气气候站网观测资料的补充。

地面基本气象观测数据集提供了气温、气压、相对湿度、风、降水等基本气象观测要素的一日 4 次定时（每天 2:00、8:00、14:00 和 20:00）数据以及部分气象要素的极值数据（如日最高最低气温）、日总量数据（如 20:00～20:00 时累计降水量、日照时数等），利用这些数据可以计算平均值、昼夜变化范围、度日数等统计值。辐射观测数据集提供了总辐射、净辐射、散射辐射、直接辐射和反射辐射等 5 个要素[3]，各要素均包括辐照度、曝辐量、最大辐照度及出现时间等观测内容，原始数据的状况列于表 4-2 中。此外，受限于南海地面气象观测台站数量，南海海域的东沙、美济、南沙、永暑的气象数据来源于中国气象局陆面数据同化系统（CLDASV2.0）产品数据集，包含了 2m 气温、2m 比湿、10m 风速、地面气压、降水、短波辐射 6 个要素，是利用地面、卫星等多种来源观测资料形成的融合数据。

原始数据状况　　表 4-2

要素类型	数据状况
本站气压	4 次定时值、日最高本站气压、日最低本站气压
气温	4 次定时值、日最高气温、日最低气温
降水	20:00～20:00 时累计降水量
相对湿度	4 次定时值、最小相对湿度
风向风速	4 次定时值、日最大风速及其风向、日极大风速及其风向
日照	全日日照时数
辐射	总辐射、净辐射、散射、直射、反射

数据质量控制是气象数据应用的前提，其目的是确保提供应用的数据资料符合各种要求（包括分辨率、连续性、均一性、代表性和时限等）。国家气象信息中心在发布地面气象观测数据之前已经进行了初步的质量控制，包括格式检查、气候界限值或要素允许值检查、台站气候极值检查、内部一致性检查、时间一致性检查，并对数据进行质量标识[2,4]。

本书通过气象观测数据的质量控制码初步判断数据质量，并对数据时段长度、连续性和观测项目的完整性进行检查和分析，发现所选台站中存在缺测、漏测、记录错误等现象，并且存在的类型也各不相同。因此，针对数据的应用需求，再次对所获取的气象数据进行严格的质量控制和处理，以确保数据质量。对于地面基本气象观测数据，依据《地面气象观测规范》系列标准[5] 中的规则对原始观测数据疑误或缺测的情况进行订正，对于不完整记录的统计所遵循的原则如表 4-3 所规定。

不完整记录的统计规定 **表 4-3**

统计项	缺测类型	统计方法
平均值的统计	一日中定时记录缺测 1 次或以上	该日不做日平均，但该日其他各定时记录仍参与各定时的月统计
	一月中某定时的记录缺测 6 次或以下	各定时按实有记录作月统计
	一月中某定时的记录缺测 7 次或以上	该月不做月统计，按缺测处理
	一年中有 1 个月或以上记录不做月统计	该年不做年统计，按缺测处理
总量值的统计	一月中降水量/日照时数缺测 6 天或以下	按实有记录做月合计
	一月中降水量/日照时数缺测 7 天或以上	该月不做月合计，按缺测处理
	一月中各项辐射曝辐量日总量缺测 9 天或以下	日总量的月平均=实有记录之和÷实有记录天数； 日总量的月合计=日总量的月平均×该月全部天数
	一月中各项辐射曝辐量日总量缺测 10 天或以上	该月不做月统计，按缺测处理
	一年中总量值项目因缺测有 1 个月或以上不做月合计	该年不做年合计，按缺测处理
极端值的统计	日极值有缺测	从各日实有的日极值中挑选月极值
	月极值有缺测	从各月实有的月极值中挑选年极值

4.1.2 气象数据逐时化方法

极端热湿气候区台站当中，记录数据多为 4 次定时或日值数据，本节将介绍利用这些数据生成逐时气象数据的具体方法。

对于温度、相对湿度、大气压力等一般气象要素，采用三次样条插值的方法对其进行逐时化处理；对于风速风向等气象要素，采用平均随机分布函数对其进行逐时化处理。

1. 一般气象参数逐时化

对于除风速风向以外的地面观测气象参数，如温度、相对湿度、大气压等具有日变化规律的气象参数，本研究利用三次样条插值的方法对其进行逐时化处理，这是由于三次样条插值具有二阶连续导数并且收敛性较好，可以获得光滑的插值曲线。

三次样条插值的定义如下：设 $[a, b]$ 上有插值节点，$a=x_1<x_2<\cdots<x_n=b$，对应函数值为 y_1，y_2，…，y_n。若函数 $S(x)$ 满足：(1) $S(x_i)=y_i$，$(i=1, 2, \cdots, n)$；

(2) $S(x)$ 在 $[x_i, x_{i+1}]$ 上都是不高于三次的多项式；(3) $S(x)$、$S'(x)$、$S''(x)$ 在 $[a, b]$ 上都连续。则称 $S(x)$ 为三次样条插值函数。通常在实际问题中，常常需要我们定义三次样条插值的端点的边界条件。常用边界条件有以下 3 类：第一类边界条件：给定端点处的一阶导数值，$S'(x_1)=y'_1$，$S'(x_n)=y'_n$；第二类边界条件：给定端点处的二阶导数值，$S''(x_1)=y''_1$，$S''(x_n)=y''_n$；特殊情况 $y''_1=y''_n=0$，称为自然边界条件；第三类边界条件是周期性条件，如果 $y=f(x)$ 是以 $b-a$ 为周期的函数，于是 $S(x)$ 在端点处满足条件 $S'(x_1+0)=S'(x_n-0)$，$S''(x+0)=S''(x_n-0)$。

本研究基于 Matlab R2014a 软件，通过编程对各参数进行逐时化处理。对于干球温度，由于其具备四次定时值与日最高最低值，本研究首先应用《中国建筑热环境分析专用气象数据集》[6] 的方法对温度划分区间，通过线性插值为日最高最低温度赋予对应时刻，定义三次样条一类边界条件为日最高最低温度处的一阶导数为零，进而对干球温度进行逐时化处理。对于相对湿度和大气压力，本研究采用自然边界条件进行逐时化处理。

本研究以中央气象台（www.nmc.cn）西沙永兴岛 2018 年 3 月 14 日 00：00 至 3 月 17 日 23：00 共计 96 个时刻的气象数据为真值，从中提取 2:00、8:00、14:00 和 20:00 时刻的干球温度、相对湿度、大气压力以及当天最高最低温度，通过上述方法进行逐时化，将得到的结果与真值对比进行逐时化的验证。以相对湿度为例，选取第 2、8、14、20、26、32、38、44、50、56、62、68、74、80、86、92、96 时刻的相对湿度，基于自然边界条件三次样条进行逐时化处理，得到各个时段三次样条函数见表 4-4。

各时段三次样条函数 **表 4-4**

表达式	$y=a(x+b)^3+c(x+d)^2+e(x+f)+g$						
时刻	a	b	c	d	e	f	g
$0 \leqslant x<2$	−0.000261	1	0.002760	1	−0.005933	1	0.78
$2 \leqslant x<8$	−0.000261	−2	0.000412	−2	0.003585	−2	0.78
$8 \leqslant x<14$	0.000704	−8	−0.004284	−8	−0.019644	−8	0.76
$14 \leqslant x<20$	−0.000750	−14	0.008390	−14	0.004992	−14	0.64
$20 \leqslant x<26$	0.000305	−20	−0.005109	−20	0.024677	−20	0.81
$26 \leqslant x<32$	−0.000053	−26	0.000379	−26	−0.003701	−26	0.84
$32 \leqslant x<38$	−0.000003	−32	−0.000379	−32	−0.004874	−32	0.82
$38 \leqslant x<44$	0.000239	−38	−0.000580	−38	−0.011804	−38	0.77
$44 \leqslant x<50$	−0.000309	−44	0.003729	−44	0.007089	−44	0.73
$50 \leqslant x<56$	−0.000160	−50	−0.001836	−50	0.018447	−50	0.84
$56 \leqslant x<62$	0.111718	−56	−0.004718	−56	−0.020876	−56	0.85
$62 \leqslant x<68$	−0.000721	−62	0.008207	−62	0.000059	−62	0.71
$68 \leqslant x<74$	0.000269	−68	−0.004777	−68	0.020640	−68	0.85
$74 \leqslant x<80$	−0.000124	−74	0.000067	−74	−0.007620	−74	0.86
$80 \leqslant x<86$	0.000456	−80	−0.002156	−80	−0.020159	−80	0.79
$86 \leqslant x<92$	−0.000498	−86	0.006059	−86	0.003257	−86	0.29
$92 \leqslant x<96$	−0.000498	−92	−0.002914	−92	0.022000	−92	0.82

逐时化结果如图 4-1～图 4-3 所示。通过 *DC* 确定系数对逐时化结果进行验证，确定系数公式如下：

$$DC = 1 - \frac{\sum_{i=1}^{n}[(\widetilde{y}(i) - y(i))^2]}{\sum_{i=1}^{n}[(y(i) - \bar{y})^2]} \tag{4-1}$$

式中　DC——确定系数；

$y(i)$——实测值；

$\widetilde{y}(i)$——计算值；

$\bar{y}$——实测序列平均值；

n——资料序列长度。

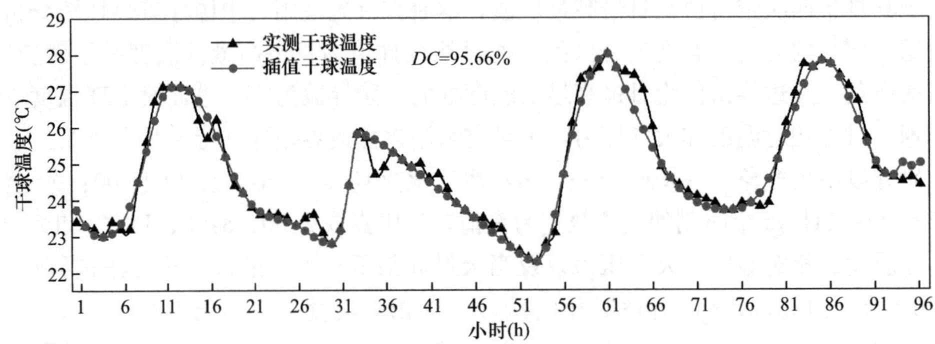

图 4-1　干球温度的逐时化

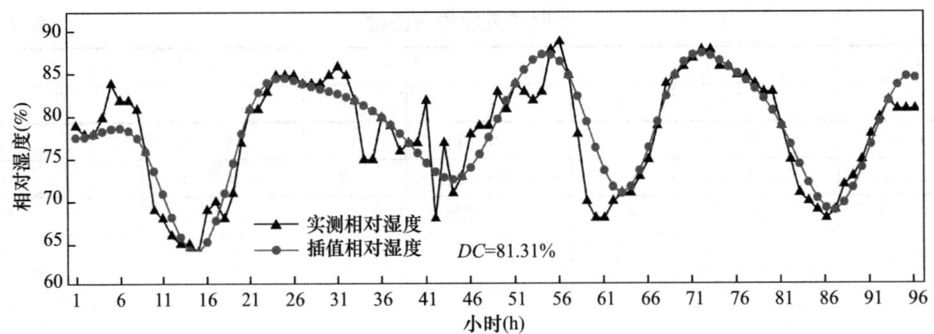

图 4-2　相对湿度的逐时化

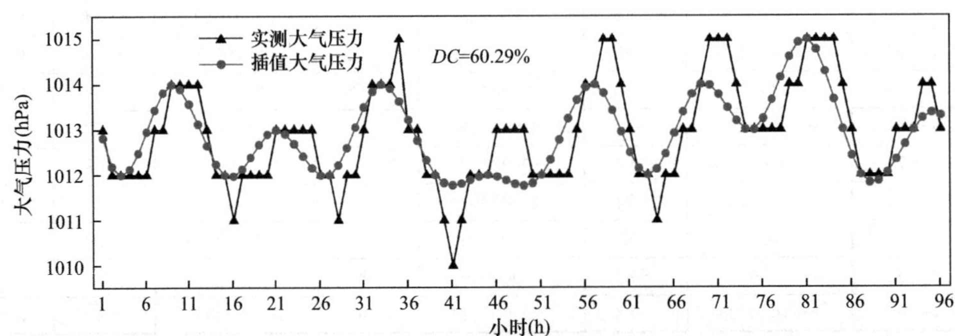

图 4-3　大气压力的逐时化

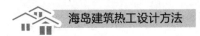

其中干球温度逐时化的 DC 值为 95.66%，相对湿度逐时化的 DC 值为 81.31%，大气压力逐时化的 DC 值为 60.29%。可以看出三次样条插值很好地拟合了气象参数的日变化特征，逐时化结果具有一定的准确性。其中大气压力逐时化的 DC 值较低是由于大气压力的单位较大，在本研究所获取的极端热湿气候区数据中大气压力的单位为 0.1hPa（1hPa=100Pa），插值效果将会提升。综上所述，本研究将以三次样条插值的方法，对极端热湿气候区的干球温度、相对湿度、大气压力进行逐时化。

2. 风速风向逐时化

由于风速风向具有较大的随机性，因此进行逐时化较为困难。在以往的研究中，《中国建筑热环境分析专用气象数据集》中未对风速风向进行逐时化处理。《建筑用标准气象数据手册》中风速风向记录时刻为 2:00、5:00、8:00、11:00、14:00、17:00、20:00、23:00 时刻，其逐时化方法为风向维持 3h 不变，风速采用直线内插，经四舍五入化为整数。《基于空间分布的建筑节能气象参数研究》中，假定风速和风向符合平均随机分布规律，进而对风速风向进行逐时化处理。本研究采用平均随机分布的方法对极端热湿气候区的风速风向进行逐时化处理，利用下式得到逐时风速风向：

$$v_i = \bar{v}(1+\xi) \tag{4-2}$$

$$W = 180(1+\xi) \tag{4-3}$$

式中　v_i——逐时风速，m/s；

W——逐时风向，°；

$\bar{v}$——逐日平均风速，m/s；

ξ——范围在［−1，1］、平均值等于 0、方差为 1/3 的平均随机分布函数。

4.1.3　气候参数的统计方法及取值

气候参数是根据各气象要素一段时间的历史观测数据按一定方法统计得到的结果，如平均值、年总值等，各气候参数的统计结果可以体现一个地区的主要气候特征，是进行建筑热工设计的数据基础。

气候参数的统计年限长，所得的气候参数值就比较稳定，也更有代表性。世界气象组织规定，30 年记录是获得气候特征的最短年限，并且近期的数据更具有代表性；我国《地面标准气候值统计方法》GB/T 34412—2017[7] 也规定，气候值至少包含连续 30 年期间的气象要素累年统计值。因此，本书选用 1985—2014 年的气象记录资料进行整理和统计分析，表 4-5 给出了气候参数统计值。

气候参数统计值　　　　**表 4-5**

气象要素	统计项目
气压	年（月）平均气压
气温	年（月）平均气温、气温年较差、年平均气温日较差、年极端最高气温、年极端最低气温、全年日平均气温≤5℃的天数、全年日平均气温≥25℃的天数
相对湿度	年（月）平均相对湿度
降水	年降水量、年最大日降水量
风	年（月）平均风速、年（月）最多风向及其频率
日照	年（月）日照时数、年（月）日照百分率

1. 统计方法的确定

《地面标准气候值统计方法》GB/T 34412—2017[7] 和《气候资料统计方法 地面气象辐射》QX/T 535—2020[8] 中对气候值的统计方法作了基本规定，本书对相关气候参数的统计计算主要参考这两部标准。气候值的统计分为累年统计值和历年统计值两类，历年统计值是指逐年值，特指整编气象资料时，所给出的以往一段连续年份中每一年的某一时段的平均值、总量值或极值；累年统计值是指基于历年观测和统计资料计算的统计值，即以往一段连续年份累积后的平均值，包括多年平均值及极值等。对于统计时段的定义见表 4-6。

气象要素统计时段的规定 **表 4-6**

时段	统计时段说明
日	日照用真太阳时，以 0 时为日界
月	按公历法各月由 28～31 天组成，1 年分为 12 个月
春夏秋冬四季	以公历 3～5 月为春季，6～8 月为夏季，9～11 月为秋季，12～翌年 2 月为冬季
年	按公历法，1 年由 365～366 天组成，由 1 月 1 日至 12 月 31 日

（1）历年统计值

平均值的统计：气压、气温、相对湿度、风速等要素的统计数据包括处理得到的历年日平均值、月平均值和年平均值。其中日平均值为该日相应要素的定时值之和除以定时次数而得；月平均值为该月各日值（日平均值或日极值）的月合计值除以该月的日数而得；年平均值的统计是一年中各月的合计值相加除以 12。日、月、年平均值，所取小数位与相应要素记录的规定位数相同。

总量值的统计：降水量、日照时数等要素的统计数据包括历年的月总量值和年总量值。其中，月总量是由该月相应要素的逐日总量值累加而得；年总量值为 12 个月月总量值累加。

其余值的统计：最高、最低气压和气温的月极值及出现日期，分别从逐日最高、最低值中挑取，并记录其相应的出现日期；最大风速和极大风速的月极值及其风向、出现日期，分别从逐日的日极值中挑取，并记录其相应的出现日期和时间；降水量的月极值及其出现日期，分别从各日记录中挑选。

（2）累年统计值

累年月平均值，由历年该月平均值平均求得；累年年平均值，由累年月平均值平均求得；累年平均某月总量值，由历年该月总量值平均求得；累年平均年总量值，为 12 个月的累年平均月总量值之和；累年月极值，从历年月极值中挑选，并记录极值出现的日期、年份；累年年极值，从累年月极值中挑选，并记录极值出现的日期、月份和年份。极值计算项有最大风速和极端最高/最低温度。

（3）气温日/年较差计算

气温日较差是气温在一昼夜内最高值与最低值之差；气温年较差由最高月平均气温减最低月平均气温得到。

（4）有关风向的统计

在与风向有关的统计中，风向按 N、NNE、NE、ENE、E、ESE、SE、SSE、S、SSW、SW、WSW、W、WNW、NW、NNW 16 个方位和静风 C 进行统计。

各风向月平均风速：根据各定时风向风速，先统计出各风向每日 4 次定时（2:00、8:00、14:00、20:00 时）记录的风速合计出现次数，再分别相加求出月合计值，两者之比计算得出；各风向的年平均风速，由该风向的风速年合计与该风向年出现次数之比得出；各风向月频率：表示月内该风向的出现次数占全月各风向（包括静风）记录总次数的百分比。其中，风向频率取整数。某风向未出现，频率栏空白；频率小于 0.5，记 0。各风向年频率，由该风向年出现次数与全年各风向记录总次数之比得到。

2. 大气压统计结果

统计南部海岛 1985—2014 年这 30 年与大气压有关的下列各项，并列于表 4-7。

年平均本站气压：历年年平均气压的累年平均值；

夏季平均大气压：累年 6 月、7 月、8 月三个月的月平均气压的平均值；

冬季平均大气压：累年 12 月、1 月、2 月三个月的月平均气压的平均值。

代表海岛大气压相关统计值　　　　**表 4-7**

序号	台站	大气压力(hPa)		
		年平均	夏季平均	冬季平均
1	南澳	1008.0	999.0	1016.0
2	上川岛	1010.2	1003.0	1017.0
3	涠洲岛	1005.2	997.9	1012.0
4	琼山	1010.1	1003.3	1016.7
5	海口	1008.0	1001.1	1014.5
6	临高	1007.7	1000.9	1014.2
7	澄迈	1007.6	1000.8	1014.1
8	定安	1008.4	1001.7	1015.0
9	文昌	1008.6	1002.0	1015.0
10	儋州	992.0	985.6	998.0
11	屯昌	998.0	991.6	1004.1
12	昌江	999.4	993.2	1005.4
13	白沙	986.3	980.2	992.1
14	琼海	1008.2	1001.7	1014.5
15	东方	1009.8	1003.5	1016.0
16	琼中	983.1	977.0	988.8
17	万宁	1009.6	1003.2	1015.7
18	五指山	974.3	968.8	979.4
19	乐东	992.8	987.2	998.1
20	保亭	1003.6	997.6	1009.2
21	陵水	1009.3	1003.2	1015.1
22	三亚	1001.1	995.4	1006.5
23	西沙	1009.8	1005.1	1014.6
24	珊瑚	1009.9	1005.1	1014.8
25	美济	1009.3	1008.4	1010.2
26	永暑	1009.1	1008.0	1010.3
27	东沙	1011.2	1005.6	1016.7
28	南沙	1009.4	1008.2	1010.7

3. 温度统计结果

统计南部海岛 1985—2014 年这 30 年中与气温相关的下列各项，并列于表 4-8。

最热月月平均干球温度：累年各月月平均干球温度中的最高值。

最冷月月平均干球温度：累年各月月平均干球温度中的最低值。

全年平均干球温度：历年年平均干球温度的平均值。

干球温度年较差：最热月月平均干球温度减去最冷月月平均干球温度所得的差值。

干球温度全年平均日较差：累年年平均最高干球温度与累年年平均最低干球温度之差。

极端最高干球温度：历年各月极端最高干球温度中的最高值。

极端最低干球温度：历年各月极端最低干球温度中的最低值；东沙、美济、南沙、永暑 4 个海岛来源于 CLDASV2.0，未提供极端温度数据，故表中未涉及。

最热月 14:00 时平均干球温度：历年最热月 14:00 时平均干球温度的平均值。

日平均气温≤5℃（≥25℃）的日数：以累年逐旬平均干球温度内插得出干球温度≤5℃(≥25℃）间的日数。

从气温统计结果中可以看出，南部各岛的气温较高，气温最低的 1 月或 2 月，月平均气温均在 13.6℃以上，西沙群岛的最低月均温度高达 23℃。在夏季，南海地区气温最高值超过 29℃。

代表海岛温度相关统计值 **表 4-8**

序号	台站	干球温度（℃）								$d_{\leqslant 5}$（天）	$d_{\geqslant 25}$（天）
		最热月	最冷月	年平均	年较差	日较差	极端最高	极端最低	最热月 14:00 时		
1	南澳	27.8	14.4	21.8	13.3	28.9	37.8	2.5	29.7	1	140
2	上川岛	28.5	15.3	22.9	13.2	28.9	37.0	3.8	30.3	0	172
3	涠洲岛	29.2	15.4	23.3	13.7	27.8	35.8	3.4	30.6	2	182
4	琼山	28.8	18.0	24.5	10.8	28.2	38.7	6.2	32.1	0	206
5	海口	28.8	18.0	24.4	10.8	28.5	39.6	6.4	32.8	0	205
6	临高	28.6	17.6	24.0	11.1	30.6	40.3	2.6	32.3	0	193
7	澄迈	28.4	17.8	24.1	10.6	31.8	41.1	2.0	32.8	0	196
8	定安	28.7	18.1	24.4	10.6	29.3	39.7	5.0	32.7	0	203
9	文昌	28.5	18.5	24.4	10.1	28.1	38.7	4.2	31.8	0	200
10	儋州	28.0	17.8	23.9	10.2	30.5	40.2	3.7	32.2	0	188
11	屯昌	28.2	18.0	24.1	10.2	29.6	39.5	3.8	32.4	0	193
12	昌江	28.8	19.4	25.0	9.4	29.0	40.2	5.4	32.8	0	213
13	白沙	27.3	17.6	23.4	9.7	31.6	40.6	0.4	31.9	0	166
14	琼海	28.6	18.8	24.7	9.8	28.1	39.2	6.3	32.3	0	208
15	东方	29.5	19.2	25.3	10.3	24.6	36.5	6.4	31.5	0	220
16	琼中	27.1	17.4	23.2	9.7	30.1	38.2	1.5	31.2	0	159
17	万宁	28.7	19.5	25.0	9.2	25.3	37.3	7.2	31.5	0	217
18	五指山	26.3	18.5	23.2	7.8	28.7	37.5	1.8	30.1	0	141
19	乐东	27.6	20.1	24.7	7.5	27.5	38.6	4.4	31.5	0	207

续表

序号	台站	干球温度（℃）								$d_{\leqslant 5}$（天）	$d_{\geqslant 25}$（天）
		最热月	最冷月	年平均	年较差	日较差	极端最高	极端最低	最热月14:00时		
20	保亭	27.7	20.3	24.8	7.4	27.8	38.9	4.8	31.4	0	209
21	陵水	28.4	20.6	25.4	7.7	23.8	37.4	7.5	31.3	0	227
22	三亚	28.2	21.3	25.6	6.9	21.5	35.9	8.3	30.6	0	227
23	西沙	29.1	23.6	27.1	5.6	14.2	34.5	16.5	30.8	0	284
24	珊瑚	29.2	23.7	27.1	5.5	16.0	37.3	16.4	31.7	0	288
25	东沙	28.9	21.3	25.7	7.6	2.2	—	—	29.9	0	222
26	美济	29.1	27.2	28.1	0.9	2.5	—	—	30.4	0	365
27	永暑	29.0	26.6	27.9	1.6	2.0	—	—	30.0	0	364
28	南沙	29.1	26.9	28.0	1.3	2.2	—	—	30.3	0	365

4. 降水量及相对湿度统计结果

统计南部海岛1985—2014年与降水量以及相对湿度有关的下列各项，并列于表4-9中。

平均年总降水量：历年年降水量的平均值；

日最大降水量：历年一日最大降水量中的最大值；

最热月平均相对湿度：累年各月平均气温中最高值出现月份的平均相对湿度；

最冷月平均相对湿度：累年各月平均气温中最低值出现月份的平均相对湿度；

最热月14:00时平均相对湿度：历年最热月14:00时平均相对湿度的平均值。

降水量反映了一个地方的干湿程度，对建筑而言，降水量与降水强度关系到屋面、墙面等建筑外围护结构的设计。从降水量的统计结果看，南海海岛雨量充沛，大部分在1500mm以上，最南端海岛能达到2500mm，干季与雨季分明，存在旱涝现象，暴雨现象多。相对湿度的分布特征与气温、降水、海面蒸发等因素密切相关。从相对湿度统计结果可以看出，夏季一般高于冬季，南海几乎全年在80%以上。

代表海岛降水量及相对湿度相关统计值 **表4-9**

序号	台站	降水量(mm)		相对湿度(%)		
		年降水量	日最大值	最热月	最冷月	最热月14:00时
1	南澳	1384.6	336.1	86	72	78
2	上川岛	2235.1	566.3	84	76	76
3	涠洲岛	1445.1	331.5	81	81	76
4	琼山	1715.9	289.5	80	85	66
5	海口	1750.6	331.2	80	84	66
6	临高	1476.2	266.7	81	86	65
7	澄迈	1801.2	291.6	82	86	82
8	定安	1992.7	289.6	81	86	63
9	文昌	1975.0	284.6	83	86	68
10	儋州	1909.1	406.9	79	83	62
11	屯昌	2080.3	289.2	80	86	62

续表

序号	台站	降水量(mm)		相对湿度(%)		
		年降水量	日最大值	最热月	最冷月	最热月 14:00 时
12	昌江	1693.1	212.6	74	75	60
13	白沙	1948.3	284.2	81	84	62
14	琼海	2082.3	614.7	82	85	66
15	东方	982.5	423.1	75	80	70
16	琼中	2376.4	237.7	81	87	64
17	万宁	2070.3	237.6	82	84	70
18	五指山	1870.3	310.1	84	80	68
19	乐东	1181.1	301.9	83	75	66
20	保亭	2162.8	304.1	85	78	68
21	陵水	1740.2	381.2	83	77	71
22	三亚	1521.8	327.5	83	74	74
23	西沙	1497.0	633.8	82	77	76
24	珊瑚	2493.0	440.9	85	80	77
25	东沙	1797.6	290.0	85	81	82
26	美济	2280.0	207.3	85	83	80
27	永暑	2492.7	247.9	83	86	80
28	南沙	2509.8	348.0	83	85	80

5. 风速及风向统计结果

统计南部海岛 1985—2014 年这 30 年中与风相关的下列各项，并列于表 4-10 中。

全年平均风速：历年年平均风速的平均值；

夏季平均风速：累年 6 月、7 月、8 月三个月月平均风速的平均值；

冬季平均风速：累年 12 月、1 月、2 月三个月月平均风速的平均值；

月最多风向及其频率的统计：累年某月平均各风向频率中的最大值及其相应的风向。月最多风向及频率的统计方法为，从各风向（包括静风 C）频率中，挑选出现频率的最大者，即为月最多风向，当月最大频率有两个或以上相同时，挑其出现次数最多者；挑选月最多风向时，若某风向出现频率与静风同时为最多，只挑该风向，不挑静风，若静风的出现频率为最多时，则静风挑为月最多风向，但应另挑次多风向。其中，东沙、美济、永暑、南沙 4 个海岛的数据源没有提供风向，故表中未给出相关统计结果。

此外，给出南海海域的代表海岛全年及冬、夏季的风玫瑰图，如图 4-4 所示。从中国台湾岛周围至南海逐渐转为东北风，盛行风向频率达 60%～80%。夏季大陆为热源，在大陆热源附近形成热低压，来自南半球的气流越过印度洋和太平洋，盛行从海洋吹向大陆的温暖而湿润的西南、偏南夏季风。南海盛行西南风，盛行风向频率 50%～70%。

代表海岛风速风频相关统计值 **表 4-10**

序号	台站	平均风速(m/s)			冬季最多风向及其频率(%)			夏季最多风向及其频率(%)		
		全年	夏季	冬季	12 月	1 月	2 月	6 月	7 月	8 月
1	南澳	3.4	2.9	3.9	N 21	N 17	NE 12	S 22	S 23	S 16
2	上川岛	4.7	3.7	6.9	NNE 28	NNE 26	NNE 21	S 16	S 15	S 11

续表

序号	台站	平均风速(m/s)			冬季最多风向及其频率(%)			夏季最多风向及其频率(%)		
		全年	夏季	冬季	12月	1月	2月	6月	7月	8月
3	涠洲岛	4.2	4.0	4.8	N 28	N 31	N 23	S 24	S 23	S 14
4	琼山	2.6	2.3	3.4	NE 27	NE 22	NE 17	SSE 25	SSE 24	SSE 15
5	海口	2.0	2.3	1.7	NE25	NE 20	NE15	S 26	S 20	S24
6	临高	5.4	4.5	6.3	NE 25	ENE 23	NE 20	C 17 S 10	C 14 SSE 10	C 18 SW 10
7	澄迈	1.5	1.1	2.3	C 28 ENE 17	C 23 ENE 18	C 22 E 14	C 35 SE 8	C 33 SE 10	C 38 E 7
8	定安	1.6	1.6	1.6	C 27 NE 642	C 22 ENE 15	C 18 ENE 11	SSE 22	SSE 21	C 26 SSE 11
9	文昌	1.8	1.9	1.7	C 20 NE 19	C 21 NE 14	C 15 NE 9	S 29	S 26	C 25 S 16
10	儋州	2.0	1.8	2.5	NE 19	NE 15	NE 13	S 23	S 21	S 17
11	屯昌	1.6	1.4	2.2	C 18 E 11	C 23 E 11	C 18 E 11	C 13 S 13	SE 13	C 16 SSW 8
12	昌江	2.1	2.0	2.7	ESE 22	ESE 19	C 19 ESE 15	SE 14	ESE 16	ESE 17
13	白沙	1.2	0.7	2.0	C 42 NE 20	C 38 NE 18	C 32 NE 14	C 38 SW 10	C 40 SSW 7	C 43 SW 5
14	琼海	2.1	1.9	2.8	NW 19	NW 18	E 11	S 18	C 18 S 11	C 17 NW 11
15	东方	4.4	4.8	4.2	NE 44	NE 37	NE 27	S 41	S 40	S 25
16	琼中	1.2	0.8	2.0	C 47 W 7	C 43 SE 8	C 33 SE 10	C 36 SE 9	C 36 SE 10	C 39 SE 7
17	万宁	2.2	2.0	2.2	N 23	N 21	N 12	S 18	S 19	C 17 SW 14
18	五指山	1.7	1.5	2.4	C 29 ESE 11	C 22 ESE 18	ESE 19	C 22 ESE 13	C 21 ESE 14	C 25 ESE 11
19	乐东	1.3	1.1	1.6	NE 22	C 25 NE 18	C 26 NE 13	C 37 SW 9	C 37 SW 9	C 43 ENE 7
20	保亭	1.2	1.0	1.2	C 34 NE15	C 41 E 7	C 40 E 7	C 42 S 6	C 45 SW 7	C 46 SW 6
21	陵水	2.1	1.7	2.4	N 21	C 20 N 13	C 21 E 11	C 25 SW 10	C 25 SW 11	C 25 NW 10
22	三亚	2.5	2.2	3.4	E 19	E 22	E 20	C 12 WSW 11	C 12 WSW 11	C 15 WSW 13
23	西沙	4.1	4.5	4.2	NE 40	NE 47	NE 28	SSW 28	SSW 23	SSW 21
24	珊瑚	4.3	3.8	5.7	NE 49	NE 47	NE 29	S 24	S 21	SW 22

6. 日照统计结果

统计各海岛 1985—2014 年与日照相关的下列各项，并列于表 4-11 中。

年（月）日照时数：历年年（月）实有日照时数的平均值；

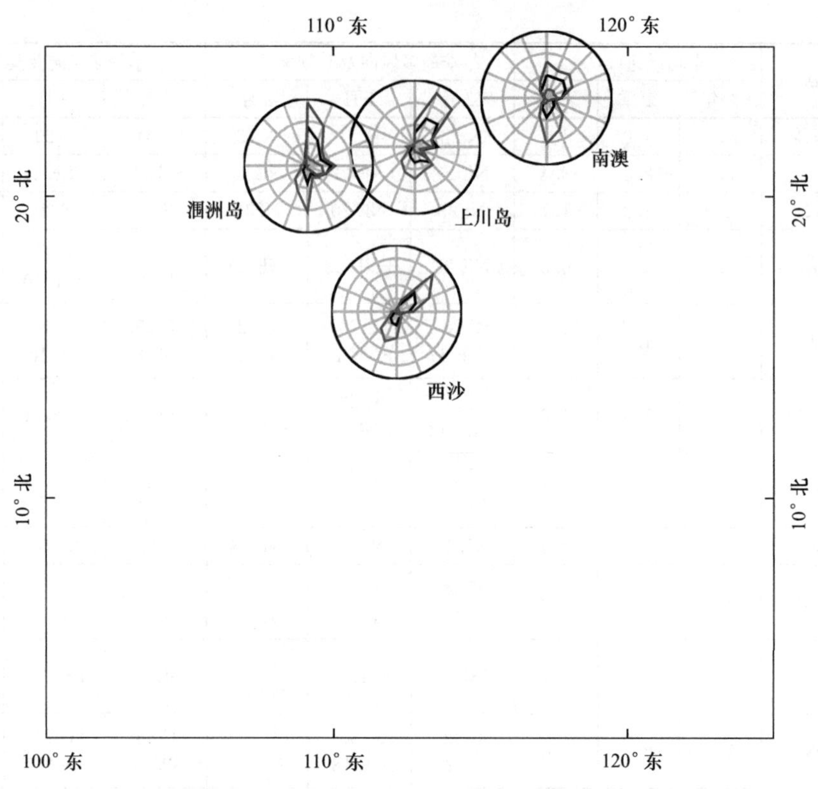

图 4-4 南海海域代表海岛风玫瑰图

年（月）日照百分率：历年年（月）实有日照时数占可照时数的百分比的平均值；

冬季日照时数：累年 12 月、1 月、2 月三个月月平均日照时数之和；

冬季日照百分率：累年 12 月、1 月、2 月三个月月日照百分率的平均值。

日照时数指一个地区太阳直接辐照度达到或超过 $120W/m^2$ 的时间总和，是反映太阳辐射时间长短的气候指标，直接影响到地面所获得辐射能量的多少，进而影响到其他气象要素。日照时数是太阳能资源潜力评价中不可忽视的重要因子之一，它和云、雾等天气状况有关，由于阴雨天气影响对同一区域而言，日照时数远小于可照时数。

本书根据中国陆地太阳能资源开发潜力区域给出的评价指标分级对我国南部海岛进行评价，分析结果表明，我国西沙群岛的年平均日照时数较多，如西沙、珊瑚等岛礁年日照时数达到 2800h 左右，属于太阳能资源开发潜力较为丰富的地区。其余南海北部各岛日照时数均较少，年日照时数大部分少于 2000h，太阳能资源规模性利用的价值较低。此外，西沙群岛的日照百分率均较高，都在 46%以上，其中珊瑚的日照率达到 55%以上。

代表海岛日照相关统计值 **表 4-11**

序号	台站	日照时数(h)				日照百分率(%)			
		年	12 月	1 月	2 月	年	12 月	1 月	2 月
1	南澳	2128.0	178.8	163.1	118.9	48	54	49	38
2	上川岛	1919.8	163.0	131.0	88.7	44	49	39	28
3	涠洲岛	2216.9	158.0	116.4	96.9	51	47	35	31

续表

序号	台站	日照时数(h)				日照百分率(%)			
		年	12月	1月	2月	年	12月	1月	2月
4	琼山	2004.7	113.7	96.8	96.3	46	34	29	30
5	海口	1919.2	109.4	94.0	94.6	44	33	28	30
6	临高	2027.6	122.1	113.1	106.3	46	36	33	33
7	澄迈	1759.7	100.5	98.5	95.1	40	30	29	30
8	定安	1817.3	97.4	90.9	95.7	41	29	27	30
9	文昌	1879.2	99.8	97.6	92.6	43	30	29	29
10	儋州	1956.8	115.3	123.3	121.8	45	34	36	38
11	屯昌	1900.1	95.7	103.4	110.9	43	28	30	35
12	昌江	2188.7	159.7	158.6	146.6	50	47	47	46
13	白沙	2100.5	124.2	135.0	139.4	48	37	40	44
14	琼海	1945.6	98.7	101.4	101.4	44	29	30	32
15	东方	2547.9	181.0	172.8	155.9	51	49	54	58
16	琼中	1921.3	97.5	114.3	120.5	44	29	34	38
17	万宁	1988.3	107.8	114.2	115.6	45	32	33	36
18	五指山	1994.5	151.9	154.5	138.7	45	45	45	43
19	乐东	1980.9	152.3	155.7	136.4	45	45	46	43
20	保亭	1744.0	144.4	135.5	105.9	40	43	40	33
21	陵水	2218.9	158.2	168.3	146.3	51	47	49	46
22	三亚	2306.1	172.4	180.4	149.4	53	51	53	47
23	西沙	2727.4	156.0	202.5	214.5	62	46	59	67
24	珊瑚	2998.7	187.3	231.0	243.5	68	55	67	76

4.2　太阳辐射数据与推测模型

在建筑节能设计和太阳能利用领域，太阳辐射数据是必不可少的输入参数。但是与温度、相对湿度、风速等常规气象数据观测台站相比，由于太阳辐射观测成本较高且技术复杂，用于观测辐射的气象台站分布普遍较为稀疏，尤其是我国南海地区，辐射观测站数量稀少且维护不便，太阳辐射数据缺失严重。为解决极端热湿气候区太阳辐射观测数据不足的问题，有必要建立相应数学模型对太阳辐射进行估算。

4.2.1　太阳辐射要素与质量控制

1. 太阳辐射要素

太阳是距离地球最近的一颗恒星，直径约为 1.39×10^{9}m，是地球直径的 109 倍，距离地球的平均距离为 1.5×10^{11}m。太阳表面的有效温度约为 5762K，越向中心温度越高，中心温度可达 4000×10^{5}K，压力为 2000 亿个大气压。太阳能是从四面八方辐射的，每秒到达地球大气外层的能量约为 173×10^{12}kW，到达地面的太阳能主要由以下辐射要素表示。

(1) 太阳常数

太阳常数是在日地平均距离处，地球大气上界垂直于光线的平面上所接收到的太阳辐射量。太阳常数各月变化范围不大，年平均变化范围为±3.5%，为方便计算，太阳常数通常取平均值，为1367W/m^2。

(2) 水平面天文辐射

天文辐射又称地球外太阳辐射、大气层外太阳辐射，是指太阳到达地球大气层上界的太阳辐射，其值仅与日地相对位置和地表面地理位置有关，是地面接收太阳辐射量的基础背景，也是辐射计算中最重要的天文参数之一。瞬时天文辐射计算公式如下：

$$I_{oh}=I_s\times\left[1+0.033\times\cos\left(\frac{360\times N}{365}\right)\right]\times\sin h \tag{4-4}$$

式中 I_s——太阳常数，取1367W/m^2；

N——天数，从1月1日起按照数值1向后累加（1，2，…，365，366）；

h——太阳高度角，°。

(3) 太阳总辐射与分量辐射

太阳总辐射量是指太阳辐射在单位面积上的总能量。其分量辐射分别为直射辐射和散射辐射，其中以平行光线直接到达表面的为太阳直接辐射，经过大气分子、水蒸气、灰尘和其他质点的散射到达表面的为太阳散射辐射。

2. 太阳辐射数据质量控制

在太阳辐射观测过程中，传感器自身存在系统误差，测量过程中也存在无法避免的随机误差。这些误差将会导致获取的太阳辐射原始数据出现缺测、漏测甚至异常的情况。太阳散射辐射值相较太阳总辐射值偏小，相对误差较大，这也导致散射辐射异常值对预测模型的建立影响更大。综上，为了控制模型的准确度，有必要对原始数据进行严格的质量检查与控制。

图4-5显示了完整的太阳辐射数据预处理与质量控制流程图。可见，质量控制可分为3步。第1步，剔除总辐射（I_g）和太阳高度角（h）过小的数据，具体判定条件设为$I_g\leqslant$5W/m^2、$h\leqslant5°$。由太阳辐射传感器测量原理可知，太阳高度角的变化会导致传感器感光元件对辐射区域的响应效果发生变化，此时产生的测量误差叫余弦误差，太阳高度角越小，余弦误差越大，因此应删掉太阳高度角和总辐射过小的数据。太阳高度角的计算如式（4-5）所示。

$$\sin h=\sin\varphi\sin\delta+\cos\varphi\cos\delta\cos\omega \tag{4-5}$$

式中 h——太阳高度角，°；

φ——地理纬度，°；

δ——太阳赤纬，°；

ω——时角（上午为正，下午为负，正午为0），°。

第2步，通过对散总比（K_f）和晴空指数（K_t）设定限制进一步将地面辐射观测数据控制在合理的范围内：$0\leqslant K_f\leqslant1$，$0\leqslant K_t\leqslant1$。其中散总比定义为水平面散射辐射和水平面总辐射的比值。晴空指数定义为水平面总辐射与水平面地外辐射的比值，它表征了地外辐射经过云层、大气和尘埃等吸收、散射和反射作用的衰减程度。

第3步，使用文献提出的利用K_f-K_t散点图来进行最终的数据质量识别及控制。具体步骤如下：(1) 整理质量控制后的太阳辐射数据绘制K_f-K_t散点图；(2) 按照间隔0.1将晴空指数分成10个子数据集，并分别算出每个子数据集的标准差σ_f；(3) 计算每个

子数据集的上下限，上限为 $K_f+2\sigma_f$，下限为 $K_f-2\sigma_f$；（4）对 10 个子数据集的上下限散点进行一元二次多项式回归，得出上下限公式，上限公式为 $f_1(K_t)=\min(1, a_1K_t^2+b_1K_t+c_1)$，下限公式为 $f_2(K_t)=\max(0, a_2K_t^2+b_2K_t+c_2)$，其中 $f_2(K_t)$ 不能超过 10 个子数据集的最大值。超过上下限的数值认定为异常值，予以排除。

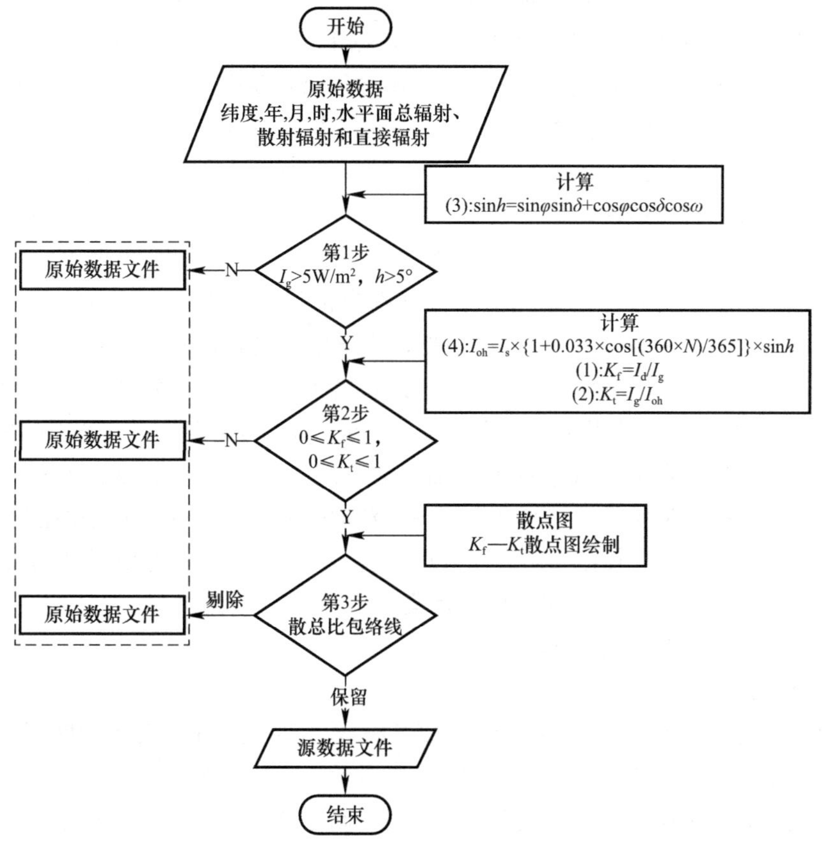

图 4-5　太阳辐射数据预处理与质量控制流程图

4.2.2　水平面太阳散射辐射模型

水平面太阳总辐射包括 2 个辐射分量：以平行光线直接到达地面的水平面直射辐射和经过大气分子、水蒸气、灰尘和其他质点的散射到达地面的水平面散射辐射。气象学领域更多关注的是水平面总辐射的年、月、日和时的累计值，因此，目前世界各地气象台站对水平面太阳总辐射进行了广泛测量。另外由于其分量测量的成本较高，太阳直射辐射和散射辐射的测量严重缺失，对总辐射各分量的研究也相对较少。但是，在建筑节能设计领域，直射辐射、散射辐射是太阳能利用相关理论分析和数值模拟必不可少的输入参数。例如，太阳能光伏组件最佳安装倾角的确定和光伏组件发电量的模拟计算需要输入直射辐射及散射辐射逐时数据。建筑外遮阳装置遮阳效果的定量评价，需要依据逐时直射辐射数据计算得到的遮阳系数。建筑全年动态能耗模拟也需要典型气象年数据库提供的逐时直射辐射和散射辐射作为关键输入参数。综上，为解决水平面太阳辐射分项观测数据不足的问题，有必要建立相应数学模型对水平面逐时太阳直射辐射和散射辐射进行预测。

1. 太阳辐射数据来源

中国国土辽阔，地形复杂，气候类型多样，这导致各地区接受的太阳辐射总量差异较大。太阳辐射资源不同意味着天空条件变化规律可能存在差异，因此，研究逐时散射辐射预测模型时有必要针对不同太阳辐射分区分别建立。由于散射辐射模型一般受晴空指数影响，为了使模型具有更好的地域适用性，本书依据 Lau CCS[9] 的太阳辐射分区结果选取代表城市，根据代表城市实时观测数据构建太阳散射辐射模型并加以验证。Lau CCS 基于聚类分析方法，运用月均晴空指数将中国从太阳辐射资源丰富到资源贫乏依次划分为 5 个等级，分别为：青藏高原西部代表的Ⅰ类地区，新疆东部及南部盆地代表的Ⅱ类地区，东北、华北平原代表的Ⅲ类地区，华中、华南平原代表的Ⅳ类地区以及四川盆地代表的Ⅴ类地区。各地区年均晴空指数的平均值依次为 0.65、0.57、0.48、0.39 和 0.30。本书从 5 类分区中分别选取 1 个台站作为研究对象，分别为格尔木（Ⅰ区）、喀什（Ⅱ区）、三亚（Ⅲ区）、武汉（Ⅳ区）和温江（Ⅴ区）。根据柯本气候区划，可知格尔木、喀什属于沙漠气候（Bw），三亚属于热带疏林气候（Aw），武汉属于温暖常湿气候（Cf），温江属于温暖冬干气候（Cw）。根据各台站当地近 10 年的实测辐射数据分析其逐时散射辐射的变化规律。

本研究原始数据来自中国气象局太阳辐射业务观测系统实时观测的太阳辐射逐时数据。本书使用的数据类型包括：水平面总辐射、法向太阳直射辐射和水平面散射辐射；数据年限为 2005—2014 年，其中 2005—2011 年共 7 年的数据作为模型构建的训练集，2011—2014 年共 3 年的数据作为模型的验证集。

2. 散射辐射分组逐时模型的建立

（1）天空条件日变化规律

引入真太阳时（Apparent Solar Time，AST）作为时刻因子，对各地区晴空指数和散总比随时刻因子的变化规律进行统计。如图 4-6 所示，为格尔木、喀什、三亚、武汉和温江地区晴空指数和散总比的日变化趋势图。可见，晴空指数随时间先逐渐增加，午后达到最大值后逐渐下降。产生这种变化的原因主要是晴空指数与大气能见度呈强烈正相关。日出之前大气层结构较稳定，近地面会出现逆温层，因此，在日出时刻大气能见度一般为一日中最低的时段；随着太阳逐渐升起，太阳辐射逐渐增强，空气相对湿度也逐渐降低，大气能见度逐渐好转；午后近地面风速增加，大气垂直交换逐渐加强导致空气悬浮物大量扩散，因此，午后大气能见度一般为一日中最高的时段。从图中还可发现，晴空指数和散总比整体呈负相关。但是，各地区晴空指数最大值出现在 13:00～14:00，而散总比最小值出现在 12:00～13:00，即出现晴空指数最大值的时刻与散总比最小值出现的时刻并非完全对应。

此外，相同晴空指数可能出现在一天中的不同时刻，并且对应不同的散总比取值，通常下午取值高于上午。这可能是由于取相同晴空指数时，与下午时刻相比上午时刻更接近正午，正午太阳直射辐射较强，因此，散总比偏小。而且，在太阳辐射资源越丰富的地区越大，散总比在上午、下午时段的差值越大，如图 4-6 中竖状带，各地区 17:00 点散总比与上午相同晴空指数取值下对应的散总比的差值大概在 0.05～0.20 之间。

进一步统计得出各地区每日相同晴空指数取值下散总比的标准偏差，如式（4-6）所示，再将每日散总比标准偏差累加得到各地区相同晴空指数取值下散总比标准偏差的日总

(a)

(b)

(c)

(d)

(e)

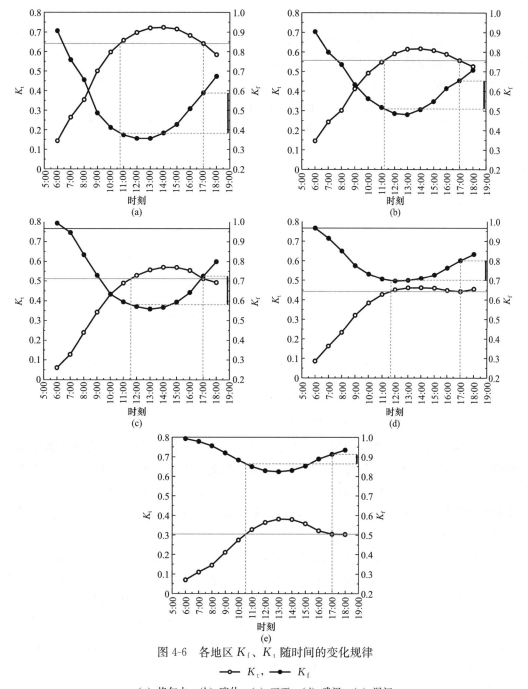

图 4-6　各地区 K_f、K_t 随时间的变化规律

—○— K_t，—●— K_f

(a) 格尔木；(b) 喀什；(c) 三亚；(d) 武汉；(e) 温江

值，如式（4-7）所示。

$$S=\sqrt{\frac{1}{n}\sum_{i=1}^{n}(K_{f_i}-\overline{K_f})^2} \tag{4-6}$$

$$S_d=\sum S_j \tag{4-7}$$

式中　n——一天中相同晴空指数的小时数；

K_{f_i}——一天中取相同晴空指数的第 i 个小时对应的散总比取值；

$\overline{K_f}$——一天中相同晴空指数取值下散总比的平均值；

j——一天中晴空指数取值（0，0.1，…，1.0）；

S_d——标准偏差日总值；

S_j——晴空指数取值为 j 的标准偏差计算值。

各地区散总比标准偏差日总值分布图见图 4-7。可以发现，每日相同晴空指数取值下不同时刻对应的散总比偏差较大，并且太阳辐射资源最丰富的格尔木地区标准偏差日总值最大，平均为 20.29%。

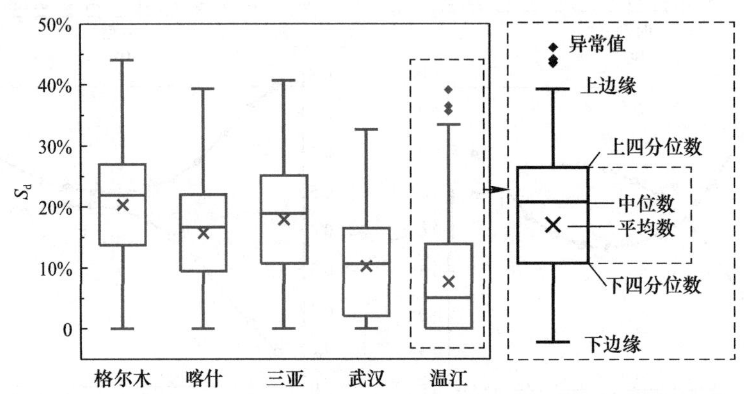

图 4-7　各地区相同晴空指数取值下散总比标准偏差日总值分布图

（2）基于 K-Means 聚类的天空条件分类

根据上述分析结果，散总比随晴空指数的变化规律较为复杂，因此，在建立散射辐射模型前首先要对天空条件进行分类。选取晴空指数和散总比 2 个天空条件特征属性作为分类输入变量，并基于 K-Means 聚类法对各地区的天空条件进行分类。根据上述天空条件日变化规律的统计分析，每日相同晴空指数取值下散总比的差异与时刻有关，因此，本研究分类结果均依据时刻因子给出。

K-Means 法在 20 世纪 70 年代被 Mac Queen J. 提出，是目前太阳辐射预测领域广泛应用的经典聚类算法之一。K-Means 法属于一种无监督机器学习算法，可以精确捕捉太阳辐射实测数据的动态变化并据此给出相应的天空条件分类。该方法的中心思想主要是通过计算欧氏距离将数据集划分为 k 类，通过改变聚类中心位置使得每一类数据点与该类数据质心的距离相较其他质心均最小。值得注意的是，使用 K-Means 算法时首先需要给定 k 的取值，即明确聚类簇的数目。确定 k 值的方法一般为误差平方和法和轮廓系数法，其中轮廓系数法通过计算簇间分离度和簇内凝聚度来确定最佳 k 值，虽然计算量较大但计算精度也相对较高。因此，本书使用轮廓系数法寻找最优聚类数，轮廓系数的计算如式（4-8）所示。

$$s(i)=\frac{b(i)-a(i)}{\max\{a(i),b(i)\}} \tag{4-8}$$

式中　$a(i)$——第 i 个数据样本与簇内其他样本的平均距离，即簇内凝聚度；

$b(i)$——第 i 个数据样本与其他簇样本的最小距离，即簇间分离度。不难发现，$s(i)$ 的取值范围为 $[-1,1]$，且 $s(i)$ 结果越趋近于 1 表示 k 的取值越合理。天空条件

聚类分析计算流程如图 4-8 所示，首先输入各地区逐时的晴空指数和散总比数据，然后规定 k 按 1～10 整数取值，运用 K-Means 法分别进行聚类分析并计算轮廓系数值，轮廓系数最大值对应的 k 值则为最优聚类数，最后将最优 k 值代入 K-Means 算法中并输出各地区天空条件聚类结果。图 4-8 右侧同时展示了 K-Means 算法的基本原理。以样本量取 6，k 取 2 为例：第一步，随机设定 2 个初始聚类中心；第二步，分别计算所有数据点到初始聚类中心的欧氏距离，根据距离最近的聚类中心标记数据点所在簇；第三步，根据 2 个簇的均值规定新的聚类中心，重复第二步、第三步直到新一轮聚类中心与上一轮聚类中心的平均误差准则函数达到最优，即不再变化或者变化很小；第四步，输出聚类结果。

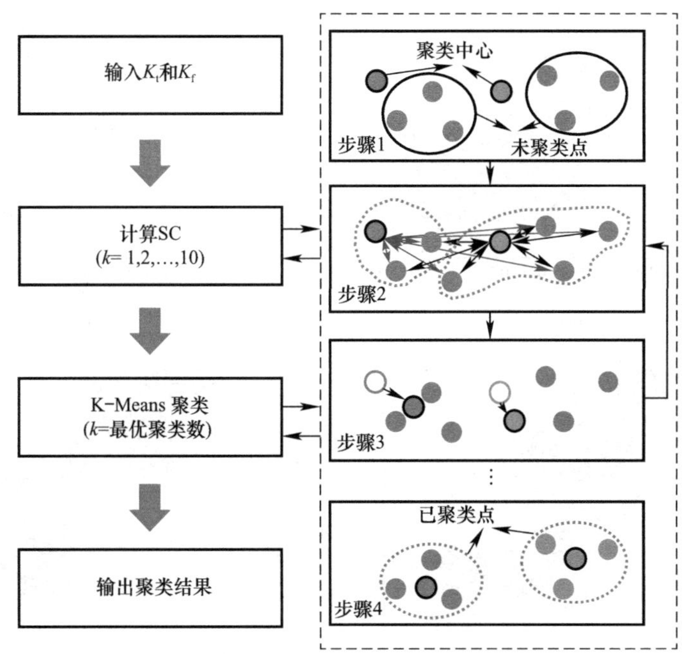

图 4-8 基于 K-Means 算法天空条件聚类分析计算流程

根据上述天空条件 K-Means 聚类算法的计算流程，使用 RStudio4.1.1 软件调用 kmeans () 包并引用 silhourtte () 函数编写代码，输入各地区训练集数据运行上述程序。各地区天空条件轮廓系数计算结果如图 4-9 所示，可见，各地区天空条件的最佳聚类数均为 2。

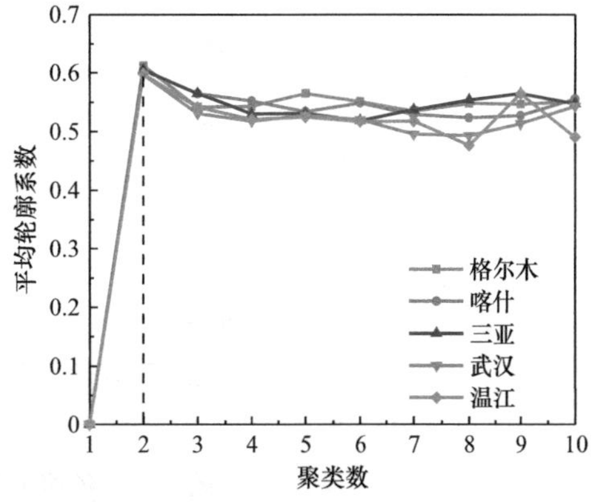

图 4-9 各地区天空条件轮廓系数计算结果

各地区天空条件在 $k=2$ 的聚类结果如图 4-10 所示，可以发现将时刻因子作为分类标记依据时，第一类数据点对应时刻均在上午 6:00～12:00 时（格尔木地区为 6:00～11:00 时），第二类数据点对应时刻则均在 13:00～18:00 时（格尔木地区为 12:00～18:00 时），并且相同晴空指数取值下，下午时刻对应的散总比一般大于上午时刻。同时，大于 0.8 的晴空指数普遍出现在下午时刻，这也使得上午下午数据点分布呈现明显差异，对比上午数据下午数据更趋近 S 形分布。除此之外，数据点在太阳辐射资源贫乏地区较为集中，且晴空指数大于 0.8 的数据点分布量随着各地区太阳辐射资源的下降逐渐减少，散总比最小值则随着各地区太阳辐射资源的下降有所上升。其中格尔木 95%的数据点对应的晴空指数范围为 0～0.90，散总比范围为 0.04～1；温江 95%的数据点对应的晴空指数范围为 0～0.68，散总比范围为 0.25～1。综上，为了有效提高各地区逐时散射辐射预测准确率，有必要基于不同数学模型针对各太阳辐射分区上午、下午数据分别进行拟合回归。

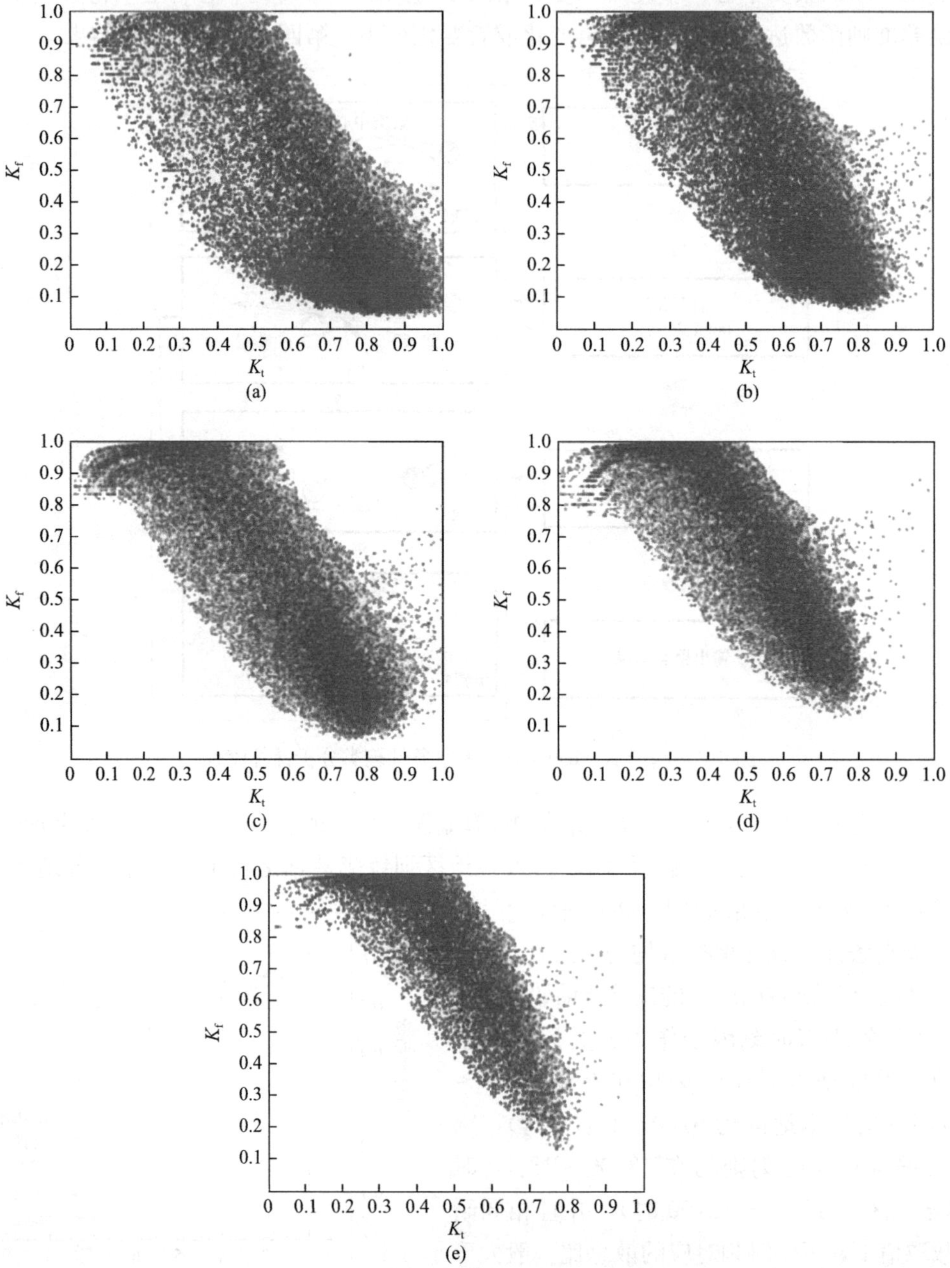

(a)

(b)

(c)

(d)

(e)

图 4-10　各地区天空条件 K-Means 聚类结果

(a) 格尔木；(b) 喀什；(c) 三亚；(d) 武汉；(e) 温江

（3）不同数学模型形式的拟合结果

现有研究中，常用一次函数、高阶多项式以及 Logistic 模型来表达 K_f 和 K_t 的关系，后者可以体现 K_f 随 K_t 的 S 形变化规律。本研究对其他符合 K_f-K_t 变化规律的 S 形数学函数展开了调研分析，发现相较 Logistic 模型，指数模型和 Sigmoid logistic 模型在 K_t 趋于 1 时可能具有更好的拟合优度。因此，本研究在数学模型的选取中增加了 S 形指数函数模型以及 Sigmoid logistic 模型，各模型函数表达式见表 4-12。

数学模型函数表达式 **表 4-12**

编号	类型	表达式
F1	一次函数	$K_f=aK_t+b$
F2	四阶多项式	$K_f=a_1K_t+a_2K_t^2+a_3K_t^3+a_4K_t^4+b$
F3	Sigmoid logistic	$K_f=(a-b)\dfrac{1}{1+\exp[c(K_t-d)]}+b$
F4	指数函数	$K_f=(a-b)\dfrac{1}{1+(cK_t)^d}+b$
F5	Logistic	$K_f=\dfrac{a}{1+\exp[c(K_t-d)]}$

考虑新模型后续的应用，现规定各地区 K_f-K_t 数据点均按真太阳时 6:00～12:00 时和 13:00～18:00 时进行分类，首先输入不同时段训练集，然后基于最小二乘法使用表 4-12 列出的数学模型对各地区不同时段 K_f-K_t 数据点进行拟合回归，拟合结果见图 4-11。从不同数学模型表现来看，相比直线模型，曲线模型更能反映 K_f 随 K_t 的变化关系，且在 K_t 趋于 1 时，四阶多项式模型对数据点具有更高敏感性，其次依次是 Sigmoid logistic 模型、指数函数模型和 Logistic 模型。从不同台站拟合结果来看，随着太阳辐射资源逐渐贫瘠（I 区→V 区），一次线性模型斜率逐渐减小，曲线模型与一次线性模型拟合结果的差异逐渐增大。从训练集不同时段拟合结果来看，下午时段各模型拟合结果的差异大于上午时段。

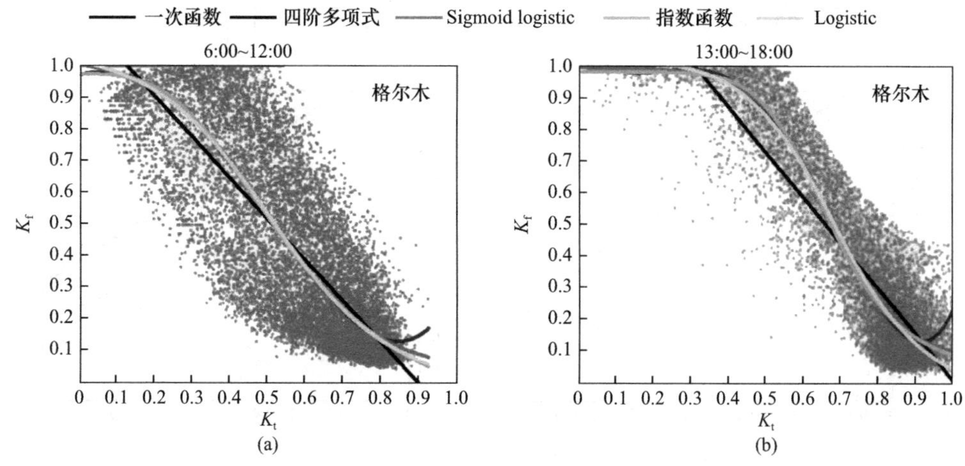

图 4-11 各地区逐时散射辐射数学模型拟合结果（一）

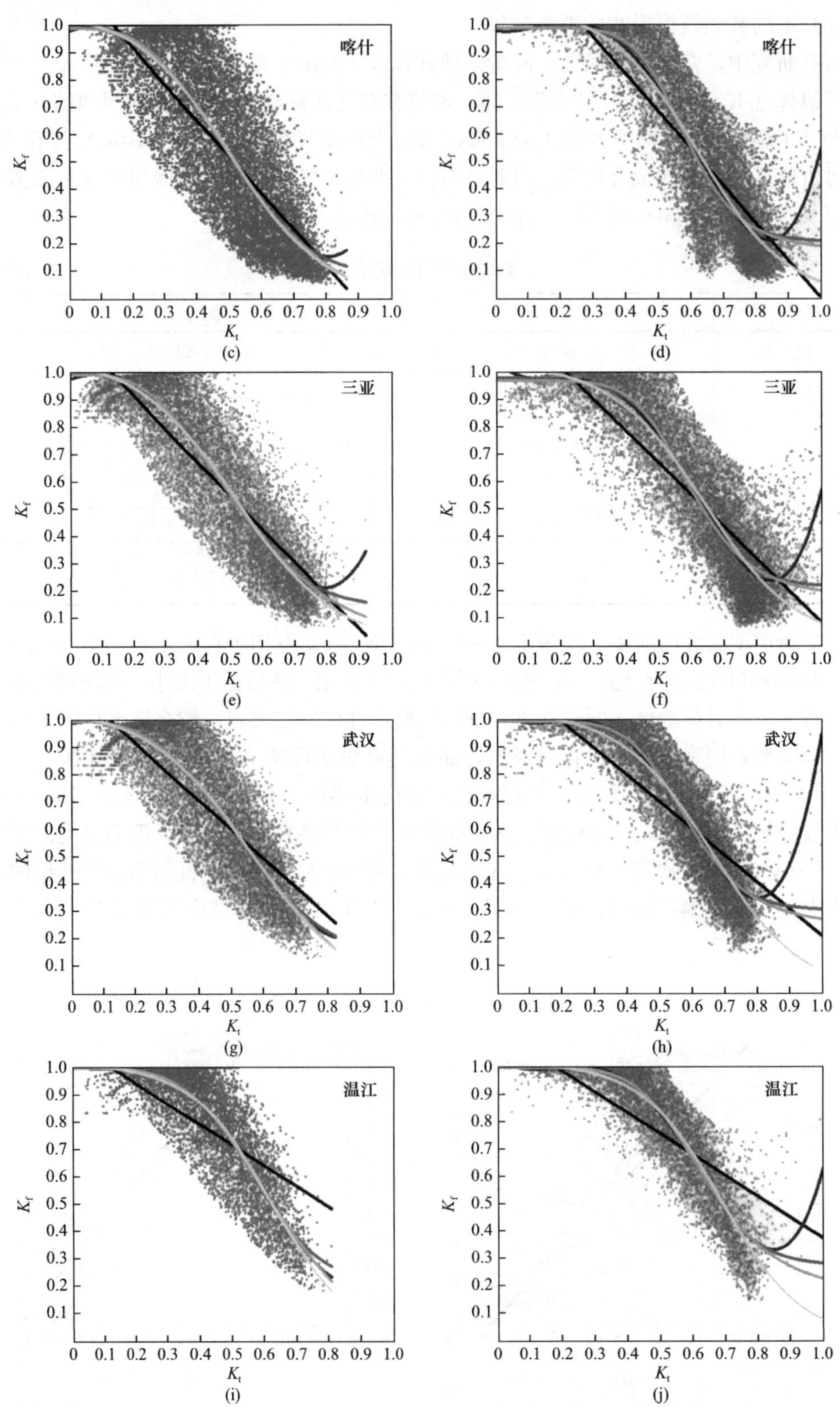

图 4-11 各地区逐时散射辐射数学模型拟合结果（二）

（4）各分区的逐时散射辐射模型

为确保新建立的散射辐射模型在不同时段分类下匹配最优数学模型，采用 *MAPE* 和 *RRMSE* 分析不同时段下各数学模型的预测效果。输入各地区太阳辐射数据验证集，5 种数学模型的误差计算值如图 4-12 所示。由结果可见，各地区不同时段曲线模型误差值均低于直线模型，且相较上午时段曲线模型在下午时段具有更小的误差值。此外，在太阳辐射相对贫乏地区（武汉和温江），不同曲线模型的误差值基本一致，相差不大；其余地区曲线模型中综合表现最佳的为四阶多项式模型。

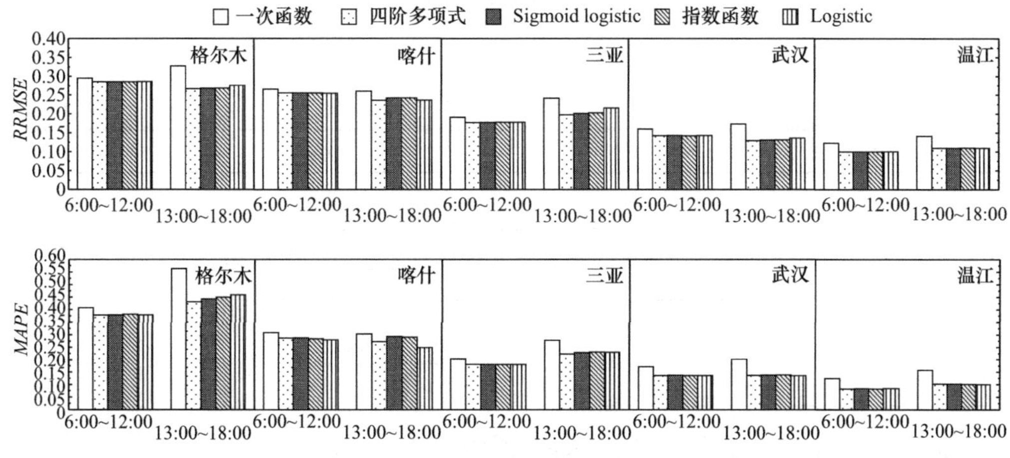

图 4-12 各地区不同时段数学模型计算精度

综上所述，从各模型在不同地区的整体表现来看，四阶多项式具有最优效果，因此，使用四阶多项式对上午、下午两个时段分别建立各地区的逐时散射辐射模型，具体如表 4-13 所示。

各地区分组逐时散射辐射模型 **表 4-13**

模型编号	适用时段	模型表达式 $K_f = aK_t + bK_t^2 + cK_t^3 + dK_t^4 + e$				
		a	*b*	*c*	*d*	*e*
GolM1	6:00～12:00	0.4928	−3.2739	0.2259	1.8691	0.9640
	12:00～18:00	−2.1451	11.3769	−22.3192	12.2282	1.1125
KasM1	6:00～12:00	0.3821	−2.3906	−2.8120	3.5895	0.9798
	12:00～18:00	−0.2660	4.5942	−14.9014	10.1501	0.9768
SanM1	6:00～12:00	0.4471	−2.4755	−2.3122	4.0276	0.9735
	12:00～18:00	−1.2056	7.6082	−18.3749	11.5084	1.0403
WuhM1	6:00～12:00	0.1861	−1.3009	−2.8351	3.3386	0.9870
	12:00～18:00	−1.1402	8.0905	−20.2493	13.2147	1.0375
WenM1	6:00～12:00	−0.2795	2.9319	−10.8320	7.6253	1.0066
	12:00～18:00	−1.1485	7.7527	−18.2579	11.2472	1.0460

3. 散射辐射分组逐时模型的验证

(1) 模型准确性分析

为全面验证新模型在各地区的准确性，本书分别从模型预测值和实地测量值的线性相关程度、离散度和偏离度综合分析新模型的准确性和稳定性。为此，在 *RRMSE* 和 *MAPE* 2 个评价指标的基础上增加新的统计量，误差分析指标见表 4-14。其中 R 为皮尔森相关系数，表征预测值和实测值的线性相关程度，取值越大一定程度上代表预测值越好；*RMSE* 和 *RRMSE* 均反映了预测值与实测值的离散度，取值越小代表预测值与实测值一致性越好；*MAE* 和 *MAPE* 则表征了预测值和实测值的偏离度，取值越小代表预测值与实测值偏差越小。

误差分析指标 **表 4-14**

统计指标	方程*
R：皮尔森相关系数	$R=\dfrac{\sum_{n=1}^{N}(K_{\mathrm{fmea}}-\overline{K_{\mathrm{fmea}}})(K_{\mathrm{fest}}-\overline{K_{\mathrm{fest}}})}{\left\{\left[\sum_{n=1}^{N}(K_{\mathrm{fmea}}-\overline{K_{\mathrm{fmea}}})\right]^{2}\left[\sum_{n=1}^{N}(K_{\mathrm{fest}}-\overline{K_{\mathrm{fest}}})\right]^{2}\right\}^{\frac{1}{2}}}$
RMSE：均方根误差	$RMSE=\left[\dfrac{\sum_{n=1}^{N}(K_{\mathrm{fest}}-K_{\mathrm{fmea}})^{2}}{N}\right]^{\frac{1}{2}}$
RRMSE：相对均方根误差	$RRMSE=\dfrac{RMSE}{\overline{K_{\mathrm{fmea}}}}$
MAE：平均绝对误差	$MAE=\dfrac{\sum_{n=1}^{N}\lvert K_{\mathrm{fest}}-K_{\mathrm{fmea}}\rvert}{N}$
MAPE：平均绝对百分比误差	$MAPE=\dfrac{\sum_{n=1}^{N}\left\lvert\dfrac{K_{\mathrm{fest}}-K_{\mathrm{fmea}}}{K_{\mathrm{fmea}}}\right\rvert}{N}$

* K_{fmea}——测量值；K_{fest}——估计值；N——数据量。

直接输入训练集全天数据并基于四阶多项式模型建立不分组模型（M2），具体结果见表 4-15。同时计算给出 M1、M2 模型预测值与实测值之间的各项误差值，以对比分组新模型（M1）与不分组模型（M2）的预测效果。误差计算结果见表 4-16。

各地区不分组逐时散射辐射模型 **表 4-15**

模型编号	表达式：$K_{\mathrm{f}}=aK_{\mathrm{t}}+bK_{\mathrm{t}}^{2}+cK_{\mathrm{t}}^{3}+dK_{\mathrm{t}}^{4}+e$				
	a	b	c	d	e
格尔木 M2	0.1435	−0.2994	−4.6456	4.0951	0.9697
喀什 M2	0.1770	−0.3251	−5.4632	5.1392	0.9810
三亚 M2	0.0387	0.1285	−5.8237	5.1936	0.9879
武汉 M2	−0.3670	2.5745	−10.1405	7.7781	1.0077
温江 M2	−0.6260	5.0046	−14.1296	9.4175	1.0201

通过表 4-16 可见，不同地区分组模型 M1 的 *RRMSE* 和 *MAPE* 分别在 10.4%～28.5%和 9.2%～37.0%之间，这说明新建模型在各地区适用性较强，均具有较高准确性。总体来看，分组模型的误差值在太阳辐射贫乏地区低于富集地区。与不分组模型相比，分组模型在各地区的预测误差值均显著降低，其中 *RRMSE* 的差值在格尔木、喀什、三亚、武汉和温江分别为 5.1%、3.2%、2.3%、1.6%和 0.5%，*MAPE* 的差值分别为 7.7%、7.0%、3.2%、2.6%和 0.6%。可见，分组模型对太阳辐射资源丰富地区的逐时散射辐射预测准确性提升尤为明显。

误差分析结果　　　　**表 4-16**

台站	*R*		*RMSE*		*RRMSE*		*MAE*		*MAPE*	
	M1	M2	M1	M2	M1	M2	M1	M2	M1	M2
格尔木	0.912	0.875	0.142	0.167	0.285	0.336	0.105	0.128	0.370	0.447
喀什	0.897	0.862	0.142	0.161	0.248	0.280	0.108	0.126	0.280	0.350
三亚	0.911	0.881	0.127	0.142	0.185	0.208	0.095	0.107	0.199	0.231
武汉	0.914	0.889	0.105	0.118	0.137	0.153	0.073	0.084	0.136	0.162
温江	0.903	0.893	0.089	0.093	0.104	0.109	0.060	0.062	0.092	0.098

现有研究表明，散射辐射模型在 K_f 趋于 0（晴天）时一般高估散总比，K_f 趋于 1（阴天）时则低估散总比。图 4-13 给出 M1 和 M2 模型预测值与实测值的差值箱线图，可以发现当 $K_f \leqslant 0.2$ 时，差值总体大于 0，即 2 类模型的预测值高于实测值；而当 $K_f \geqslant 0.8$ 时，差值总体小于 0，即模型预测值小于实测值。这与现有研究针对散射辐射模型在 K_f 取边界值的预测偏差结论一致。进一步对比可发现，M1 模型预测差值的绝对值小于 M2 模型，这说明 M1 模型可以改善 M2 模型在晴天散总比预测值偏高，而阴天预测值偏低的问题。

（2）模型适用性分析

为探讨新模型的适用性，本研究共选取了 9 个广泛应用且经充分验证的散射辐射模型与新模型进行对比。其中 Erbs[10]，Boland[11] 和 zhou[12] 模型为全球通用的经典散射辐射模型，然后依据柯本气候分区，再分别选取与本书研究对象同气候区下适用的其他散射辐射模型，最后综合以上模型分别与自建模型进行对比验证。各模型具体概况如表 4-17 所示。

根据误差分析指标对不同模型进行评价，各模型误差分析结果如表 4-18 所示。可知，自建分组模型 M1 在各地区均具最佳性能，除 M1 模型外，格尔木、喀什和武汉地区表现次优的模型为 Erbs 模型（M3），三亚地区为 Chandrasekaran 模型（M9），温江地区为 Boland 模型（M4）。对比其他适用模型，M1 模型的 *MAPE* 和 *RRMSE* 在格尔木地区平均降低了 17.18%和 10.56%，喀什平均降低了 10.54%和 7.14%，三亚平均降低了 3.46%和 5.2%，武汉平均降低了 6.78%和 8.44%，温江平均降低了 5.44%和 6.72%。由此可见，自建分组模型 M1 在各地区逐时散射辐射预测中总体性能提升均超过 5%，这说明自建分组模型 M1 在各地区的准确性均较高；特别对于太阳能富集地区，如格尔木和喀什，分组模型 M1 优势更为显著。

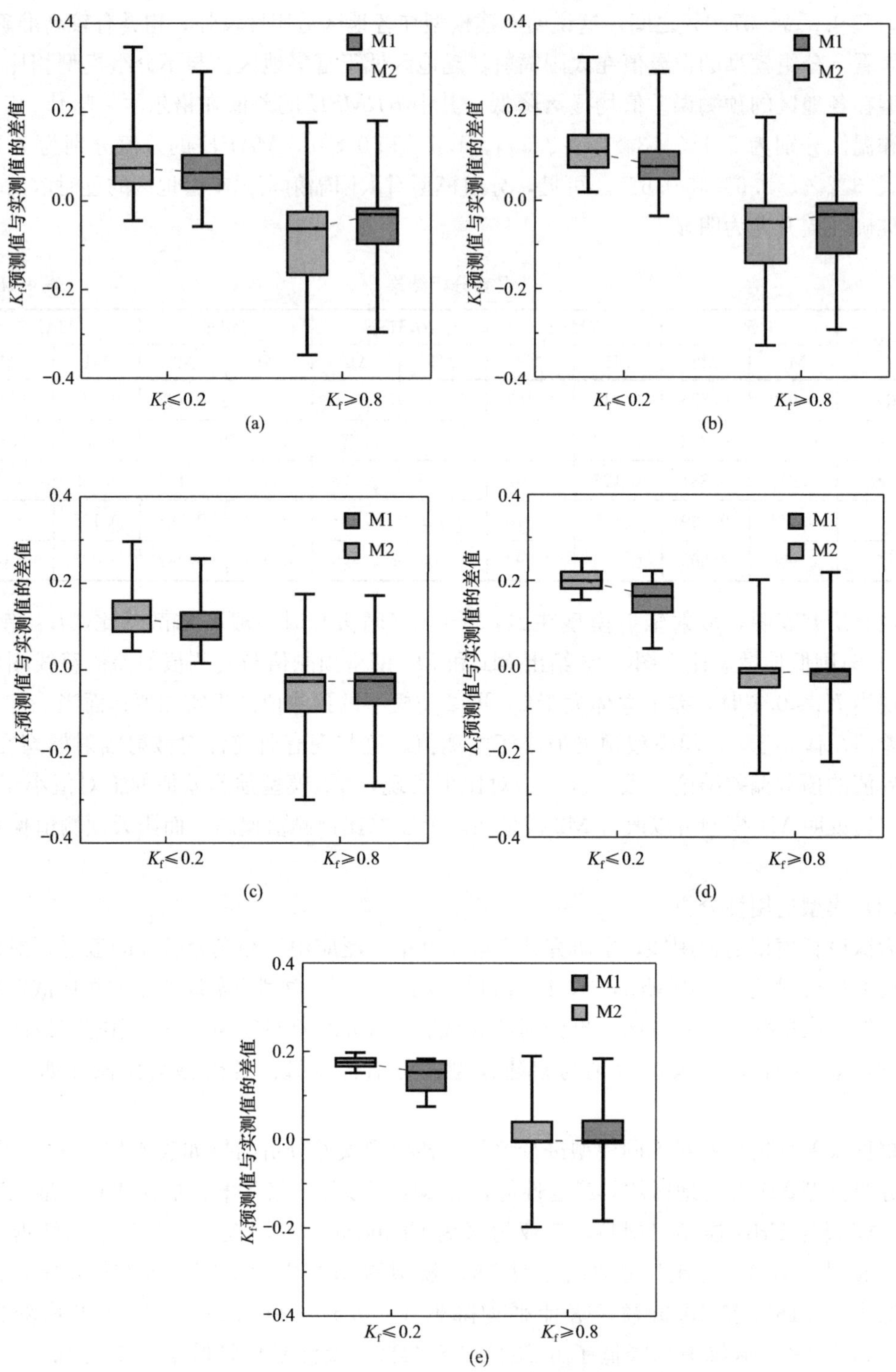

图 4-13　各地区 M1、M2 模型预测值与实测值差值分布图

(a) 格尔木；(b) 喀什；(c) 三亚；(d) 武汉；(e) 温江

表4-17

各模型具体概况

编号*	作者(模型编号)	年	城市	Köppen气候分区	条件	表达式	类型
1	Erbs(M3)	1982	—	All	$K_t \leqslant 0.22$ $0.22<K_t \leqslant 0.80$ $K_t>0.80$	$K_d=1.0-0.09K_t$ $K_d=0.9511-0.1601K_t+4.388K_t^2-16.638K_t^3+12.336K_t^4$ $K_d=0.165$	分段函数 四阶多项式
1	Boland(M4)	2008	—	All	None	$K_d=\frac{1}{1+\exp(8.60K_t-5.00)}$	非分段函数 Logistic
1	Zhou(M5)	2004	—	All	$K_t<0.20$ $0.20 \leqslant K_t<0.75$ $K_t>0.75$	$K_d=0.987$ $K_d=1.292-1.447K_t$ $K_d=0.209$	分段函数 一次函数
2	Bailek(M6)	2017	Adrar	Bw	None	$K_d=\frac{1}{1+\exp(9.101K_t-5.979)}$	非分段函数 Logistic
2	Muhammand (M7)	2018	Karachi	Bw	None	$K_d=0.8231+1.736K_t-5.351K_t^2+2.26K_t^3$	非分段函数 三阶多项式
3	Edson P(M8)	2016	Rio de Janeiro	Aw	None	$K_d=0.13+0.86\frac{1}{1+\exp(12.26K_t-6.29)}$	非分段函数 Sigmoid logistic
3	Chandrasekaran (M9)	1994	Madras	Aw	$K_t \leqslant 0.24$ $0.24<K_t \leqslant 0.80$ $K_t>0.80$	$K_d=1.0086-0.178K_t$ $K_d=0.9686+0.1325K_t+1.4183K_t^2-10.1862K_t^3+8.3733K_t^4$ $K_d=0.197$	分段函数 四阶多项式
4	Shang KF(M10)	2017	Fuzhou, Shantou, Guilin	Cw Cf	$K_t \leqslant 0.30$ $0.30<K_t \leqslant 0.80$ $K_t>0.80$	$K_d=1.0271-1.0110K_t$ $K_d=1.1551-1.4716K_t$ $K_d=0.2497-0.2649K_t$	分段函数 一次函数
4	Torres(M11)	2010	Pamplona	Cf	$K_t \leqslant 0.225$ $0.225<K_t \leqslant 0.755$ $K_t>0.755$	$K_d=0.9943-0.1165K_t$ $K_d=1.4101-2.9918K_t+6.4599K_t^2-10.329K_t^3+5.514K_t^4$ $K_d=0.18$	分段函数 四阶多项式

*：编号1：适用所有地区；编号2：适用格尔木和喀什地区；编号3：适用三亚地区；编号4：适用武汉和温江地区。

各模型误差分析结果 表4-18

台站	模型编号	*R*	*RMSE*	*RRMSE*	*MAE*	*MAPE*
格尔木 (I/Bw)	M1	0.912	0.142	0.285	0.105	0.370
	M3	0.873	0.171	0.344	0.123	0.403
	M4	0.874	0.174	0.350	0.130	0.403
	M5	0.865	0.175	0.352	0.135	0.467
	M6	0.859	0.188	0.379	0.132	0.544
	M7	0.856	0.262	0.528	0.211	0.892
喀什 (Ⅱ/Bw)	M1	0.897	0.142	0.248	0.108	0.280
	M3	0.862	0.169	0.295	0.126	0.315
	M4	0.864	0.169	0.295	0.129	0.327
	M5	0.856	0.171	0.298	0.134	0.332
	M6	0.849	0.180	0.314	0.127	0.412
	M7	0.852	0.227	0.395	0.180	0.541
三亚 (Ⅲ/Aw)	M1	0.911	0.127	0.185	0.095	0.199
	M3	0.880	0.159	0.231	0.113	0.228
	M4	0.878	0.163	0.238	0.119	0.247
	M5	0.874	0.163	0.238	0.121	0.229
	M8	0.876	0.176	0.256	0.126	0.242
	M9	0.881	0.152	0.222	0.110	0.222
武汉 (Ⅳ/Cf)	M1	0.914	0.105	0.137	0.073	0.136
	M3	0.888	0.145	0.189	0.098	0.170
	M4	0.887	0.142	0.185	0.099	0.170
	M5	0.883	0.153	0.200	0.110	0.174
	M10	0.871	0.255	0.332	0.207	0.327
	M11	0.886	0.154	0.201	0.111	0.178
温江 (V/Cw)	M1	0.903	0.089	0.104	0.060	0.092
	M3	0.891	0.115	0.135	0.078	0.112
	M4	0.892	0.111	0.130	0.079	0.111
	M5	0.868	0.137	0.160	0.091	0.128
	M10	0.848	0.234	0.274	0.187	0.253
	M11	0.875	0.134	0.157	0.096	0.128

4.2.3 垂直面太阳辐射模型

研究太阳辐射对建筑的热作用，必须确定投射到建筑立面（通常是垂直面）上的太阳辐射量。但气象台站对垂直面辐射的测量严重稀缺。因此，针对南海地区复杂特殊的气候特征与物理环境，研究准确计算垂直面辐射数据的分析方法，对于极端热湿气候区建筑热工设计和太阳能资源利用尤为重要。

1. 数据来源

本研究数据的获取有两个途径：中国气象局实时观测平台和新开发的太阳辐射综合观测系统。其中中国气象局提供水平面长期太阳辐射数据，包括水平面逐时总辐射、散射辐射和直射辐射等重要参数，观测周期为2005—2014年，观测地点为三亚（18.23°N/109.52°E）。

通过对长期辐射数据的统计计算，分析天空条件动态变化特征，以实现对不同天气类型的准确划分。

另一个数据来源为本研究自行开发的辐射综合观测系统。该测量系统设置在三亚湾沿海位置（18.289°N，109.370°E）。调研观测期间内海水潮高最大时海岸线位置，在距该海岸线 1m 附近布置观测系统，观测装置布置如图 4-14 所示。该系统包括 4 个测量单元：A 为便携式气象站，主要观测空气温度、相对湿度等气象数据和水平面太阳总辐射数据；B 为全自动太阳追踪装置，主要观测直射辐射数据；C 为辐射测量站（S/N），主要观测南北朝向太阳总辐射、散射辐射和下垫面反射辐射数据；D 为辐射测量站（E/W），主要观测东西向太阳总辐射数据。

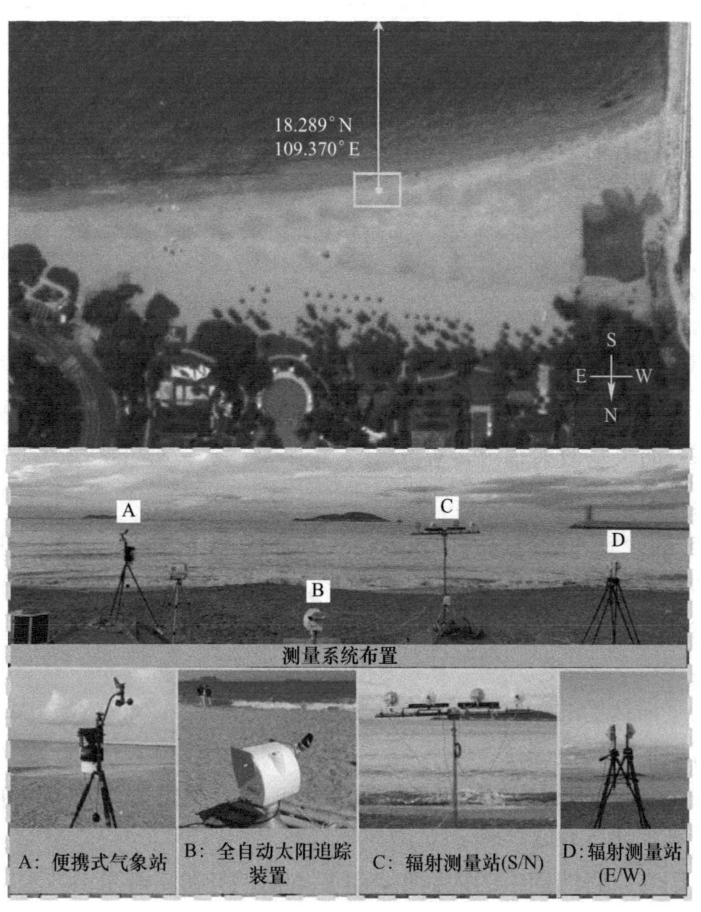

图 4-14 测量装置布置

C 测量垂直面总辐射的同时也实现了散射辐射和下垫面反射辐射的测量，辐射综合测量装置示意图如图 4-15 所示。主体部分采用一个高约 2m 的 T 形架作为支撑，并在横杆上沿南北朝向各安装了 2 个总辐射表，其中一个传感器底端连接着一块覆盖黑色绒布的金属板，用以阻挡来自下垫面的反射辐射。黑色绒布辐射的波长范围大于总辐射表测量的光谱波长，因此，总辐射表不会受黑色绒布长波辐射的显著影响。此外，装置启动前需要对仪器进行调平和朝向校正操作。

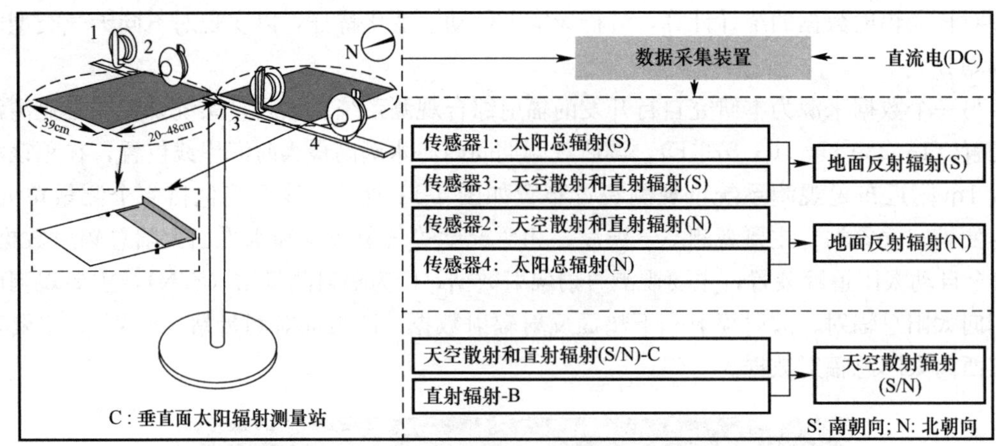

图 4-15　辐射综合测量装置示意图

由辐射测量站C安装结构可以发现，垂直面接受的下垫面反射辐射和天空散射辐射均为间接测量数据，具体计算如下：

$$I_{rv}=I_{v}-I_{sdv} \tag{4-9}$$

$$I_{dv}=I_{sdv}-I_{bv} \tag{4-10}$$

式中　I_{rv}——垂直面接受的下垫面反射辐射，W/m^2；

I_{v}——垂直面太阳总辐射，为太阳总辐射表传感器1和传感器4测量所得，W/m^2；

I_{sdv}——垂直面直射辐射累加天空散射辐射，为总辐射表2和3测量所得，W/m^2；

I_{dv}——垂直面天空散射辐射，W/m^2；

I_{bv}——垂直面直射辐射，W/m^2。

其中关于I_{bv}的计算一般通过太阳视运动轨迹理论推导而来。引入直接辐射转换因子来表示垂直面直接辐射和水平面直接辐射的关系，计算如下：

$$I_{bv}=I_{bh}R_{b}=I_{bh}\frac{\cos\theta}{\cos\theta_{z}} \tag{4-11}$$

式中　I_{bh}——水平面接受的太阳直射辐射，W/m^2；

R_{b}——直射辐射转换因子；

θ_{z}——太阳天顶角，是太阳高度角的余角，代表太阳光线在水平面上的入射角，计算如式（4-12）所示，°；

θ——太阳在垂直墙面上的入射角，计算如式（4-13）所示。

$$\cos\theta_{z}=\sin h=\sin\varphi\sin\delta+\cos\varphi\sin\delta\cos\omega \tag{4-12}$$

$$\cos\theta=\sin\theta_{z}\cos\gamma=\sin\theta_{z}\cos(A_{z}-A_{w}) \tag{4-13}$$

式中　h——太阳高度角，°；

φ——地理纬度，°；

δ——太阳赤纬，°；

ω——时角，上午为正，下午为负，正午为0，°；

γ——太阳射线在水平面上的投影与墙面法线的夹角，°；

A_{z}——太阳方位角，°；

A_w——墙面方位角，°。各角度参数定义及关系如图 4-16 所示。

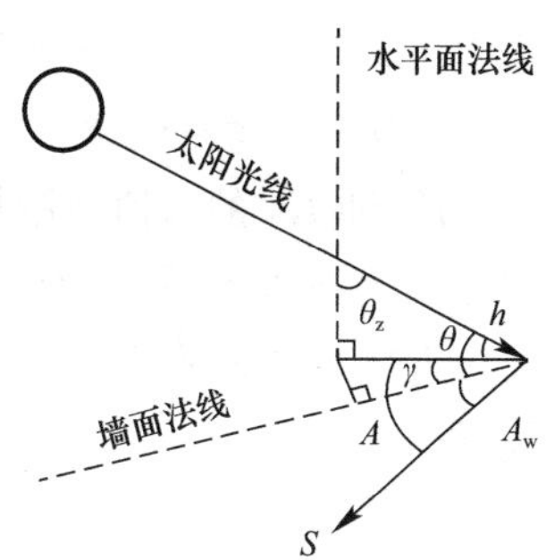

图 4-16　太阳辐射相关角度定义与关系示意图

新开发的辐射综合观测系统中仪器的主要技术指标见表 4-19。A 使用了 Vantage pro2 新一代数字化电子气象站。B 则主要由 Kipp&Zonen 公司生产的 CHP 1 日射强度计和 SOLYS 2 太阳跟踪器构成。C 和 D 中使用的辐射表为 CMP10 总辐射表。观测结果通过数据采集器（CR1000X）每分钟记录一次，并存储在内置的 MicroSD 存储卡中。观测周期为 2022 年 5 月 23 日至 2022 年 5 月 25 日，选择 CIE 提出的高时间分辨率数据质量控制方法对原始辐射数据进行处理。然后，利用处理后的全方位太阳辐射数据，对不同天气类型下垂直面太阳辐射模型准确度进行比较，并对沿海建筑典型下垫面（海面/沙滩）反射辐射特性进行分析。

测量装置性能参数　　**表 4-19**

测量单元	仪器型号	测量要素	规范	要求
A 和 B	Vantage pro2 CHP 1 SOLYS 2	水平面： （1）直射辐射； （2）散射辐射； （3）总辐射； （4）空气温度； （5）相对湿度； （6）露点温度； （7）风速	太阳辐射精度	<3%
			空气温度精度	<0.3℃
			相对湿度精度	<2%
			露点温度精度	<1℃
			风速精度	<0.9m/s
			逐日不确定度	<1%
			最大辐照度	4000W/m^2
			太阳跟踪仪精度	<0.5°
			指向精度	<0.1°
C 和 D	CMP10	垂直面： （1）天空散射辐射（南/北）； （2）地面反射辐射（南/北）； （3）总辐射（南/北/东/西）	逐日不确定度	<2%
			最大辐照度	4000W/m^2
			倾斜响应（0 ～ 90°，1000W/m^2）	<0.2%

2. 垂直面天空散射辐射模型

（1）天气类型分类

根据上文的定义，晴空指数（K_t）和散总比（K_f）与天气的阴晴状态直接相关。图 4-17 展示了三亚地区 2005—2014 年 K_t 和 K_f 月标准差的累年平均值，计算方法如式（4-14）所示。标准差反映了数据的离散程度，即 S_m 代表天气阴晴变化程度，越大说明天气越多变，越不容易出现稳定天气。

$$\bar{S}_m=\frac{S_m}{10}=\frac{\sqrt{\frac{1}{n}\sum_{i=1}^{n}(X_i-\overline{X})^2}}{10} \tag{4-14}$$

式中 m——月份，分别取 1，2，…，12；

i——每月的逐个数据点。

K_t 和 K_f 的取值范围均在 0～1 之间，而三亚地区 K_t 和 K_f 月标准差的累年平均值分别在 0.22～0.26 和 0.26～0.32 之间。这说明三亚地区每月的 K_t 和 K_f 变化幅度相对较大，天空条件离散情况较为显著，天气类型不稳定。这可能是特殊的地理位置使其受海洋气候影响导致。

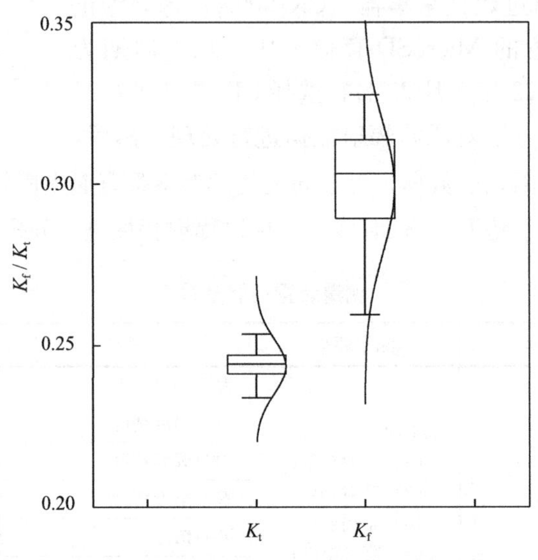

图 4-17 三亚地区天空条件变化情况

由 4.2.2 节可知，K_f 与 K_t 总体呈反比关系，且同一 K_t 出现在上午或下午对应不同的 K_f。此外，当 K_t 趋于 1 时，K_f 略有上升，这主要是云层边缘的瞬时反射作用导致。鉴于散射辐射数据获取困难，K_f 不易计算，目前主要使用 K_t 作为分类指标对天气类型进行划分。下面以每 0.1 为间隔，将晴空指数分为 10 个级别。分别给出每个级别上午和下午散总比的频率分布，如图 4-18 所示。在阴天条件下，由于缺乏太阳直射辐射，K_f 通常为 1。而在晴天条件下，太阳直射辐射占主导地位，导致 K_f 下降至 0.1～0.2 之间。通过观察图 4-18 可以发现：当 $K_t<0.2$（上午）或 $K_t<0.3$（下午）时，K_f 等于 1 的概率超过 60%，意味着出现阴天的概率较高；随着 K_t 的增加，K_f 等于 1 的频率逐渐减小，而 K_f 在 0.1～0.2 之间的频率逐渐增加，代表天气状况从阴天向晴天转变。当 $K_t>0.7$ 时，K_f 的频率分布峰值主要集中在 0.1～0.2 附近，意味着出现晴天的概率较高。需要注意的是，$K_t>0.9$ 主要发生在下午，并且此时 K_f 出现在 0.1～0.2 范围内的概率明显下降，说明相对于晴天条件而言，此时天空的散射水平略高，这主要是由云层边缘瞬时反射造成的。也就是说，这种情况下通常表示天空中存在云。

综上所述，可以根据晴空指数对天气进行分类：阴天，上午 $K_t<0.2$，下午 $K_t<0.3$；多云，上午 $0.2\leqslant K_t<0.7$，下午 $0.3\leqslant K_t<0.7$；晴天，$0.7\leqslant K_t<0.9$；亚晴天（存在云层覆盖），$K_t\geqslant 0.9$。通过以上天气分类结果可知，上午和下午对于阴天和多云的 K_t 值区分标准略有不同，但差异并不显著。具体来说，上午 K_t 为 0.2，下午 K_t 为 0.3。为了方

便后续天气分类方法的使用，在确保阴天范围准确性的前提下，现统一规定：阴天，$K_t<0.2$；多云，$0.2\leqslant K_t<0.7$。最终分类结果可见表4-20。需要特别注意的是，现有的天气分类方法通常直接将 K_t 趋于1的情况划分为晴天，忽略了 $K_t\geqslant 0.9$ 时出现的云层边缘瞬时反射情况。然而，此时天空中存在云层，与相对晴朗的天空条件相比存在差异，K_f 值也稍有上升，因此不能简单地将其划分为晴天条件。

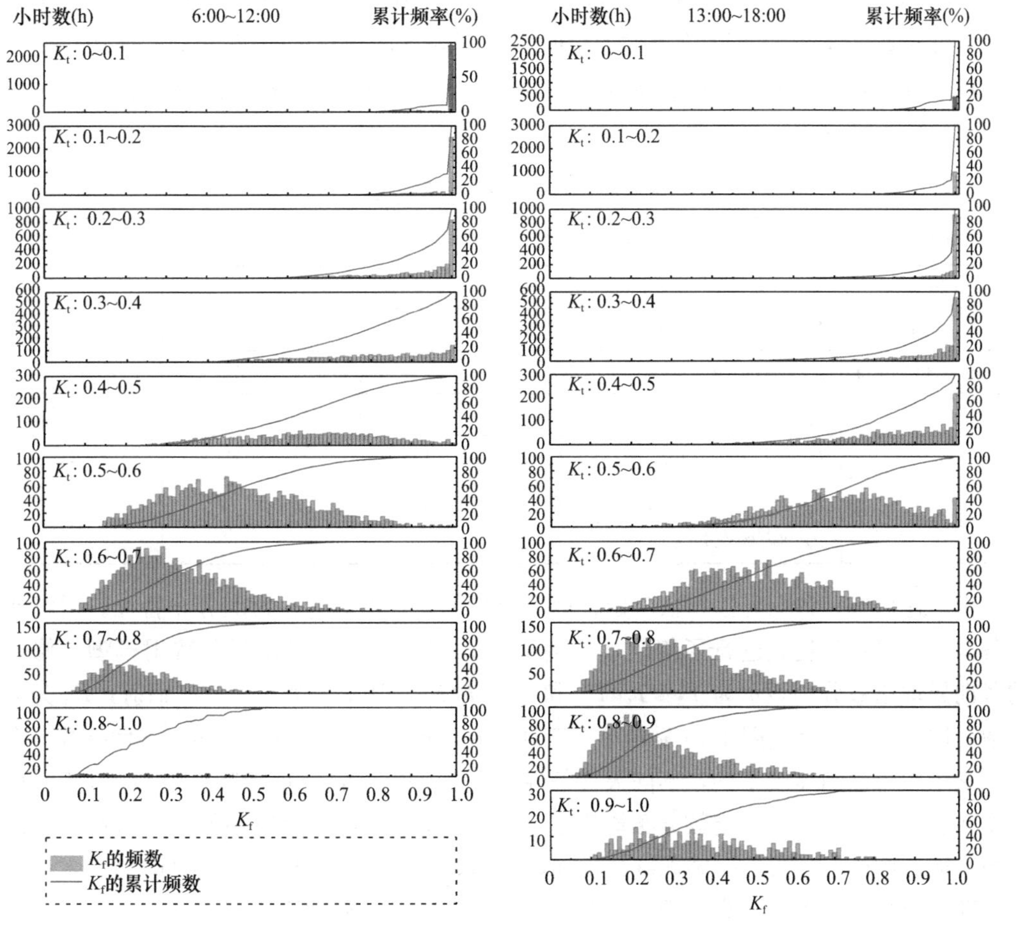

图4-18　三亚地区不同 K_t 下 K_f 的频率分布图

天气类型分类结果　　**表4-20**

范围	天气类型	天空条件
$K_t<0.2$	Ⅰ	阴天
$0.2\leqslant K_t<0.7$	Ⅱ	多云
$0.7\leqslant K_t<0.9$	Ⅲ	晴天
$K_t\geqslant 0.9$	Ⅳ	亚晴天

（2）天空散射辐射模型的比较

基于三亚湾辐射综合观测系统记录的实测数据，选取1个各向同性模型和5个各向异性模型分别计算不同天气类型下的垂直面天空散射辐射，预测模型如表4-21所示，其中

Liu-Jordan 为各向同性模型。Bugler 和 Hay 模型将散射辐射分为天顶散射辐射和环日散射辐射两个部分。Bugler 假定日周区域贡献的附加成分占垂直面直接辐射的 5%。Temps and Coulson、Klucher 和 Reindl 模型将散射辐射分为天顶散射辐射、环日散射辐射和天边散射辐射三个部分。Reindl 在 Hay 的基础上增加了天边散射辐射组分。Temps and Coulson 和 Klucher 认为 $1+\sin^3(\beta/2)$ 代表地平线亮度的影响（β 为倾斜度，垂直面条件下 $\beta=90°$）；$1+\cos^2\theta\sin^3\theta_z$ 代表日周区域的影响，Klucher 在 Temps and Coulson 的基础上引入各向异性指数 f_1，描述在天空条件变化时散射辐射各向异性的程度。Hay 和 Reindl 认为环日散射辐射转换系数可以由直接辐射转换因子表示，并引入各向异性指数 f_2 表示日周区域贡献的附加成分占比。

斜面天空散射辐射预测模型　　表 4-21

模型	关系式	各向同性/异性	异性指数
Liu-Jordan	$I_{dv}=0.5(1+\cos\beta)I_{dh}$	同	—
Bugler	$I_{dv}=[0.5(1+\cos\beta)+0.05\,I_{bv}/I_{dh}]I_{dh}$	异	—
Temps and Coulson	$I_{dv}=\cos^2(\beta/2)[1+\sin^3(\beta/2)](1+\cos^2\theta\sin^3\theta_z)I_{dh}$	异	—
Klucher	$I_{dv}=\cos^2(\beta/2)[1+f_1\sin^3(\beta/2)](1+f_1\cos^2\theta\sin^3\theta_z)\,I_{dh}$	异	$f_1=1-(I_{dh}/I_g)^2$
Hay	$I_{dv}=[(1-f_2)\cos^2(\beta/2)+f_2\cos\theta/\cos\theta_z]\,I_{dh}$	异	$f_2=I_{bh}/I_{oh}$
Reindl	$I_{dv}=\{(1-f_2)\cos^2(\beta/2)[1+(I_{bh}/I_g)^{1/2}\sin^3(\beta/2)]+f_2\cos\theta/\cos\theta_z\}I_{dh}$	异	$f_2=I_{bh}/I_{oh}$

由上述可知，各向异性指数一定程度上反映了天空中散射辐射的分布特征。后续研究对各向异性指数表达式进行了修改，并基于 Hay 模型得到了新的散射辐射模型，修正后的各向异性指数分别表示为 $f_3=I_g/I_{oh}$ 和 $f_4=I/I_{cs}$，其中 I 为法向入射辐射，I_{cs} 为太阳常数，取 1367W/m^2。图 4-19 显示了三亚地区在不同天气条件下 4 种各向异性指数分布情况。从图中可以明显观察到，不同天气条件下，f_1 和 f_3 的分布普遍高于 f_2 和 f_4 分布。其中在阴天条件下，所有指数分布均趋近于 0，这表明天空中散射辐射呈现出均匀一致的分布特征。此外，随着天空晴朗度的增加，各指数的分布均呈现逐渐上升的趋势。也就是说，随着天空晴朗度的提高，天空中散射辐射的各向异性程度逐渐增加。

为了研究上述各向异性指数在不同模型形式下对天空散射辐射预测性能的影响，采用 f_1、f_2、f_3 和 f_4 作为输入参数，分别与 Klucher、Hay 和 Reindl 模型相结合进行分析，具体情况如图 4-20 所示。结合上述其余 3 种模型形式，共建立了 15 种垂直面散射辐射模型。

对 15 种模型计算结果的准确性分别进行统计学分析。图 4-21 为不同天气条件下，15 种模型的 *RRMSE* 检验结果，*MAPE* 计算结果的趋势相似，因此不予展示。可以看出，对于垂直面南朝向，所有天气类型下各向同性模型（Liu）表现较好，这是因为测量阶段南向墙体的太阳入射角大于 90°，即南向表面无法接受到太阳的直射辐射，此时南向表面可见的天空状态更趋于均匀一致。对于北朝向表面，阴天条件下，除 TC 模型外其余模型计算精度相差不大；非阴天条件下，Klucher 模型显示出更低的计算误差，但当天空处于超晴条件（$K_t\geqslant0.9$）时，由于云层边缘瞬时反射的影响，采用各向异性指数 f_2 或 f_4 计

算效果更佳。这一结果表明，针对垂直表面可见的不同天空条件，选择适合的辐射模型和计算方法可以有效提高散射辐射预测的准确性和精度。

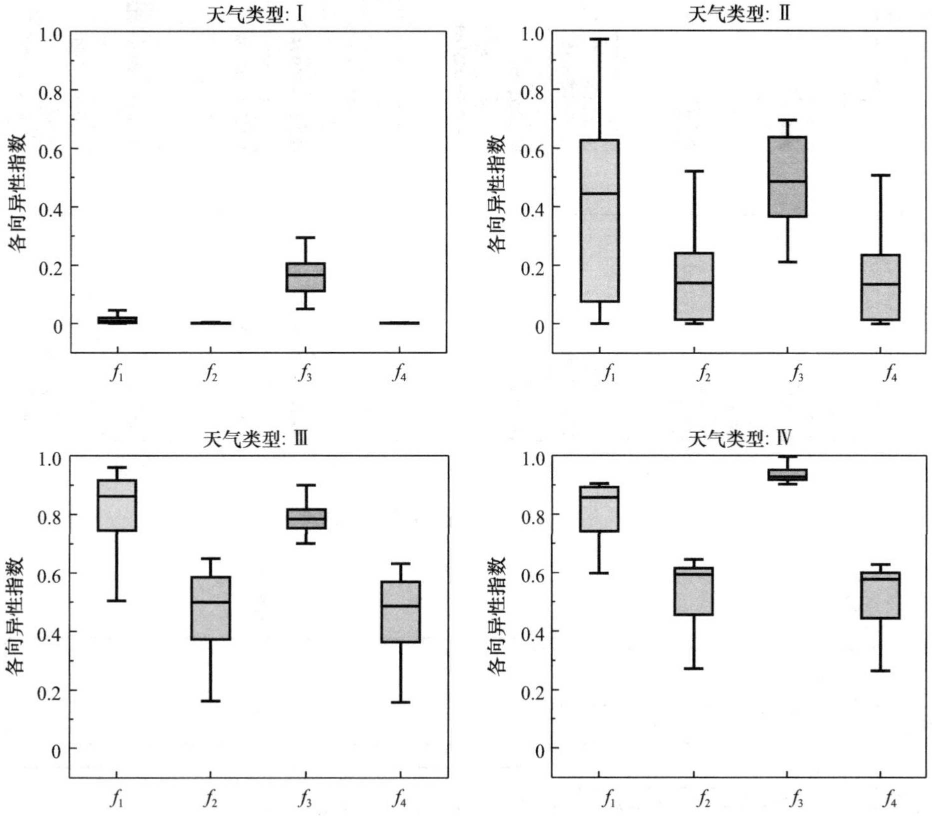

图 4-19 不同天气类型的各向异性指数分布

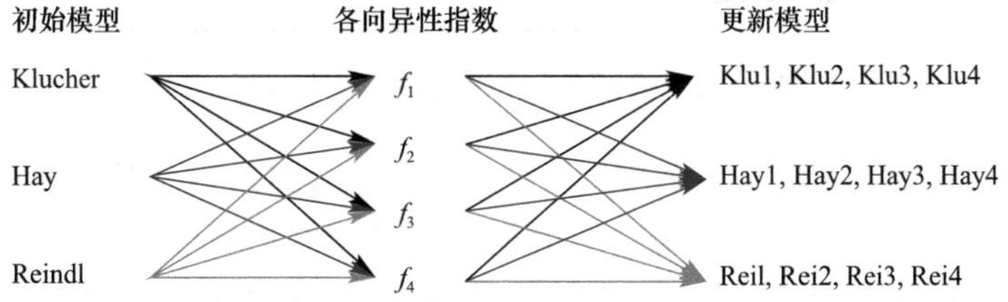

图 4-20 散射辐射模型与各向异性指数的匹配关系

(3) 天空散射辐射算法流程

根据上述分析，给出针对全天气类型下的垂直面天空散射辐射计算流程，并定义该方法为垂直面散射辐射全天空条件适应模型（Alg-s），如图 4-22 所示。首先根据地理位置、墙体与太阳的相对位置、时角等信息计算太阳入射角（θ）和该时刻下的晴空指数（K_t）；然后分别判断 θ 和 K_t 的大小，判断 $\theta \geqslant 90°$ 或 $K_t < 0.2$，若是则使用各向同性模型计算该垂直面接受的散射辐射；若否，则判断 $K_t \geqslant 0.9$，若是则使用经 f_2 或 f_4 修正后的 Klucher 模型进行计算，其余情况使用 Klucher 原始模型进行计算。

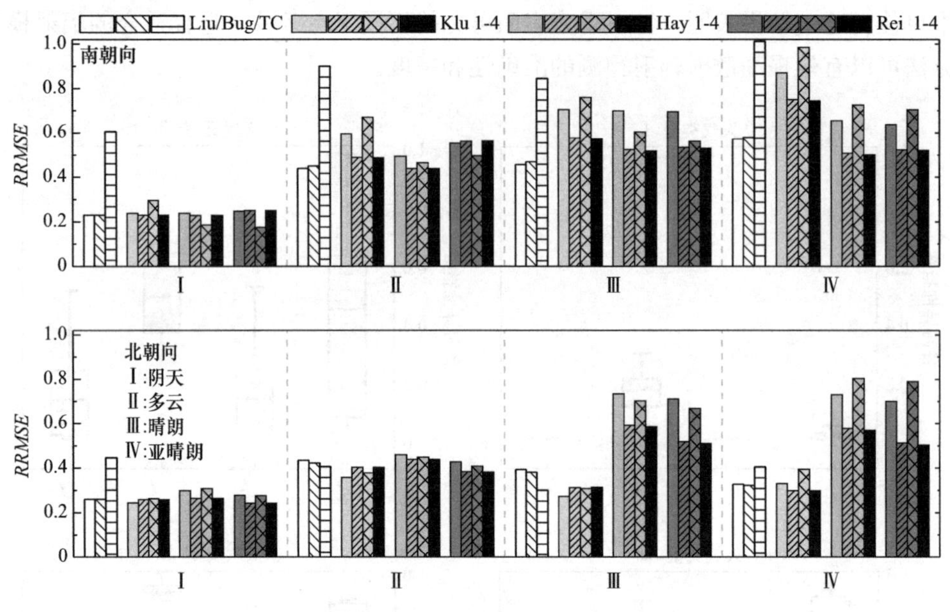

图 4-21　垂直面散射辐射模型验证

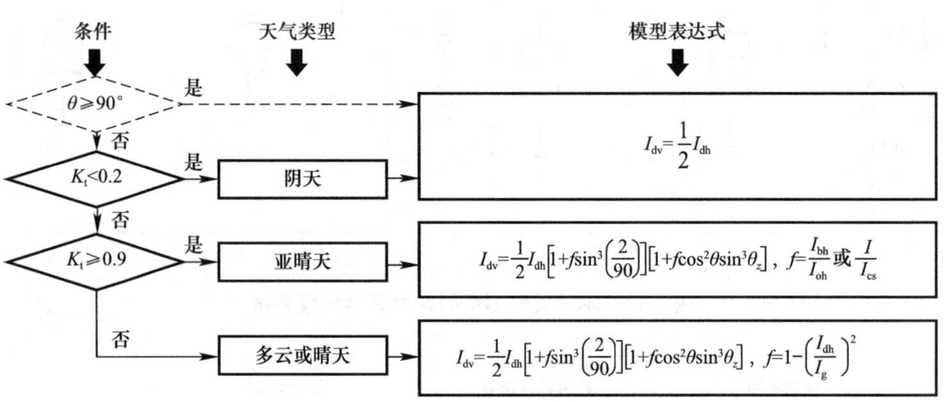

图 4-22　垂直面天空散射辐射计算流程

新提出的算法能够有效区分各种天气类型，并考虑太阳光线相对于垂直表面的相对位置。这种能力有助于提高垂直面上天空散射辐射的总体估算精度。图 4-23 给出了不同模型对天空散射辐射的绝对误差比较。结果表明，该算法的绝对误差最小，平均绝对误差为 32.77W/m^2，具有较好的计算精度。进一步的统计分析表明，Alg-s 的 *RRMSE* 为 0.380，*MAPE* 为 0.271。与其他模型相比，*RRMSE* 平均降低了 16.1%，*MAPE* 平均降低了 10.0%。

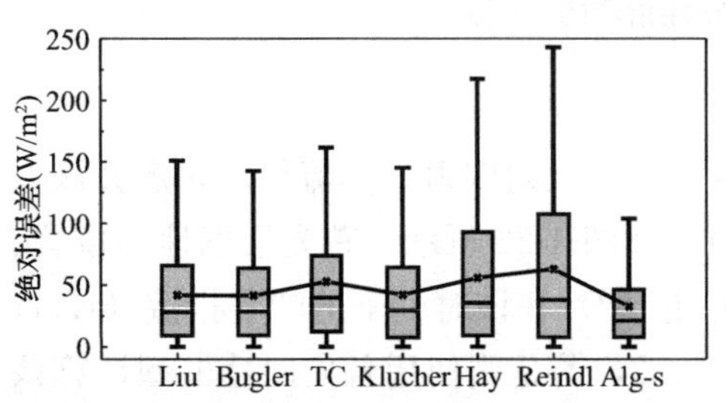

图 4-23　不同天空散射辐射模型绝对误差的比较

3. 下垫面反射辐射模型

(1) 双变量相关性分析

下垫面反射辐射一般直接使用反射率 0.2 进行计算。但目前已有众多研究成果表明下垫

面反射辐射特性与天气状况、太阳位置和下垫面物理性质（粗糙度、相对湿度、颜色等）有关，同一种下垫面的反射率大小也具有明显的日变化特征。

本书基于 SPSS 软件选取 7 个影响因子分别对垂直面接受的海面反射辐射和沙滩反射辐射进行双变量相关性分析，认为显著性检验值小于 0.001 的数据具有统计学显著性，结果如图 4-24 所示。其中 I_{rvs} 和 I_{rvb} 分别为垂直面接受的海面反射辐射和沙滩反射辐射。A_z 和 θ_z 分别为太阳方位角和太阳天顶角，为太阳位置信息。t_a、H、t_d 和 v 分别为空气温度、相对湿度、露点温度和风速，为气象要素信息。K_t 则代表天空状态信息。可以看出，海面和沙滩反射辐射均与 θ_z 和 H 呈负相关，与 t_a、t_d、v 和 K_t 呈正相关，且与 A_z 关系不显著。I_{rvs} 和 I_{rvb} 与 K_t 相关性最为显著，皮尔森相关系数分别为 0.88 和 0.80。除此之外，自变量之间也存在显著性相关关系，这说明自变量间可能存在共线性问题。进一步分析发现，与 K_t 显著相关的影响因子和与 I_{rvs}、I_{rvb} 显著相关的影响因子一致，这说明在解释反射辐射方面，K_t 具有更强代表性。

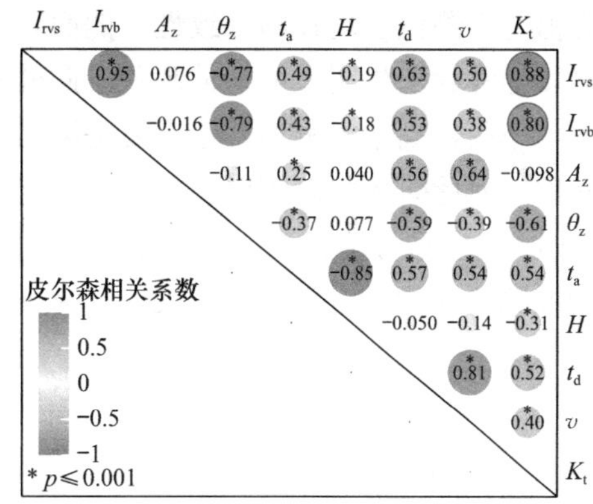

图 4-24　不同气象要素与海面/沙滩垂直面反射辐射的皮尔森相关系数分布

（2）海面/沙滩反射辐射回归模型

综合以上研究结果，选取 K_t 作为自变量与海面和沙滩反射辐射进行拟合回归，能够降低共线性的风险，并且易于理解和操作，同时也保证了较高准确性。因此，采用最小二乘法对晴空指数和反射辐射实测值进行回归拟合，得到了如图 4-25 所示的拟合结果。从图中可以看出，I_{rvs} 和 I_{rvb} 与 K_t 之间均表现出明显的一元二次方程拟合关系，拟合优度分别是 0.803 和 0.652。此外，图中绘制了回归模型的置信带和预测带，分别表示了对实测参数的估计范围和未来观测值的预测范围。综上，我们认为该方法可用于推测海面与沙滩反射辐射数值。

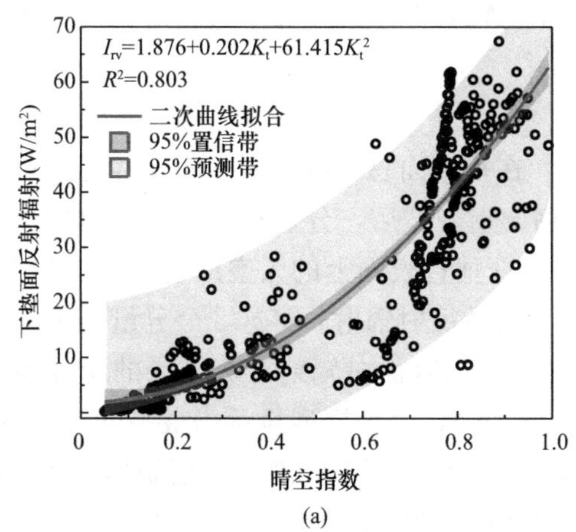

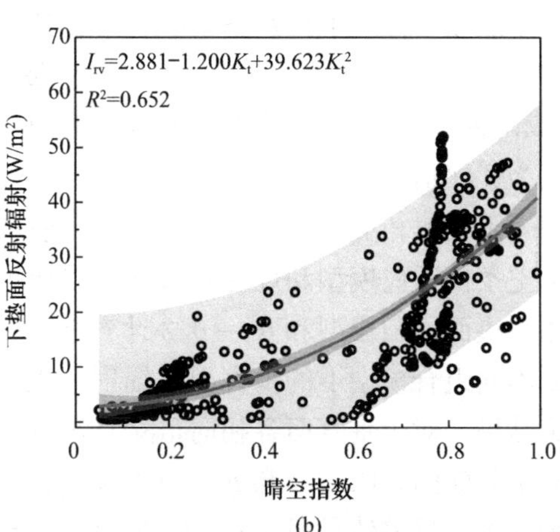

图 4-25　海面和沙滩垂直面反射辐射与晴空指数的回归拟合

（a）海面；（b）沙滩

通过上述拟合模型（定义为 M_r 模型）进一步计算海面和沙滩的反射率，见公式（4-15），式中 R_a 为反射率。并绘制如图 4-26 所示的随晴空指数变化的分布图。结果显示，模型计算值与实测值呈现较高一致性。然而，使用反射率取 0.2 进行海面和沙滩反射辐射的计算时，通常会产生明显的高估现象。此外还可观察到，当 K_t 接近 0 时，M_r 模型计算得到的反射率明显高于实测值。这主要是因为当 K_t 趋于 0 时，M_r 模型计算得到的 I_{rv} 稍高于实测值，而此时太阳总辐射较弱，I_{rv} 的轻微波动对反射率计算结果的影响更为显著。因此，通过 M_r 模型计算得到的反射率在这种情况下会偏高。经计算，基于 M_r 模型得到的海面和沙滩的平均反射率差异不大，约为 0.1。

$$R_a = \frac{2I_{rv}}{I_g} = \frac{2f(K_t)}{I_g} \tag{4-15}$$

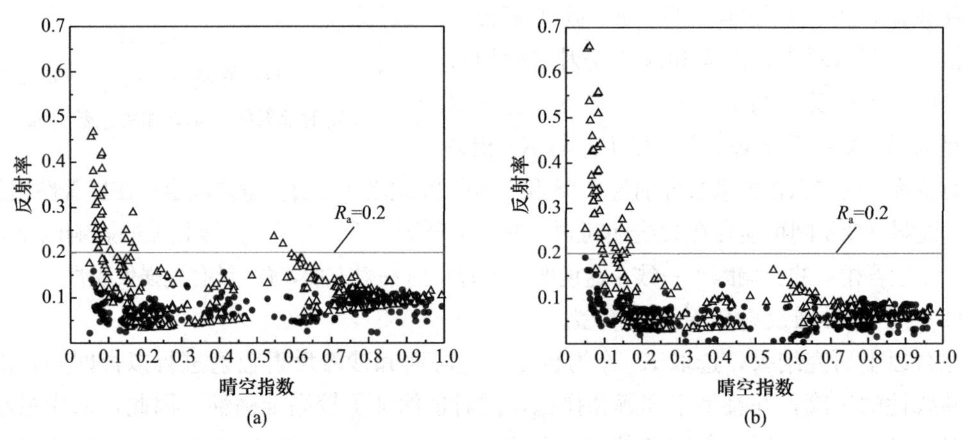

图 4-26　海面/沙滩反射率计算结果

• 测量值；▵ 估计值

(a) 海面；(b) 沙滩

随后，对 M_r 模型和反射率取 0.2 条件下的垂直面上反射辐射计算结果进行准确性分析。统计结果显示，M_r 模型计算结果的 *RRMSE* 为 0.433，*MAPE* 为 0.850。与此相比，反射率取 0.2 条件下计算结果的 *RRMSE* 为 1.983，*MAPE* 为 2.325。这表明，相较于反射率取 0.2，M_r 模型计算结果准确性显著提升。

4. 垂直面太阳总辐射估计的精度提升

为了评估本书提出的组合模型（Alg-s 和 M_r）在垂直面总辐射预测方面的性能，首先根据太阳辐射相关角度的定义计算得到垂直面直射辐射。然后，分别根据垂直面散射辐射全天空条件适应模型和现有垂直面散射辐射模型计算垂直表面上的天空漫射辐射。接着，使用下垫面回归模型和 $R_a=0.2$ 计算垂直面散射辐射及反射辐射。将这 3 个分量相加即可得到不同组合模型下的垂直面总辐射。表 4-22 展示了垂直面总辐射计算结果的统计参数验证结果。对于垂直面各朝向，除北朝向外，Alg-s 和 M_r 组合模型显示出最高的准确性。而对于北朝向，Bugler 和 $R_a=0.2$ 模型似乎表现更好。但实际上，对于散射辐射，Bugler 模型计算结果整体偏低，即 Bugler 模型低估了北朝向天空散射辐射。而对于反射辐射，通过图 4-26 可以发现，$R_a=0.2$ 计算结果高估了反射辐射。因此，这主要是两个分量辐射计算结果相加产生部分误差抵消导致。对于不区分朝向的总体预测效果，Alg-s 和 M_r 组

合模型展现出最佳性能，其次是 Hay 和 $R_a=0.2$ 模型。相较于 Hay 和 $R_a=0.2$ 模型，Alg-s 和 M_r 模型的 *RRMSE* 和 *MAPE* 分别降低了 6.9%和 4.9%。此外，与其他组合模型相比，Alg-s 和 M_r 模型的 *RRMSE* 和 *MAPE* 平均降低了 14.8%和 12.3%。

垂直面总辐射计算结果的统计参数验证结果 **表 4-22**

模型	南		北		东		西		所有数据	
	RRMSE	*MAPE*	*RRMSE*	*MAPE*	*RRMSE*	*MAPE*	*RRMSE*	*MAPE*	*RRMSE*	*MAPE*
M_s 和 M_r	**0.400**	**0.243**	0.242	0.166	**0.178**	**0.980**	**0.330**	**0.262**	**0.280**	**0.198**
Liu 和 $R_a=0.2$	0.582	0.391	0.227	0.165	0.394	0.215	0.393	0.337	0.388	0.277
Bug 和 $R_a=0.2$	0.595	0.403	**0.225**	**0.162**	0.397	0.219	0.396	0.344	0.391	0.282
TC 和 $R_a=0.2$	0.960	0.703	0.370	0.285	0.520	0.426	0.555	0.570	0.573	0.495
Klu 和 $R_a=0.2$	0.815	0.545	0.281	0.183	0.476	0.284	0.489	0.435	0.495	0.362
Hay 和 $R_a=0.2$	0.427	0.304	0.308	0.224	0.335	0.175	0.344	0.276	0.349	0.247
Rei 和 $R_a=0.2$	0.415	0.309	0.361	0.239	0.346	0.189	0.354	0.297	0.370	0.260

4.2.4 夏季太阳辐射标准值

太阳辐射直接影响建筑得热和空调负荷的形成，因此太阳辐射照度是建筑热工设计、暖通空调设计、太阳能利用必需的重要基础参数[13,14]。而计算夏季太阳总辐射照度的前提是构建太阳辐射基础数据表。我国《民用建筑供暖通风与空气调节设计规范》GB 50736—2012（以下简称：《暖通规范》）采用的太阳辐射基础数据表是编制组基于我国当时建有的 19 个日射台站的观测数据，同时借鉴苏联 8 个日射台站（雅库茨克、伊尔库茨克、萨拉托夫、敖德萨、叶弗帕多利亚、卡拉达格、海参崴、阿什哈巴德）的数据及统计方法计算得到的[15]。表中每组基础数据按太阳高度角给出，依次为 7°、10°、15°、20°、25°、30°、40°、50°、60°、75°、90°（表 4-23），这些太阳高度角基本涵盖了我国北纬 20°～50°地区夏季太阳视运动轨迹范围。而对于我国北纬 10°～20°的低纬度地区，如西沙（N16°50′，E112°20′）、永暑（N9°40′，E112°53′）存在太阳高度角小于 7°的时刻，即《暖通规范》中现有的太阳辐射基础数据表无法满足我国低纬度地区太阳总辐射照度的计算要求。这直接导致了南海海域建筑节能设计和太阳能开发利用过程中无标准太阳辐射数据可查。为此，研究首先基于我国低纬度地区最新年限的太阳辐射源数据，将基础数据表中太阳高度角的取值下限扩展至 3°，然后根据完善后的太阳辐射基础数据表进行插值计算和理论计算生成我国北纬 10°、15°低纬度地区夏季太阳总辐射照度表，旨在为我国南海海域的建筑节能设计和设备系统研发提供准确可靠的太阳辐射数据。

1. 夏季太阳总辐射照度的计算方法

现有夏季太阳总辐射照度计算方法有两种：一种是实测统计法，另一种是按纬度带和大气透明度等级分区计算法[16]。

第一种实测统计法，是基于某地辐射气象台站的太阳辐射照度逐时值，统计整编得到当地的辐射参数。具体统计原则是：采用每年 6 月至 9 月内舍去 15～20 个高峰值后的次大值的近 10 年的平均值。舍去 15～20 个高峰值是参照了夏季空调室外干、湿球计算温度确定原则，即室外不保证 50h 的干、湿球温度大致分布在 15～20 天之内。该计算方法直观简单，提出了一个确定的取值标准，但需要长期辐射观测数据，统计工作量大，并且只能对数据获取地点进行计算，不能扩展应用到其他地点。另外，显而易见，按照该方法确定的太阳总辐射照度与夏季空调设计计算相匹配，具有鲜明的工程设计的可靠性概念。

第二种按纬度带和大气透明度等级分区计算法，是基于通用的太阳辐射基础数据表，通过插值和理论计算得到各地区的辐射参数。该计算方法相对复杂，数据空间精确度相对较低，但可用于辐射数据缺失地区，具备良好的可扩展性，便于概括全国情况。我国目前仅有 99 个太阳辐射台站具备长期辐射数据记录，辐射数据在空间和时间上存在严重缺测问题，因此《暖通规范》规定夏季太阳总辐射照度时采用了第二种方法。具体计算过程可概括为三个步骤：首先，采用位于不同纬度带的日射台站的逐时观测值构建不同太阳高度角、不同大气透明度等级下的太阳辐射基础数据表；然后，可根据各地的地理纬度带、大气透明度等级、地方太阳时插值计算得到当地的辐射参数；最后，运用一系列太阳辐射基本公式计算各地区的夏季太阳总辐射照度表。

（1）太阳辐射基础数据表构建方法

前述提及的太阳辐射基础数据表涵盖两个参数：太阳光线法平面上的直射太阳辐射照度（S 值）及水平面太阳总辐射照度（Q 值），如表 4-23 所列为根据苏联太阳辐射源数据提出的太阳辐射基础数据表。由于透过大气层到达地球表面的太阳辐射主要与大气透明度和太阳高度角有关，所以基础数据表中的 S 值和 Q 值依据不同大气透明度等级（1～6 级）和太阳高度角（7°～90°）分别给出。《暖通规范》沿用了表 4-23 作为我国太阳辐射基础数据表：基于苏联地区 8 个日射台站，获取了各类大气透明度等级下、不同时刻的 S 值和 Q 值，进而计算出不同大气透明度、不同太阳高度角下的 S 值、Q 值的平均值，构成太阳辐射基础数据表。为满足空调设计要求，同时考虑我国各地实际大气压、大气污染程度的影响，《暖通规范》编制组修订提出了“夏季空调设计用大气透明度分布图”，以配合太阳辐射基础表的应用。

太阳辐射基础数据表[6] **表 4-23**

大气透明度等级		太阳高度角										
		7°	10°	15°	20°	25°	30°	40°	50°	60°	75°	90°
垂直光线面的直射辐射 $S(W/m^2)$	6	179	181	286	377	440	488	579	656	698	726	740
	5	197	265	384	468	530	586	684	754	789	809	816
	4	244	342	468	551	614	670	754	809	844	872	886
	3	335	440	565	649	712	768	844	886	921	942	956
	2	426	530	649	740	802	851	921	956	991	1005	1019
	1	537	628	754	837	900	942	991	1026	1054	1068	1075
水平面总辐射 $Q(W/m^2)$	6	49	84	154	230	314	377	530	691	802	900	949
	5	56	105	174	258	335	412	579	733	844	949	984
	4	70	119	195	279	356	440	595	754	865	984	1026
	3	84	133	216	300	384	475	649	789	907	1019	1068
	2	91	140	223	314	412	502	677	816	956	1061	1110
	1	98	154	244	342	440	537	698	858	984	1103	1144

(2) 夏季太阳总辐射照度计算方法

计算建筑外表面的太阳总辐射照度需要明确作用在外表面的多种辐射之间的关系，处理建筑物外表面多种辐射关系又需要基于建筑外表面辐射平衡模型[17]。其中忽略周围建筑对主体建筑的影响并假设天空散射为各向同性模型。建筑物水平外表面吸收的净辐射照度为：

$$J_{ZP}=I_{bh}+I_{dh}-D_f-D_y \tag{4-16}$$

式中　J_{ZP}——水平外表面吸收的净辐射照度，W/m^2；

I_{bh}——水平面太阳直射辐射照度，W/m^2；

I_{dh}——水平面太阳散射辐射照度，W/m^2；

D_f——外表面反射辐射照度，W/m^2；

D_y——外表面长波有效辐射照度，W/m^2。

建筑物垂直外表面吸收的净辐射照度为：

$$J_{ZZ}=I_{bv}+\frac{I_{dh}+I_{rh}+D_c}{2}-D_f-\frac{D_y}{4} \tag{4-17}$$

式中　J_{ZZ}——垂直外表面吸收的净辐射照度，W/m^2；

I_{bv}——垂直面太阳直射辐射照度，W/m^2；

I_{rh}——地面反射辐射照度，W/m^2；

D_c——地面长波辐射照度，W/m^2。

我国夏季太阳总辐射照度表给出了不同地理纬度不同大气透明度等级下各时刻水平面太阳总辐射照度值及各朝向垂直面的太阳总辐射照度值。其中，水平面太阳总辐射照度值即基础数据表中的Q值：

$$I_g=Q \tag{4-18}$$

式中　I_g、Q——水平面太阳总辐射照度，W/m^2。

因此，可利用太阳辐射基础数据表通过内插法直接计算出不同时刻（6:00～18:00时）的J_{ZP}值。由式（4-17）可知，垂直外墙面所接受到的总辐射照度，即各朝向垂直面太阳总辐射照度的计算公式为：

$$I_{tv}=I_{bv}+\frac{I_{dh}+I_{rh}+D_c}{2} \tag{4-19}$$

式中　I_{tv}——垂直面太阳总辐射照度，W/m^2。

由于地面长波辐射照度值较小，作用在外墙上的地面长波辐射值可忽略不计，故各朝向垂直面太阳总辐射照度的计算公式可简化为：

$$I_{tv}=I_{bv}+\frac{I_{dh}+I_{rh}}{2} \tag{4-20}$$

各朝向垂直面太阳总辐射照度I_{tv}要随式中垂直面太阳直射辐射照度I_{bv}变化而变化，地球自转引起的太阳射线不断运动会导致太阳射线与垂直墙面产生动态变化关系，I_{bv}逐时值则是根据该动态变化关系推导得出的：

$$I_{bv}=S\cos h\cos\gamma \tag{4-21}$$

式中　S——太阳光线法平面上的直射太阳辐射照度，W/m^2；

h——太阳高度角，°；

γ——太阳射线在水平面上的投影与墙面法线的夹角，°。

然后，利用内插法通过太阳辐射基础数据表计算得出不同时刻（6:00～18:00时）的 S 值。此时水平面太阳直接辐射照度 I_{bh} 为：

$$I_{bh}=S\sin h \tag{4-22}$$

水平面太阳散射辐射照度为：

$$I_{dh}=I_g-I_{bh} \tag{4-23}$$

地面反射辐射照度为：

$$I_{rh}=RI_g \tag{4-24}$$

式中　R——地面反射率。

太阳高度角 h 的计算如式（4-5）所示，太阳射线在水平面上的投影与墙面法线的夹角 γ 计算公式为：

$$\gamma=A-\alpha \tag{4-25}$$

式中　A——太阳方位角，°；

α——墙面方位角，°。

其中太阳方位角 A 的计算公式为：

$$\sin A=\frac{\cos\delta\sin\omega}{\cos h} \tag{4-26}$$

式中　δ——太阳赤纬，°；

ω——时角（上午为正，下午为负，正午为0），°。

将式（4-21）～式（4-26）分别代入式（4-20）中，可计算出各朝向不同时刻（6:00～18:00时）的垂直面太阳总辐射照度值。

综上，在地理纬度、赤纬角、时角、地面反射率等一系列参数确定的基础上，基于太阳辐射基础数据表即可计算出不同地区夏季各时刻水平面太阳总辐射照度值 I_g 以及各朝向垂直面太阳总辐射照度值 I_{tv}。

2. 低纬度地区太阳辐射基础数据表的完善及验证

如前所述，我国《民用建筑供暖通风与空气调节设计规范》GB 50736—2012中现有的太阳辐射基础数据表基本涵盖了我国北纬20°～50°地区夏季太阳视运动轨迹范围，对于我国北纬10°～20°的低纬度地区，尚需补充相应太阳高度角范围内的辐射基础数据。由表4-23可知，基础数据是由太阳高度角和大气透明度等级共同确定的。

鉴于《民用建筑供暖通风与空气调节设计规范》GB 50736—2012中按照每隔5°给出一个纬度带在各种大气透明度等级下的总辐射数据，下文将补充北纬10°、15°两个纬度带相应太阳辐射参数，以覆盖全国范围。

由上文可知，太阳高度角与地理纬度、赤纬角和时角有关。应用于空调系统设计夏季太阳辐射研究的赤纬角可选取一个定值，太阳赤纬选择7月21日的赤纬为20.6°。这时太阳高度角仅由地理纬度和时角确定。

北纬10°、15°地区夏季一天中6:00～18:00时对应出现的太阳高度角具体数值见表4-24。

北纬 10°、15°地区夏季各时刻对应太阳高度角　　表 4-24

时刻	6:00	7:00	8:00	9:00	10:00	11:00	12:00	13:00	14:00	15:00	16:00	17:00	18:00
时角	90°	75°	60°	45°	30°	15°	0°	15°	30°	45°	60°	75°	90°
北纬 10°太阳高度角	4°	17°	32°	46°	59°	72°	80°	72°	59°	46°	32°	17°	4°
北纬 15°太阳高度角	5°	19°	33°	47°	61°	75°	84°	75°	61°	47°	33°	19°	5°

通过表 4-24 可以看出北纬 10°、15°地区夏季太阳高度角最小值分别为 4°、5°。但我国现行太阳辐射基础数据表中，太阳高度角的取值下限为 7°，不满足纬度低于 20°地区的计算要求。因此，有必要补充太阳高度角小于 4°时的基础数据，以满足北纬 10°～20°地区的夏季太阳总辐射照度表计算要求。

为此，选取低纬度地区的西沙、永暑，分别计算当地夏季一天中各时刻会出现的太阳高度角数值，见表 4-25。可见，西沙夏季太阳高度角最小值为 6°，永暑夏季太阳高度角最小值为 3°。由此可知，永暑可以获取太阳高度角小于 4°的太阳辐射基础数据，满足计算要求。

西沙、永暑地区夏季各时刻对应太阳高度角　　表 4-25

时刻	6:00	7:00	8:00	9:00	10:00	11:00	12:00	13:00	14:00	15:00	16:00	17:00	18:00
西沙太阳高度角	6°	20°	33°	47°	61°	75°	86°	75°	61°	47°	33°	20°	6°
永暑太阳高度角	3°	17°	31°	45°	59°	72°	79°	72°	59°	45°	31°	17°	3°

因此，根据上述对低纬度地区夏季太阳高度角范围的探讨，可知纬度低于 20°的地区在计算夏季太阳总辐射照度时需要太阳高度角小于 7°时的太阳辐射数据。本书统计整编永暑台站太阳辐射原始数据，补充了太阳高度角为 3°时的基础数据，以提供后续计算所需的基础参数并最终生成低纬度地区夏季太阳总辐射照度表。

在确定利用永暑台站的辐射数据来计算太阳高度角为 3°时的基础数据后，需要进一步确定永暑地区的夏季大气透明度等级。大气透明度等级的确定过程为：首先，查阅我国夏季空调设计用大气透明度分布图确定标准大气压下该地区的大气透明度等级；然后，对于海拔过高的地区要根据当地大气压对查阅出的大气透明度等级进行修正；最后，修正后的数值即为该地区夏季实际的大气透明度等级。对于我国 10°～15°低纬度地区的南海海域，查阅其夏季空气调节设计用大气透明度分布图，可知标准大气压下其大气透明度等级为 4。以永暑为例，该地区全年的大气压力均高于 990hPa，故无需根据大气压对大气透明度等级进行修正。综上所述，为适应于南海海域的大气透明度和太阳高度角的实际特点，本书补充了大气透明度等级为 4、太阳高度角为 3°的基础数据。

选取永暑 2008—2017 年共 10 年的太阳辐射数据，数据类型包括水平面太阳总辐射照度以及法向太阳直射辐射照度，数据来源为卫星遥感融合的逐时数据。为更好与夏季空调设计计算参数相匹配，本研究采用实测统计法对永暑的逐时太阳辐射数据进行整编。永暑夏季一天中 6:00～18:00 时对应 S 值和 Q 值见表 4-26。

永暑夏季各时刻对应的 S 值、Q 值　　表 4-26

时刻		6:00	7:00	8:00	9:00	10:00	11:00	12:00	13:00	14:00	15:00	16:00	17:00	18:00
永暑	S(W/m^2)	201	382	582	713	793	778	807	778	793	713	582	382	201
	Q(W/m^2)	35	150	343	552	728	798	875	798	728	552	343	150	35

将表 4-26 中利用永暑太阳辐射原始数据统计处理得到的太阳辐射基础数据与《暖通规范》中的太阳辐射基础数据进行对比，如图 4-27 所示，可以发现两者总体趋势一致。

为进一步定量分析永暑基础数据表的准确性，计算了太阳辐射模型精度分析常用的评价指标均方根误差 *RMSE*（%）和平均偏差 *MBE*（%）。具体结果为：*S* 值的 *RMSE*（%）、*MBE*（%）分别为 14.84%和 13.47%；*Q* 值的 *RMSE*（%）、*MBE*（%）分别为 23.62%和 21.49%。表明利用永暑太阳辐射数据构建的基础数据表基本准确。

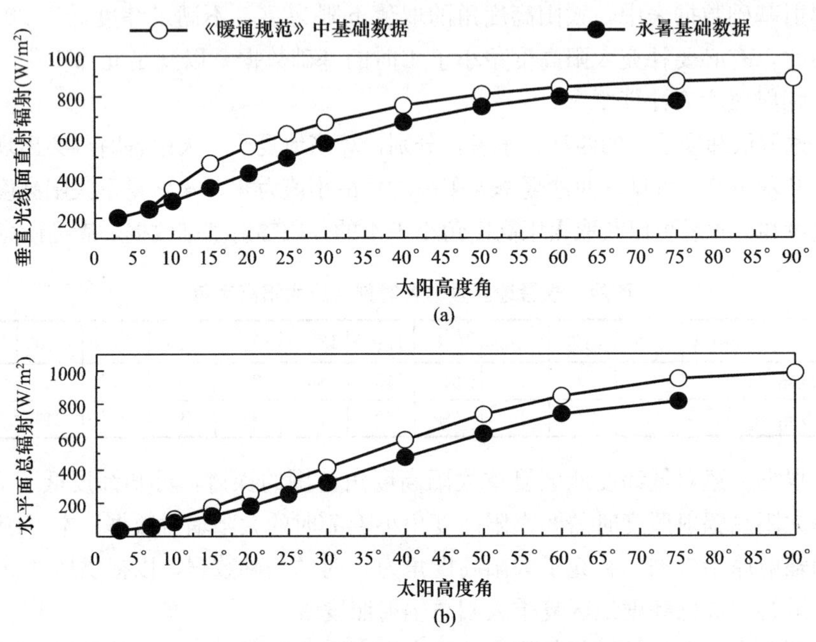

图 4-27　永暑、《暖通规范》基础数据的对比

（a）垂直光线面直射辐射；（b）水平面总辐射

但是，考虑与现行规范中夏季太阳总辐射照度表相衔接，本研究最后仅采用永暑数据补充了太阳高度角为 3°时的 *S* 值和 *Q* 值，太阳高度角 7°～90°的取值则依旧沿用现行规范中的基础数据。补充结果见表 4-27，即大气透明度等级为 4、太阳高度角为 3°的情况下，*S* 值为 201W/m^2，*Q* 值为 35W/m^2。

太阳高度角 3°～90°、大气透明度等级为 4 时的基础数据表　　　　**表 4-27**

太阳高度角	3°	7°	10°	15°	20°	25°
S(W/m^2)	**201**	244	342	468	551	614
Q(W/m^2)	**35**	70	119	195	279	356
太阳高度角	30°	40°	50°	60°	75°	90°
S(W/m^2)	670	754	809	844	872	886
Q(W/m^2)	440	595	754	865	984	1026

3. 低纬度地区夏季太阳总辐射照度表的生成

夏季太阳总辐射照度的计算过程较为复杂，大体分为两部分：基础数据表的输入与输

出、水平面和垂直面太阳总辐射照度的计算，具体可分为以下 7 个步骤：

（1）首先将北纬 10°地区、北纬 15°地区夏季一天中各时刻信息输入式（4-5）中，计算得出的各时刻太阳高度角 h；其中，太阳赤纬 δ 选择 7 月 21 日的赤纬 20.6°，时角 ω 的取值参见表 4-24；

（2）然后将计算得出的各时刻太阳高度角具体数值输入完善后的太阳辐射基础数据表 4-27，运用内插法即可输出夏季一天中各时刻的 S 值和 Q 值，这时一天中各时刻的 Q 值即构成夏季太阳总辐射照度表中的水平面太阳总辐射部分；

（3）基于各时刻 S 值运用式（4-22）得出水平面太阳直接辐射照度 I_{bh}；

（4）基于各时刻 Q 值运用式（4-24）得出地面反射辐射照度 I_{rh}。其中，地面反射率的取值按照城市中不同下垫面的地面反射率平均值来确定，即 $R=0.2$；

（5）基于各时刻 Q 值和 I_{bh} 值，运用式（4-23）得出散射辐射照度 I_{dh}；

（6）将北纬 10°、北纬 15°地区各时刻的 S 值通过太阳视运动相关规律进行各朝向分离得到垂直面 S、SE、SW、E、W、N、NE、NW 这 8 个朝向的太阳直射辐射照度 I_{bv}；

（7）基于步骤（4）、（5）、（6）分别计算得到的地面反射辐射照度、散射辐射照度、各朝向太阳直射辐射照度，运用式（4-20）计算可得夏季太阳总辐射照度表中的垂直面各朝向太阳总辐射。

按照以上计算步骤可以生成我国北纬 10°、15°地区各朝向不同时刻的夏季太阳总辐射照度表，如表 4-28 和表 4-29 所示。

北纬 10°夏季太阳总辐射照度表（大气透明度等级 4） **表 4-28**

朝向		S	SE	E	NE	N	H	朝向	
时刻（地方太阳时）	6:00	15	99	203	197	85	35	18:00	时刻（地方太阳时）
	7:00	65	281	525	500	220	236	17:00	
	8:00	100	363	653	619	281	463	16:00	
	9:00	130	368	649	625	311	682	15:00	
	10:00	152	309	546	553	326	857	14:00	
	11:00	164	197	374	429	328	961	13:00	
	12:00	167	167	167	281	328	996	12:00	
	13:00	164	164	164	164	328	961	11:00	
	14:00	152	152	152	152	326	857	10:00	
	15:00	130	130	130	130	311	682	9:00	
	16:00	100	100	100	100	281	463	8:00	
	17:00	65	65	65	65	220	236	7:00	
	18:00	15	15	15	15	85	35	6:00	
日总计		1420	2409	3744	3830	3429	7463	日总计	
日平均		59	100	156	160	143	311	日平均	
朝向		S	SW	W	NW	N	H	朝向	

北纬 15°夏季太阳总辐射照度表（大气透明度等级 4） 表 4-29

朝向		S	SE	E	NE	N	H	朝向	
时刻（地方太阳时）	6:00	21	115	229	222	97	52	18:00	时刻（地方太阳时）
	7:00	70	307	553	516	218	262	17:00	
	8:00	102	393	665	608	254	485	16:00	
	9:00	134	410	658	599	267	705	15:00	
	10:00	154	356	550	511	264	872	14:00	
	11:00	169	253	380	383	261	981	13:00	
	12:00	168	168	168	229	254	1010	12:00	
	13:00	169	169	169	169	261	981	11:00	
	14:00	154	154	154	154	264	872	10:00	
	15:00	134	134	134	134	267	705	9:00	
	16:00	102	102	102	102	254	485	8:00	
	17:00	70	70	70	70	218	262	7:00	
	18:00	21	21	21	21	97	52	6:00	
日总计		1468	2652	3853	3718	2976	7726	日总计	
日平均		61	110	161	155	124	322	日平均	
朝向		S	SW	W	NW	N	H	朝向	

将上述计算生成的我国北纬 10°、15°地区夏季太阳总辐射照度表与现行规范中北纬 20°～50°地区大气透明度等级同为 4 时的夏季太阳总辐射照度表对比分析，见图 4-28。可以发现不同时刻南、北朝向太阳总辐射照度值具有明显差异。通过图 4-28(a) 可以发现：随着纬度的增加，南向太阳辐射照度值总体呈现上升趋势，但北纬 10°～20°地区南向太阳辐射照度基本不变。主要原因是：此时太阳射线直射北回归线附近，北回归线以北地区南向辐射越来越强，而北回归线以南地区无南向太阳直射辐射仅存在少量散射辐射。通过图 4-28(b) 可以发现：随着纬度的升高，北向太阳辐射照度将会呈现 4 种不同的变化趋势。主要原因是：太阳视运动规律导致夏季北半球日出东北日落西北，故早上和傍晚时刻各地区均能接受到北向的太阳直射辐射且接收到的直射辐射会随着纬度升高而增加，而北纬 25°～50°地区中午无北向太阳直射辐射，中午波峰的出现是因为北向接受的散射辐射逐渐增加。其中北纬 10°、15°地区北向太阳辐射强度随时间快速增加后趋于平稳，这主要是由于北向太阳直射辐射随时间快速增加，后因太阳高度角的增大而减小，散射辐射量则随着正午的到来不断增加。同时也可以发现：北向太阳辐射照度的峰值远远小于南向太阳辐射照度峰值，并且峰值出现时刻在正午之前/之后，早于/晚于南向太阳辐射峰值时刻。

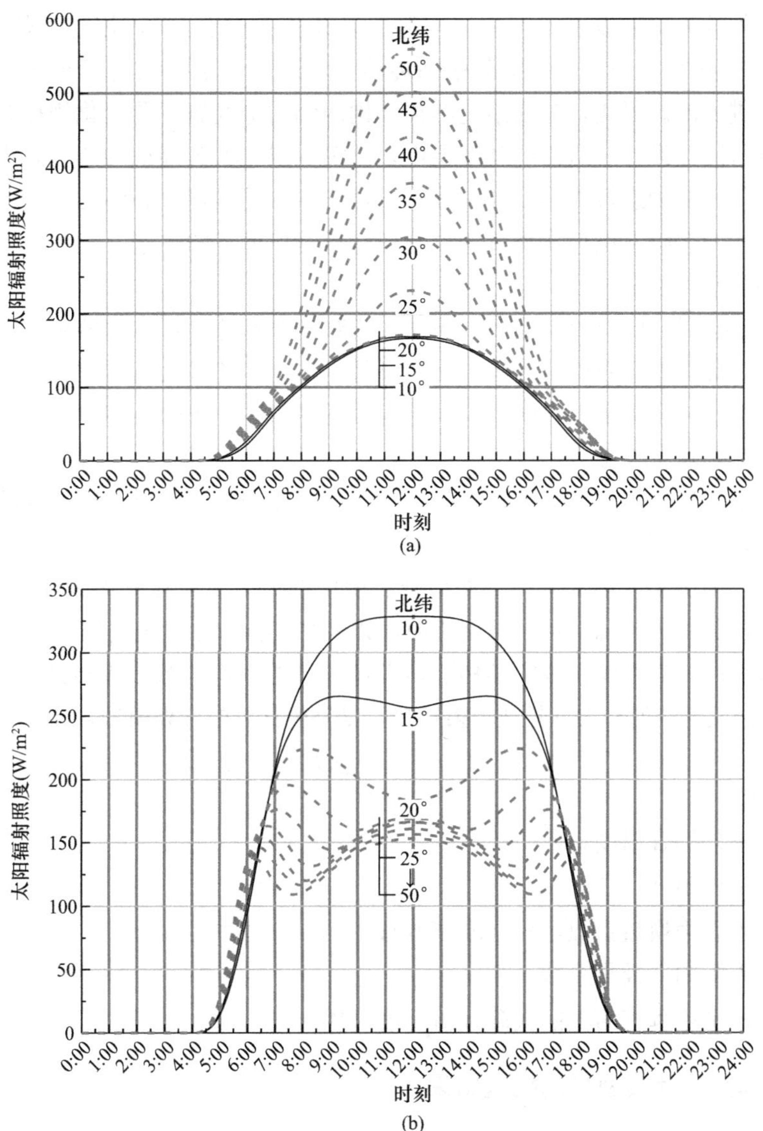

图 4-28　各纬度不同时刻垂直面南、北朝向夏季太阳总辐射照度

(a) 南朝向；(b) 北朝向

4.3　隔热设计典型日

建筑围护结构隔热性能是体现建筑和围护结构在夏季室外热扰动条件下的防热特性最基本的指标。因此，围护结构隔热设计是建筑热工设计的基本内容。而隔热设计首先应确定的是室外计算参数，即隔热设计典型日。

4.3.1　隔热设计典型日挑选方法

目前，《民用建筑热工设计规范》GB 50176—2016 确定并给出我国现行围护结构隔热设计方法及室外计算参数以满足围护结构热工设计基本要求。《民用建筑热工设计规范》GB 50176—2016 中提出的基于一维非稳态传热计算理论的围护结构隔热设计方法是在给定边界条件下进行的。因此，分别给定围护结构两侧的空气温度及变化规律是采用该方法对围护结构进行隔热设计时所需的基准条件，即需要以 24h 为周期的典型日形式的计算参数作为输入条件。故为进行隔热设计，隔热设计典型日的确定是必要的。

本研究采用两个隔热设计典型日的挑选指标进行典型日的挑选：

（1）最高日平均温度

《民用建筑热工设计规范》GB 50176—2016 对夏季室外计算参数的确定应符合下列规定：夏季室外计算温度逐时值应为历年最高日平均温度中的最大值所在日的室外温度逐时值；夏季各朝向室外太阳辐射逐时值应为与温度逐时值同一天的各朝向太阳辐射逐时值。

（2）最高日平均室外综合温度

考虑到极端热湿气候高温、强辐射的特点，且温度和太阳辐射与围护结构的传热均有着直接的关系，本研究尝试以最高日平均室外综合温度作为隔热设计典型日挑选指标进行典型日的挑选，即历年最高日平均室外综合温度中的最大值所在日作为隔热设计典型日，夏季室外计算参数即为该日的室外温度逐时值以及各朝向太阳辐射逐时值。

室外综合温度是夏季建筑围护结构隔热设计计算的基本参数。隔热计算时采用的计算模型忽略了太阳反射辐射和大气长波辐射换热，是其简化后的计算模型，如式（4-27）所示。

$$t_{sa}=t_a+\frac{\rho_s I}{\alpha_0} \tag{4-27}$$

式中 t_{sa}——室外综合温度，℃；

t_a——室外温度，℃；

α_0——外表面换热系数，W/(m^2·K)；

ρ_s——太阳辐射吸收系数；

I——水平或垂直面上的太阳辐射照度，W/m^2。

4.3.2 隔热设计典型日的挑选结果

1. 基于不同指标的隔热设计典型日

选取西沙（2005—2014 年）、永暑（2008—2017 年）及珊瑚岛（1996—2005 年）的温度和太阳辐射逐时值，采用两个指标分别进行隔热设计典型日挑选。

（1）最高日平均温度作为指标挑选

采用西沙 2005—2014 年的逐时温度数据计算该地区 10 年的日平均温度，将计算所得的日平均温度按数值大小进行排序，最后选择最大值所在日作为隔热设计典型日。永暑采用 2008—2017 年的逐时温度数据按照相同方法进行隔热设计典型日的挑选。

（2）最高日平均室外综合温度作为指标挑选

采用西沙 2005—2014 年的逐时温度数据、太阳辐射数据计算该地区的逐时室外综合温度，室外综合温度计算式中外表面换热系数取 39W/(m^2·K)，太阳辐射吸收系数取 0.56。再利用计算所得的逐时室外综合温度计算日平均室外综合温度，并按数值大小进行排序，最终选择最大值所在日作为隔热设计典型日。永暑采用 2008—2017 年的逐时温度

数据、太阳辐射数据按照相同方法进行隔热设计典型日的挑选。

西沙地区采用最高日平均温度和最高日平均室外综合温度作为指标分别挑选，两者结果为同一天——2013 年 6 月 10 日。所选典型日的逐时温度如图 4-29 所示。日最高温度为 33.9℃，出现在 13:00，日最低温度为 30.1℃，出现在 5:00，日较差为 3.8℃。而因受太阳辐射的影响，从 5:00 到 18:00，逐时室外综合温度均高于室外空气温度，最大增幅出现在 12:00，为 13.3℃。日室外综合温度最大值为 47.1℃，出现在 12:00。

永暑采用最高日平均温度和最高日平均室外综合温度作为指标分别挑选，两者结果为同一天——2010 年 5 月 14 日。所选典型日的逐时温度如图 4-30 所示。日最高温度为 33.1℃，出现在 14:00，日最低温度为 29.9℃，出现在 2:00，日较差为 3.2℃。而因受太阳辐射的影响，室外综合温度与室外空气温度的差异出现在 6:00 到 17:00，室外综合温度均高于室外空气温度，且最大增幅出现在 12:00，为 12.2℃。日室外综合温度最大值为 44.6℃，出现在 13:00。

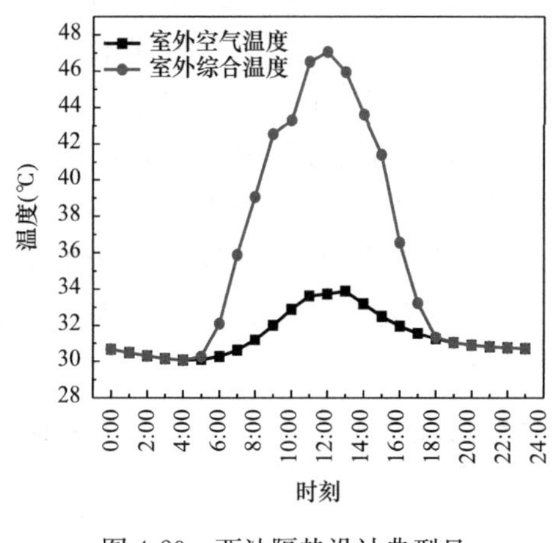

图 4-29 西沙隔热设计典型日
（2013 年 6 月 10 日）

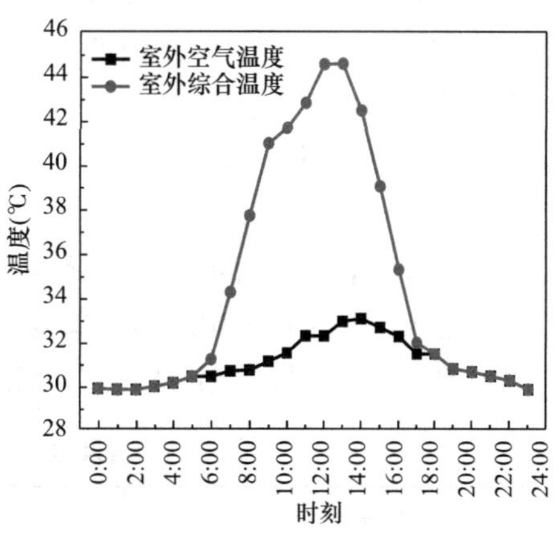

图 4-30 永暑隔热设计典型日
（2010 年 5 月 14 日）

采用两个指标对西沙、永暑挑选隔热设计典型日，其挑选结果均为同一天，说明虽然太阳辐射会使室外综合温度明显高于室外空气温度，但温度整体变化趋势不至于对隔热设计典型日的挑选产生影响。所以认为极端热湿地区，仅仅考虑温度对围护结构传热的影响，采用最高日平均温度作为指标挑选隔热设计典型日与考虑温度与太阳辐射对围护结构传热的综合影响的最高日平均综合温度作为挑选指标的挑选结果基本一致。由于室外综合温度的计算需要温度及太阳辐射数据，且涉及计算参数较多，考虑到挑选方法简便可行的特点，故本研究认为极端热湿气候区采用最高平均温度作为隔热用挑选指标进行典型日的挑选即可。

珊瑚岛由于缺少太阳辐射逐时数据，故以最高日平均温度进行隔热设计典型日的生成。该地区的气象数据由中国气象局提供的实测数据，考虑气象数据质量，选择该地区 1996—2005 年的温度数据进行研究。珊瑚岛的隔热设计典型日挑选结果为 2005 年 7 月 21 日。所选典型日的逐时温度如图 4-31 所示。日最高温度为 37.3℃，出现在 14:00，日最低温度为 28.7℃，出现在 2:00，日较差为 8.6℃。

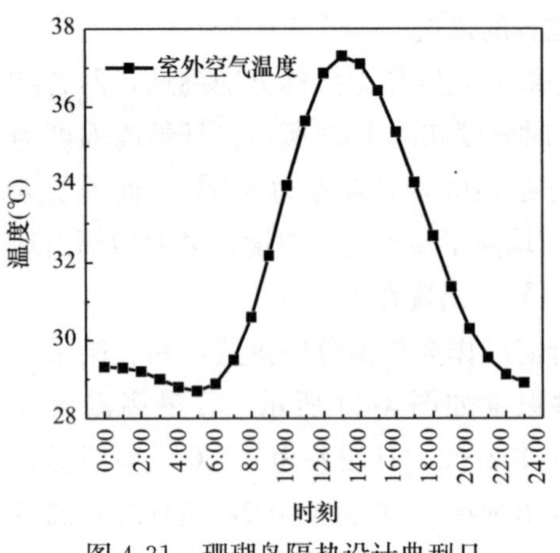

图 4-31 珊瑚岛隔热设计典型日（2005 年 7 月 21 日）

2. 隔热设计典型日的气候表征

适用于该地区的隔热设计典型日的生成方法需要准确反映不同地区实际气候特征。采用最高日平均温度作为挑选指标的隔热设计典型日生成方法是否适用于极端热湿气候区，即是否反映出该地区气象参数变化特征，需要进一步分析讨论。

针对用于生成西沙、永暑和珊瑚岛的隔热设计典型日的时段温度，即西沙 2005—2014 年的温度数据、永暑 2008—2017 年的温度数据及珊瑚岛 1996—2005 年的温度数据进行温度变化特征分析，如表 4-30 所示。西沙、永暑和珊瑚岛的历年极端最高温度分别为 34.5℃、33.7℃、37.3℃，西沙最大日较差为 8.3℃，永暑最大日较差低于西沙，为 5.1℃，而珊瑚岛最大日较差为 11.1℃，日较差范围比前两个地区的日较差范围稍大。三个地区的日较差小于 5℃的天数分别为 3036 天、3652 天、1393 天，占比分别为 83.13％、99.97％、38.13％。日均值大于 25℃的天数分别 2901 天、3639 天、2926 天，占比分别为 79.43％、99.62％、80.10％，可见，三个地区的气候明显体现高温的特点，其中永暑的温度变化幅度较其他两地区更小，这可能一方面是因为永暑本身地理位置、气候独具的特点，另一方面是数据质量类型的差异，西沙和珊瑚岛的气象数据均属于气象站实测值，而永暑由于缺失气象站数据，使用的是基于卫星遥感测的融合数据。

西沙、永暑及珊瑚岛历年气象参数变化特征　　表 4-30

地点	西沙	永暑	珊瑚岛
年限	2005—2014 年	2008—2017 年	1996—2005 年
数据质量类型	实测数据	融合数据	实测数据
历年极端最高温(℃)	34.5	33.7	37.3
历年最高温度平均值(℃)	29.6	29.0	30.5
日较差范围(℃)	0.7～8.3	0.3～5.1	1.2～11.1
日较差平均值(℃)	4.0	2.0	5.5
日较差≤5℃(天)	3036	3652	1393
日均值≥25℃(天)	2901	3639	2926

西沙、永暑及珊瑚岛地区隔热设计典型日特征见表 4-31。西沙的隔热设计典型日的日最高温度为 33.9℃，日较差为 3.8℃，日平均温度为 31.3℃。该地区的历年日最高温度超过 33.9℃的天数仅有 6 天，日较差大于 3.8℃的共有 1973 天，约占 54％。

西沙、永暑及珊瑚岛隔热设计典型日的气象参数特征　　表 4-31

地点	典型日	日最高温度(℃)	日最低温度(℃)	日较差(℃)	日平均温度(℃)
西沙	2013 年 6 月 10 日	33.9	30.1	3.8	31.3
永暑	2010 年 5 月 14 日	33.1	29.9	3.2	31.1
珊瑚岛	2005 年 7 月 21 日	37.3	28.7	8.6	31.8

永暑的隔热设计典型日的日最高温度为 33.1℃，日较差为 3.2℃，日平均温度为 31.1℃。该地区的历年日最高温度超过 33.1℃的天数仅有 1 天，日较差大于 3.2℃的共有 361 天，约占 10%。

珊瑚岛的隔热设计典型日的日最高温度为 37.3℃，日较差为 8.6℃，日平均温度为 31.8℃。该地区的历年日最高温度隔热设计典型日的日最高温度同时也为历年最高温度。日较差大于 8.6℃的一共有 71 天，约占 2%。

比较西沙、永暑和珊瑚岛的历年温度变化特征与同地区隔热设计典型日特征可见，西沙、永暑和珊瑚地区的隔热设计典型日日最高温度仅低于对应地区的历年极端最高温度分别为 0.6℃、0.6℃和 0。同时，西沙、永暑和珊瑚岛地区的隔热设计典型日日较差与对应地区的历年日较差平均值分别相差 0.2℃、1.2℃、3.1℃。综上所述，采用最高日平均温度作为挑选指标挑选的隔热设计典型日能够极大体现三个地区极端的温度条件。在体现温度变化特征上，该方法能较好体现永暑和珊瑚岛的温度变化的极端情况，而体现出的西沙的温度变化更偏向平均情况而非极端情况。由此认为该方法可适用于极端热湿气候区。

4.4　通风设计计算参数

为了提升极端热湿气候区建筑室内空气质量和热舒适，降低建筑能耗，探讨自然通风和机械通风在当地建筑中的应用。本节主要解决当地自然通风和机械通风室外计算参数缺失的问题。

4.4.1　自然通风室外计算参数

为了更好地指导极端热湿气候区自然通风的利用，保证室内良好的空气品质和热舒适。在建筑进行前期设计时，需要一套指导自然通风建筑设计的室外设计参数，给建筑的场地设计、建筑设计、开口设计等提供参考。

由于极端热湿气候区常年高温、高湿的环境条件，并不是任何时候都适合进行自然通风，因此在进行建筑自然通风设计时应参考不同热舒适保证率下的自然通风季节和时段，在自然通风季节和时段内谈论自然通风室外计算参数更有实际意义。本书把月可自然通风小时百分比高于年可自然通风小时百分比的月份定义为自然通风季节，在自然通风季节内建筑可进行自然通风的小时百分比较高，可对建筑的自然通风设计和使用策略进行有针对性的研究，提出自然通风室外计算参数。

以西沙地区为例，根据定义在保证 90%热舒适满意率时，其中 1 月、2 月、3 月、12 月的可自然通风小时百分比分别为 33.3%、22.8%、17.1%、25.4%，均超过了年可自然通风小时百分比 10.2%，因此在 90%热舒适满意率时的通风季节为春季 4 个月，分别为 1 月、2 月、3 月、12 月。保证 75%满意率时，1 月、2 月、3 月、10 月、11 月、12 月的可自然通风小时百分比分别为 89%、76.8%、69%、65.3%、78.1%、91%，均超过了年可自然通风小时百分比 55.2%，因此在 75%热舒适满意率时的通风季节为春季 4 个月和夏季 2 个月，分别是春季 1 月、2 月、3 月、12 月，夏季 10 月、11 月。

在自然通风季节和时段内对建筑进行自然通风设计可实现建筑室内较好的通风效果，

因此本书在自然通风季节和时段内定义自然通风室外计算参数的统计方法，如表 4-32 所示。

自然通风室外计算参数的统计方法　　表 4-32

自然通风室外计算参数	统计方法
自然通风室外计算温度	采用自然通风季节通风时段内逐时温度的平均值
自然通风室外计算相对湿度	采用自然通风季节通风时段内逐时相对湿度的平均值
自然通风室外平均风速	采用自然通风季节内各月平均风速的平均值
自然通风最多风向及其频率	采用自然通风季节的最多风向及其平均频率
自然通风室外最多风向的平均风速	采用自然通风季节最多风向的平均风速

通过对西沙 1985—2014 年 30 年典型气象年 1 月、2 月、3 月、12 月的逐时温度、相对湿度、风向、风速数据进行统计分析，得到西沙满足 90%热舒适的自然通风室外计算参数统计结果，如表 4-33 所示。

90%热舒适满意率的自然通风室外计算参数　　表 4-33

90%热舒适满意率的自然通风室外计算参数	西沙
自然通风室外计算温度(℃)	22.6
自然通风室外计算相对湿度(%)	77.5
自然通风室外平均风速(m/s)	4.0
自然通风最多风向	NE
自然通风最多风向的频率(%)	40.8
自然通风室外最多风向的平均风速(m/s)	4.5

根据西沙 1985—2014 年典型气象年逐时气象数据得出的 75%热舒适满意率的自然通风季节和时段，依据定义的自然通风室外计算参数统计方法，对通风季节 1 月、2 月、3 月、10 月、11 月、12 月的逐时温度、相对湿度、风向、风速数据进行统计分析，得到西沙满足 75%热舒适的自然通风室外计算参数统计结果，如表 4-34 所示。

75%热舒适满意率的自然通风室外计算参数　　表 4-34

75%热舒适满意率的自然通风室外计算参数	西沙
自然通风室外计算温度(℃)	24.6
自然通风室外计算相对湿度(%)	78.6
自然通风室外平均风速(m/s)	4.0
自然通风最多风向	NE
自然通风最多风向的频率(%)	42.4
自然通风室外最多风向的平均风速(m/s)	4.5

4.4.2 机械通风室外计算参数

根据西沙常年高温的气候特点，结合气候要素划分（5 天为一候，三候为一节气，一年二十四节气），把候平均气温小于 10℃的月份作为冬季，候平均气温在 10～22℃之间的月份作为春秋过渡季节，候平均气温大于 22℃的月份划分为夏季。根据西沙 1985—2014

年30年的典型气象年气象数据，将西沙划分为春季和夏季两个季节。其中，春季4个月，12月到次年3月；夏季8个月，4月到11月。为了指导西沙地区建筑机械通风设计，提出适合西沙气候特点的春季和夏季机械通风室外设计参数，这部分参数主要用于进行建筑消除余热、余湿的机械通风设计。

1. 春季机械通风室外计算参数

根据西沙1985—2014年30年的典型气象年气象数据可知，春季4个月中包含累年最冷的3个月，分别是1月、2月、12月，则春季机械通风室外计算参数可参考《工业建筑供暖通风与空气调节设计规范》GB 50019—2015和《民用建筑供暖通风与空气调节用气象参数》DB11/T 1643—2019中冬季通风室外设计参数的统计方法。同时，由于西沙常年高湿的特点，在月平均相对湿度较小的1月份也达到77.5%，室内有除湿的设计需求，因此考虑在春季机械通风设计用室外计算参数中增加对相对湿度的统计，统计计算方法参考冬季机械通风设计用室外计算温度的计算方法，即采用统计年限内每一年最冷的一个月的平均相对湿度的算术平均值，下面对各参数进行详细计算。

(1) 春季机械通风室外计算温度：采用历年最冷月月平均温度的平均值，即从1985—2014年30个统计年份中，根据月平均温度的高低，从每一年中挑出最冷的一个月，将得到的30个每年最冷月的平均温度做平均，结果如表4-35所示。根据挑选结果知，西沙历年最冷月均发生在1月、2月、12月，其中1月份出现次数最多，经过平均得到春季机械通风室外计算温度为23.5℃。

(2) 春季机械通风室外计算相对湿度：采用历年最冷月平均相对湿度的平均值，即依据前文从30年中挑选出的每年最冷月，将最冷月份的平均相对湿度进行数值平均，结果见表4-35。将挑选结果进行平均，得到春季机械通风室外计算相对湿度为77.4%。

1985—2014年历年最冷月平均温度和相对湿度　　表4-35

年份（年）	最冷月	最冷月平均温度(℃)	最冷月平均相对湿度(%)
1985	1	23.4	76.2
1986	1	22.3	74.5
1987	12	23.4	78.6
1988	12	23.6	74.4
1989	2	23.4	78.4
1990	2	24.1	85.8
1991	1	24.2	78.3
1992	1	22.4	75.4
1993	1	23.1	76.9
1994	1	23.4	80.1
1995	1	23.6	77.0
1996	2	22.8	82.3
1997	1	23.0	76.7
1998	1	25.0	80.3
1999	12	23.8	81.4
2000	2	23.8	85.7

续表

年份（年）	最冷月	最冷月平均温度(℃)	最冷月平均相对湿度(%)
2001	12	24.5	79.4
2002	1	23.5	77.3
2003	1	23.3	76.3
2004	1	23.5	78.2
2005	1	22.6	75.5
2006	1	23.5	78.6
2007	1	23.8	73.4
2008	2	23.1	75.1
2009	1	23.2	72.7
2010	1	24.7	72.1
2011	1	23.2	76.0
2012	1	23.8	79.2
2013	12	24.0	71.9
2014	1	22.9	73.6

（3）春季室外平均风速：采用累年最冷三个月各月平均风速的平均值，即将1～12月每一个月累计1985—2014年30年的月平均温度进行平均，得到每个月的累年平均温度值，再从逐月的累年平均值中选出最小的三个月将其每个月的累计30年平均风速进行平均。挑选结果如图4-32所示，累年最冷3个月分别是1月、2月、12月。最后将1月、2月、12月累计30年的月平均风速进行平均得到春季室外平均风速为4.2m/s。

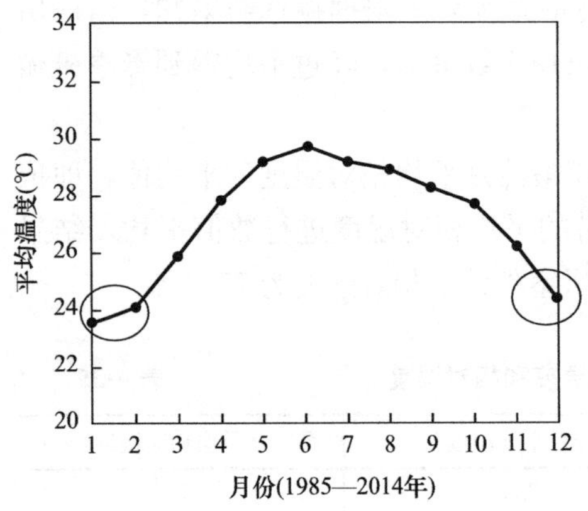

图4-32　1985—2014年累年逐月平均温度

（4）春季最多风向及其频率：采用累年最冷三个月的最多风向及其平均频率，即综合统计30年1月、2月、12月风向在16个方位上出现的频数和频率，可知，春季最多风向为NE，最多风向的频率为39.0%。

（5）春季室外最多风向平均风速：采用累年最冷三个月最多风向（静风除外）的各月平均风速的平均值，即将30年里1月、2月、12月中出现NE风向的风速进行平均，得到春季室外最多风向平均风速为4.8m/s。

综上得，西沙地区春季用于消除余热、余湿的机械通风设计室外计算参数如表4-36所示。

西沙地区春季机械通风室外计算参数　　表4-36

机械通风室外计算参数(春季)	西沙
室外计算温度(℃)	23.5
室外计算相对湿度(%)	77.4
室外平均风速(m/s)	4.2

续表

机械通风室外计算参数(春季)	西沙
最多风向	NE
最多风向的频率(%)	39.0
室外最多风向平均风速(m/s)	4.8

依据上述统计方法，针对极端热湿气候区的白沙、保亭、昌江、澄迈、儋州、定安、东方、乐东、临高、陵水、琼海、琼山、琼中、珊瑚、万宁、文昌、五指山 17 个气象台站（见本书附录 A）机械通风室外计算参数，基于 1985—2014 年 30 年的气象数据进行统计分析，得到春季机械通风室外计算参数，如表 4-37 所示。

极端热湿气候区部分气象台站的春季机械通风室外计算参数　　表 4-37

站点名称	室外计算温度(℃)	室外计算相对湿度(%)	春季室外平均风速(m/s)	春季最多风向	春季最多风向的频率(%)	春季室外最多风向平均风速(m/s)
白沙	17.0	66.7	1.8	NE	18.0	2.2
保亭	19.9	54.7	1.3	NE	9.5	3.1
昌江	18.9	57.2	2.1	ESE	19.3	3.2
澄迈	17.1	69.5	1.6	ENE	16.4	2.3
儋州	17.1	69.4	2.0	NE	16.2	2.4
定安	17.1	70.5	1.6	ENE	14.7	2.2
东方	18.8	68.6	4.2	NE	37.2	5.2
乐东	19.6	53.7	1.6	NE	18.1	2.4
临高	17.0	72.3	2.6	NE	23.0	3.3
陵水	20.3	62.1	2.4	N	14.3	3.0
琼海	18.4	71.1	2.1	NNW	13.8	2.3
琼山	17.6	75.6	2.4	NE	20.5	3.3
琼中	16.8	71.2	1.0	SE	7.6	2.7
珊瑚	23.6	72.9	5.4	NE	43.1	3.8
万宁	19.0	71.3	2.2	N	19.0	2.9
文昌	17.8	72.5	1.7	NE	14.5	2.6
五指山	17.9	57.2	1.7	ESE	16.3	2.7

2. 夏季机械通风室外计算参数

根据西沙 1985—2014 年 30 年的典型气象年数据，夏季 8 个月中包含累年最热的 3 个月分别是 5 月、6 月、7 月，则夏季通风室外计算参数参考《工业建筑供暖通风与空气调节设计规范》GB 50019—2015 和《民用建筑供暖通风与空气调节用气象参数》DB11/T 1643—2019 中夏季通风室外计算参数统计方法。其中由于未给出夏季室外最多风向平均风速的统计方法，可参考上面两本规范中关于冬季室外最多风向平均风速的统计方法。各参数详细计算如下：

(1) 夏季机械通风室外计算温度：采用历年最热月 14:00 平均温度的平均值，即先从 1985—2014 年 30 个统计年份中根据月平均温度的高低选出每一年最热的一个月，再将得到的 30 个最热月 14:00 的平均温度进行平均，历年最热月的挑选结果如表 4-38 所示。由结果可知，西沙最热月发生在5月、6月、7月、8月，其中6月份出现的次数最多，对每年最热一个月14:00计算得到的平均温度进行数值平均，便可得夏季机械通风室外计算温度为31.0℃。

(2) 夏季机械通风室外计算相对湿度：采用历年最热月14:00平均相对湿度的平均值，即依据前文挑选出的历年最热月，对最热一个月14:00计算得到的平均相对湿度进行数值平均，结果如表4-38所示。将挑选结果进行平均，得到夏季机械通风室外计算相对湿度为75.8%。

1985—2014年历年最热月14:00平均温度和相对湿度 **表4-38**

年份(年)	最热月	最热月14:00平均温度(℃)	最热月14:00平均相对湿度(%)
1985	8	29.9	80.3
1986	6	30.7	77.2
1987	6	31.5	76.9
1988	5	31.1	75.7
1989	5	30.7	74.5
1990	7	30.7	76.1
1991	5	31.3	70.4
1992	5	31.1	73.7
1993	6	31.2	75.7
1994	5	30.9	80.7
1995	6	31.0	78.8
1996	7	30.8	75.0
1997	6	30.8	78.2
1998	6	31.1	80.2
1999	7	30.2	80.1
2000	6	30.8	75.7
2001	7	30.9	79.5
2002	6	30.8	79.1
2003	5	31.3	74.3
2004	8	31.8	73.4
2005	6	31.6	72.2
2006	6	31.2	72.6
2007	6	31.6	72.4
2008	6	30.6	71.9
2009	6	30.6	74.8
2010	6	31.5	73.4
2011	6	31.1	72.8
2012	8	31.2	78.1
2013	5	30.3	71.3
2014	6	31.5	79.5

(3) 夏季室外平均风速：采用累年最热三个月各月平均风速的平均值，即将1～12月每个月累计30年的月平均温度进行平均，得到每个月的累年平均温度值，再从逐月的累

年平均值中选出最大的三个月将其每个月的累计 30 年平均风速进行平均。累年逐月平均温度分布可见图 4-32，累年最热 3 个月分别是 5 月、6 月、7 月。将 5 月、6 月、7 月累计 30 年的月平均风速进行平均得到夏季室外平均风速为 4.2m/s。

(4) 夏季最多风向及其频率：采用累年最热三个月的最多风向及其平均频率，即综合统计 30 年 5 月、6 月、7 月风向在 16 个方位上出现的频数和频率，可知，夏季最多风向为 SSW，最多风向的频率为 22.0%。

(5) 夏季室外最多风向平均风速：采用累年最热三个月最多风向（静风除外）的各月平均风速的平均值，即将 30 年里 5 月、6 月、7 月中出现 SSW 风向的风速进行平均，得到夏季室外最多风向平均风速为 5.3m/s。

综上得，西沙地区夏季用于消除余热、余湿的机械通风设计室外计算参数如表 4-39 所示。

西沙地区夏季机械通风室外计算参数 **表 4-39**

机械通风室外计算参数(夏季)	西沙
室外计算温度(℃)	31.0
室外计算相对湿度(%)	75.8
室外平均风速(m/s)	4.2
最多风向	SSW
最多风向的频率(%)	22.0
室外最多风向平均风速(m/s)	5.3

将西沙地区机械通风室外计算参数同自然通风室外计算参数对比，发现 90%热舒适满意率的自然通风季节包含春季机械通风室外计算参数的统计月份，但为了满足较高标准的热舒适仅选取了通风季节内的部分时段作为统计依据，因此得到的满足 90%热舒适满意率的自然通风室外计算温度较春季机械通风室外计算温度低约 1℃。75%热舒适满意率的自然通风季节也包含春季机械通风室外计算参数的统计月份，由于 75%满意率的通风时段达到的热舒适度相对较低，因此，得到的 75%热舒适满意率的自然通风室外计算温度较春季机械通风室外计算温度高约 1℃。同时 90%热舒适满意率的自然通风室外计算温度和 75%热舒适满意率的自然通风室外计算温度比夏季机械通风室外计算温度要低较多，分别达到 8.4℃和 6.4℃，说明直接利用夏季机械通风室外计算参数指导自然通风设计是不适用的，不仅不能起到优化室内热湿环境的作用，反而会对室内环境造成一定程度的恶化。

依据上述统计方法，对极端热湿气候区的白沙、保亭、昌江、澄迈、儋州、定安、东方、乐东、临高、陵水、琼海、琼山、琼中、珊瑚、万宁、文昌、五指山 17 个气象台站记录的 1985—2014 年 30 年的气象数据进行统计分析，得到夏季机械通风室外计算参数的统计结果如表 4-40 所示。

极端热湿气候区部分气象台站的夏季机械通风室外计算参数 **表 4-40**

站点名称	室外计算温度(℃)	室外计算相对湿度(%)	夏季室外平均风速(m/s)	夏季最多风向	夏季最多风向的频率(%)	夏季室外最多风向平均风速(m/s)
白沙	32.0	62.0	1.1	SW	8.3	1.9
保亭	32.0	66.2	1.1	S	6.0	2.5

续表

站点名称	室外计算温度(℃)	室外计算相对湿度(%)	夏季室外平均风速(m/s)	夏季最多风向	夏季最多风向的频率(%)	夏季室外最多风向的平均风速(m/s)
昌江	33.0	58.0	2.2	SE	15.3	2.3
澄迈	33.0	62.9	1.2	SE	8.1	2.0
儋州	32.3	61.1	1.9	S	20.5	2.1
定安	32.9	62.9	1.6	SSE	18.5	2.1
东方	31.7	68.5	4.7	S	35.8	6.2
乐东	32.0	62.7	1.2	SW	8.8	2.5
临高	32.5	64.5	2.0	SW	9.5	2.3
陵水	31.6	69.0	1.7	SW	10.1	2.8
琼海	32.4	65.6	2.0	S	16.6	2.4
琼山	32.2	65.6	2.3	SSE	20.8	2.6
琼中	31.4	63.3	1.3	SE	8.7	2.7
珊瑚	32.0	75.1	3.5	S	21.7	3.8
万宁	31.9	68.9	2.0	S	17.1	2.9
文昌	32.0	67.8	1.9	S	23.9	2.6
五指山	30.5	65.7	1.7	ESE	15.1	2.7

西沙机械通风室外计算参数中的年最多风向及其平均频率统计方法，参考《工业建筑供暖通风与空气调节设计规范》GB 50019—2015 和《民用建筑供暖通风与空气调节用气象参数》DB11/T 1643—2019 中年最多风向及其平均频率的统计方法：采用累年的最多风向及其平均频率，即统计 30 年全部 4 次定时的风向数据，可知，年最多风向为 NE，最多风向的频率为 19.4%。

参考此方法统计 17 个台站，统计结果如表 4-41 所示。

年最多风向及其频率 **表 4-41**

站点名称	年最多风向	年最多风向的频率(%)
白沙	NE	11.3
保亭	E	5.8
昌江	ESE	16.9
澄迈	E	11.7
儋州	S	11.0
定安	SSE	11.3
东方	NE	21.6
乐东	ENE	12.5
临高	NE	15.1
陵水	N	8.7
琼海	NW	9.4
琼山	ENE	13.0
琼中	SE	8.2
珊瑚	NE	21.5
万宁	N	10.9

续表

站点名称	年最多风向	年最多风向的频率(%)
文昌	S	12.6
五指山	ESE	15.6

4.5　典型气象年

典型气象年是由逐时的气象资料组成的一年份的假想气象年（8760h），其目的是能以一年的假想气象资料来代表长期的气象变化，由此能够以典型气象年进行建筑物能耗模拟研究。本节采用 Sandia 国家实验室法生成极端热湿气候区的典型气象年。

4.5.1　典型气象年生成方法

国内外对生成典型气象年方法的研究已经相对成熟，图 4-33 梳理了各方法挑选典型气象年的流程。1977 年，Andersen[18] 提出 Danish 方法，随后 Lund 及 Eidorff[19] 对其进行了改进，通过比较气象参数残差的标准化平均值和标准化均方差来选择典型气象年。1978 年，Hall I J[20] 提出 Sandia 方法。Sandia 国家实验室法采用 Filkenstein-Schafer（FS）统计方法，通过比较气象要素短期与长期累积频率分布函数（Cumulative Distribution Function，简称 CDF）的接近程度挑选典型气象年。1993 年，Ratto 和 Festa[21] 提出 Festa-Ratto 方法，通过计算气象参数标准化残差的标准化均值和标准化方差，然后用复合距离差算法和最小-最大算法选择典型气象年。2004 年，Zhang 提出 CTYW 方法[22]，通过比较气象数据的月平均值和标准差，并结合 Sandia 方法的 WS 值，选择典型气象年。本研究主要采用 Sandia 国家实验室法生成极端热湿气候区的典型气象年。各典型气象年方法流程图如图 4-33 所示。

1. Sandia 国家实验室法

Sandia 国家实验室法是在 1978 年由 Hall 等学者开发的，利用的经验法又称 Filkenstein-Schafer（FS）统计方法[20]，它是通过对比各气象参数与长期实测数据累积分布函数的相似程度来挑选典型月进而构成典型气象年，这种方法确保了典型气象年具有长期气候特征的代表性与连续性。Sandia 国家实验室法的计算步骤如下：

第一步，先通过式（4-28）、式（4-29）计算得到表征各气象要素的观测数据在各月份的累积频率分布函数（Cumulative Distribution Function，简称 CDF）与长期累积频率分布函数的接近程度的 FS 值，再结合表 4-42 所列的各气象要素的权重因子，通过式（4-30）计算 FS 值的加权总值 WS；第二步，根据 WS 值为每个月份挑选出 5 个候选月，通过评估候选月气温和太阳辐射的连续性，然后按照得分最高的月份挑选与长期观测数据最为"接近"的典型气象月 TMM（Typical Meteorological Month），将 12 个典型气象月连接得到典型气象年。其中 Sandia 国家实验室法可保证挑选的典型气象年气象数据与长期气象数据具有结构上的一致性，使之具有长期气象数据的代表性，基于 Sandia 国家实验室法挑选的典型气象年与长期气象资料在结构上具有较好的接近度并且去除了极端的气候状况，使得典型气象年具有较好的长期气候代表性。但是，有学者指出第二个步骤在某些情况下会导致没有候选月份或筛选掉一些有用的月份，因而建议选择具有最小 WS 值的月份作为典型月以得到典型气象年。

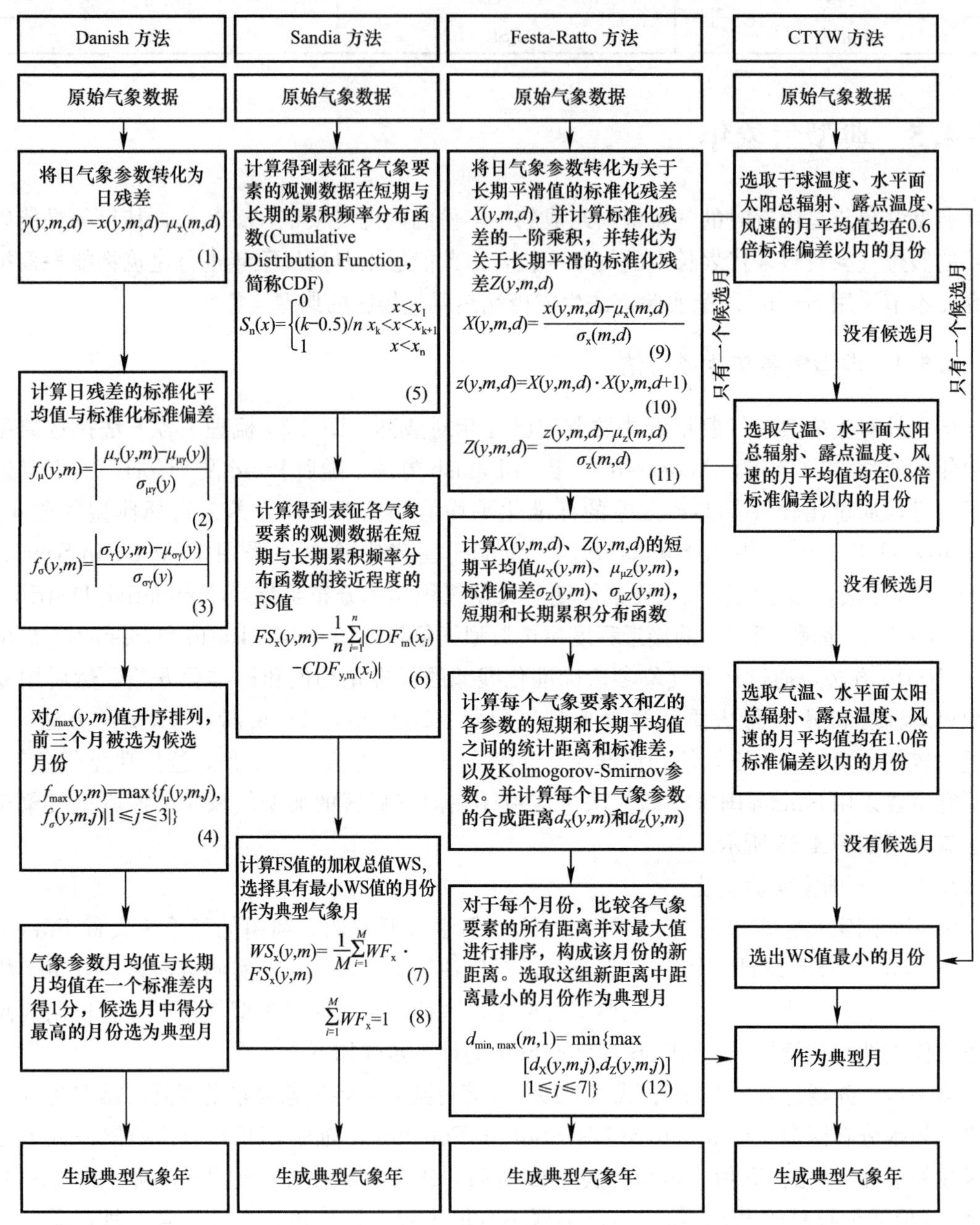

图 4-33　各典型气象年方法流程图

$$S_n(x)=\begin{cases}0 & x<x_1\\(k-0.5)/n & x_k<x<x_{k+1}\\1 & x>x_n\end{cases} \tag{4-28}$$

$$FS_x(y,m)=\frac{1}{n}\sum_{i=1}^{n}|CDF_m(x_i)-CDF_{y,m}(x_i)| \tag{4-29}$$

$$WS_x(y,m)=\frac{1}{M}\sum_{i=1}^{M}WF_x\cdot FS_x(y,m) \tag{4-30}$$

$$\sum_{i=1}^{M}WF_x=1 \tag{4-31}$$

挑选典型年所需要的气象要素及其权重因子　　　　表 4-42

气象要素	指标参数	权重因子
干球温度	干球温度日最高值	1/20
	干球温度日最低值	1/20
	干球温度日平均值	2/20
露点温度	露点温度日最高值	1/20
	露点温度日最低值	1/20
	露点温度日平均值	2/20
风速	风速日最大值	1/20
	风速日平均值	1/20
太阳辐射	水平面总辐射	5/20
	直射辐射	5/20

可以看出通过选择具有最小 *WS* 值的月份作为典型月，进而通过月间平滑处理得到的典型气象年，不仅充分考虑了不同气象参数各自的重要程度，并与长期气候状况有着较好的接近程度。

2. 气象参数缺测时的典型气象年生成方法

应用 Sandia 国家实验室法挑选典型气象年需要连续大于 10 年（最好 30 年）的气象观测数据，包括干球温度、露点温度、风速及太阳辐射 4 类气象要素。本研究获取的西沙、珊瑚观测数据存在露点温度与太阳辐射数据缺失的问题，针对这种情况在挑选典型气象年时一般有两种处理方法：一种是利用相关气象要素通过数学模型计算得到气象要素数据，然后再进行典型气象年研究。如臧海祥等学者利用中国的不同气候区的 35 个气象台站 1994—2009 年间的气象数据，基于一种新的正弦、余弦波函数的太阳辐射的日值模型生成太阳辐射数据，然后利用 Sandia 方法挑选了当地的典型气象年。另一种是用相关气象要素直接代替缺失的气象要素进行典型气象年的挑选。例如，土耳其学者 A. Ecevit、B. G. Akinoglu 等尝试用日照时数代替缺测的太阳辐射数据挑选了土耳其的典型气象年。此外，李红莲等学者指出，当露点温度缺测时可以利用相对湿度或者大气压来代替露点温度挑选典型气象年。

本小节中将利用相关气象要素直接代替缺失的气象要素进行典型气象年的挑选，探究此方法的可行性。

以西沙为例，本研究获取的西沙历史气象观测数据中不包括露点温度，同时太阳辐射数据严重缺失，不包括水平面直射辐射数据，只记录了水平面日总辐射数据且存在数据记录错误的问题，但是日照时数记录相对完整。因此，本节首先通过湿空气参数计算生成了露点温度。然后探讨了太阳辐射数据缺失时，利用日照时数代替太阳辐射挑选典型气象年的可行性，并且通过与西沙历史观测数据、现有典型年数据的统计曲线对比来验证该方法的准确性及可靠性。之后利用该修正后的方法，基于西沙近 30 年（1985—2014 年）实测数据挑选典型气象年，并将各气象要素的典型年数据统计曲线与实测数据统计曲线进行对比，验证典型气象年挑选的准确性。

(1) 日照时数与水平面日总辐射相关性分析

本研究挑选西沙太阳辐射数据记录质量较好的年段（2000—2014 年），基于皮尔森相关系数进行实测日照时数与水平面日总辐射数据的相关性分析，结果如图 4-34 所示。可见西沙 2000—2014 年实测日照时数与日总辐射之间呈高度正相关（$r=0.912$，$P<0.001$），即当日照时数越长时，水平面日总辐射量也越高。可见日照时数与水平面日总辐射属于同族气象要素，接下来将利用日照时数代替水平面日总辐射生成西沙的典型气象年。

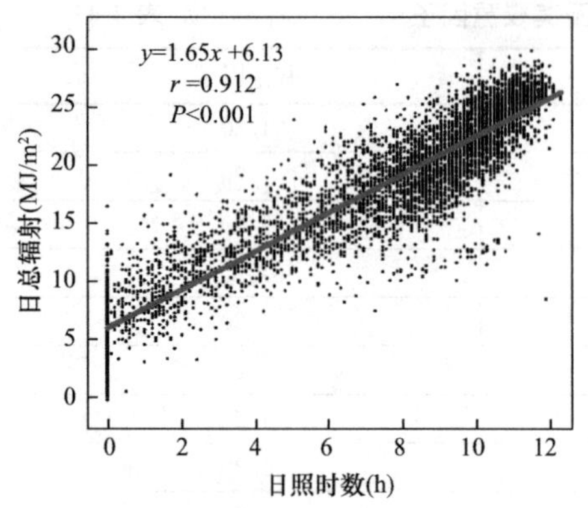

图 4-34　西沙 2000—2014 年间实测日照时数与日总辐射数据的散点图

(2) 日照时数代替太阳辐射挑选典型气象年的方法

由上文可知，实测数据中缺少 Sandia 法所需的直射辐射数据，因此本研究尝试用日照时数或水平面日总辐射代替 Sandia 法中的水平面总辐射和直射辐射要素，并将两种缺失的气象要素的权重因子进行合并后赋值给日照时数或水平面日总辐射，即日照时数与水平面日总辐射的权重因子均设为 10/20。本研究提出的用于挑选典型气象年的两种气象要素组合及各权重因子具体介绍如表 4-43 所示。基于西沙 2000—2014 年实测数据，利用上述两组气象要素分别挑选西沙的典型气象年，如表 4-44 所示。

挑选典型气象年所需要的气象要素及其权重因子　　表 4-43

气象要素	指标参数	权重因子		
		Sandia 法	组合①	组合②
干球温度	干球温度日最高值	1/20	1/20	1/20
	干球温度日最低值	1/20	1/20	1/20
	干球温度日平均值	2/20	2/20	2/20
露点温度	露点温度日最高值	1/20	1/20	1/20
	露点温度日最低值	1/20	1/20	1/20
	露点温度日平均值	2/20	2/20	2/20
风速	风速日最大值	1/20	1/20	1/20
	风速日平均值	1/20	1/20	1/20
太阳辐射	水平面总辐射	5/20	—	10/20
	直射辐射	5/20	—	—
	日照时数	—	10/20	—

两组气象要素挑选典型气象年结果对比　　表 4-44

月份	1	2	3	4	5	6
组合①	2008	2007	**2006**	2014	2007	**2004**
组合②	2004	2006	**2006**	2013	2002	**2004**

续表

月份	7	8	9	10	11	12
组合①	**2004**	**2013**	2011	**2003**	**2005**	**2006**
组合②	**2004**	**2013**	2007	**2003**	**2005**	**2006**

（3）典型气象年准确性验证方法

为了比较典型气象年的准确性与代表性，采用国际上通用的均方根误差 *RMSE*（root mean square error）与平均偏差 *MBE*（mean bias error），对模拟值和实测值的误差进行统计分析。*RMSE* 反映了模拟值与实测值的接近程度，*RMSE* 值越小表明模拟值与实测值的一致性越好，模型的模拟结果越准确、可靠。*MBE* 反映了模拟值与实测值之间的平均偏差，正值表示总体模拟值大于实测值，反之则表示总体模拟值小于实测值。均方根误差和平均偏差定义如下：

$$RMSE=\sqrt{\frac{\sum_{i=1}^{12}(v_i-w_i)^2}{12}} \tag{4-32}$$

$$MBE=\frac{\sum_{i=1}^{12}(v_i-w_i)}{12} \tag{4-33}$$

式中　v_i——典型气象年各要素的月均值；

w_i——长期观测气象数据各要素的累年月平均值。

（4）两种典型气象年挑选结果对比

为了比较典型气象年的准确性与代表性，计算了两组典型气象年的 *RMSE* 与 *MBE* 值及相应的百分比（表 4-45）。可以看出两组 TMY 的干球温度、露点温度、水平面日总辐射、日照时数、相对湿度都具有较小的 *RMSE* 值，这表明与长期观测值有较好的接近度；而两组 TMY 的风速 *RMSE* 值都偏大，这可能是由于风速的随机性造成的。两组 TMY 的日照时数的 *MBE* 值为负，说明典型气象年的日照时数平均值略小于长期观测平均值，其他气象要素 *MBE* 值为正，说明其略大于长期观测平均值。综上来看，两组 TMY 除了风速以外均具有较小的 *RMSE* 值和 *MBE* 值，说明两组典型气象年数据均与长期观测值有着较好的接近程度，具有长期观测数据的代表性。

两组气象要素挑选典型气象年与对应 WS 值　　　**表 4-45**

典型气象年编号	统计值	干球温度（℃）	露点温度（℃）	风速（m/s）	水平面日总辐射（MJ/m²）	日照时数（h）	相对湿度（%）
①典型气象年	*RMSE*	0.174	0.377	0.723	1.144	0.301	1.883
	MBE	0.050	0.144	0.094	0.121	−0.057	0.389
②典型气象年	*RMSE*	0.245	0.212	0.779	0.459	0.370	1.315
	MBE	0.109	0.100	0.197	0.174	−0.208	−0.094

为直观对比两种典型气象年的挑选结果，统计了各气象要素典型月数据的 CFD 曲线以及相应 FS 值，如图 4-35 所示。同时，以西沙台站长期观测气象数据（2000—2014 年）的 CDF 作为参照曲线评价典型气象年挑选的准确性。以风速的某 4 个典型月挑选结果为例，对比结果大致分为四类：以日照时数挑选的典型月 CDF 曲线与长期实测数据的 CDF

曲线吻合度好，且明显优于以水平面日总辐射挑选的典型月结果［FS①<FS②，图（a）］；两种典型气象年的 CDF 曲线完全重合即典型月的年份挑选结果一致［FS①＝FS②，图（b）］；两种典型气象年的CDF曲线偏离长期实测数据的CDF曲线的程度接近［FS①≈FS②，图（c）］；以日照时数挑选的典型月 CDF 曲线与长期实测数据的 CDF 曲线吻合度次于以水平面日总辐射挑选的典型月结果［FS①>FS②，图（d）］。按照上述分类标准，各气象要素 12 个典型月的 CDF 曲线对比结果如表 4-46 所示。可见，以日照时数等要素挑选典型气象年时，得到的各要素的各典型月 CDF 曲线与长期实测数据 CDF 曲线吻合度均很好，干球温度的优选月份数量为 12 个，风速、相对湿度的优选月份数量均为 9 个，水平面日总辐射的优选月份有 8 个。可见，以日照时数代替水平面日总辐射挑选的典型气象年准确度较高，该方法可行。

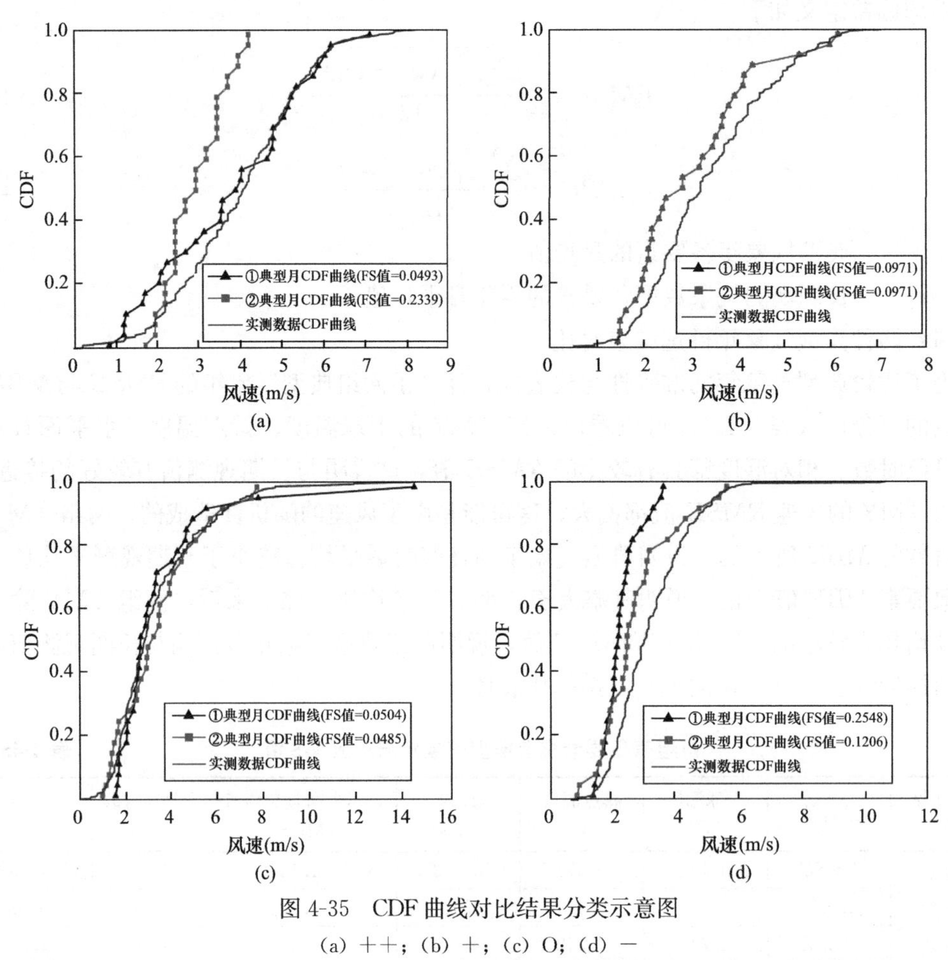

图 4-35　CDF 曲线对比结果分类示意图

（a）＋＋；（b）＋；（c）O；（d）－

各气象要素的两组典型气象年 CDF 曲线与实测数据 CDF 曲线的对比结果分类统计　表 4-46

月份	1月	2月	3月	4月	5月	6月	7月	8月	9月	10月	11月	12月
干球温度	＋＋	＋＋	＋	＋＋	＋＋	＋	＋	＋	＋＋	＋	＋	＋
露点温度	—	O	＋	—	＋＋	＋	＋	＋	—	＋	＋	＋

续表

月份	1月	2月	3月	4月	5月	6月	7月	8月	9月	10月	11月	12月
风速	++	++	+	—	++	+	+	+	O	+	+	+
水平面日总辐射	—	—	+	—	—	+	+	+	++	+	+	+

4.5.2　代表海岛的典型气象年

本节分别利用西沙 1985—2014 年、珊瑚岛 1980—1993 年、永暑 2008—2017 年气象数据作为基础，基于 Sandia 国家实验室法生成典型气象年。

1. 西沙典型气象年及代表性

本研究基于西沙台站近 30 年（1985—2014 年）的气象数据，利用 Sandia 法以日照时数替代太阳辐射挑选西沙的典型气象年，以累年最小 *WS* 值所在的年份作为挑选典型月的标准，具体结果如表 4-47 所示。

西沙典型月的逐年 *WS* 值（1985—2014 年）　　表 4-47

年份（年）	月份											
	1月	2月	3月	4月	5月	6月	7月	8月	9月	10月	11月	12月
1985	0.0092	0.0296	0.0101	0.0104	0.0120	0.0161	0.0180	0.0078	0.0137	0.0110	0.0093	0.0101
1986	0.0184	0.0118	0.0095	0.0125	0.0106	0.0118	0.0114	0.0087	0.0093	0.0080	0.0136	0.0061
1987	0.0103	0.0119	0.0125	0.0108	0.0158	0.0162	0.0146	0.0091	0.0110	0.0184	0.0139	0.0155
1988	0.0083	0.0080	0.0153	0.0104	0.0136	0.0111	0.0095	0.0102	0.0086	0.0095	0.0188	0.0143
1989	0.0078	0.0096	0.0165	0.0096	0.0093	0.0147	0.0135	0.0084	**0.0056**	0.009	0.0088	0.0194
1990	0.0093	0.0086	0.0100	0.0083	0.0171	0.0133	0.0075	0.0087	0.0153	0.0077	0.0088	0.0098
1991	0.0203	0.0085	0.0132	**0.0060**	0.0138	0.0180	0.0144	0.0073	0.0061	0.0081	0.0122	0.0065
1992	0.0133	0.0092	0.0139	0.0102	0.0113	**0.0070**	0.0132	0.0117	0.0078	0.0214	0.0199	0.0158
1993	0.0164	0.0184	0.0164	0.0191	0.0199	0.0203	0.0164	0.0163	0.0155	0.0181	0.0117	0.0200
1994	0.0157	0.0228	0.0189	0.0203	0.0146	0.0140	0.0095	0.0085	0.0084	0.0106	0.0135	0.0188
1995	**0.0063**	0.0105	**0.0075**	0.0152	**0.0071**	0.0166	0.0069	0.0095	0.0135	0.0106	0.0084	0.0119
1996	0.0086	0.0157	0.0105	0.0156	0.0109	0.0144	0.0135	0.0079	0.0065	0.0136	0.0139	0.0147
1997	0.0190	0.0105	0.0106	0.0114	0.0113	0.0133	0.0152	0.0113	0.0064	0.0147	0.0148	0.0161
1998	0.0228	0.0201	0.0245	0.0185	0.0107	0.0226	0.0208	0.0103	0.0156	0.0076	0.0181	0.0199
1999	0.0156	0.0078	0.0196	0.0106	0.0127	0.0136	0.0096	0.0082	0.0077	0.0074	0.0074	0.0158
2000	0.0100	0.0093	0.0091	0.0155	0.0089	0.0153	0.0090	0.0098	0.0077	0.0120	0.0094	0.0134
2001	0.0194	0.0113	0.0100	0.0146	0.0139	0.0087	0.0160	**0.0064**	0.0117	0.0171	0.0069	0.0095
2002	0.0073	0.0152	0.0079	0.0152	0.0080	0.0171	0.0139	0.0079	0.0092	0.0103	0.0106	0.0143
2003	0.0104	0.0112	0.0090	0.0193	0.0102	0.0086	0.0116	0.0089	0.0080	**0.0064**	0.0073	0.0123
2004	0.0065	0.0098	0.0097	0.0094	0.0121	0.0096	0.0066	0.0156	0.0071	0.0172	0.0093	0.0110
2005	0.0132	0.0085	0.0113	0.0138	0.0157	0.0103	0.0118	0.0081	0.0094	0.0117	**0.0061**	0.0145
2006	0.0074	**0.0063**	0.0077	0.0159	0.0165	0.0142	**0.0062**	0.0094	0.0071	0.0163	0.0158	**0.0057**
2007	0.0084	0.0104	0.0094	0.0104	0.0103	0.0152	0.0182	0.0104	0.0079	0.0134	0.0251	0.0139
2008	0.0136	0.0292	0.0208	0.0159	0.0209	0.0202	0.0181	0.0223	0.0174	0.0155	0.0139	0.0129
2009	0.0170	0.0132	0.0158	0.0206	0.0237	0.0144	0.0117	0.0118	0.0094	0.0108	0.0085	0.0196
2010	0.0138	0.0158	0.0114	0.0132	0.0150	0.0141	0.0092	0.0165	0.0116	0.0130	0.0167	0.0092

续表

年份（年）	月份											
	1月	2月	3月	4月	5月	6月	7月	8月	9月	10月	11月	12月
2011	0.0158	0.0134	0.0223	0.0172	0.0104	0.0109	0.009	0.0119	0.0067	0.0077	0.0111	0.0120
2012	0.0075	0.0098	0.0152	0.0208	0.0119	0.0076	0.0136	0.0133	0.0162	0.0157	0.0234	0.0228
2013	0.0153	0.0097	0.0112	0.0095	0.0148	0.0128	0.0106	0.0074	0.0072	0.0082	0.0081	0.0095
2014	0.0111	0.0265	0.0173	0.0115	0.0212	0.0156	0.0143	0.0092	0.0088	0.0132	0.0158	0.0106
TMM	1995	2006	1995	1991	1995	1992	2006	2001	1989	2003	2005	2006

注：TMM（Typical Meteorological Month）代表典型气象月，表中指代典型气象月所在年份。

图 4-36 为典型气象年各气象参数与累年月均值（各气象参数多年的各月的平均值，例如：本研究中西沙干球温度累年 1 月平均值为近 30 年 1 月份平均气温）的点线图。可见典型气象年各气象参数与累年月均值均有较好的接近程度，只是风速有一定的波动，这是由于风速具有较大的随机性。西沙典型气象年各气象要素与 30 年累年月平均值的均方根误差与平均偏差记录于表 4-48 中，可以看出各气象参数均有着较小的 *RMSE* 与 *MBE* 值。综上所述西沙的典型气象年可以较好地体现出西沙近 30 年（1985—2014 年）的气候特征，有着长期气象状况的代表性、准确性。

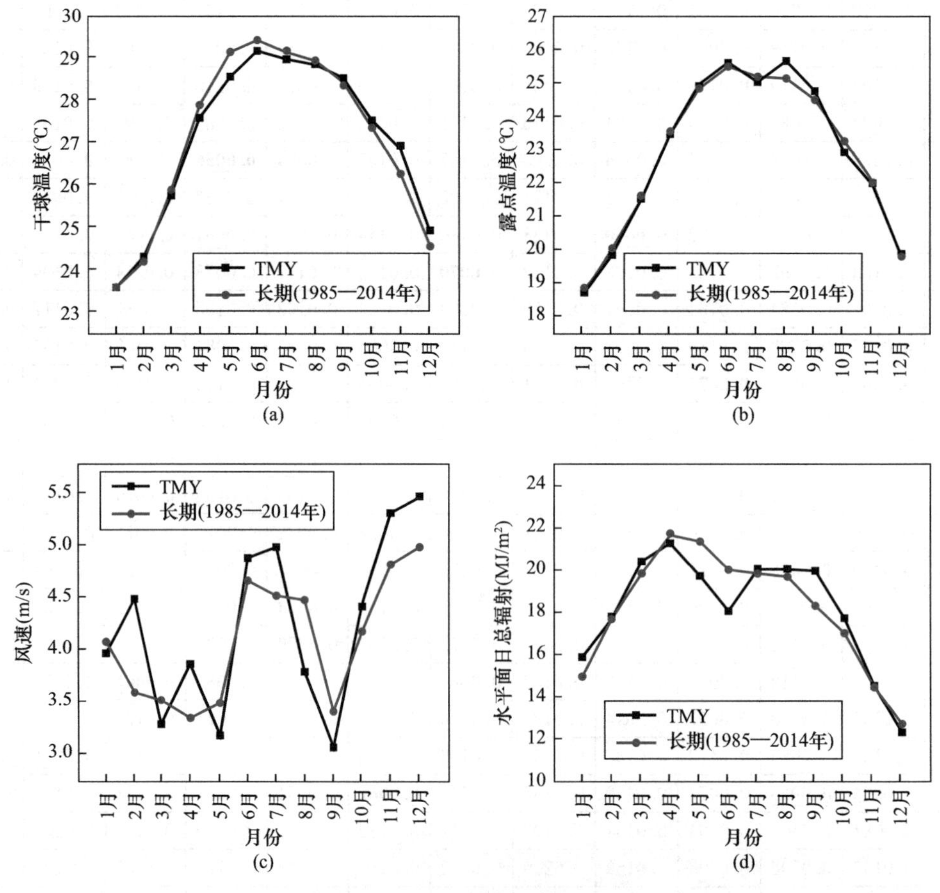

图 4-36　西沙典型气象年各气象参数与累年月均值曲线图

（a）干球温度；（b）露点温度；（c）风速；（d）水平面日总辐射

西沙典型气象年各气象要素与30年平均值的比较　　　　**表 4-48**

统计值	干球温度(℃)	露点温度(℃)	风速(m/s)	水平面日总辐射(MJ/m²)
RMSE 值	0.32	0.20	0.47	0.97
RMSE(%)	1.18%	0.88%	11.52%	5.37%
MBE 值	−0.004	−0.01	0.14	0.02
MBE(%)	−0.02%	−0.04%	3.38%	0.09%

2. 珊瑚典型气象年及代表性

本研究基于珊瑚台站近 14 年（1980—1993 年）的气象数据，以累年最小 *WS* 值所在的年份作为挑选典型月的标准，具体结果如表 4-49 所示。

珊瑚典型月的逐年 *WS* 值（1980—1993 年）　　　　**表 4-49**

年份（年）	月份											
	1月	2月	3月	4月	5月	6月	7月	8月	9月	10月	11月	12月
1980	0.0079	0.0129	0.0084	0.0092	0.0090	0.0134	0.0065	0.0114	0.0107	0.0084	0.0076	0.0137
1981	0.0106	0.0071	0.0074	0.0103	0.0098	0.0155	0.0081	0.0092	0.0097	0.0111	0.0083	0.0208
1982	0.0118	0.0087	0.0128	0.0169	0.0128	0.0121	0.0053	0.0145	0.0105	0.0107	0.0141	0.0063
1983	0.0123	0.0146	0.0124	0.0071	0.0100	0.0105	0.0092	0.0136	0.0112	0.0094	0.0129	0.0083
1984	0.0135	0.0126	**0.0063**	0.0076	0.0078	0.0109	0.0143	0.0101	0.0104	0.0086	**0.0058**	0.0086
1985	0.0113	0.0306	0.0101	0.0130	0.0140	0.0096	0.0117	0.0133	0.0105	0.0127	0.0129	**0.0056**
1986	0.0143	0.0097	0.0113	0.0123	0.0071	0.0171	**0.0052**	0.0087	0.0076	0.0073	0.0091	0.0070
1987	0.0070	0.0093	0.0107	0.0078	0.012	0.0112	0.0095	0.0098	0.0081	0.0195	0.0156	0.0140
1988	0.0107	0.0091	0.0133	0.0080	0.0126	0.0084	0.0100	0.0130	0.0093	0.0083	0.0136	0.0096
1989	0.0134	**0.0067**	0.0148	0.0167	0.0155	0.0112	0.0073	0.0096	0.0079	**0.0065**	0.0060	0.0148
1990	0.0180	0.0095	0.0090	0.0116	**0.0069**	0.0127	0.0121	0.0123	0.0121	0.0108	0.0065	0.0088
1991	0.0204	0.0076	0.0073	0.0073	0.0102	0.0087	0.0072	0.0108	**0.0075**	0.0069	0.0118	0.0089
1992	0.0134	0.0072	0.0085	**0.0066**	0.0072	**0.0066**	0.0158	0.0081	0.0117	0.0140	0.0140	0.0150
1993	**0.0062**	0.0100	0.0126	0.0073	0.0121	0.0197	0.0151	**0.0069**	0.0100	0.0120	0.0098	0.0134
TMM	1993	1989	1984	1992	1990	1992	1986	1993	1991	1989	1984	1985

注：TMM（Typical Meteorological Month）代表典型气象月，表中指代典型气象月所在年份。

图 4-37 为典型气象年各气象参数与累年月均值（各气象参数多年的各月的平均值，例如：本研究中珊瑚干球温度累年 1 月平均值为近 14 年 1 月份平均气温）的点线图。可见典型气象年各气象参数与累年月均值均有着较好的接近程度，除风速有一定的波动，这是由于风速具有较大的随机性。珊瑚典型气象年各气象要素与 14 年累年月平均值的均方根误差与平均偏差记录于表 4-50 中，可以看出各气象参数均有着较小的 *RMSE* 与 *MBE* 值。综上所述珊瑚的典型气象年可以较好地体现出珊瑚近 14 年（1980—1993 年）的气候特征，有着长期气象状况的代表性、准确性。

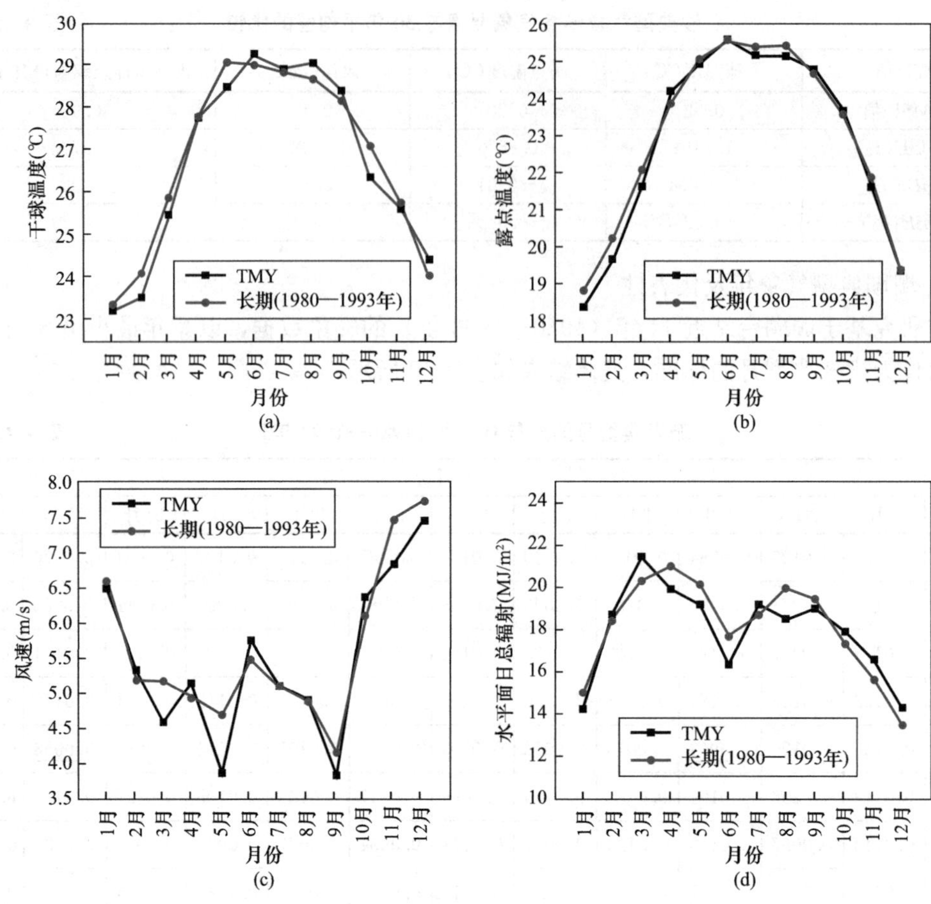

图 4-37 珊瑚典型气象年各气象参数与累年月均值曲线图

(a) 干球温度；(b) 露点温度；(c) 风速；(d) 水平面日总辐射

珊瑚典型气象年各气象要素与 14 年平均值的比较 **表 4-50**

统计值	干球温度(℃)	露点温度(℃)	风速(m/s)	水平面日总辐射(MJ/m^2)
RMSE 值	0.39	0.29	0.40	0.90
RMSE(%)	1.45%	1.27%	7.06%	4.98%
MBE 值	−0.10	−0.16	−0.15	−0.14
MBE(%)	−0.37%	−0.70%	−2.65%	−0.78%

3. 永暑典型气象年及代表性

本研究基于永暑台站近 10 年（2008—2017 年）的气象数据，以累年最小 *WS* 值所在的年份作为挑选典型月的标准，具体结果如表 4-51 所示。

永暑典型月的逐年 *WS* 值（2008—2017 年） **表 4-51**

年份(年)	月份											
	1 月	2 月	3 月	4 月	5 月	6 月	7 月	8 月	9 月	10 月	11 月	12 月
2008	**0.0073**	0.0171	0.0132	0.0136	0.0161	0.0105	0.0091	0.0155	0.0164	0.0161	0.0159	0.0174
2009	0.0185	0.0125	**0.0117**	0.0206	0.0179	0.0114	0.0085	0.0093	0.0112	**0.0053**	0.0082	0.0106
2010	0.0103	0.0256	0.0143	0.0175	0.0220	0.0181	0.0123	0.0120	0.0186	0.0172	0.0131	0.0127

续表

年份（年）	月份											
	1月	2月	3月	4月	5月	6月	7月	8月	9月	10月	11月	12月
2011	0.0145	**0.0075**	0.0244	0.0123	0.0092	**0.0071**	0.0089	0.0079	0.0097	0.0136	0.0101	0.0128
2012	0.0107	0.0150	0.0185	0.0137	**0.0067**	0.0100	**0.0063**	0.0096	0.0114	0.0065	0.0137	0.0189
2013	0.0122	0.0158	0.0163	0.0164	0.0111	0.0100	0.0074	**0.0057**	**0.0054**	0.0113	0.0103	0.0128
2014	0.0172	0.0165	0.0117	0.0174	0.0148	0.0171	0.0113	0.0128	0.0088	0.0140	**0.0065**	0.0092
2015	0.0126	0.0186	0.0241	0.0170	0.0216	0.0079	0.0159	0.0105	0.0096	0.0133	0.0092	0.0215
2016	0.0257	0.0106	0.0227	0.0230	0.0120	0.0114	0.0128	0.0095	0.0142	0.0204	0.0167	**0.0079**
2017	0.0133	0.0160	0.0118	**0.0116**	0.0171	0.0163	0.0105	0.0133	0.0128	0.0150	0.0103	0.0119
TMM	2008	2011	2009	2017	2012	2011	2012	2013	2013	2009	2014	2016

注：TMM（Typical Meteorological Month）代表典型气象月，表中指代典型气象月所在年份。

图 4-38 为典型气象年各气象参数与累年月均值（各气象参数多年的各月的平均值，例如：本研究中永暑干球温度累年 1 月平均值为近 10 年 1 月份平均气温）的点线图。可见典型气象年各气象参数与累年月均值均有着较好的接近程度，除风速有一定的波动，这是由于风速具有较大的随机性。永暑典型气象年各气象要素与 10 年累年月平均值的均方根误差与平均偏差记录于表 4-52 中，可以看出各气象参数均有着较小的 *RMSE* 与 *MBE* 值。综上所述永暑的典型气象年可以较好地体现出永暑近 10 年（2008—2017 年）的气候特征，有着长期气象状况的代表性、准确性。

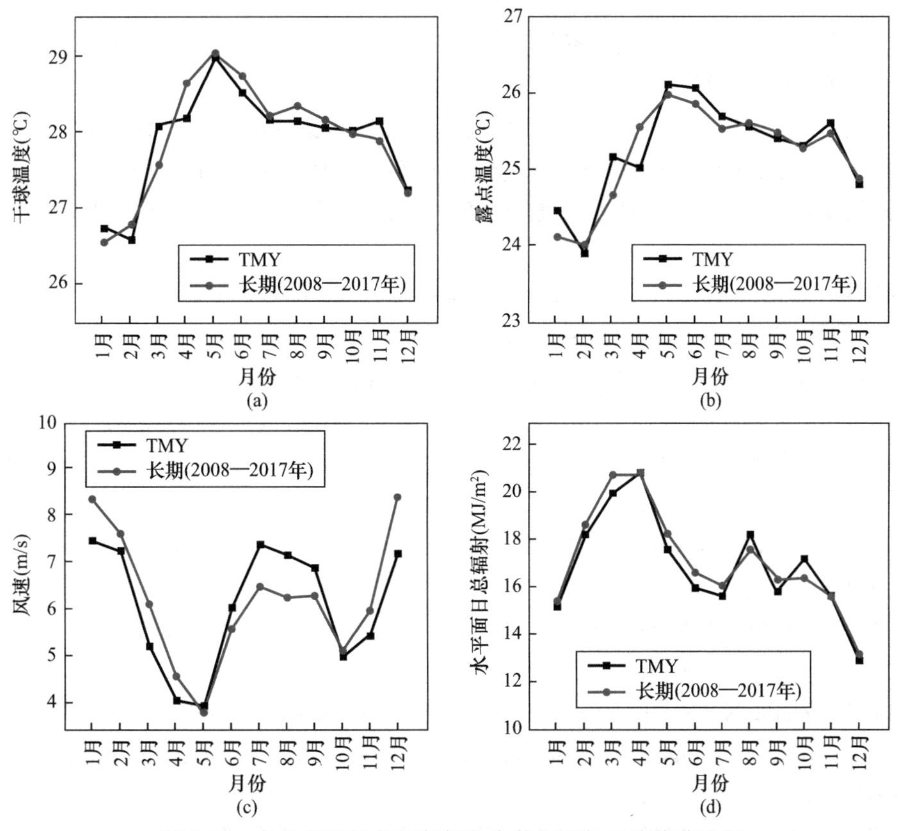

图 4-38 永暑典型气象年各气象参数与累年月均值曲线图

(a) 干球温度；(b) 露点温度；(c) 风速；(d) 水平面日总辐射

永暑典型气象年各气象要素与10年平均值的比较　　表4-52

统计值	干球温度(℃)	露点温度(℃)	风速(m/s)	水平面日总辐射(MJ/m^2)
RMSE 值	0.25	0.25	0.71	0.50
RMSE(%)	0.89%	1.01%	11.40%	2.93%
MBE 值	−0.03	0.05	−0.14	−0.19
MBE (%)	−0.10%	0.22%	−2.19%	−1.08%

参考文献

[1] 杨柳. 建筑气候学 [M]. 北京：中国建筑工业出版社，2010.

[2] 中国气象局. 气象观测资料质量控制 地面：QX/T 118—2020 [S]. 北京：气象出版社，2020.

[3] 张晓娟. 气象辐射观测工作中常出现的问题及处理方法 [J]. 时代农机，2018，45 (7)：65-72.

[4] 中国气象局. 气象观测资料质量控制 地面气象辐射：QX/T 117—2020 [S]. 北京：气象出版社，2020.

[5] 中国气象局. 地面气象观测规范 第21部分：缺测记录的处理和不完整记录的统计：QX/T 65—2007 [S]. 北京：气象出版社，2007.

[6] 中国气象局气象信息中心气象资料室，清华大学建筑技术科学系. 中国建筑热环境分析专用气象数据集 [M]. 北京：中国建筑工业出版社，2005.

[7] 中华人民共和国国家质量监督检验检疫总局，中国国家标准化管理委员会. 地面标准气候值统计方法：GB/T 34412—2017 [S]. 北京：中国标准出版社，2017.

[8] 中国气象局. 气候资料统计方法 地面气象辐射：QX/T 535—2020 [S]. 北京：气象出版社，2020.

[9] Chris L，Joseph L，Liu Y. Climate classification and passive solar design implications in china [J]. Energy Conversion and Management，2007，48 (7)：206-215.

[10] Erbs D，Klein S，Duffie J. Estimation of the diffuse radiation fraction for hourly，daily and monthly-average global radiation [J]. Solar Energy，1982，28 (4)：293-302.

[11] Boland J，Ridley B，Brown B. Models of diffuse solar radiation [J]. Renewable Energy，2008，33 (4)：575-584.

[12] Jin Z，Yezheng W，Gang Y. Estimation of daily diffuse solar radiation in china [J]. Renewable Energy，2004，29 (9)：1537-1548.

[13] 何知衡，陈敬，刘加平. 热湿气候区超低能耗海岛建筑热工设计 [J]. 工业建筑，2020，50 (7)：1-4+14.

[14] Hao Z，Zhang X，Xie J，et al. Building climate zones of major marine islands in China defined using two-stage zoning method and clustering analysis [J]. Frontiers of Architectural Research，2020，10 (1)：134-147.

[15] 王炳忠，潘根娣. 我国的大气透明度及其计算 [J]. 太阳能学报，1981 (1)：13-22.

[16] 尹凯丽，谢静超，张晓静，等. 中国低纬度地区的夏季太阳总辐照度研究 [J]. 太阳能

学报，2023，44（1）：141-147.

[17] 暖通规范组. 暖通空调设计规范专题说明选编 [M]. 北京：中国建筑工业出版社，1995.

[18] Andersen B，Eidorff S，Lund H，et al. Meteorological data for design of building and installation：A reference year（extract）[R]. Report no. 66，2nd ed. Denmark：Thermal Insulation Laboratory，1977.

[19] Lund H，Eidorff S. Selection methods for production of test reference years [R]. Copenhagen：Technical University of Denmark，Thermal Insulation Laboratory，1980.

[20] Hall I，Prairie R，Anderson H. Generation of typical meteorological years for 26 Solmet stations [C]//Proceedings of 1978 Annual Meeting of American Section of the International Solar Energy Society，Denver，1978，6：669-671.

[21] Festa R，Ratto C. Proposal of a numerical procedure to select reference years [J]. Solar Energy，1993；50：9-17.

[22] Zhang Q. Development of the typical meteorological database for Chinese locations [J]. Energy and Buildings，2006，38（11）：1320-1326.

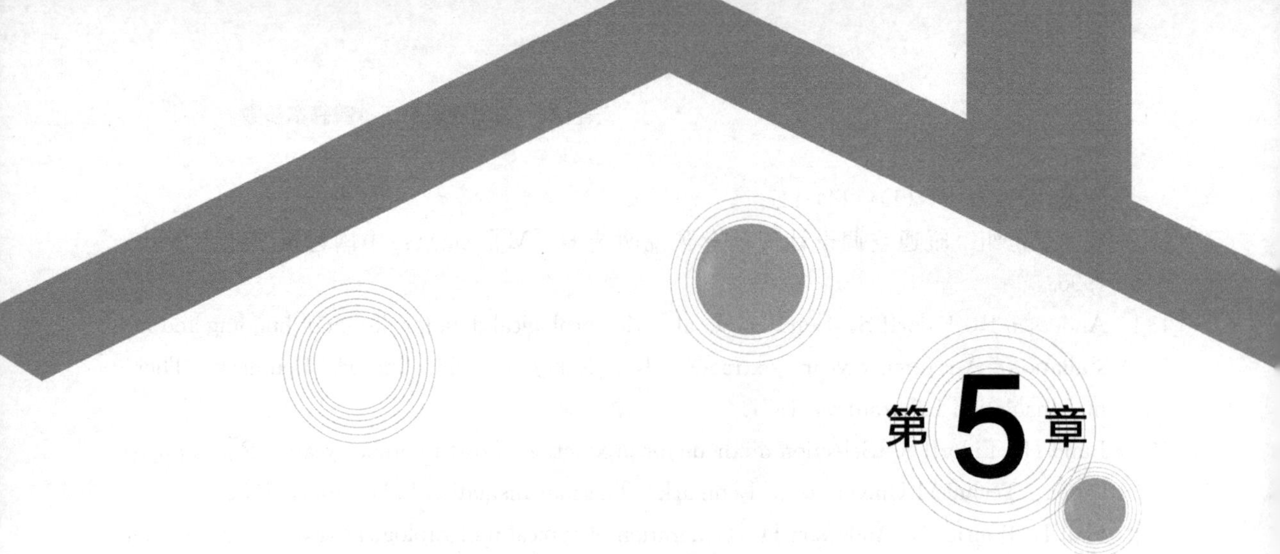

第5章 海岛建筑外表面换热系数

本章主要介绍建筑热工及暖通空调领域十分重要的节能设计参数：建筑外表面换热系数，重点在于如何结合热带海岛地区独特气候环境特征，合理确定建筑外表面对流换热系数、辐射换热系数及蒸发换热系数。本研究拟采用数据处理、理论分析、现场实测及数值模拟相结合的方法，以热带海岛建筑典型外围护结构界面为研究对象，基于该地区建筑外环境特征探索其建筑外表面对流、辐射及蒸发换热系数合理取值。

5.1 建筑外表面换热系数概述

在建筑热工与暖通空调领域，建筑外表面换热系数是评估建筑外立面传热特性的重要参数，其合理性取值与围护结构热工性能分析、室内热舒适性评价及空调负荷预测的准确性密切相关[1]。

5.1.1 基本概念

建筑外表面的换热系数包括对流换热系数、辐射换热系数和蒸发换热系数三个基本参数。

(1) 对流换热系数

对流换热系数是指在流体与固体表面传热时，流体分子与固体表面发生动量和能量交换的能力。对流换热系数的大小取决于流体的性质、流体的流动状态和固体表面的特性。在建筑外表面传热中，对流换热系数的准确评定对于确定外墙的保温性能和降低能耗至关重要。

(2) 辐射换热系数

辐射换热系数是指建筑外表面通过辐射传热的能力。建筑外表面会受到来自天空、地面以及周围其余环境的热辐射影响，因此辐射换热系数的准确评定对于建筑外立面的热平衡和供暖制冷设计具有重要意义。

(3) 蒸发换热系数

蒸发换热系数是指建筑外表面在液体蒸发的过程中释放的热量。例如，在雨水冲刷或

者相对湿度较大的气候条件下，外墙表面的水分蒸发将带走一定的热量，影响建筑外表面的温度分布和热传递特性。

相关研究表明，由于表面对流换热系数的不同取值，能耗预测结果会产生20%～40%的偏差[2]，另外，表面对流换热系数15%的不确定可导致建筑围护结构预测热流15%～20%的不确定[3]。然而，现阶段由于严重缺乏建筑外表面换热系数实测数据，为简化计算，一般将换热系数规定为定值。目前《民用建筑热工设计规范》GB 50176—2016[4] 将建筑外表面总换热系数规定为定值，如冬季23.0W/(m^2·K)，夏季18.6W/(m^2·K)。对于23.0W/(m^2·K)，它是将3m/s的风速代入约尔格斯风道实验式获得对流换热系数，再加上辐射换热系数定值4.652W/(m^2·K) 得到。类似地，18.6W/(m^2·K) 是2m/s风速下的对流换热系数与辐射换热系数定值4.652W/(m^2·K) 之和。

针对《民用建筑热工设计规范》GB 50176—2016对于建筑外表面换热系数的相关规定，现提出如下问题：(1) 对流换热系数依据约尔格斯风道实验式获得，而约尔格斯风道实验式是在特定实验条件下得到的，对于热带海岛地区高温、高湿、强辐射、高风速环境并不一定适用。(2) 建筑外表面辐射换热系数与天空及下垫面真实情况密切相关，而热带海岛地区特殊气候及下垫面外环境很可能导致辐射换热系数不再是定值4.652W/(m^2·K)。(3) 规范中的建筑外表面总换热系数仅包含对流及辐射换热系数，忽略蒸发换热作用，即将建筑外表面假设为干燥状态。然而，我国热带海岛建筑常年处于风速大、降雨多的气候环境下，围护结构外表面经常处于潮湿状态，表面必然存在液态水蒸发换热作用，很可能导致蒸发换热系数不可忽略。(4) 现行规范未对建筑围护结构的水平及垂直方向进行区分。因此，我国热带海岛建筑节能设计中的外表面换热系数不可直接从现行规范查取，该参数是缺失的。

5.1.2　国内外研究现状

1. 建筑外表面对流换热系数实测研究

建筑外表面对流换热系数是一个取决于多种因素的复杂物理量，目前国内外绝大多数学者都将目光集中在建筑外表面对流换热系数的研究，致力于探求对流换热系数的合理取值，并已取得一定进展。早期Jurges经验式将对流换热系数表示为风速的一次函数或指数形式，且长期作为ASHRAE推荐计算方法，该公式是在气流均匀分布的风洞实验室内，利用垂直布置的0.5m加热铜板测得数据整理而成[5]，同样，文献［6］也通过风洞实验对结构表面对流换热进行了研究。虽然风洞实验容易控制实验条件，但是风洞并不能产生真实的室外实验气象背景，其气流特性与室外真实情况存在本质上的区别，很可能造成一定的实验结果偏差，典型的例子比如，正方体型物体在均匀流场中测得其背风面的对流换热系数较大，而在室外实测中建筑迎风面的对流换热系数大于背风面，结果正好相反。因此，在风洞实验室内得到的对流换热系数经验公式是否适用于气流湍动强烈的实际建筑表面必然存疑，而现场全尺度实测研究所得到的数据则能够真实反映建筑外表面与其周围空气的对流换热状况，为此，建筑外表面对流换热系数的全尺寸实测研究十分必要。

Jayamaha等人[7] 调查了太阳辐射强度、风速及表面与环境温差对结构表面对流换热系数的影响，发现对流换热系数与风速直接相关，而不遵循太阳辐射强度或温差模式。

Sharple 等人[8] 利用加热平板在自然环境下测量了倾斜屋面的对流换热系数，并且得到了对流换热系数与迎风面风速或背风面风速的关系。Clear 等[9] 采用热平衡法对两栋单层商业建筑屋面的对流换热特性进行了测量，给出了建筑屋面对流换热特性的无量纲准则关系式。Hagishima 等人[10] 利用热平衡法测量了全尺度沥青建筑屋面和模型小室的竖直墙壁的对流换热系数，给出了对流换热系数与风速之间的关系，并在研究中提及风的湍动影响。张泠等[11] 也测量了楼顶建筑小室竖直表面的对流换热系数。Liu 等人[12] 采用热平衡法对一遮蔽状态下的单层低矮木制建筑进行了对流换热系数现场实测，并讨论了风向的影响，给出了一系列对流换热系数与风速的关系式。Yang 等人[13] 基于建筑外表面的热量平衡进行了为期一年的换热系数实验测试。此外，Palyvos[14]、Defraeye 等[15] 及 Mirsadeghi 等人[16] 对现有建筑外表面对流换热系数和代表风速的关系式进行了总结。需指出，上述对流换热系数的实测研究几乎全部采用了热平衡法，这是一种基于建筑外表面热量平衡关系来测量表面对流换热量，进而得到对流换热系数的方法，该方法涉及实验仪器数量较多（如热流计、净辐射计、温度传感器等），操作较复杂。另外，热平衡法中的壁面传导热流需采用热流计测量，而目前建筑热工领域的热流计通常为稳态热流计，由于室外风的湍动很强，热流计灵敏度不够，通常会造成较大测量误差。此外，热平衡法要求壁面与空气温度之间需具备足够大的传热温差（15℃以上）才可保证测试数据的有效性。因此，以表面热平衡理论为基础的对流换热系数传统计算方法——热平衡法，难以实现短期内获得大量对流换热系数有效数据的目标。

相较于热平衡法，采用传热-传质比拟法获得建筑外表面对流换热系数则不需要测量围护结构表面热流及净辐射量，而是利用传热与传质类比将测量对流换热系数的问题转化为测量对流传质系数的方法，该方法采用的实验仪器数量相对较少且操作简便，不必使用热流计这类容易产生较大误差的测量仪器，热质表面与空气之间无温差限制（可避免产生因温差限制造成的无效数据）。因此，采用传热-传质比拟法可在较短时间内获得大量对流换热系数有效数据，该方法对于交通不便、实验条件恶劣的热带海岛地区是一个很好的选择。

然而，目前基于传热-传质比拟法测量结构表面对流换热系数仅是广泛应用于机械工程领域[17]，在建筑领域的应用很少。Barlow 等人[18] 在风洞中采用萘升华技术研究了建筑群与大气的对流传热系数以及建筑物不同表面的对流传递系数随风速和城市街谷高宽比之间的变化关系。Narita 等人[19] 提出利用湿滤纸中的水分向空气蒸发传质的方法，在风洞中测量了建筑物表面的对流传热系数，并分析了建筑群中对流换热系数的分布以及不同建筑密度、建筑群高度不一致情况下的对流换热系数变化。但是，上述采用传热-传质比拟法测量表面对流换热系数的研究均是在气流均匀分布的风洞模型中完成的。近些年，哈尔滨工业大学刘京教授等提出采用萘升华技术对真实室外环境中的建筑围护结构表面进行对流换热系数现场实测，并同时采用热平衡法作为对照，验证了萘升华法在哈尔滨地区的可行性。但是哈尔滨与热带海岛地区室外环境相差甚远，实验各采样时间间隔内的萘表面与空气温差、萘表面温度波动、空气温度波动及萘表面升华速率大小情况均会不同。而萘表面与空气温差会影响自然对流效果，从而影响流场的分布特性和流体湍流流动的脉动作用，进而可能对传热与传质的可比拟性造成一定影响。另外，要想达到传热传质两种过程

的完全类似，要求采样时间间隔内的物性参数变化不大，即采样时间间隔内萘表面温度波动、空气温度波动不可太大。此外，萘表面微小升华速率也将是影响传热传质可比拟性的考量因素。因此，哈尔滨与热带海岛地区室外环境的差异性会造成传热传质的可比拟程度不同，也会使得整个萘升华实验的误差水平不同。因此，萘升华技术是否适用于热带海岛地区则是将该方法推广应用于热带海岛地区需解决的关键问题。

综上所述，目前国内外关于表面对流换热系数的实测研究存在如下问题：(1) 表面对流换热系数的测试大多采用热平衡法。而热平衡法属于间接测量，使用实验仪器数量多且操作困难，壁面传导热流需采用目前在建筑热工领域发展不成熟且容易产生较大误差的热流计测量，壁面与空气之间须满足温差限制才可保证测试数据有效，难以短期内获得大量对流换热系数有效数据。(2) 传热-传质比拟法广泛应用于机械工程领域，在建筑领域的应用很少。(3) 应用于真实室外环境中且可供参考的萘升华热质比拟技术对于热带海岛地区的适用性需要探讨。鉴于传热-传质比拟法具有明显优势及热带海岛地区交通不便、实验条件恶劣的现状，将基于传热-传质比拟理论测量对流换热系数的方法推广应用到热带海岛地区的意义重大。因此，本书在前人研究工作基础上，需首先论证萘升华热质比拟技术在热带海岛地区的适用性，进而基于该技术开展热带海岛建筑全尺寸现场实测研究，并分析测试参数对实测结果的影响以及实验误差，最后结合热带海岛地区风场特征获得该地区建筑外表面对流换热系数合理取值。

2. 建筑外表面辐射换热系数中天空有效温度预测模型研究

建筑外表面的辐射换热包括长波辐射换热及太阳辐射得热量，在我国建筑热工计算中，后者一般做单独处理，辐射换热系数即是指长波辐射量对应的换热系数，且该参数涉及的长波辐射换热量包括：围护结构外表面与天空之间的长波辐射换热量及围护结构外表面与其周围表面（主要指地面）之间的长波辐射换热量，因此建筑外表面长波辐射换热系数与建筑所处地区的气候环境、地表特征及天空真实情况密切相关。

我国热带海岛地区的气候特征与内陆地区相差甚远，岛上建筑常年处于高温、高湿、强辐射、风速大及强降雨的环境中。该地区建筑周围一般较空旷并由地面与海面共同围绕且周围大面积为海面，这显然不同于内陆地区建筑周围的下垫面情况。此外，天空有效温度是计算建筑外表面与天空之间长波辐射换热量的重要参数，并可在一定程度上反映天空真实情况。目前国内外已有不少学者对天空有效温度预测模型进行过探索，且多数研究者借助天空当量辐射率关系式建立天空有效温度预测模型。Angstrom 模型被认为是最早尝试预测天空当量辐射率的工作之一，该模型为天空当量辐射率与大气水汽压的函数关系，随后，许多研究者依据 Angstrom 模型开发了不同气候条件或不同地理位置下的天空当量辐射率关系式。Allen[20] 在圣安东尼奥市某大学收集了从 1976 年 10 月到 1977 年 9 月近 800 组连续净辐射测量数据，并以此建立了天空当量辐射率与露点温度的关系式，该模型适用的露点温度范围为 −20.2～24.5℃。Berger 等人[21] 基于法国卡庞特拉 1976—1980 年 5 年的测试数据建立了以露点温度预测白天和夜间的天空当量辐射率关系式。Tang 等[22] 针对以色列内盖夫高地的气候基于 2002 年 8 月 10 日至 10 月 25 日期间测试数据开发了一种夜间天空当量辐射率关系式（露点温度的函数）。需指出，通过上述天空当量辐射率关系式得到的天空有效温度模型并未考虑云层的影响，属于晴空模型，且在现有文献中仅发现为数不多的研究考虑了云层作用。Kasten 和 Czeplak[23] 在天空当量辐射率模型中引入了取值介于 0（晴空）到 1（全云天）的云量百分比（把天空分为 10 份时，云所占的比例）参数来解释云层影响，且该模型基于德国汉堡 1964—1973 年期间逐时天空热流测量数据建立。Berdahl 和 Martin[24] 同样引入云量百分比建立了与 Kasten 和 Czeplak 相似的天空当量辐射率关系式。另外，借助地面有效辐射关系式也可建立天空有效温度模型，Penman[25] 依据英国及瑞典气象资料建立了地面有效辐射模型，并在模型中引入日照百分率来反映云层的影响。通过以上研究可发现，现有天空有效温度模型在建立过程中所依据的原始数据均比较陈旧，且现有研究成果集中于 2000 年以前。不同研究者呈现的天空有效温度模型均是在某种特定气候条件或特定地点下得到的，均有其一定的适用条件。此外，不同研究者得到的天空有效温度模型可分为晴天及云天模型，且云天模型一般以云量或日照百分率反映云层作用。

基于《建筑节能气象参数标准》JGJ/T 346—2014[26] 中云量逐时值，按照气象行业标准中以云的面积占据天空的百分比（云量覆盖比）作为判别依据，统计得到西沙天空云量等级情况（图 5-1），可知该地区全年晴天少（占全年比例 12%），多云及阴天居多（占全年比例 66%），因此，云层对天空有效温度的影响不容忽略。另外，考虑云量资料一般源于人工目测，其观测结果受人的主观性因素影响较大，且不能保证观测精度与数据的连续性，而云量与日照百分率关系十分密切，因此，采用日照百分率反映云层对长波辐射换热系数的影响更为可靠。目前，我国引入日照百分率反映云层作用的常用天空有效温度计算模型是基于北京日射站 1964 年、1965 年两年的辐射平衡观测资料得到的，该模型的原始数据陈旧，数据量少，且被笼统用于全国不同城市天空有效温度的预测。因此，尽管该模型以日照百分率很好地考虑了云层的作用且在我国被广泛应用，但该模型的原始数据亟待更新、扩充，且该模型对全国不同城市的适用性也有待商榷。综上，有必要探讨适用于我国南部热带海岛地区的天空有效温度预测模型，进而确定该地区建筑外表面辐射换热系数的合理取值。

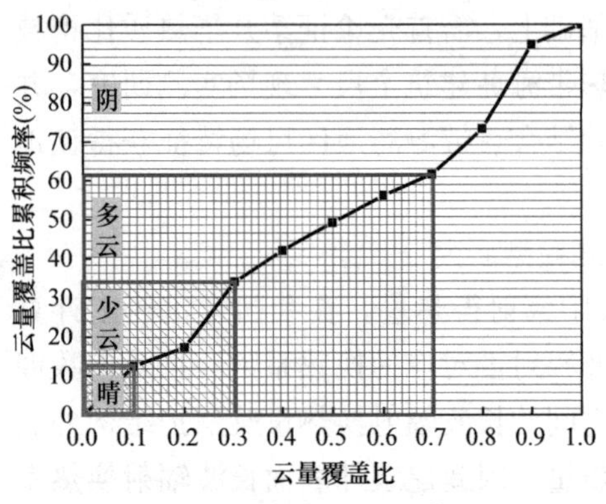

图 5-1　西沙天空云量等级

3. 建筑外表面蒸发换热系数相关研究

通过查阅文献和调研发现，目前关于结构表面蒸发换热系数的研究鲜有报道。Kumar A 等[27] 在 20 世纪 70 年代末 80 年代初就蒸发换热系数与对流换热系数的关系进行过相关研究。孟庆林[28] 依据 Lewis 准则，证明了含水表面蒸发与对流换热系数之间的一般关系，并且发现风速对于含水表面蒸发换热系数的影响很大。陈启高[29] 给出了重庆、武汉、南京三个城市的建筑外壁面干燥/潮湿状态下的换热系数，发现潮湿表面的换热系数明显大于干燥表面的换热系数。由上述文献可发现蒸发换热会对总换热系数造成影响，且蒸发换热系数的大小与当地风速及降雨情况密切相关。

我国热带海岛地区具备风速大、降雨量大的气候特征，由于该地区降雨量大，其建筑外表面经常处于潮湿状态，表面必然存在液态水的蒸发换热，若仍按照规范做法将壁面假

设为始终处于干燥状态，则很可能会造成建筑外表面总换热系数存在较大偏差。另外，由于降雨本身具有随机性、不连续性、强度不确定性及降雨与蒸发换热作用的不实时对应发生性，使得建筑外表面蒸发换热系数的确定更为复杂。因此，热带海岛建筑外表面蒸发换热系数合理取值及其对总换热系数的影响程度需要深入探讨、系统发掘。

5.2　建筑外表面对流换热系数的实测研究

本节主要目的是探索建筑外表面对流换热系数的萘升华热质比拟简便测试方法对于热带海岛地区的适用性，采用萘升华热质比拟技术开展热带海岛建筑外表面对流换热系数现场实测，建立热带海岛建筑外表面对流换热系数预测模型，确定热带海岛建筑外表面对流换热系数合理取值。

5.2.1　建筑外表面对流换热系数测试方法

常用的建筑外表面对流换热系数测试方法主要有两种，分别为热平衡法和萘升华法。

1. 热平衡法

热平衡法是一种广泛应用的建筑外表面对流换热系数测试方法。它的基本原理是通过测量不同温度下的表面热传递率来计算对流换热系数。在热平衡法中，首先需要基于结构表面热量平衡关系得到对流换热量，然后根据对流换热量求得对流换热系数。

热平衡法中的表面热量平衡关系及对流换热系数计算表达式如下：

$$q_{net}=q_{conv}+q_{cond}+q_{lat} \tag{5-1}$$

$$\alpha_c=\frac{q_{conv}}{T_{surf}-T_{air}} \tag{5-2}$$

式中　q_{net}——测试表面的净全辐射量，W/m²；

q_{conv}——测试表面与周围空气的对流换热量，W/m²；

q_{cond}——测试表面导热量，W/m²；

q_{lat}——测试表面潜热换热量，由于是在风洞内进行实验，该值取为0；

T_{surf}——测试表面温度，K；

T_{air}——空气温度，K。

根据热平衡法的实验原理，即可得到基于热平衡法测量结构表面对流换热系数时的待测参数，包括：测试表面的净全辐射量、测试表面导热量、测试表面温度及空气温度。

2. 萘升华法

萘升华法是一种常用的流体力学方法，用于描述流体对物体传热的特性，并进一步推导出对流换热系数。当描述流体流动的温度场微分方程和描述流动的浓度场微分方程具有相同形式，且具有类似单值性条件时，可认为流动的温度场和浓度场的无量纲解具有相同形式，这就是热质比拟实验的理论基础。萘升华实验即是将固体表面的传热与传质过程相类比，通过测量萘试件表面的对流传质系数推导得到结构表面的对流换热系数。

传热传质学研究表明，当流体流经固体表面时，对流热交换与对流质交换具有可比拟性，可分别用下面准则关联式表示：

$$Nu = CRe^{m}Pr^{n} \tag{5-3}$$

$$Sh = CRe^{m}Sc^{n} \tag{5-4}$$

式中 Nu——努谢尔特数，其取值大小反映了对流换热强弱，定义式为 $Nu=\alpha_{c}l/\lambda$；

Re——雷诺数，定义式为 $Re=ul/\nu$；

Pr——普朗特数，定义式为 $Pr=\nu/a$；

Sh——舍伍德数，其取值大小反映了对流传质强弱，定义式为 $Sh=\alpha_{d}l/D$；

Sc——施密特数，定义式为 $Sc=\nu/D$；

α_{c}——对流换热系数，W/(m²·K)；

l——特征长度，m；

λ——空气导热系数，W/(m·K)；

u——流体速度，m/s；

ν——运动黏度，m²/s；

a——热扩散系数，m²/s；

α_{d}——对流传质系数，m/s；

D——质扩散系数，m²/s。

通过比较式（5-3）与式（5-4），可得到对流换热系数与对流传质系数的关系，如下：

$$\frac{\alpha_{c}}{\alpha_{d}} = \rho c_{p} Le^{1-N} \tag{5-5}$$

式中 N——经验常数，一般取 0.33～0.40。由于建筑物周围存在湍流情况，本书取 0.4；

Le——刘易斯数，Sc 与 Pr 之比。

对流传质系数与萘的质量通量关系如下：

$$\alpha_{d} = \frac{\delta m/\delta t}{\rho_{v-Sat-surf} - \rho_{v-Sat-air}} \tag{5-6}$$

式中 δm——单位面积萘试件升华量，kg/m²；

δt——萘试件称重时间间隔，s；

$\rho_{v-Sat-air}$——空气中萘饱和蒸气密度，kg/m³，由于该值在空气中非常小，可近似认为是 0；

$\rho_{v-Sat-surf}$——萘试件表面的饱和蒸气密度，kg/m³。$\rho_{v-Sat-surf}$ 可由式（5-7）求得：

$$\rho_{v-Sat-surf} = \frac{P_{v-Sat-surf}}{R_{napht} T_{surf}} \tag{5-7}$$

式中 R_{napht}——萘蒸汽的气体常数，J/(kg·K)；

T_{surf}——萘试件表面温度，K；

$P_{v-Sat-surf}$——萘试件表面饱和蒸气压，Pa。

萘试件表面饱和蒸汽压 $P_{v-Sat-surf}$ 可根据经验公式求得，如式（5-8）：

$$T_{surf}\ln P_{v-Sat-surf} = \frac{1}{2a_{0}} + \sum a_{x} E_{s}(x) \tag{5-8}$$

式中 $a_{0} \sim a_{s}$——常系数；

$E_{s}(x)$——T_{surf} 的经验函数。

萘的质扩散系数可与空气温度建立联系，由以下经验公式计算：

$$D = 0.0681 \times 10^{-4} \left(\frac{T_{\text{air}}}{298.13}\right)^{1.93} \left(\frac{101325}{P_{\text{atm}}}\right) \tag{5-9}$$

式中 T_{air}——空气温度，K；

P_{atm}——测点附近大气压，Pa。

考虑热带海岛地区海拔不高且以二、三层低矮楼为主，本研究可以认为测点附近大气压与标准大气压相差不大，因此，不必考虑大气压修正。最终对流换热系数表达式为：

$$\alpha_{\text{c}} = 5.01\lambda a^{-0.4} R_{\text{napht}} \frac{T_{\text{surf}}}{P_{\text{v-Sat-surf}}} \frac{\delta m}{\delta t} \left(\frac{T_{\text{air}}}{298.13}\right)^{-1.158} \tag{5-10}$$

综上，在萘升华热质比拟实验中，只需测定空气温度、萘试件表面温度以及一定时间间隔内萘试件升华量这几个参数即可得到建筑外表面对流换热系数，故只需采用高精度电子天平及测温仪器进行测试进而可通过计算得到对流换热系数。因此，萘升华热质比拟法可以很大程度上简化实验测试流程。

萘试件的制作是实验必不可少的一个重要环节，对于萘试件的制作需要注意以下事项。

首先，制作萘试件的萘颗粒纯度应有限制。为避免不同萘试件中固体萘纯度差异性对表面对流换热系数计算结果的影响，应保证不同萘试件中固体萘纯度一致，因此，选择质量分数在98%以上的高纯度萘颗粒制作萘试件，并且在制作萘试件过程中一定要注意避免萘试件中固体萘混入气泡或萘纯度的改变，从而认为制作完成的萘试件中固体萘纯度均较高且无差异，进而不需考虑萘试件中固体萘纯度差异性对实验结果的影响。因此，在本实验中，制作萘试件的萘颗粒应有纯度要求。

其次，萘试件表面升华面积应有严格要求。一方面，萘试件表面升华面积不宜过小，否则萘的升华速率会较小，在相对短的时间内萘的升华量不够，增加实验时长；另一方面，萘试件表面升华面积不宜过大，否则萘试件表面各点温度均匀性会较差，从而影响传热传质的可比拟性。

再次，萘试件的厚度应适中。若萘试件厚度过薄，则试件中的萘物质很快会完全升华，萘试件无法长期使用，经济性差，且打开试件盖时操作难度会增大，甚至可能会由于试件盖开启过程中振动过大造成萘物质轻微脱落，影响实验可靠性。若萘试件厚度过厚，可能会对其周围风速的测量结果造成影响。

最后，萘试件表面应平整光洁，以确保其表面各点处温度均匀。

经长期萘试件预制及摸索，本研究选择了直径为13.3cm、厚度为0.9cm圆盒作为萘的盛装容器（保证10min萘升华质量在50mg以上），萘试件的具体制作过程如下：首先，将高纯度萘颗粒放到熔化容器中，利用水浴法对萘颗粒进行加热，使其慢慢熔化为液体萘。然后，将液体萘倒入事先准备好的水平摆放的圆盒中，直至液体萘刚好溢出，立即用玻璃压盖萘盒。需注意，若液体萘倒入量不足，会造成萘盒中的萘疏松多孔，若液体萘倒入量过多，则会影响萘试件表面的平整性。最后，待圆形盒内液体萘凝固冷却后，小心地将玻璃与圆盒分离，经仔细修整，萘试件即制作完毕。根据制作经验，一般情况下制作的该种圆形萘盒，带盖初始质量应保证在170g以上，若质量小于此值，可能倒入圆形盒子的液体萘质量不足，液体萘在凝固过程中混杂了大量空气，导致密度明显下降。对于这种萘纯度存在问题的试件，应予以舍弃。图 5-2 为萘试件制作过程相关图片。

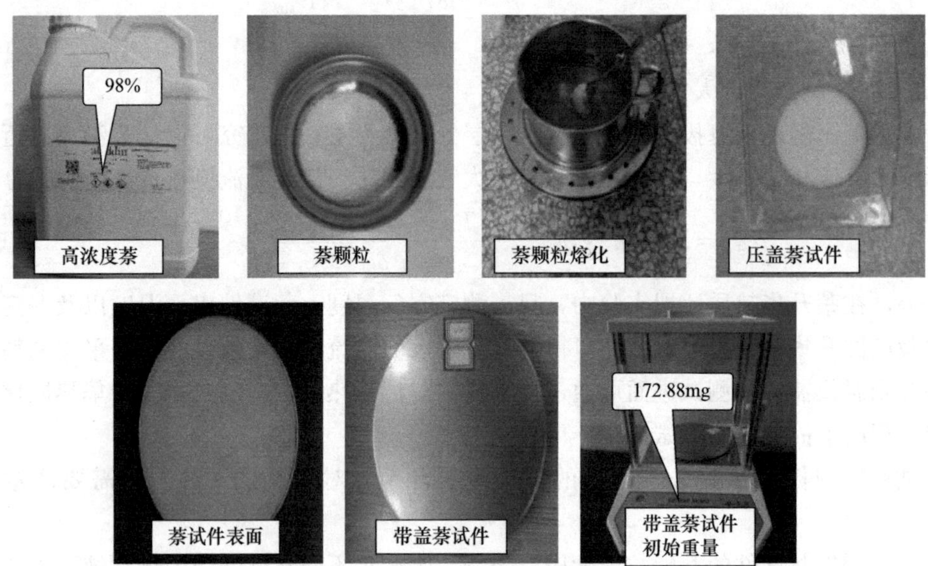

图 5-2　萘试件制作过程相关图片

基于两种不同方法的实验原理，可给出采用热平衡法或萘升华法测量结构表面对流换热系数时所需要测试的参数及实验装置示意图（图 5-3）。由图 5-3 可知，在萘升华实验中仅以电子天平即可替代热平衡实验中的热流计及净辐射表来实现相同目的，因此，萘升华法在实验仪器数量、实验仪器操作难易程度方面具有显著优势。

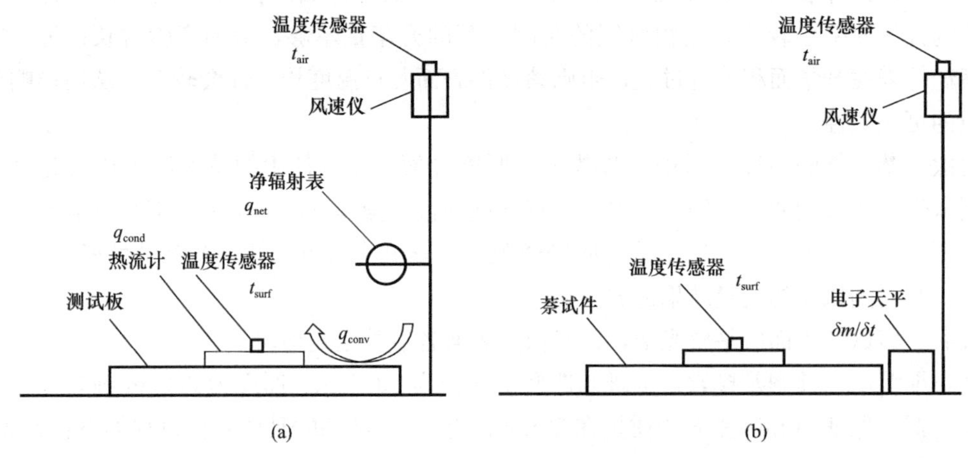

图 5-3　热平衡及萘升华实验中待测参数及实验装置示意图

（a）热平衡法；（b）萘升华法

综上，相比于传统建筑外表面对流换热系数测试方法——热平衡法，萘升华热质比拟法具有如下显著优势：(1) 实验仪器数量相对较少且操作简便；(2) 不必使用热流计这类容易产生较大误差的测量仪器；(3) 热质表面与空气之间无温差限制。因此，将萘升华热质比拟法推广应用到交通不便、实验条件恶劣的热带海岛地区的意义重大。

5.2.2　萘升华技术在极端热湿气候区的适用性分析

基于热带海岛地区气象数据统计结果，在风洞实验室内营造热带海岛地区气候条件，并同时采用萘升华法与热平衡法进行结构表面对流换热系数测试，通过对比实验来分析萘升华技术在热带海岛地区的适用性。

1. 风洞实验室内萘升华法与热平衡法的对比实验

本研究采用了合作单位华南理工大学建筑节能研究中心热湿气候风洞实验台，首先在风洞实验台内模拟热带海岛地区热环境，然后在风洞内分别基于萘升华法与热平衡法同时进行结构表面对流换热系数测试，对比不同实验条件下基于两种不同实验方法得到的结构表面对流换热系数差异性来探究萘升华法对于热带海岛地区的适用性。

热湿气候风洞实验台为回流式结构，主要由6部分组成，分别为入口段、稳定段、试验段、吹出辅助段、扩散段及风机段。风洞内表面为平坦无凸凹平面。为减少风洞内外的热量传递，洞壁内设置40mm厚的聚苯乙烯夹层。为防止风洞内表面对试样表面造成长波辐射的影响，风洞内表面平滑且贴满铝箔。风洞试验段处，沿风流动方向设置了5个试件槽，尺寸均为400mm×400mm，且以试件为界，其上侧模拟室外环境动态变化，下侧模拟室内环境工况。本实验台可控制的气象参数及精度分别为：温度20～40℃，控制精度为±0.5℃；相对湿度40%～90%，控制精度为±5%；风速0～5m/s，控制精度为±0.2m/s；太阳辐射0～1000W/m^2，控制精度为±10W/m^2。当实际工况与设定条件偏差超过一定限度时，测控系统将会自动报警。热湿气候风洞实验台平面示意图如图5-4所示。

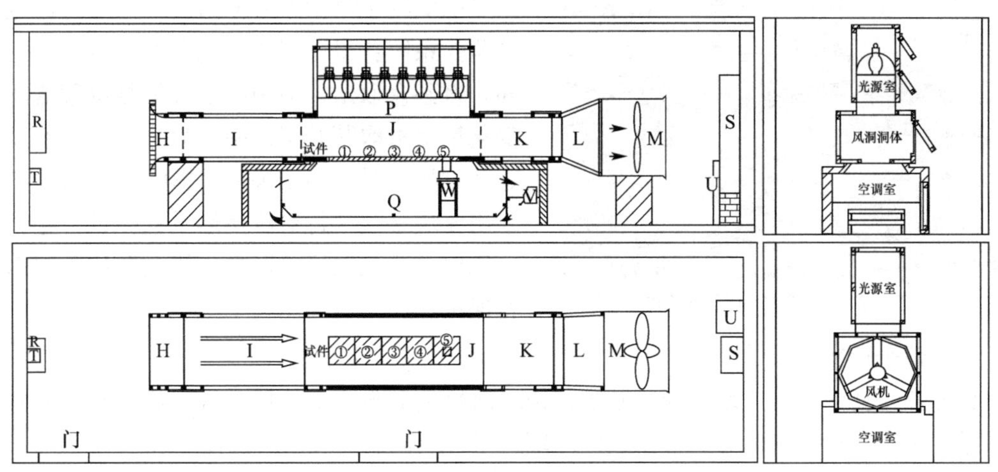

图5-4　热湿气候风洞实验台平面示意图

P—光源室；Q—空调室；H—风洞主体入口段；I—稳定段；J—试验段；K—吹出辅助段；L—扩散段；M—风机段；R—电极加湿器；S—柜式空调器；T—电加热扇；U—工业除湿机；V—空调；W—电子天平

2. 实验方案

（1）实验工况设置

为探究萘升华法在热带海岛地区的适用性情况，首先需要在风洞实验台内营造出热带海岛地区热环境。

交叉实验中空气温度及太阳辐射强度取值范围基于东沙岛、西沙岛、南沙岛、珊瑚岛及永暑 5 个典型岛屿的室外气象参数统计结果而定。同时，上述每一个工况均在风速为 1m/s、2m/s 和 3m/s 条件下进行。其中，实验中的相对湿度依据西沙站实测数据确定为 82%。表 5-1 给出了萘升华法与热平衡法对比实验中的工况设置情况。

萘升华法与热平衡法对比实验中的工况设置　　表 5-1

辐射强度(W/m^2)	300											
温度(℃)	22			28			32			40		
风速(m/s)	1	2	3	1	2	3	1	2	3	1	2	3
辐射强度(W/m^2)	600											
温度(℃)	22			28			32			40		
风速(m/s)	1	2	3	1	2	3	1	2	3	1	2	3
辐射强度(W/m^2)	900											
温度(℃)	—			28			32			40		
风速(m/s)	—	—	—	1	2	3	1	2	3	1	2	3

(2) 萘升华实验设计

萘升华实验试件布置图如图 5-5 所示。将一块长、宽及厚度分别为 0.3m、0.3m 及 0.05m 的水泥板放入试件槽③中，且水泥板下表面包 EPS 保温板用于隔热，试件上表面固定热电偶用于测量萘表面温度，同时可通过风洞监控系统获得风洞内空气温度。每隔一定时间，将萘盒取出，使用电子天平测量萘盒质量变化量来求取萘升华速率。为防止不同萘试件之间差异性对实验结果造成影响，本实验同时采用 4 块萘盒进行对流换热系数测试。且为防止辐射对测试结果的影响，热电偶使用铝箔进行保护。

图 5-5　萘升华实验试件布置图

(3) 热平衡实验设计

根据热平衡法实验原理可知，基于结构表面热量平衡关系计算对流换热系数，需要首先测量的参数包括：表面导热量、表面净辐射量、表面温度及空气温度。

在本次实验中，采用的主要仪器包括：热流计、长波辐射感受器、二分位辐射感受器等，如图 5-6 所示。其中热流计用于测量结构表面导热量，需要指出，热流计的灵敏度在变化的室外条件下测量精度有限，但在风洞模拟的稳态环境中测量结果准确度尚可接受。另外，结构表面接收的短波辐射强度可由风洞控制系统设定，接收的长波辐射强度可由长波辐射感受器测得，反射的长波和短波辐射由二分位辐射感受器测得，根据接收的长、短波辐射与反射的长、短波辐射之差即可得到净辐射换热量。

热平衡实验布置图如图 5-7 所示。同样将一块长、宽及厚度分别为 0.3m、0.3m 及 0.05m 的水泥板放入试件槽④中，且水泥板下表面包 EPS 保温板用于隔热，上表面中心

位置固定热流计及热电偶用于测量水泥板表面导热热流及表面温度。同时在水泥板周围设有长波辐射感受器及二分位辐射感受器用于测量表面接收的长波辐射及反射的长波和短波辐射，进而结合风洞控制系统中结构表面接收的短波辐射强度，可得到结构表面净辐射量。然后可通过净辐射量与导热量关系得到对流换热量，进而得到对流换热系数。

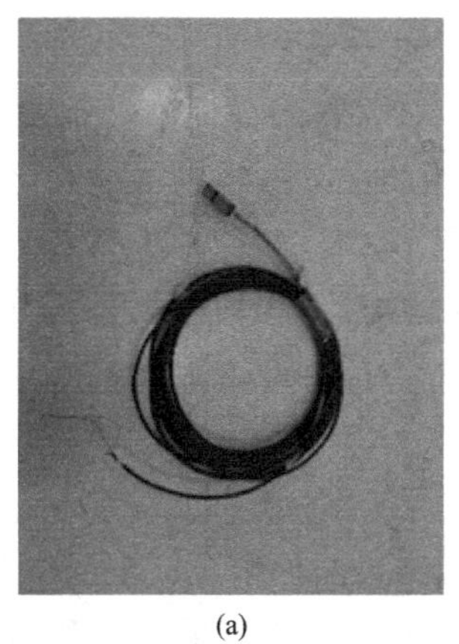

(a)

(b)

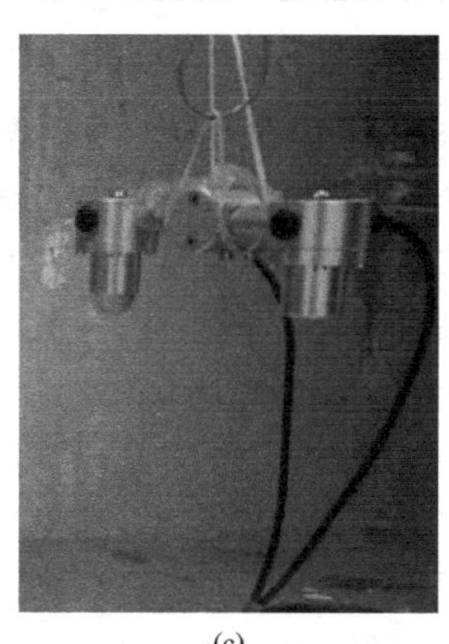

(c)

图 5-6　热平衡实验中的主要仪器

(a) 热流计；(b) 长波辐射感受器；(c) 二分位辐射感受器

3. 实验结果分析

(1) 不同萘试件测试结果

图 5-8 为不同风速下各实验工况中 4 块萘盒测试结果对比，表 5-2 给出了图 5-8 中所标注组号与工况的对应情况。对于 1m/s 风速下的各实验工况，4 块萘盒测量结果最大差值为 1.52W/(m^2·K)，且该 4 块萘盒测量结果最大差值所在的实验组中 4 个测量值方差为 0.38。对于 2m/s（或 3m/s）风速下的各实验工况，4 块萘盒测量结果最大差值为 1.21W/(m^2·K) [1.36W/(m^2·K)]，且该 4 块萘盒测量结果最大差值所在的实验组中 4 个测量值方差为 0.20（0.26）。因此，不同风速下各实验工况中不同萘盒测量结果基本一致，且离散程度很小，故本实验采用的萘盒设计与制作比较合理，不会因其制作过程的细微差异对测量结果造成显著影响。

图 5-7　热平衡实验布置图

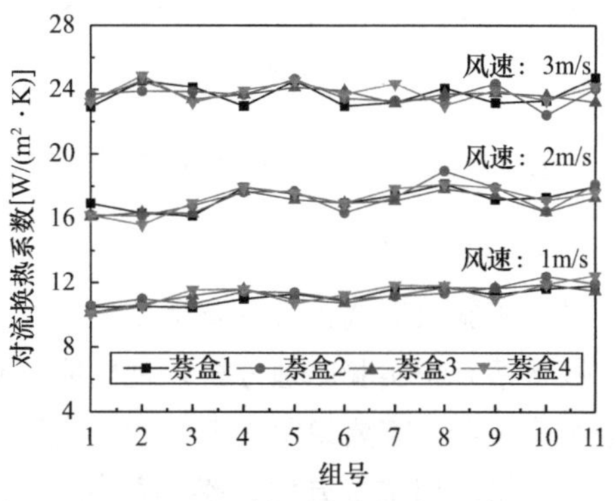

图 5-8　不同风速下各实验工况中 4 块萘盒测试结果对比

不同温度及辐射强度条件下工况与组号对应关系　表 5-2

辐射强度(W/m^2)	300				600				1000		
温度(℃)	22	28	34	40	22	28	34	40	28	34	40
组号	1	2	3	4	5	6	7	8	9	10	11

(2) 不同温度下萘升华法与热平衡法测量结果

图 5-9 给出了不同温度下萘升华法与热平衡法测量结果对比情况。由图 5-9 可知，在所有不同工况中，萘升华法与热平衡法测量结果的差值占热平衡法测量结果的最大比值仅为 6.6%。另外，在温度为 22℃、28℃、34℃、40℃下的各工况中，两种方法测量结果最大差值分别为 1.46W/(m^2·K)、1.48W/(m^2·K)、1.05W/(m^2·K) 及 1.20W/(m^2·K)。由此可见，萘升华法与热平衡法测量结果相差很小，且在不同温度下两者最大差值并无显著差异。因此，萘升华法在高温情况下仍然适用。

(3) 不同辐射强度下萘升华法与热平衡法测量结果

图 5-10 给出了不同辐射强度下萘升华法与热平衡法测量结果对比情况。由图 5-10 可知，在辐射强度为 300W/m^2、600W/m^2、1000W/m^2 下的所有工况中，采用萘升华法与热平衡法分别测量对流换热系数的最大差值分别为 1.46W/(m^2·K)、1.48W/(m^2·K) 及 1.05W/(m^2·K)，由此可见，萘升华法与热平衡法测量结果相差很小，且在不同辐射强度下两者测量结果最大差值并无显著差异。因此，萘升华法在高辐射强度情况下仍然适用。

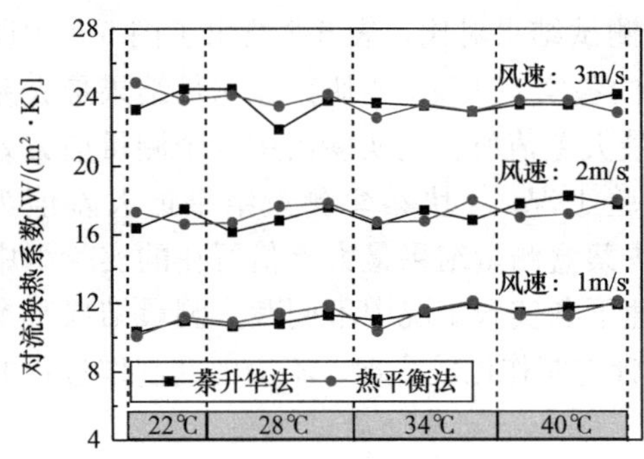

图 5-9　不同温度下萘升华法与热平衡法测量结果对比

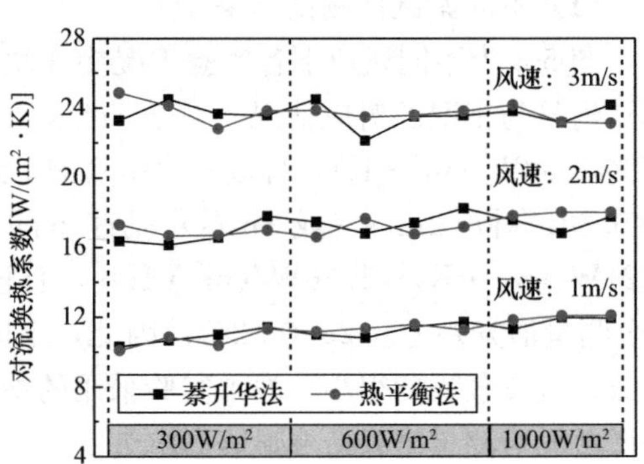

图 5-10　不同辐射强度下萘升华法与热平衡法测量结果对比

5.2.3　基于萘升华法的热带海岛建筑外表面对流换热系数现场实测

1. 现场实验方案

(1) 实验仪器选择及注意事项

基于萘升华实验原理分析，现已明确整个实验过程中需要测量的参数，进而可确定相应的实验仪器。需要说明，考虑南海交通不便、运输实验仪器困难的现状，本次现场实测工作应尽量选用携带方便、操作简便的实验仪器，但是同时也要保证测试精度上的可靠性，所以萘升华实验测试过程中的注意事项诸多。

图 5-11 给出了萘升华法现场实测过程中所采用的仪器。

本实验主要采用称重法测量萘试件表面的时均对流传质系数，进而应用传热传质比拟的原理得到对流传热系数，所以实验中选用的电子天平精度一定要高，本次实验采用精度为0.001g、量程为300g的电子天平，虽然该天平自带防风罩，可以减小外界环境对称量所造成的影响，但是实验中仍需注意将天平放置于气流尽可能小的地方使用。另外，每次称重前，一定要注意查看天平是否归零，一旦有偏差，应立即使用砝码校准。称量过程中，为减少误差，萘盒应保持封闭状态，即萘盒带盖称重且每次实验后应立即将萘盒盖子盖上。若实验时间间隔过小，萘升华量小，那么天平本身的仪器误差会偏大，因此实验时间间隔应合理，经过多次实验分析，最后将本实验时间间隔设定为60min。

(a)

(b)

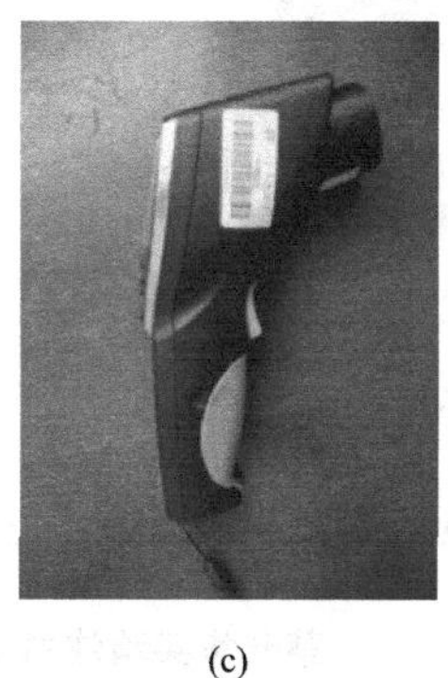

(c)

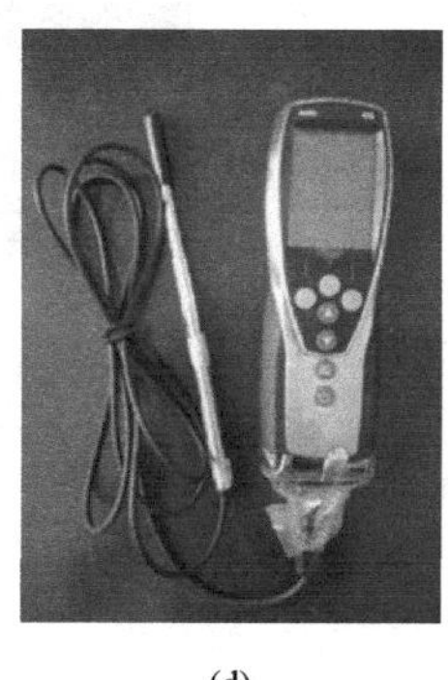

(d)

图5-11　萘升华法现场实测过程中的实验仪器

(a) 电子天平；(b) 温湿度自动记录仪；(c) 红外测温仪；(d) 热线式风速仪

室外环境空气温度由testo 175温湿度自动记录仪测量，其测量精度为±0.4℃，采样时间间隔设置为30s，高度为1.2m。为防止太阳辐射对测量结果造成影响，在实验中采用铝箔纸包好的漏斗形外罩遮住温湿度自动记录仪探头。

萘表面温度由操作简单、易携带的testo 845红外测温仪测量，其测量精度为±0.75℃。需注意，实验时间间隔内，应多次测量萘试件表面温度，且每次测量应取多点，最后将多次测量的多点温度均值作为萘表面温度，这样可减小不同时刻室外环境对萘表面温度的影响以及萘表面温度不均匀对实验结果造成的影响。萘表面温度测点布置如图5-12所示。

风速由热线式风速仪测量，其测量精度为±(0.03m/s+5%测量值)，其高度设置与温湿度自动记录仪相同。考虑到在短暂时间内，风速可能会出现忽大忽小的变化，风速仪采样时间间隔设置为10s。

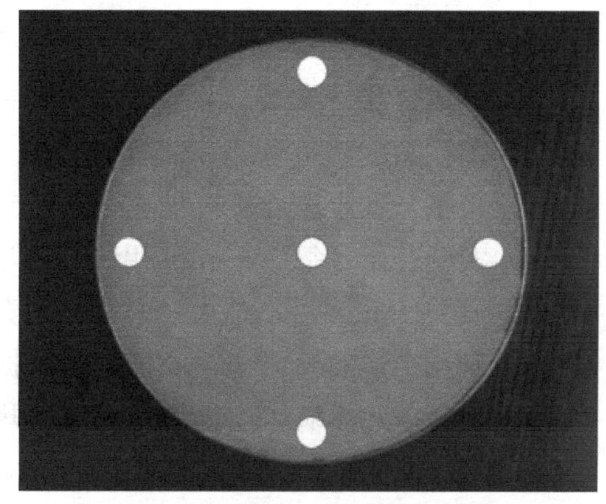

图5-12　萘表面温度测点布置

考虑到将萘盒贴于玻璃，取放不便且萘盒取下过程中极有可能会粘上黏性胶，造成萘盒称重误差。另外，目前相关研究中并未发现将萘试件贴于外墙的方法，若采用双面胶将萘试件贴于外墙，那么萘盒取下时必会粘到外墙石灰沙粒或其他墙体表面材料，进而造成较大称量误差。因此，除上述仪器外，在建筑垂直外表面对流换热系数现场测试过程中，采用可自由移动和伸缩的支架来摆放萘盒，该支架组装方便且可随时轻松取放萘盒。该支架的提出成功解决了测量建筑垂直表面对流换热系数时萘盒的摆放问题。实验中采用的自制支架如图 5-13 所示。

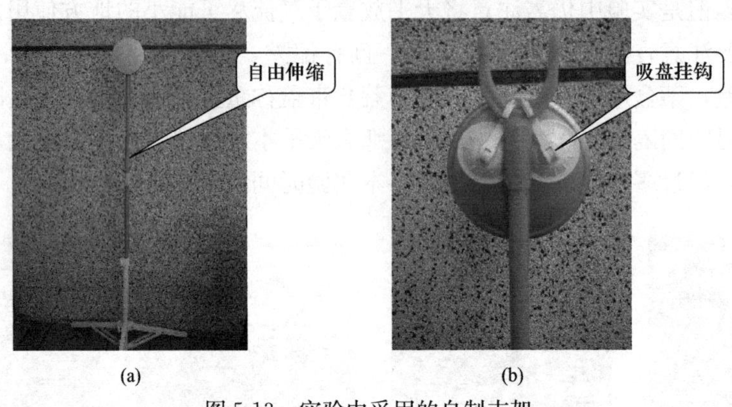

图 5-13　实验中采用的自制支架

（a）支架主体；（b）支架与萘盒局部连接

对于上述萘升华法现场实测过程中的注意事项及其防范措施总结于表 5-3。

萘升华实验注意事项及其防范措施　　**表 5-3**

环节	注意事项	防范措施
电子天平	精度高	精度 0.001g，量程 300g
	减小称量误差	将天平放置在气流尽可能小的地方使用
		每次称重前，查看天平是否归零，发现偏差，立即校准
		称量过程中，萘盒保持封闭状态
温湿度自动记录仪	防止太阳辐射影响	使用铝箔纸包好的漏斗形外罩遮住温度探头
红外测温仪	减小萘表面温度不均影响	每组实验时间间隔内，应多次测量萘表面温度 每次测量，应取多点
热线式风速仪	防止阵风影响	采样时间间隔设置为 10s
自制支架	需组装方便，轻松取放萘盒	三角支架、伸缩杆及吸盘挂钩相互搭配

（2）实验步骤

利用萘升华实验测量建筑外表面对流换热系数的具体步骤如下：

1）摆放仪器：支架、温湿度自动记录仪、热线式风速仪，并设定仪器开始采样；

2）测量萘盒初始质量（带盖称量）；

3）将萘盒置于靠近建筑垂直外壁面支架上（或屋面），取下盒盖，开始计时；

4）实验开始，每隔 10min 用红外测温仪测量一次萘表面温度并记录；

5）实验 60min 后，结束计时，测量萘盒质量（带盖称量）；

6）利用上述实验原理，处理实验数据，计算得到对流换热系数；

7）重复上述步骤，获得多组对流换热系数数据。

2. 海岛建筑外表面对流换热系数计算式建立及验证

（1）实测建筑概况及测试期间室外气象条件

采用萘升华法对热带海岛地区一座层高为 3.7m 的三层宿舍楼建筑进行对流换热系数

现场实测研究，实测建筑长及宽分别为 37m 及 16.5m，其平面图见图 5-14。现场测试时段为 2016 年 8 月 19 日及 2016 年 11 月 8～9 日，且实验期间室外温湿度变化曲线如图 5-15 所示。可知，2016 年 8 月 19 日实验期间空气温度、相对湿度波动幅度较小，而 2016 年 11 月 8～9 日实验期间空气温度、相对湿度波动幅度较大，温湿度变化范围分别为 28～40℃及 40%～80%。另外，2016 年 8 月 19 日天气阴，且伴有阵风，而 2016 年 11 月 8～9 日天气晴好。图 5-16 给出了实验期间室外风玫瑰图，可知实验期间测试地点主导风向为东北偏东。

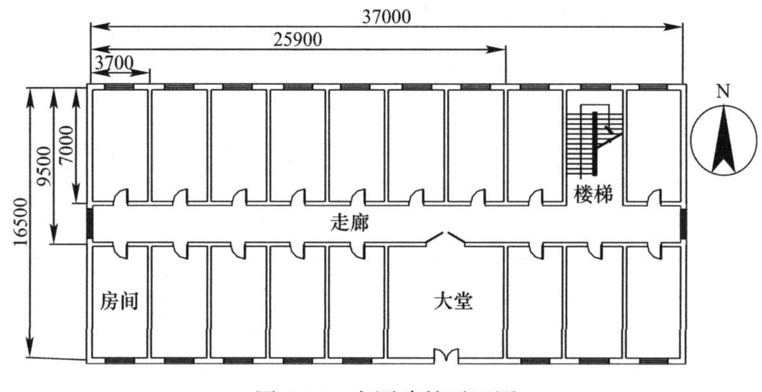

图 5-14 实测建筑平面图

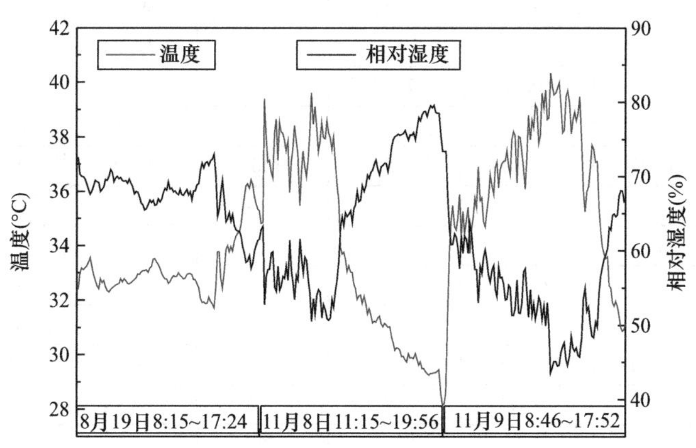

图 5-15 实验期间室外温湿度变化曲线

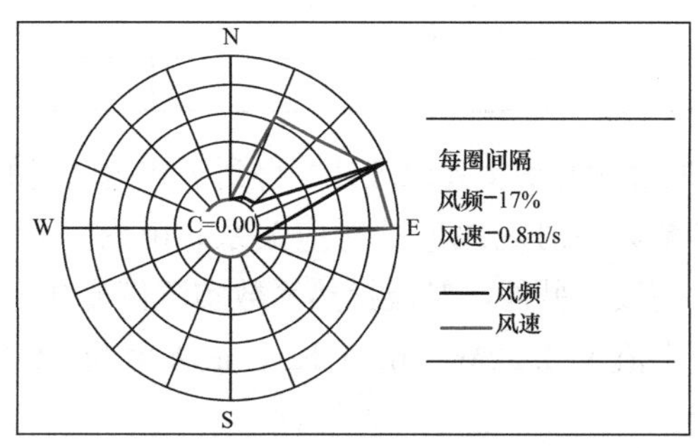

图 5-16 实验期间室外风玫瑰图

（2）实验测试数据分析

本实验在建筑东、南、西、北及水平各个朝向同时进行，且每个朝向连续进行多组测量。由于实验数据量较大，表 5-4 仅列出了部分时均化测试数据。考虑测试时间间隔均为 60min，故表 5-4 未列出该参数。

萘升华实验部分测试数据　　表 5-4

朝向	2016 年 11 月 8 日				2016 年 11 月 9 日			
	δ_m(mg)	T_{air}(℃)	T_{surf}(℃)	风速(m/s)	δ_m(mg)	T_{air}(℃)	T_{surf}(℃)	风速(m/s)
东	611	33.99	34.66	1.99	628	31.35	39.29	1.89
	417	31.28	30.77	3.06	760	32.91	37.34	2.88
	325	30.48	29.69	1.72	764	32.02	33.57	3.17
	276	29.93	28.83	1.89	407	29.82	30.08	2.48
	224	29.58	28.35	1.49	354	29.42	28.65	2.88
	224	29.01	28.10	1.46	257	29.19	28.95	2.21
	—	—	—	—	286	28.84	28.23	3.69
西	227	31.40	30.15	0.80	88	28.87	27.99	0.43
	252	34.27	33.96	0.64	157	29.13	27.40	0.74
	541	38.93	40.56	1.03	257	29.77	28.82	1.02
	422	37.69	40.70	0.71	306	32.92	32.01	0.78
	210	33.00	32.22	0.93	439	41.85	35.39	1.25
	115	29.76	28.57	0.40	302	39.22	34.92	0.88
	—	—	—	—	173	31.23	29.49	1.08
南	655	36.75	40.65	1.06	381	32.64	37.20	1.38
	497	37.36	41.37	0.86	556	35.14	39.69	1.55
	353	36.05	38.01	0.89	1058	36.99	42.89	2.10
	235	30.99	31.44	1.48	1030	38.54	45.40	1.29
	131	30.06	30.12	0.67	906	38.99	43.98	1.45
	129	28.96	29.34	0.66	423	35.80	37.83	1.38
	—	—	—	—	239	31.61	32.41	1.65
北	407	29.70	28.92	2.78	251	28.73	27.75	2.77
	362	30.00	28.90	2.77	361	28.64	27.00	4.08
	305	29.80	28.52	2.85	502	28.83	27.46	3.95
	272	29.44	28.82	2.39	438	28.95	27.47	3.52
	232	28.86	27.95	2.18	401	29.02	27.41	3.69
	211	28.27	27.70	1.97	288	28.82	27.92	2.04
	—	—	—	—	281	28.30	27.65	3.67

基于实测数据，即可通过萘升华实验原理计算得到不同测试组的对流换热系数，图 5-17 为所有测试组内对流换热系数与时均风速的对应关系。由图 5-17 可看出，对流换热系数与时均风速变化趋势非常一致。另外，对流换热系数实测值变化范围很大，在所有实测数据中，对流换热系数的最小值为 6.22W/(m^2·K)，最大值为 54.66W/(m^2·K)，平均值为 17.30W/(m^2·K)。

现基于 2016 年 11 月 8～9 日不同垂直朝向实测数据分析建筑不同垂直朝向对流换热

系数差异性，图 5-18 为建筑不同朝向各实验组内对流换热系数与风速关系图。由图 5-18 可知，对流换热系数在东与北（西与南）方向上变化趋势一致，且在东与北朝向的对流换热系数整体大于西与南朝向对流换热系数值。另外，不同朝向上对流换热系数与风速遵循相似的变化趋势，而不同朝向上对流换热系数的差异性很可能是由于风向造成的，由于测试期间建筑周围的主导风向为东北偏东，因而建筑东墙与北墙为迎风面，西墙与南墙为背风面，而迎风面和背风面流场差异性通过风速则可很直观反映。因此，迎风面（东与北）与背风面（西与南）上对流换热系数不同，且迎风面上对流换热系数数值更大。

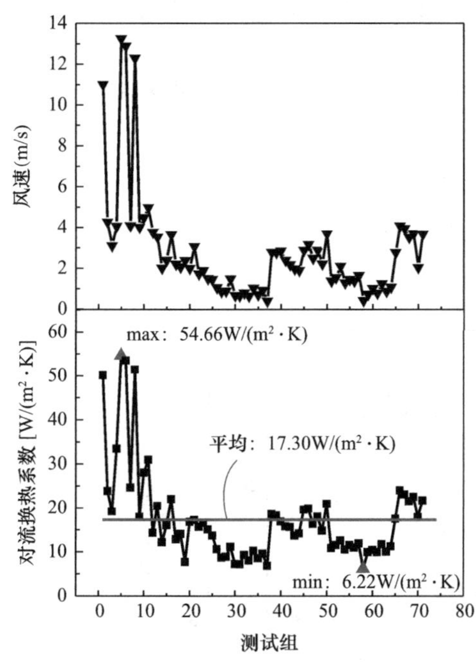

图 5-17　所有测试组内对流换热系数与时均风速的对应关系

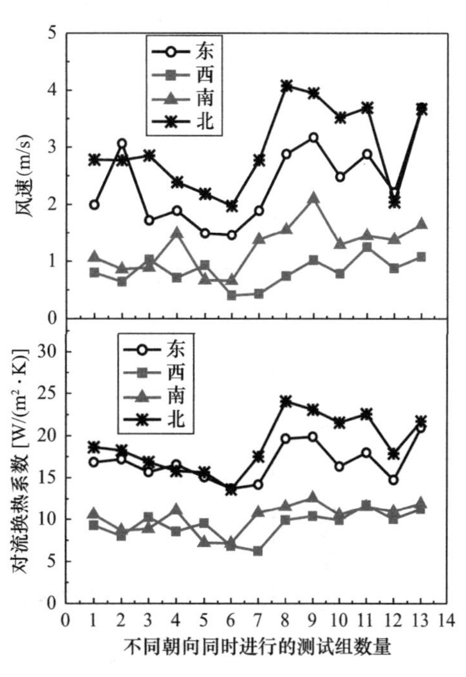

图 5-18　建筑不同朝向各实验组内对流换热系数与风速关系

（3）对流换热系数计算式建立及验证

考虑风速是建筑外表面对流换热系数的主要影响因素，研究建筑外表面对流换热系数与风速之间的关系尤为必要。由于竖直表面较水平表面更易受到周边建筑布局、气流场的影响，因此水平与垂直表面与外界空气的换热作用一定存在差异性，研究分析中应将水平、垂直表面单独分开研究。

现以建筑垂直面为例，以 2016 年 11 月 8～9 日萘升华实测数据为支撑，探索了建筑外表面对流换热系数与风速的关系。需要指出，实际测量过程在不同朝向同时进行，但为方便工程设计，将 4 个垂直朝向测试时间段内的对流换热系数平均值与风速建立联系，如图 5-19 所示。可知，

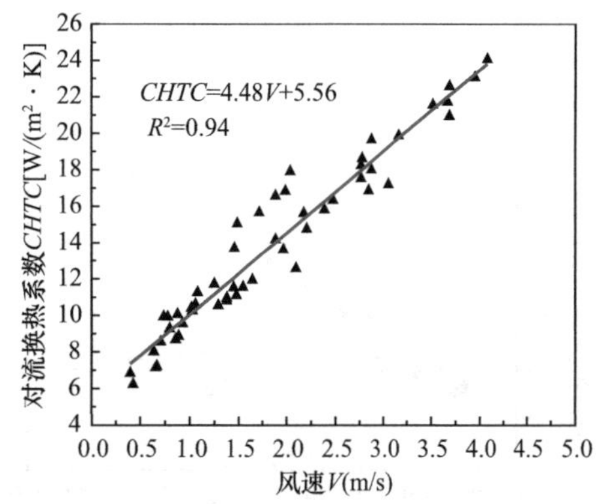

图 5-19　建筑垂直面对流换热系数与风速关系

垂直外表面对流换热系数与风速呈线性关系，拟合关系式为 $CHTC=4.48V+5.56$，拟合优度为 0.94，且对流换热系数与风速变化范围分别为 6.84～24.07W/(m² · K) 与 0.4～4.08m/s。需要说明，对流换热系数计算式中风速指的是离地 1.2m 位置风速，且它是一个测量周期内的时均风速。

在建立了海岛建筑垂直外表面对流换热系数模型后，需要对该模型可靠性进行验证。现以 2016 年 8 月 19 日实测风速下对流换热系数的模型预测值与对流换热系数的实测值进行比较来判定该预测模型的可靠性。引入相对偏差的概念来衡量对流换热系数模型预测值与实测值之间的偏差程度，其定义式如式（5-11）所示。图 5-20 为建筑垂直面对流换热系数预测模型验证结果。由此可知，对流换热系数的模型预测值与实测值两者相对偏差均小于 5%，且相对偏差平均值仅为 2.5%，认为上述建立的海岛建筑垂直外表面对流换热系数预测模型可靠。

$$PE=(|C_i-Q_i|/Q_i)\times 100\% \tag{5-11}$$

式中 C_i——对流换热系数的模型预测值，W/(m² · K)；

Q_i——对流换热系数实测值，W/(m² · K)。

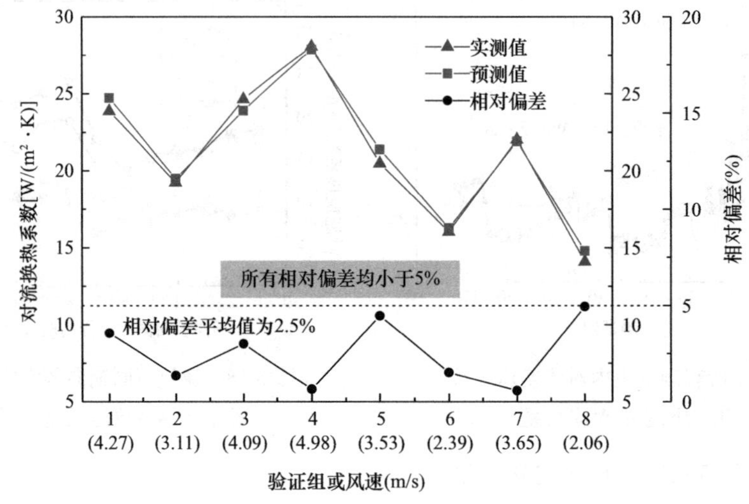

图 5-20 建筑垂直面对流换热系数预测模型验证结果

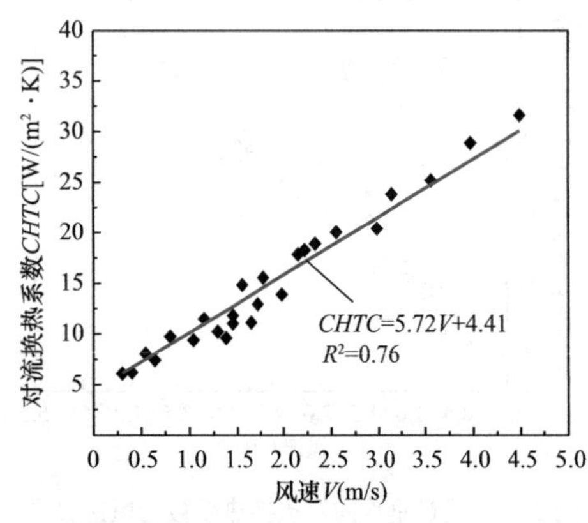

图 5-21 建筑水平面对流换热系数与风速关系

同理，热带海岛建筑水平面对流换热系数预测模型为 $CHTC=5.72V+4.41$，拟合优度为 0.76，见图 5-21。

需要说明，表面对流换热系数事实上受多因素影响，如风速、表面粗糙度、流体性质及流动状态等，考虑建筑外表面对流换热系数的主要影响因素为风速，所以本书所建立的对流换热系数计算式仅为风速的函数关系，但是该对流换热系数计算式已考虑了除风速外的其他影响因素，因为本研究中的对流换热系数是基

于萘升华热质比拟实验中的实测参数（空气温度、萘表面温度及萘表面升华速率）计算得到的，而实测参数已包含了表面粗糙度、流体性质及太阳辐射等其他因素对表面对流换热系数的影响。

（4）现场测试参数对表面对流换热系数的影响分析

由于室外气象环境的差异性，萘升华实验过程中的测试参数会呈现出不同的变化特征，对实验结果的影响程度也会不同。测试参数主要包括：萘表面与空气温差、萘表面温度波动、空气温度波动及萘表面升华速率。本书将各采样时间间隔内的测试参数以某一指标划分为了不同情况，进而来探究热带海岛气候环境下测试参数对实验结果的影响。图 5-22 给出了各测试参数在不同划分情况下对流换热系数与风速的关系。以图 5-22(a) 空气温度波动为例，以各采样时间间隔内空气温度方差大小将空气温度波动划分为 3 种情况，可发现不同空气温度波动情况下对流换热系数的实测值与同风速下的模型预测值最大偏差及平均绝对偏差相差不大，说明空气温度波动不会对实验结果造成影响，本次测试在空气温度波动较大或较小情况下，对流换热系数均能得到较好的估计。类似地，表 5-5 给出了各测试参数对建筑外表面对流换热系数的影响分析结果，可知其他测试参数也不会对建筑外表面换热系数测试结果准确性造成影响。

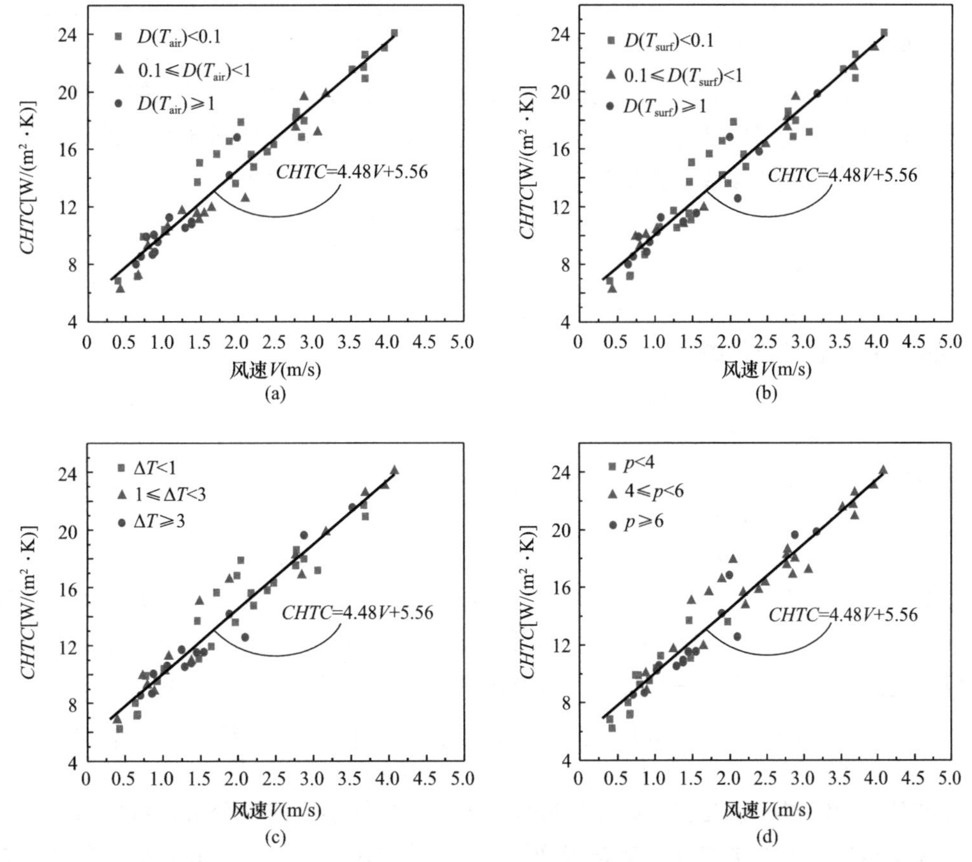

图 5-22　各测试参数下对流换热系数与风速的关系

（a）空气温度波动；（b）萘表面温度波动；（c）萘表面与空气温差；（d）萘表面升华速率

各测试参数对建筑外表面对流换热系数的影响分析结果　　表 5-5

测试参数	不同情况	最大偏差 [W/(m² · K)]	平均绝对偏差 [W/(m² · K)]
空气温度方差 $D(T_{air})$ (℃²)	$D(T_{air})<0.1$	3.20	0.99
	$0.1\leqslant D(T_{air})<1$	2.30	0.90
	$D(T_{air})\geqslant 1$	2.35	0.73
萘表面温度方差 $D(T_{surf})$ (℃²)	$D(T_{surf})<0.1$	3.20	1.07
	$0.1\leqslant D(T_{surf})<1$	1.17	0.61
	$D(T_{surf})\geqslant 1$	2.39	0.82
萘表面与空气温差 ΔT(℃)	$\Delta T<1$	3.20	1.04
	$1\leqslant \Delta T<3$	2.81	0.81
	$\Delta T\geqslant 3$	2.40	0.73
萘表面升华速率 p(mg/min)	$p<4$	1.59	0.84
	$4\leqslant p<6$	3.20	0.98
	$p\geqslant 6$	2.40	0.82

(5) 萘升华实验误差分析

误差传递理论是误差分析中常用的一种方法。若某实验结果需要通过一系列测量操作步骤并按照一定函数关系分析运算后获得，且其中每个测量值可能产生的误差都会对实验分析结果产生不同程度影响，该理论称为误差传递。在确定了直接测量量的误差后，结合误差传递理论及间接测量量与直接测量量之间的函数关系，即可得到计算量或间接测量量的误差。现假设待求解参数与直接测量参数之间存在如下函数关系：

$$y=f(x_1,x_2,\cdots,x_n) \tag{5-12}$$

式中　y——间接测量值；

x_i——直接测量值，$i=1$，2，…，n。

将函数两端取对数再微分，可得到：

$$\frac{\mathrm{d}y}{y}=\frac{\partial \ln f}{\partial x_1}\mathrm{d}x_1+\frac{\partial \ln f}{\partial x_2}\mathrm{d}x_2+\cdots+\frac{\partial \ln f}{\partial x_n}\mathrm{d}x_n \tag{5-13}$$

误差传递公式为：

$$\frac{\Delta y}{y}=\left[\left(\frac{\partial \ln f}{\partial x_1}\right)^2\Delta x_1^2+\left(\frac{\partial \ln f}{\partial x_2}\right)^2\Delta x_2^2+\cdots+\left(\frac{\partial \ln f}{\partial x_n}\right)^2\Delta x_n^2\right]^{1/2} \tag{5-14}$$

在本研究中，基于上述误差传递理论，结合对流换热系数与其测量参数之间的函数关系式（5-8）可知，萘升华实验的误差主要包括天平质量测量误差、温度测量误差及经验公式所引起的误差，且萘升华实验中对流换热系数的相对不确定度可由下式计算：

$$\frac{\Delta \alpha_c}{\alpha_c}=\left[\left(\left|\frac{\Delta m}{m}\right|\right)^2+\left(\left|\frac{\Delta T_{surf}}{T_{surf}}\right|\right)^2+\left(1.158\left|\frac{\Delta T_{air}}{T_{air}}\right|\right)^2+\left(\left|\frac{\Delta P_{v-Sat-surf}}{P_{v-Sat-surf}}\right|\right)^2\right]^{1/2} \tag{5-15}$$

通过对实验仪器的精度和现场测量过程中被测参数最小值进行分析，可以得到天平质量测量误差和温度测量误差（包括萘表面温度及空气温度）。此外，由文献可知计算萘试件表面饱和蒸气压的经验公式存在 3.77%的不确定度。因此，萘升华实验的误差约为 5.4%，认为萘升华实验的精度可以保证实验结果的准确性。

5.2.4 西沙建筑外表面对流换热系数全年逐日统计结果

基于上述研究中海岛建筑垂直及水平外表面对流换热系数预测模型，结合西沙风场特征，可得到西沙全年逐日建筑外表面对流换热系数的统计结果。现将西沙 2014 年风速值代入海岛建筑垂直及水平外表面对流换热系数预测模型，得到其全年逐日建筑垂直及水平外表面对流换热系数，如图 5-23 所示。由图 5-23 可发现，由于对流换热系数与风速呈线性关系，所以无论垂直还是水平方向的表面对流换热系数与风速的变化趋势均一致。西沙全年逐日建筑垂直与水平面对流换热系数最大差值为 12.62W/(m^2 · K)，平均差值为 3.26W/(m^2 · K)。另外，西沙年平均风速为 3.56m/s，建筑垂直及水平面对流换热系数年均值分别为 21.51W/(m^2 · K) 与 24.77W/(m^2 · K)。

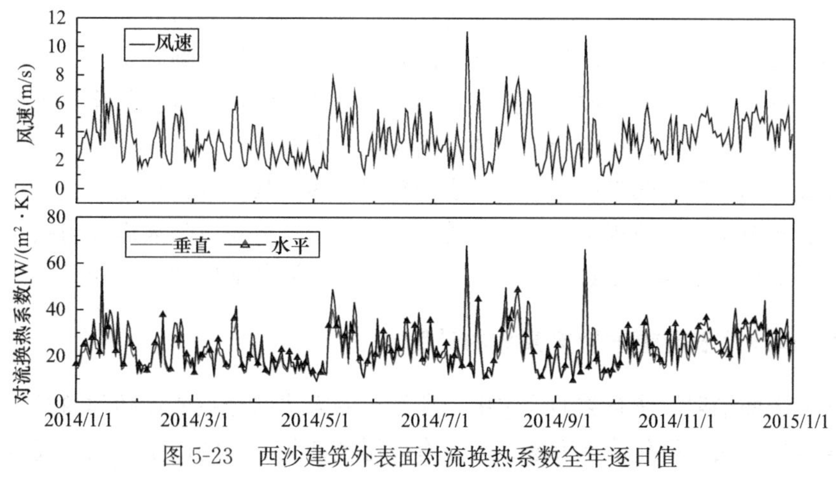

图 5-23 西沙建筑外表面对流换热系数全年逐日值

考虑我国现行规范中将建筑外表面换热系数分为冬季和夏季进行规定，为便于与现行规范进行对比分析，选取西沙 6～8 月份为夏季，12～2 月份为冬季，可通过数据统计得到西沙夏季及冬季室外平均风速，进而计算得到夏季及冬季垂直及水平方向建筑外表面对流换热系数，表 5-6 列出了源于本研究与我国现行规范的西沙地区建筑外表面对流换热系数对比。由表 5-6 可知，基于本研究得到的建筑垂直（或水平）外表面夏季及冬季对流换热系数分别为 22.27W/(m^2 · K) 与 24.11W/(m^2 · K) [25.75W/(m^2 · K) 与 28.09W/(m^2 · K)]，且在夏季及冬季建筑外表面水平与垂直方向对流换热系数差值分别为 3.48W/(m^2 · K) 与 3.98W/(m^2 · K)，即不同季节海岛建筑水平与垂直方向对流换热系数差值均大于 3W/(m^2 · K)。另外，基于本研究得到的西沙建筑垂直（或水平）外表面夏季及冬季对流换热系数与规范中相应季节的规定值分别差 8.32W/(m^2 · K) 与 6.44W/(m^2 · K) [11.80W/(m^2 · K) 与 10.42W/(m^2 · K)]。

本研究与我国现行规范的西沙地区建筑外表面对流换热系数对比　　表 5-6

来源	时段	风速(m/s)	垂直对流换热系数[W/(m^2 · K)]	水平对流换热系数[W/(m^2 · K)]
本研究	夏	3.73	22.27	25.75
	冬	4.14	24.11	28.09
	全年	3.56	21.51	24.77

续表

来源	时段	风速(m/s)	垂直对流换热系数[W/(m² · K)]	水平对流换热系数[W/(m² · K)]
规范	夏	2	13.95	13.95
	冬	3	17.67	17.67

5.3 建筑外表面辐射换热系数的模型计算

围护结构外表面与外界环境之间的实际长波辐射换热量包括：围护结构外表面与天空之间的长波辐射换热量及围护结构外表面与其周围表面（主要指下垫面）之间的长波辐射换热量。然而，由于天空的辐射条件难以确定，在热工领域，通常以建筑围护结构周围的空气温度来代替外界环境的表面温度，即直接以围护结构外表面对周围空气之间的辐射换热量来近似代替围护结构外表面与外界环境之间的实际长波辐射换热量。因此，由于围护结构外表面与外界环境之间长波辐射换热量的处理方式不同，长波辐射换热系数的确定也会相应存在两种不同方法：理论确定方法及简化确定方法。

本节主要目的是对比热带海岛建筑外表面辐射换热系数在理论确定方法、简化确定方法及我国现行规范中该参数规定值的差异性，明确热带海岛建筑外表面辐射换热系数合理取值及建筑外表面辐射换热系数简化确定方法对于热带海岛地区的适用情况。

5.3.1 建筑外表面辐射换热系数的计算方法

在建筑外表面辐射换热系数的确定中，所涉及的方法部分主要包括建筑外表面辐射换热系数理论确定方法及简化确定方法、天空有效温度预测模型的确定方法及建筑外表面温度的模拟确定方法。

1. 长波辐射换热系数的确定方法

(1) 长波辐射换热系数的理论确定方法

围护结构外表面与天空及与地面之间的长波辐射换热量（实际长波辐射换热量）计算式为：

$$q_r = C_b \varepsilon_{os} X_{os}\left[\left(\frac{T_{surf}}{100}\right)^4 - \left(\frac{T_{sky}}{100}\right)^4\right] + C_b \varepsilon_{og} X_{og}\left[\left(\frac{T_{surf}}{100}\right)^4 - \left(\frac{T_{gro}}{100}\right)^4\right] \tag{5-16}$$

将围护结构外表面与外界环境之间的实际长波辐射换热量改写为牛顿冷却公式的形式：

$$q_r = \alpha_r (T_{surf} - T_{air}) \tag{5-17}$$

式中，α_r 为围护结构外表面长波辐射换热系数，有：

$$\alpha_r = \frac{C_b \varepsilon_{os} X_{os}\left[\left(\frac{T_{surf}}{100}\right)^4 - \left(\frac{T_{sky}}{100}\right)^4\right] + C_b \varepsilon_{og} X_{og}\left[\left(\frac{T_{surf}}{100}\right)^4 - \left(\frac{T_{gro}}{100}\right)^4\right]}{T_{surf} - T_{air}} \tag{5-18}$$

式中 q_r——围护结构外表面与天空及与地面之间的长波辐射换热量（实际长波辐射换热量），W/m²；

α_r——实际的围护结构外表面辐射换热系数，W/(m² · K)；

C_b——黑体辐射系数，5.67W/(m^2·K^4)；

T_{surf}——围护结构外表面温度，K；

T_{sky}——天空有效温度，K；

T_{gro}——下垫面温度，K；

T_{air}——围护结构周围空气温度，K；

ε_{os}——围护结构外表面与天空辐射面间辐射系统黑度，由于天空辐射面的面积远大于围护结构外表面积，可取$\varepsilon_{os}=\varepsilon_o$；

ε_{og}——围护结构外表面与地面辐射面间辐射系统黑度，近似认为$\varepsilon_{og}=\varepsilon_o \cdot \varepsilon_g$；

X_{os}——围护结构外表面对天空的辐射角系数，水平$X_{os}=1$，垂直$X_{os}=0.5$；

X_{og}——围护结构外表面对地面的辐射角系数，水平$X_{og}=0$，垂直$X_{og}=0.5$。

大部分非金属材料的发射率一般在0.85～0.95之间，且与表面状况（包括颜色在内）的关系不大，在缺乏资料时，可近似取作0.90，因此，本研究中围护结构外表面发射率ε_o取0.90，即ε_{os}取值为0.90。另外，厚度大于0.1mm的水面在0～100℃范围内的发射率为0.96，结合围护结构外表面发射率ε_o，故ε_{og}取值为0.86。

综合以上各参数之间的关系可知，若要获得建筑外表面的长波辐射换热系数，其重点在于建筑围护结构外表面温度T_{surf}，天空有效温度T_{sky}，地面温度T_{gro}以及空气温度T_{air}的确定，且地面温度T_{gro}与空气温度T_{air}通过气象观测资料可较易获得。

（2）长波辐射换热系数的简化确定方法

采用简化处理方式，以建筑围护结构周围的空气温度来代替外界环境的表面温度，故围护结构外表面与外界环境之间的长波辐射换热量（实际长波辐射换热量）可以下式近似代替：

$$q'_r = C_b\varepsilon_{oa}\left[\left(\frac{T_{surf}}{100}\right)^4 - \left(\frac{T_{air}}{100}\right)^4\right] \tag{5-19}$$

将围护结构外表面对周围空气之间的辐射换热量（简化计算方法中所认为的实际长波辐射换热量）改写为牛顿冷却公式的形式：

$$q'_r = \alpha'_r(T_{surf} - T_{air}) \tag{5-20}$$

经过一系列化简整理得到表面辐射换热系数α'_r表达式：

$$\alpha'_r = \frac{C_b\varepsilon_{oa}\left[\left(\frac{T_{surf}}{100}\right)^4 - \left(\frac{T_{air}}{100}\right)^4\right]}{T_{surf} - T_{air}} \approx C_b\varepsilon_{oa} \times 4 \times 10^{-8}\left(\frac{T_{surf} + T_{air}}{2}\right)^3 \tag{5-21}$$

式中 q'_r——围护结构外表面对周围空气之间的辐射换热量（简化计算方法中所认为的实际长波辐射换热量），W/m^2；

α'_r——基于简化处理方法得到的围护结构外表面长波辐射换热系数，W/(m^2·K)；

ε_{oa}——围护结构外表面与外界环境之间的系统黑度，可认为壁面是被周围大气包围的一个封闭系统，故$\varepsilon_{oa}=\varepsilon_o$，取0.90。

通过上述简化处理方式可获得围护结构外表面长波辐射换热系数计算式，发现该简化计算理论下的长波辐射换热系数大小取决于围护结构外表面发射率及围护结构外表面与周围空气之间的平均温度，这与我国《民用建筑热工设计规范》GB 50176—2016 中给出的围护结构外表面长波辐射换热系数计算式一致。

2. 天空有效温度预测模型的确定

(1) 天空有效温度模型确定理论

天空有效温度计算模型可借助天空当量辐射率或地面有效辐射来获得。

对于第一种天空有效温度计算模型的确定-借助天空当量辐射率，天空当量辐射率的定义式及天空有效温度计算式如下：

$$\varepsilon_s = \left(\frac{T_{sky}}{T_{air}}\right)^4 \tag{5-22}$$

$$T_{sky} = T_{air}\sqrt[4]{\varepsilon_s} \tag{5-23}$$

式中 ε_s——天空当量辐射率。

对于第二类天空有效温度计算模型的确定-借助地面有效辐射 F，地面有效辐射及天空有效温度计算式如下：

$$F = F_L\uparrow - F_L\downarrow = \sigma\varepsilon_g T_{gro}^4 - \sigma T_{sky}^4 \tag{5-24}$$

$$T_{sky} = \sqrt[4]{\varepsilon_g T_{gro}^4 - \frac{F}{\sigma}} \tag{5-25}$$

式中 F——地面有效（长波）辐射，W/m^2；

$F_L\uparrow$——地面长波辐射，W/m^2；

$F_L\downarrow$——大气长波辐射，W/m^2；

σ——斯蒂芬-玻尔兹曼常数，$5.67\times10^{-8}W/(m^2\cdot K^4)$；

ε_g——下垫面（地面）的长波发射率。

目前我国常用的以日照百分率反映云层作用的天空有效温度计算模型则属于第二类，且地面有效辐射计算模型如下：

$$F = \sigma T_{air}^4(0.32 - 0.026\sqrt{P_{v-air}})(0.30 + 0.7S) \tag{5-26}$$

式中 P_{v-air}——空气中的水蒸气分压力，hPa；

S——日照百分率，它是实际日照时数与可能日照时数之比。

空气中的水蒸气分压力 P_{v-air} 计算式如下：

$$P_{v-air} = P_{v-Sat-air}RH \tag{5-27}$$

式中 $P_{v-Sat-air}$——同温度下的饱和空气中的水蒸气分压力，hPa，可根据文献中干球温度与饱和水蒸气分压力的关系式计算获得；

RH——空气相对湿度，%。

实际日照时数定义为太阳直接辐照度达到或超过 $120W/m^2$ 时间段的总和，可照时数指在无任何遮蔽条件下，太阳中心从某地东方地平线到进入西方地平线，其光线照射到地面所经历的时间。可照时数可由下面的公式计算：

$$\sin\frac{\tau_B}{2} = \sqrt{\frac{\sin\left(45^\circ + \frac{\phi-\delta+\gamma}{2}\right)\cdot\sin\left(45^\circ - \frac{\phi-\delta-\gamma}{2}\right)}{\cos\phi\cdot\cos\delta}} \tag{5-28}$$

$$\tau_A = 2\times\tau_B/15 \tag{5-29}$$

式中 τ_A——日可照时数，h；

τ_B——半日可照时数，h；

γ——蒙气差，取值 34′；

ϕ——纬度，°；

δ——太阳赤纬，°。

因此，通过式（5-26）～式（5-29）可知，某地区地面有效辐射可与该地区空气温度、相对湿度及日照时数建立联系，然后根据式（5-25）可得到其天空有效温度。

某一地区的空气温度、相对湿度及日照时数实测值可通过该地区的地面气象观测资料获得，地面有效辐射实测值可通过太阳总辐射、地面反射辐射及净全辐射之间的相互关系得到，其关系式如下：

$$F = F_L \uparrow - F_L \downarrow = F_g \downarrow - F_r \uparrow - F^* \tag{5-30}$$

式中　$F_g \downarrow$——太阳总辐射，W/m^2；

$F_r \uparrow$——地面反射辐射，W/m^2；

F^*——净全辐射，W/m^2。

综上，基于某一地区的空气温度、相对湿度、日照时数、太阳总辐射、地面反射辐射及净全辐射，仿照式（5-26）形式进行函数拟合即可得到该地区的地面有效辐射模型，进而根据式（5-25）可得到该地区的天空有效温度模型。地面有效辐射的拟合形式如下，其中 a，b，c，d 均为待定参数：

$$F = \sigma T_{air}^4 (a - b\sqrt{P_{v-air}})(c + dS) \tag{5-31}$$

（2）模型优劣评估方法

通过上述分析可知，地面有效辐射一方面可通过太阳总辐射、地面反射辐射及净全辐射实测值之间的相互关系获得，另一方面可通过地面有效辐射模型由空气温度、相对湿度及日照时数预测得到。本研究采用以下几个指标评估地面有效辐射或天空有效温度计算模型优劣。平均偏差 MBE、均方根误差 $RMSE$ 及平均绝对误差 MAE 越小，说明模型越精确。平均绝对百分比误差 $MAPE$ 在±10%以内，认为可接受。

$$MBE = \frac{1}{n}\sum_{i=1}^{n}(C_i - Q_i) \tag{5-32}$$

$$RMSE = \sqrt{\frac{1}{n}\sum_{i=1}^{n}(C_i - Q_i)^2} \tag{5-33}$$

$$MAPE = \left[\frac{1}{n}\sum_{i=1}^{n}(|C_i - Q_i|/Q_i)\right] \times 100\% \tag{5-34}$$

$$MAE = \frac{1}{n}\sum_{i=1}^{n}|C_i - Q_i| \tag{5-35}$$

式中　MBE——平均偏差，W/m^2 或℃；

$RMSE$——均方根误差，W/m^2 或℃；

$MAPE$——平均绝对百分比误差；

MAE——平均绝对误差，W/m^2 或℃；

C_i——基于预测模型得到的地面有效辐射或天空有效温度值（以下简称：预测值），W/m^2 或℃；

Q_i——基于实测辐射数据得到的地面有效辐射或天空有效温度值（以下简称：实测值），W/m² 或℃。

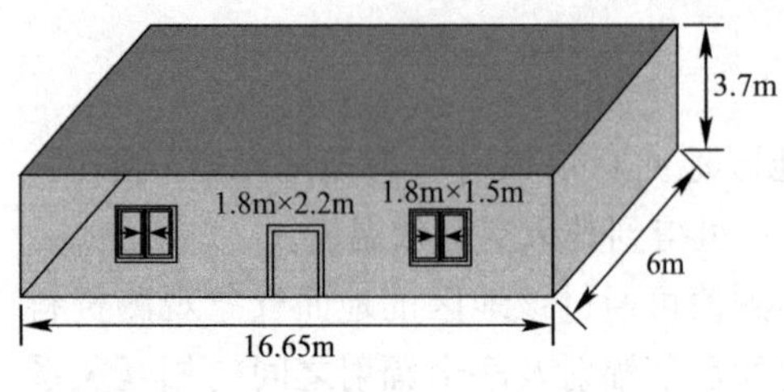

图 5-24　传热模拟过程中的建筑模型

3. 建筑外表面温度的模拟确定

建筑外壁面温度的影响因素众多，包括室外温度、相对湿度、太阳辐射、风速、建筑围护结构构造及材料表面性能等。为获得海岛建筑外壁面温度长期逐时化数值，笔者首先依据西沙某拟建建筑围护结构热工设计方案确定建筑模型（图 5-24）、围护结构构造及材料热物性参数（表 5-7），进而结合西沙室外气象条件基于有限差分法进行建筑围护结构传热模拟以获得建筑长期外壁面逐时温度。

传热模拟过程中围护结构构造及材料热物性参数　　表 5-7

围护结构	构造（按序号由外向内）	材料热物性			
		厚度（mm）	密度（kg/m³）	比热［kJ/(kg·K)］	导热系数［W/(m·K)］
屋面（吸收率 0.74）	1 预制细石混凝土板	40	2100	0.92	1.28
	2 防水层	3	—	—	—
	3 水泥砂浆找平层	20	1800	1.05	0.93
	4 挤塑聚苯乙烯泡沫塑料板	30	30	1.38	0.03
	5 隔汽层	1.5	—	—	—
	6 水泥砂浆找平层	20	1800	1.05	0.93
	7 现浇钢筋混凝土板	100	2500	0.92	1.74
外墙（吸收率 0.56）	1 水泥砂浆	10	1800	1.05	0.93
	2 蒸压灰砂砖	115	1500	1.07	0.79
	3 聚苯乙烯泡沫塑料	40	30	1.38	0.04
	4 蒸发灰砂砖	115	1500	1.07	0.79
	5 水泥砂浆	10	1800	1.05	0.93
窗（内遮阳）	铝合金双层玻璃窗　6+16A+6				

在有限差分法求解壁体不稳定传热过程中，围护结构外表面的热量平衡关系如下：

$$q_{cond}=q_{sol}+q_{ref}-q_{conv}-q_{sky}-q_{gro}-q_{lat} \tag{5-36}$$

式中　q_{cond}——围护结构外表面向壁体内侧的导热量，W/m²；

q_{sol}——围护结构外表面吸收的太阳辐射热量，W/m²；

q_{ref}——围护结构外表面吸收的地面反射辐射热量，W/m²；

q_{conv}——围护结构外表面向周围空气进行的对流换热量，W/m²；

q_{sky}——围护结构外表面与天空之间的长波辐射换热量，W/m²；

q_{gro}——围护结构外表面与地面之间的长波辐射换热量，W/m²；

q_{lat}——围护结构外表面潜热换热量，W/m²。

另外，围护结构内表面的热量平衡关系如下：

$$q_{cond}=q_{ci}+q_{ri} \tag{5-37}$$

式中　q_{ci}——围护结构内表面向室内空气进行的对流换热量，W/m²；

q_{ri}——围护结构内表面与其他表面间的辐射换热量，W/m²。

模拟计算中室内设定为26℃空调工况，所需西沙室外气象参数包括：空气温度、相对湿度、风速、日照时数、地面温度及各朝向太阳辐射强度，其中空气温度、相对湿度、日照时数及地面温度用于确定天空有效温度，而风速主要用于确定建筑外表面对流换热系数，且西沙建筑外表面对流换热系数与风速的关系式参照本书研究结果。

5.3.2　我国不同城市天空有效温度预测模型

1. 我国辐射观测一级站城市天空有效温度预测模型

(1) 辐射观测一级站城市地面有效辐射模型建立及验证

承担气象辐射观测任务的台站，按照观测项目的多少可以分为一级站、二级站及三级站，其中，气象辐射一级站观测要素为总辐射、净全辐射、散射辐射、直射辐射、反射辐射，气象辐射二级站观测要素为总辐射及净全辐射，气象辐射三级站观测要素仅为总辐射。鉴于辐射观测台站中只有一级台站的观测参数中同时含有太阳总辐射、地面反射辐射及净全辐射，因此对于设有辐射观测一级台站的城市可依据文章中上述方法基于太阳总辐射、地面反射辐射及净全辐射实测值之间的关系获得地面反射辐射，然后结合地面气象观测要素中的空气温度、相对湿度及日照时数，通过多参数非线性回归分析可得到地面有效辐射模型中的待定参数，进而得到该地区的天空有效温度预测模型。目前我国辐射观测一级台站共有17个。

考虑建模的数据量对模型精度具有影响，根据已有研究选用2005—2014年10年我国辐射观测一级台站中的辐射资料及同期地面气象观测资料进行多参数非线性回归分析，并以2015年数据进行验证。由于原始气象数据不可避免地会存在缺测、漏测、记录错误等现象，所以在建模前需对书中所采用的地面气象及太阳辐射资料进行质量控制。具体如下：由于气象资料中的基础气象参数均具备与其相对应的数据质量控制码（0-数据正确；1-数据可疑；2-数据错误；8-数据缺测或无观测任务；9-数据未进行质量控制），因此以数据质量控制码为依据，删除质量控制码为1、2、8及9的原始气象数据，且需注意，由于模型回归分析中各原始气象参数需要一一对应，于是当某个参数被剔除后还需删除模型中其他参数的当日数据。另外，由于甘肃榆中站的辐射观测资料始于2005年，且目前仅掌握其2005—2014年辐射观测数据，故甘肃榆中站以2005—2013年气象数据进行回归分析，2014年数据进行模型验证。不同城市地面有效辐射预测模型中待定参数的拟合结果列于表5-8。由表5-8可知，通过多参数非线性回归得到的不同城市地面有效辐射预测模型的拟合优度均大于0.5，其中广州地面有效辐射预测模型的拟合优度最高，值为0.88，而三亚地面有效辐射预测模型的拟合优度最低，值为0.55。

不同城市地面有效辐射预测模型中待定参数的拟合结果　　表5-8

城市	台站号	纬度	经度	a	b	c	d	R^2	统计时段（年）
漠河（黑龙江）	50136	52°58′	122°22′	0.27	0.034	0.54	1.21	0.71	2005—2014
哈尔滨（黑龙江）	50953	45°45′	126°46′	0.21	0.018	0.67	1.15	0.69	2005—2014

续表

城市	台站号	纬度	经度	a	b	c	d	R^2	统计时段（年）
沈阳（辽宁）	54342	41°44′	123°27′	0.29	0.035	0.48	1.00	0.64	2005—2014
乌鲁木齐（新疆）	51463	43°47′	87°37′	0.29	0.030	0.24	1.17	0.79	2005—2014
额济纳旗（内蒙古）	52267	41°57′	101°04′	0.24	0.026	0.82	1.22	0.66	2005—2014
格尔木（青海）	52818	36°25′	94°54′	0.20	0.022	0.86	1.41	0.73	2005—2014
榆中（甘肃）	52983	35°52′	104°00′	0.26	0.028	0.63	1.26	0.69	2005—2013
北京	54511	39°48′	116°17′	0.33	0.041	0.44	0.78	0.87	2005—2014
郑州（河南）	57083	34°43′	113°39′	0.32	0.032	0.42	0.84	0.81	2005—2014
喀什（新疆）	51709	39°28′	75°59′	0.30	0.030	0.32	1.12	0.75	2005—2014
拉萨（西藏）	55591	29°40′	91°08′	0.22	0.029	0.82	1.66	0.61	2005—2014
昆明（云南）	56778	25°01′	102°41′	0.33	0.042	0.44	1.06	0.86	2005—2014
宝山（上海）	58362	31°24′	121°29′	0.39	0.044	0.30	0.86	0.81	2005—2014
武汉（湖北）	57494	30°37′	114°08′	0.34	0.036	0.36	0.72	0.64	2005—2014
温江（四川）	56187	30°42′	103°50′	0.35	0.034	0.30	0.74	0.71	2005—2014
广州（广东）	59287	23°13′	113°19′	0.42	0.041	0.24	0.66	0.88	2005—2014
三亚（海南）	59948	18°14′	109°31′	0.46	0.045	0.30	0.64	0.55	2005—2014

采用2015年上述不同城市的空气温度、相对湿度及日照时数（甘肃榆中2014年数据），基于上述所建立的不同城市地面有效辐射计算模型可得到其地面有效辐射预测值。另外，采用2015年不同城市太阳总辐射、地面反射辐射及净全辐射的实测辐射数据（甘肃榆中2014年数据），基于式（5-30）可得到不同城市地面有效辐射实测值。现以平均偏差 *MBE*、均方根误差 *RMSE* 及平均绝对百分比误差 *MAPE* 三个指标对不同城市地面有效辐射模型的可靠性进行验证，其验证结果见表5-9。由表5-9可知，漠河及乌鲁木齐地面有效辐射计算模型预测值与实测值之间的平均绝对百分比误差分别为15.38%及18.84%，均大于10%，模型的误差程度过大，不可接受。而除漠河、乌鲁木齐之外的其他城市地面有效辐射计算模型预测值与实测值之间的平均绝对百分比误差均小于10%，处于可接受范围内，因此，下文仅对除漠河及乌鲁木齐外的其他城市地面有效辐射模型进行讨论。

不同城市地面有效辐射模型验证结果　　表5-9

城市	*MBE*(W/m^2)	*RMSE*(W/m^2)	*MAPE*(%)	验证时段(年)
漠河（黑龙江）	3.03	9.45	15.38	2015
哈尔滨（黑龙江）	0.45	6.86	8.06	2015
沈阳（辽宁）	−0.84	6.29	7.39	2015
乌鲁木齐（新疆）	−4.16	10.76	18.84	2015
额济纳旗（内蒙古）	−0.48	6.34	3.53	2015
格尔木（青海）	−0.21	3.88	2.58	2015
榆中（甘肃）	1.08	4.75	4.11	2014
北京	−0.59	6.63	8.85	2015
郑州（河南）	0.86	6.04	8.39	2015
喀什（新疆）	0.34	5.19	4.38	2015

续表

城市	*MBE*(W/m²)	*RMSE*(W/m²)	*MAPE*(%)	验证时段(年)
拉萨（西藏）	1.49	7.12	4.15	2015
昆明（云南）	0.42	4.38	4.72	2015
宝山（上海）	1.36	4.48	8.47	2015
武汉（湖北）	2.18	4.69	8.15	2015
温江（四川）	−0.22	3.11	5.80	2004
广州（广东）	−0.39	4.68	9.16	2015
三亚（海南）	0.22	5.87	6.84	2015

（2）北京天空有效温度新旧模型预测效果

如前所述，我国常用天空有效温度预测模型基于北京日射站1964—1965年的辐射平衡观测资料得到（称为旧模型），且由于当时观测资料缺测较多，采用已累计10天的资料作为一个样本点的粗糙方式进行模型建立，故该模型存在原始数据陈旧、数据量少的明显缺陷。而通过本研究得到的北京天空有效温度模型基于2005—2014年10年辐射观测资料获得（称为新模型）。欲比较北京天空有效温度新旧计算模型的预测效果，一方面，采用2015年北京空气温度、相对湿度、日照时数及地面温度分别得到新旧不同模型下天空有效温度预测值。另一方面，根据北京2015年太阳总辐射、地面反射辐射及净全辐射之间的关系得到地面有效辐射实测值，进而结合地面温度得到天空有效温度实测值。图5-25给出了北京天空有效温度新旧模型下预测值与实测值绝对偏差的累积频率。由图5-25可知，基于本研究得到的北京天空有效温度模型预测值与实测值的绝对偏差最大值为5.36℃，平均值为1.11℃，且绝对偏差在1℃以内的天数在全年占比为56.2%（199天），而我国常用天空有效温度模型预测值与实测值的绝对偏差最大为11.09℃，平均为2.22℃，且绝对偏差在1℃以内的天数在全年占比为32.2%（114天）。因此，基于本研究得到的北京天空有效温度模型预测效果明显优于我国现行常用模型。

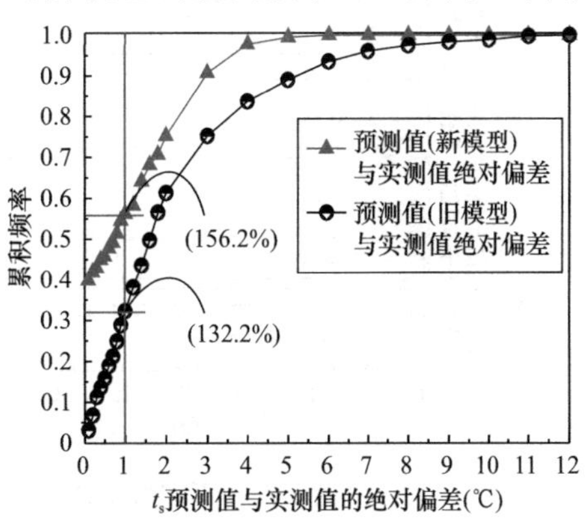

图5-25 北京天空有效温度新旧模型下预测值与实测值绝对偏差的累积频率

（3）不同城市天空有效温度新旧模型预测效果

我国常用天空有效温度模型（或地面有效辐射模型）基于北京辐射平衡观测资料获得，但却被广泛应用于全国不同城市天空有效温度（或地面有效辐射）的预测。现将本研究建立的辐射观测一级站城市模型均称为新模型，而将我国常用模型称为旧模型。为评估不同城市地面有效辐射新旧模型优劣，以不同城市新旧模型下预测值与实测值的平均绝对百分比误差作为考察指标（2015年数据），预测效果见图5-26(a)。可知，采用我国常用地面有效辐射模型对不同城市进行预测，预测值与实测值平均绝对百分比误差均大于10%，其中拉萨、额济纳旗误差高达30%以上，即采用我国常用地面有效辐射模型对这两个城市进行预测的误差最大，原因很可能与这两个城市太阳辐射强度大、日照时数长及降水少的气候特征有关，太阳辐射强度会影响地面有效辐射，日照时数及降水则会影响日照百分率及相对湿度，而地面有效辐射、日照百分率及相对湿度均是地面有效辐射模型确定中的关键参数，且这三个要素在拉萨、额济纳旗与北京之间存在明显差异。当采用本研究建立的不同城市地面有效辐射模型对相应城市进行预测时，预测值与实测值的平均绝对百分比误差均会明显降低，且均处于10%以内。另外，图5-26(b)为不同城市新旧模型下天空有效温度预测值与实测值平均绝对误差情况（2015年数据）。可知，当采用旧模型对不同城市进行预测时，拉萨、额济纳旗天空有效温度预测值与实测值的平均绝对误差可达10℃，且有12个城市预测值与实测值平均绝对误差在2℃，而采用新模型对不同城市进行预测时，所有城市天空有效温度模型预测值与实测值平均绝对误差均小于1.5℃，且有10个城市预测值与实测值的平均绝对误差在1℃以内。综上，不可笼统地将基于北京数据参数得到的我国常用模型直接应用于全国不同地区，且基于本研究得到的地面有效辐射或天空有效温度模型预测效果明显优于我国常用模型。

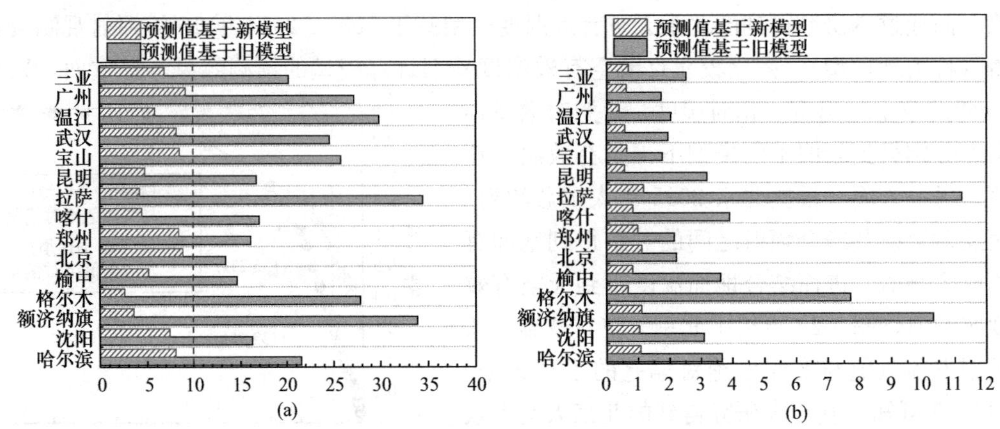

图5-26　不同城市地面有效辐射及天空有效温度新旧模型预测结果

(a) 地面有效辐射预测值与实测值百分比误差（%）；(b) 天空有效温度预测值与实测的平均绝对误差（℃）

2. 辐射数据缺失城市天空有效温度模型的确定

(1) 已建立地面有效辐射模型的决定性参数统计

鉴于地面有效辐射模型的建立涉及参数为空气温度、相对湿度、日照时数及地面有效辐射，整理辐射观测一级站城市地面有效辐射模型回归分析统计时段内空气温度、相对湿度、日照时数及地面有效辐射的平均值，结果见表5-10。由于地面有效辐射模型受上述4要素共同影响，当不同地区上述4要素同时分别接近时，其地面有效辐射预测模型很可能相似。然而，我国仅极少数城市设有辐射观测一级台站，而绝大多数城市不具备辐射观测台站或辐射观测资料不完善，虽然这些城市的空气温度、相对湿度及日照时数较易获取，但地面有效辐射可能仅存在短期实测数据或完全缺失。对于存在短期地面有效辐射实测数据的城市，可基于实测数据从本研究已建立的地面有效辐射模型中筛选出用于该城市的最优模型。但对于辐射数据完全缺失城市，一方面需考察该地区近年长期（一般10年）空气温度、相对湿度、日照时数及太阳能资源情况与本研究已建立的地面有效辐射模型回归分析统计时段内上述要素的差异性情况，另一方面还需要考察空气温度、相对湿度及日照

时数差异性对地面有效辐射的影响情况。当辐射数据完全缺失的某城市与本研究中已建立地面有效辐射模型的某城市同时满足太阳能资源情况相近及各变量参数差异性对地面有效辐射综合影响程度最小时，本研究中已建立的该地面有效辐射模型很可能适用于辐射数据完全缺失的某城市。

不同城市地面有效辐射模型建立涉及参数情况　　表 5-10

城市	太阳能资源	t_{air}(℃)	RH(%)	H(h)	F(W/m^2)
哈尔滨（黑龙江）	可利用	5.26	63.87	5.91	69.38
沈阳（辽宁）	可利用	8.17	66.40	6.78	68.73
额济纳旗（内蒙古）	丰富	10.09	31.70	8.98	121.02
格尔木（青海）	丰富	6.56	39.97	8.03	102.03
榆中（甘肃）	较丰富	7.35	62.47	6.99	83.28
北京	较丰富	13.41	51.46	6.65	69.93
郑州（河南）	可利用	15.81	56.97	5.54	64.75
喀什（新疆）	较丰富	13.30	45.16	8.17	90.92
拉萨（西藏）	丰富	9.51	35.52	8.56	118.69
昆明（云南）	较丰富	16.16	67.56	6.19	73.56
宝山（上海）	可利用	17.41	69.65	4.65	55.98
武汉（湖北）	可利用	17.79	73.16	5.15	44.09
温江（四川）	欠缺	16.44	76.69	3.51	39.11
广州（广东）	可利用	22.41	74.07	4.26	47.42
三亚（海南）	可利用	24.35	81.67	5.87	64.59

注：t_{air}——空气温度，℃；RH——空气相对湿度，%；H——日照时数，h；F——地面有效辐射，W/m^2。

（2）已建立地面有效辐射模型的敏感性分析

为探究地面有效辐射受不同变量参数的影响程度，现对本研究中已建立的地面有效辐射模型进行敏感性分析。以北京为例，北京地面有效辐射模型建立所需数据的统计时段内空气温度、相对湿度及日照时数平均值分别为 13.41℃、51.46%及 6.65h，标准差分别为 11.26℃、19.93%及 4.00h。输入整个统计时段不同的空气温度，将相对湿度及日照时数在标准差范围内变化，可得到地面有效辐射随空气温度的变化规律，同理可得到地面有效辐射随相对湿度及日照时数的变化情况，如图 5-27 所示。可知，地面有效辐射随日照时数增加而增加，平均增长率为 5.24W/(m^2·h)，随相对湿度增加而降低，平均降低率为 0.40W/(m^2·%)，随温度呈抛物线形变化，当温度在 9.08℃以下时，地面有效辐射随温度增加而增加，平均增长率为 0.15W/(m^2·℃)，当温度在 9.08℃以上时，地面有效辐射随温度增加而降低，平均降低率为 0.39W/(m^2·℃)。同理，可得到其他城市模型中地面有效辐射受不同变量参数的影响程度，表 5-11 给出了本研究中已建立的地面有效辐射模型敏感性分析结果。由表 5-11 可知，地面有效辐射对日照时数变化的响应更敏感，而对温度、相对湿度变化的响应较弱。各模型中地面有效辐射均随日照时数增大而增大，随相对湿度增大而减小，随空气温度增大而有增有减。

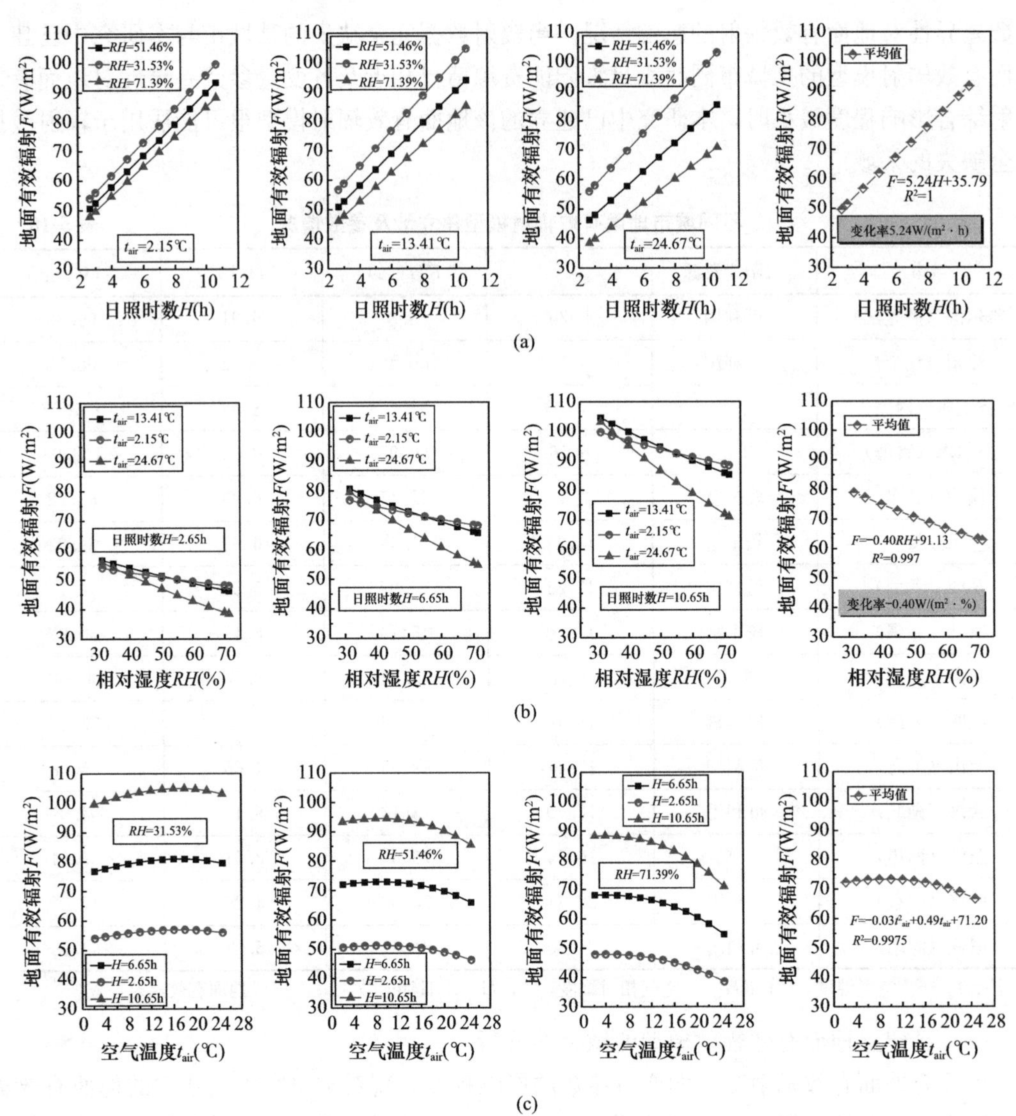

图 5-27　北京模型中地面有效辐射随日照时数、相对湿度及空气温度的变化情况

(a) 随日照时数变化；(b) 随相对湿度变化；(c) 随空气温度变化

不同城市地面有效辐射模型敏感性分析结果　　**表 5-11**

城市	太阳能资源	地面有效辐射随变量参数变化的变化率		
		t_{air}[W/(m²·℃)]	RH[W/(m²·%)]	H[W/(m²·h)]
哈尔滨（黑龙江）	可利用	0.39	−0.16	5.41
沈阳（辽宁）	可利用	0.27 (t_{air}<5.00)，−0.43 (t_{air}≥5.00)	−0.33	5.56
额济纳旗（内蒙古）	丰富	0.60	−0.59	6.94
格尔木（青海）	丰富	0.62	−0.43	6.56
榆中（甘肃）	较丰富	0.28 (t_{air}<11.77)，−0.11 (t_{air}≥11.77)	−0.25	6.08
北京	较丰富	0.19 (t_{air}<9.08)，−0.42 (t_{air}≥9.08)	−0.40	5.24
郑州（河南）	可利用	0.26 (t_{air}<16.75)，−0.21 (t_{air}≥16.75)	−0.30	5.84
喀什（新疆）	较丰富	0.34 (t_{air}<18.33)，−0.13 (t_{air}≥18.33)	−0.39	7.01

续表

城市	太阳能资源	地面有效辐射随变量参数变化的变化率		
		t_{air}[W/(m²·℃)]	RH[W/(m²·%)]	H[W/(m²·h)]
拉萨（西藏）	丰富	0.30（t_{air}<14.88），−0.03（t_{air}≥14.88）	−0.64	8.61
昆明（云南）	较丰富	−0.84	−0.30	6.37
宝山（上海）	可利用	−0.53	−0.35	6.38
武汉（湖北）	可利用	−0.30	−0.27	4.72
温江（四川）	欠缺	−0.44	−0.19	5.32
广州（广东）	可利用	−0.48	−0.28	5.51
三亚（海南）	可利用	−0.95	−0.37	5.04

综上，对于辐射数据完全缺失城市，仅知该地区近年长期（一般10年）空气温度、相对湿度、日照时数及太阳能资源情况，通过表5-10可考察该城市与本研究已建立的地面有效辐射模型回归分析统计时段内空气温度、相对湿度及日照时数的差异性，然后结合表5-11，可得到上述参数差异性对地面有效辐射的综合影响程度，其计算式如式（5-8）所示。基于此，可选取与辐射数据完全缺失城市太阳能资源相近且变量参数差异性对地面有效辐射综合影响程度最小的已建立模型作为该地区地面有效辐射的合理预测模型。

$$CD=\left|\begin{array}{l}(t_{air,ave}-t_{air,ave-EM})\times c_1\\+(RH_{ave}-RH_{ave-EM})\times c_2\\+(H_{ave}-H_{ave-EM})\times c_3\end{array}\right| \tag{5-38}$$

式中 CD——各变量参数差异性对地面有效辐射的综合影响程度，W/m²；

$t_{air,ave}$、RH_{ave}及H_{ave}——辐射数据完全缺失城市近年长期空气温度、相对湿度及日照时数平均值，单位分别为℃、%、h；

$t_{air,ave\text{-}EM}$、$RH_{ave\text{-}EM}$及$H_{ave\text{-}EM}$——本研究已建立地面有效辐射模型回归统计时段内空气温度、相对湿度及日照时数平均值，单位分别为℃、%、h；

c_1、c_2及c_3——本研究已建立地面有效辐射模型中地面有效辐射随空气温度、相对湿度及日照时数变化的变化率，单位分别为W/(m²·℃)、W/(m²·%)及W/(m²·h)。

（3）辐射数据缺失城市天空有效温度模型确定算例及验证

现假设北京辐射数据完全缺失，该地区近年长期空气温度、相对湿度及日照时数平均值已知，且太阳能资源较丰富。按照式（5-38）可得到北京与本研究已建立的其他地面有效辐射模型回归分析统计时段变量参数差异性对地面有效辐射的综合影响程度，如图5-28所示。由图5-28可知，北京与本研究已建立的甘肃榆中地面有效辐射模型回归分析统计时段变量参数差异性对地面有效辐射的综合影响程度最小，且北京与甘肃榆中均属于太阳能资源较丰

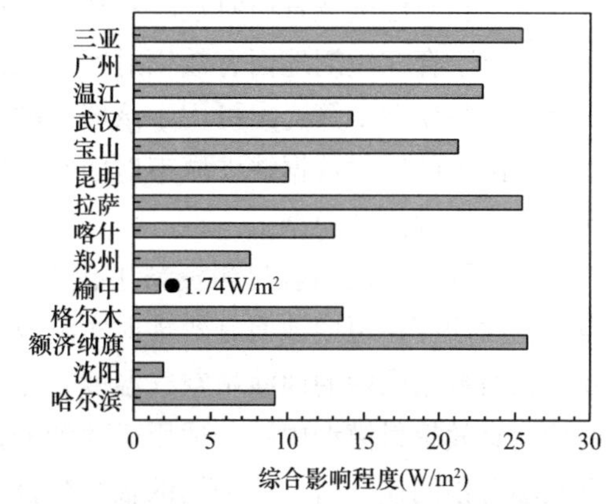

图5-28 北京与其他模型变量参数差异性对地面有效辐射的综合影响程度

富区，因此，甘肃榆中地面有效辐射模型满足上述辐射数据缺失城市地面有效辐射模型的选取要求。

事实上，北京设有辐射观测一级台站，其地面有效辐射实测数据已知。将本研究已建立的地面有效辐射模型均应用于北京，基于北京空气温度、相对湿度及日照时数可得到不同模型下地面有效辐射预测值，然后考察不同模型下地面有效辐射预测值与实测值的平均绝对百分比误差，可得到适用于北京的地面有效辐射模型最优模型，进而可对上述辐射数据缺失城市地面有效辐射模型的选取标准进行验证。现以北京2015年辐射观测资料及同期地面气象观测资料为基础，可计算得到本研究已建立模型应用于北京的地面有效辐射预测值与实测值的平均绝对百分比误差情况（图5-29）。由图5-29可知，采用甘肃榆中地面有效辐射模型对北京地区进行预测，其预测值与实测值的平均绝对百分比误差最小，且各模型下地面有效辐射预测值与实测值的平均绝对百分比误差相对大小与图5-28中北京和已建立模型回归分析统计时段变量参数差异性对地面有效辐射的综合影响程度相对大小基本一致，这在一定程度上说明了上文提出的辐射数据缺失城市地面有效辐射模型的选取标准可靠。因此，对于辐射数据缺失城市，按照本书提出的地面有效辐射模型选取标准，可从本研究已建立的模型中筛选出适用于该地区的较优模型，进而依据式（5-30）可得到该地区天空有效温度的合理预测模型。

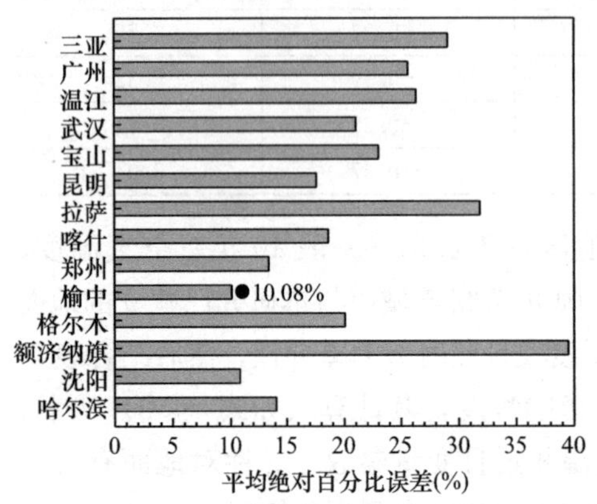

图5-29 不同模型下北京地面有效辐射预测值与实测值平均绝对百分比误差

5.3.3 西沙地区天空有效温度预测模型

1. 西沙地面有效辐射预测模型的初步筛选

如前所述，对于不具备辐射观测台站或辐射观测资料不完善城市，虽然这些城市的空气温度、相对湿度及日照时数较易获取，但地面有效辐射可能仅存在短期实测数据或完全缺失。对于存在短期地面有效辐射实测数据的城市，可基于实测数据从本研究已建立的地面有效辐射模型中筛选出可用于该城市的最优模型，而对于辐射数据完全缺失城市可参考本书提出来的辐射数据缺失城市地面有效辐射模型的确定方法来进行分析，进而得到该地区的天空有效温度模型。

考虑西沙长期辐射观测资料中仅含水平面太阳总辐射，其长期地面有效辐射难以获得，且西沙存在短期地面有效辐射实测数据，因此本研究采用了该部分地面有效辐射数据及与辐射数据同期的西沙站空气温度、相对湿度及日照时数地面观测数据来从上述已建立的地面有效辐射模型中筛选适用于西沙的预测模型。需要指出，在筛选适用于西沙的地面有效辐射预测模型时，所采用的辐射数据来自南海西沙短期海气通量观测资料。通过西沙辐射观测数据可得到该地区地面有效辐射实测值。另外，假设本研究中所有地面有效辐射计算模型均适用于西沙，利用西沙空气温度、相对湿度及日照时数与上述模型即可得到不

同计算模型下地面有效辐射的预测值。然后可以西沙地面有效辐射的实测值与同期不同模型下地面有效辐射预测值的平均绝对百分比误差及平均绝对误差作为模型优劣评估的指标来初步筛选出适用于西沙的模型。结果表明，基于三亚气象参数及辐射数据建立的模型（模型 15）预测效果最优，平均绝对百分比误差为 11.43%，而基于额济纳旗气象参数及辐射数据建立的模型（模型 3）预测效果最劣，平均绝对百分比误差为 38.97%。图 5-30 给出了西沙地面有效辐射最优及最劣模型下预测值与实测值对比情况。由图 5-30 可发现，相较于模型 3，基于模型 15 得到的西沙地面有效辐射预测值明显更接近实测值，且最优与最劣模型的预测值与实测值平均绝对误差分别为 6.71W/m² 及 21.94W/m²。

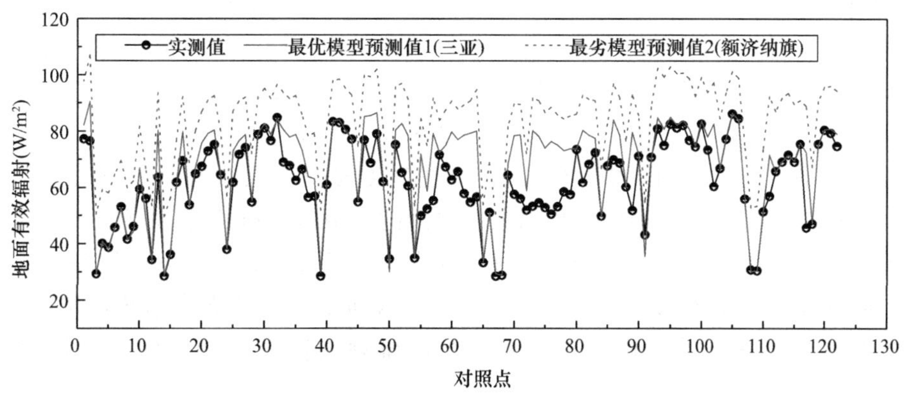

图 5-30 西沙地面有效辐射最优及最劣模型下预测值与实测值对比情况

2. 西沙天空有效温度预测模型的确定

考虑采用模型 15 对西沙地面有效辐射进行预测的相对误差的平均值为 10%，所以有必要对模型 15 进行系数修正。将来自西沙海气通量观测资料中的短期辐射观测数据及同期气象观测数据（2000 年、2002 年及 2008 年某时段）添加到三亚模型的统计回归分析数据中，并重新进行回归分析，得到适用于西沙的地面有效辐射预测模型 $F=\sigma T_{air}{}^{4}(0.45-0.047P_{v\text{-}air}{}^{1/2})(0.34+0.68S)$。另外，图 5-31 给出了模型 15 修正前后对西沙地面有效辐射进行预测的结果，图 5-31 中黑色线的斜率为 1，数据点越接近黑色线，预测效果越好。由图 5-31 可知，相较于三角形状数据点，圆点形状数据点整体更接近斜率为 1 的黑色线。经计算获知，相较于模型 15，采用修正后的模型 15 对西沙进行地面有效辐射预测，其预测值与实测值的平均绝对百分比误差可由 11.43%降低至 9.69%，虽然平均绝对百分比误差仅是小幅度降低，但已降低在 10%以内，可以接受。因此，西沙天空有效温度预测模型可确定为 $T_{sky}=[\varepsilon_{g}T_{gro}{}^{4}-(0.45-0.047P_{v\text{-}air}{}^{1/2})(0.34+0.68S)T_{air}{}^{4}]^{1/4}$。

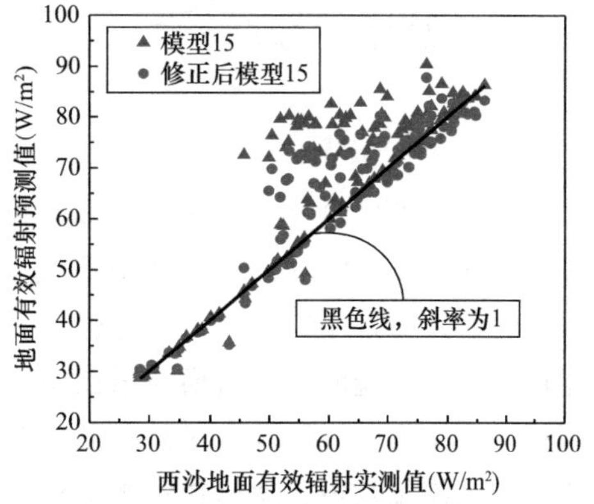

图 5-31 三亚模型修正前后对西沙地面有效辐射进行预测的结果

5.3.4 不同计算方法的结果对比

如前所述，由于围护结构外表面与外界环境之间长波辐射换热量的处理方式不同，长波辐射换热系数的确定会相应存在两种不同方法：理论确定方法及简化确定方法。本部分探讨不同确定方法下西沙建筑外表面长波辐射换热系数的差异性，并与现行规范中该参数的给定值进行了对比。

1. 西沙全年逐日温度参数及辐射换热量

基于西沙 2014 年空气温度、相对湿度、日照时数及地面温度，按照上文修正后的模型 15 可确定西沙全年逐日天空有效温度。另外，基于上文确定的西沙建筑模型、围护结构构造及材料热物性，采用有限差分法对围护结构进行传热模拟获得建筑外壁面逐时温度。图 5-32 给出了西沙全年逐日天空有效温度、地面温度、空气温度、垂直外壁面温度及水平外壁面温度平均值，需要指出本研究中的垂直外壁面温度指不同朝向垂直外壁面温度的平均值。由图 5-32 可知，在上述温度参数中天空有效温度最低，水平外壁面温度最高，垂直外壁面温度与地面温度之间的差值有正有负且负值居多。通过以上温度参数的相对大小，可知西沙全年逐日均为水平外壁面向天空发射长波辐射（水平外壁面对地面的辐射角系数为 0，所以这里水平外壁面不会向地面发射长波辐射），而西沙全年大部分时间垂直外壁面向天空发射长波辐射的同时接受地面对其发射的长波辐射。

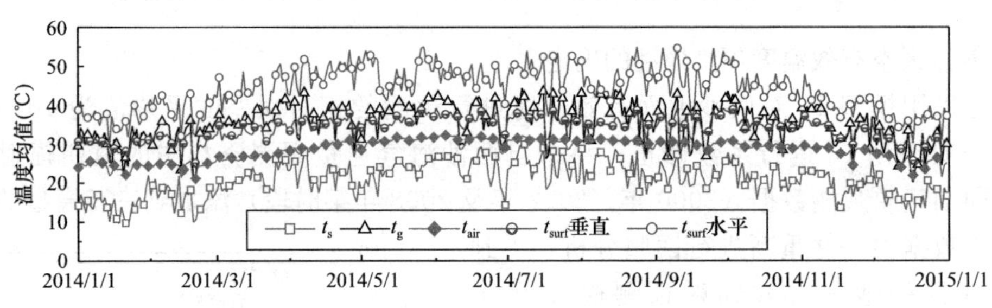

图 5-32 西沙全年逐日温度参数均值

另外，西沙全年逐日理论及简化确定方法下长波辐射换热量均值如图 5-33 所示。由图 5-33 可知，对于水平面，采用理论方法得到的西沙全年逐日长波辐射换热量均值均大于简化确定方法下的值（最大差值 77.50W/m^2，最小差值 3.30W/m^2），原因在于水平外壁面与外界环境间的辐射换热量在理论及简化确定方法下涉及温度参数分别为水平外壁面温度、天空有效温度及水平外壁面温度、空气温度，而西沙全年逐日天空有效温度均值均小于空气温度均值，所以建筑水平外壁面与天空间的长波辐射换热量（理论方法）定将大于建筑外壁面与空气间的长波辐射换热量（简化方法）。对于垂直面，西沙全年逐日长波辐射换热量均值在理论及简化确定方法下的相对大小不确定，原因在于垂直外壁面与外界环境间的辐射换热量在理论及简化确定方法下涉及温度参数分别为垂直外壁面温度、天空有效温度、地面温度及垂直外壁面温度、空气温度，一方面，西沙全年逐日空气温度均值处于地面温度均值及天空有效温度均值之间，另一方面，西沙全年逐日垂直外壁面温度总

大于天空有效温度，但垂直外壁面温度与地面温度之间的相对大小不确定，当垂直外壁面温度大于地面温度时，辐射换热量为垂直外壁面对天空及地面两部分长波辐射换热量之和，但当垂直外壁面温度小于地面温度时，辐射换热量则是垂直外壁面对天空发射的长波辐射换热量与地面向垂直外壁面发射的长波辐射换热量之差，因此，建筑垂直外壁面对天空及地面之间的辐射换热量（理论方法）与建筑垂直外壁面对空气之间的辐射换热量（简化方法）相对大小不确定。

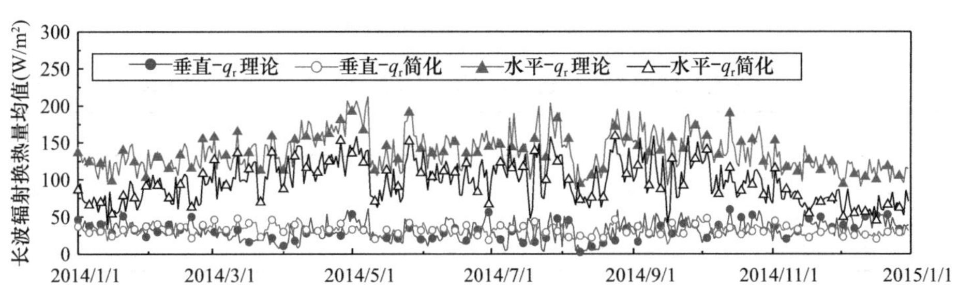

图 5-33 西沙全年逐日长波辐射换热量均值

2. 西沙建筑外表面辐射换热系数全年逐日统计结果

理论及简化确定方法下西沙的辐射换热系数全年逐日值见图 5-34。由图 5-34 可知，按照简化确定方法确定的辐射换热系数水平与垂直方向几乎无差异，最大差值为 0.53W/(m^2·K)，年平均差值为 0.29W/(m^2·K)，而按照理论确定方法确定的辐射换热系数水平与垂直方向差异性大，最大差值为 10.90W/(m^2·K)，年平均差值为 4.24W/(m^2·K)。另外，对于水平方向，按照理论确定方法确定的辐射换热系数日均值均大于按照简化确定方法确定的值，最大差值为 13.91W/(m^2·K)，年平均差值为 5.74W/(m^2·K)，原因同上文中不同确定方法下建筑水平外壁面辐射换热量差异性。对于垂直方向，按照理论确定方法确定的辐射换热系数日均值波动性比较大，且与按照简化确定方法确定的辐射换热系数日均值相对大小不确定，原因同上文中不同确定方法下建筑垂直外壁面辐射换热量差异性。表 5-12 给出了西沙全年不同确定方法下辐射换热系数均值。由表 5-12 可知，按照理论确定方法确定的垂直及水平方向西沙建筑外壁面辐射换热系数年平均值分别为 7.54W/(m^2·K) 及 11.78W/(m^2·K)，按照简化确定方法确定的垂直及水平方向西沙建筑外壁面辐射换热系数年平均值分别为 5.75W/(m^2·K) 及 6.04W/(m^2·K)。西沙垂直外壁面理论及简化确定方法下的辐射换热系数相差不大，差值为 1.79W/(m^2·K)，而水平外壁面理论及简化确定方法下的辐射换热系数相差较大，差值为 5.74W/(m^2·K)。另外，对于垂直及水平方向，理论确定方法下辐射换热系数与规范取值差值分别为 2.89W/(m^2·K) 及 7.13W/(m^2·K)，而简化确定方法下辐射换热系数与规范取值差值均不超过 1.50W/(m^2·K)。此外，我国《民用建筑热工设计规范》GB 50176—2016 直接将建筑外表面辐射换热系数规定为 4.652W/(m^2·K)，未对垂直及水平朝向进行区分，简化确定方法下辐射换热系数垂直与水平方向差值仅为 0.29W/(m^2·K)，垂直与水平面的区分度不高，而通过本研究可发现建筑垂直与水平外表面辐射换热系数具有一定差异性，差值为 4.24W/(m^2·K)。

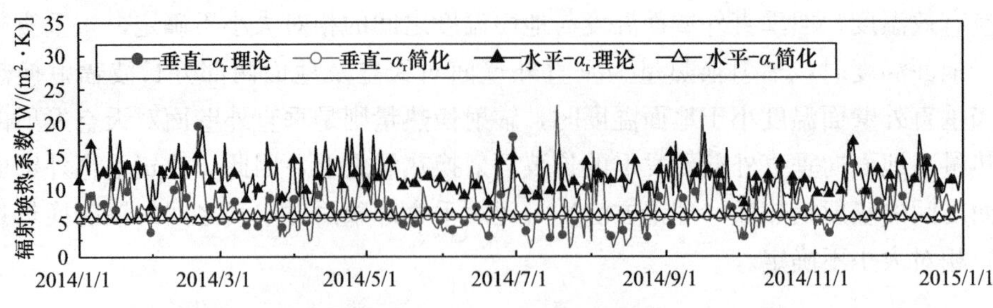

图 5-34 理论及简化确定方法下西沙的辐射换热系数全年逐日值

基于不同确定方法的西沙建筑外表面辐射换热系数对比[W/(m^2·K)] 表 5-12

方向	理论	简化	规范	α_r 理论$-\alpha_r$ 简化	α_r 理论$-\alpha_r$ 规范	α_r 简化$-\alpha_r$ 规范
水平	11.78	6.04	4.652	5.74	7.13	1.39
垂直	7.54	5.75	4.652	1.79	2.89	1.10
α_r 水平$-\alpha_r$ 垂直	4.24	0.29	0	—	—	—

5.4 建筑外表面蒸发换热系数及总换热系数的确定

热带海岛建筑常年处于多风雨气候条件下，其围护结构外表面经常处于潮湿状态，表面必然存在液态水的蒸发换热作用且强度较大。若此时仍按照规范做法，将建筑外表面假设为始终处于干燥状态，仅考虑建筑外表面的对流、辐射换热而忽略蒸发换热作用，可能会造成建筑外表面总换热系数存在较大偏差。另外，由于降雨本身具有随机性、不连续性、强度不确定性及降雨与蒸发换热不实时对应发生性，使得建筑外表面蒸发换热系数的确定更为复杂。

本节主要目的是建立蒸发换热系数简化计算模型，确定热带海岛建筑外表面蒸发换热系数合理取值，探索热带海岛地区不同时间维度上建筑外表面换热系数变化规律，明确热带海岛建筑外表面蒸发换热作用对总换热系数的影响程度，分析降雨及非降雨时刻不同风速条件下建筑外表面总换热系数及围护结构外表面空气层热阻情况，给出热带海岛建筑外表面总换热系数推荐值及经验式，并与现行规范该参数的给定值进行对比。

5.4.1 建筑外表面蒸发换热系数的计算方法

1. 蒸发换热系数计算理论

蒸发换热机理可分为两类，第一类为材料周期性毛细力作用下的蒸发换热，第二类为自由表面液相水的蒸发换热，由于蒸发换热机理不同，蒸发换热系数会相应存在两类。对于周期性毛细力作用下的蒸发换热系数，课题合作单位已在热湿气候风洞实验台营造南海气候环境条件下进行了相关研究，且研究结果表明：周期性毛细力作用下的蒸发换热系数很小，大部分处于 1W/(m^2·K) 以内。因此，考虑南海常年风速高及降雨频繁并存的明显气候特征，本研究中的蒸发换热系数主要针对自由表面液相水蒸发换热情况。

在潮湿表面上，参与蒸发的水分质流量可按照下式进行计算：

$$m=\alpha_{\mathrm{d}}(C_{\mathrm{surf}}-C_{\mathrm{air}})=\frac{\alpha_{\mathrm{d}}}{R}\left(\frac{P_{\mathrm{v-surf}}}{T_{\mathrm{surf}}}-\frac{P_{\mathrm{v-air}}}{T_{\mathrm{air}}}\right) \tag{5-39}$$

式中　m——潮湿表面参与蒸发的水分质流量，kg/(s·m^2)；

α_{d}——对流传质系数，m/s；

C_{surf}——壁面水蒸气浓度，kg/m^3；

C_{air}——室外空气水蒸气浓度，kg/m^3；

R——水蒸气气体常数，取 462J/(kg·K)；

T_{surf}——壁面温度，K；

T_{air}——室外空气温度，K；

$P_{\mathrm{v-surf}}$——壁面水蒸气分压力，Pa；

$P_{\mathrm{v-air}}$——室外空气水蒸气分压力，Pa。

对于壁面或者空气水蒸气分压力，可采用以下关系式获得：

$$P_{\mathrm{v}}=RH\cdot P_{\mathrm{v-Sat}} \tag{5-40}$$

式中　P_{v}——水蒸气分压力，Pa；

RH——相对湿度，%；

$P_{\mathrm{v-Sat}}$——饱和水蒸气分压力，Pa。可根据文献给出的一定温度下空气的饱和水蒸气分压力公式 $P_{\mathrm{v-Sat}}=3385.5\exp[-8.093+0.936(t_{\mathrm{air}}+42.61)^{1/2}]$ 进行计算（t 为壁面或室外空气温度，℃）。

将 Lewis 关系式 $\alpha_{\mathrm{c}}/\alpha_{\mathrm{d}}=\rho c_{\mathrm{P}}Le^{2/3}$ 代入式（5-39），式（5-39）可改写为：

$$m=\frac{\alpha_{\mathrm{c}}}{R\rho c_{\mathrm{P}}Le^{\frac{2}{3}}}\left(\frac{P_{\mathrm{v-surf}}}{T_{\mathrm{surf}}}-\frac{P_{\mathrm{v-air}}}{T_{\mathrm{air}}}\right) \tag{5-41}$$

式中　ρ——湿空气密度，kg/m^3；

c_{P}——湿空气定压比热，kJ/(kg·K)；

Le——刘易斯准则数，定义式 $Le=Sc/Pr$，常温条件下，水蒸气在空气中扩散，施密特数 Sc 约为 0.6，普朗特数 Pr 约为 0.7，故 $Le\approx0.857$。

现将表面蒸发换热量等效为牛顿冷却公式的形式：

$$m\times r=\alpha_{\mathrm{v,\ ideal}}(T_{\mathrm{surf}}-T_{\mathrm{air}}) \tag{5-42}$$

式中　r——水的汽化潜热，kJ/kg，$r=2497.848-2.324t_{\mathrm{air}}$；

$\alpha_{\mathrm{v,ideal}}$——表面蒸发换热系数，W/(m^2·K)。

现定义表面蒸发换热系数与对流换热系数的比值 $\beta=\alpha_{\mathrm{v,ideal}}/\alpha_{\mathrm{c}}$，根据式（5-41）及（5-42）可得到下式：

$$\beta=\frac{\alpha_{\mathrm{v,\ ideal}}}{\alpha_{\mathrm{c}}}=\frac{r}{R\rho c_{\mathrm{P}}Le^{\frac{2}{3}}(T_{\mathrm{surf}}-T_{\mathrm{air}})}\left(\frac{P_{\mathrm{v-surf}}}{T_{\mathrm{surf}}}-\frac{P_{\mathrm{v-air}}}{T_{\mathrm{air}}}\right) \tag{5-43}$$

因此，通过上述各关系式及式中参数分析，即可获知 β 为壁面温度、壁面相对湿度、空气温度、空气相对湿度的函数，故只需要确定上述参数及对流换热系数，即可计算壁面蒸发换热系数。但需注意，β 值的计算是在整个壁面均潮湿且有水分连续蒸发前提下建立的，而实际上整个外壁面全部有液态水蒸发的情况并不是一直存在，蒸发换热很大程度上受当地降雨的影响，而降雨又呈现出随机性、不连续性及强度不确定性等特征，因此，依据上述计算理论确定的蒸发换热系数并不可直接采用，称之为理想条件下的蒸发换热系数，而实际条件下蒸发换热系数的确定更为复杂，需要在理想条件下蒸发换热系数基础上进行修正工作。

2. 蒸发换热系数简化计算模型建立

在已知壁面温度、壁面相对湿度、室外空气温度、室外空气相对湿度及壁面对流换热系数逐时值基础上，依据式（5-42）可获得理想条件下的逐时蒸发换热系数。但是，如前所述，事实上蒸发换热很大程度上受到当地降雨的影响，而降雨又呈现出随机性、不连续性及强度不确定性等特征，故实际蒸发换热系数的确定更为复杂，且难点体现在降雨本身复杂特性及降雨与蒸发换热作用不实时对应发生性。

针对上述难点，现进行如下假设：（1）在气象统计参数中，若降水量大于0，即规定为降雨时刻；（2）忽略降雨强度小或降雨强度大的时刻造成的壁面未进行蒸发及延长的蒸发时数；（3）降雨时刻，外壁面即潮湿且有水分蒸发，理想条件下的逐时蒸发换热系数取为实际值；非降雨时刻，认为外表面未进行蒸发换热作用，蒸发换热系数取为0。基于以上假设，依据逐时降雨量数据确定蒸发换热作用的发生性，将降雨与蒸发换热作用不实时对应发生的问题进行简化，实际蒸发换热系数逐时值可进行如下表述：

$$\alpha_{\mathrm{v}} = CO_{\mathrm{xz}}\alpha_{\mathrm{v,ideal}} \tag{5-44}$$

式中 α_{v}——实际逐时蒸发换热系数，W/(m^2·K)；

$\alpha_{\mathrm{v,ideal}}$——理想条件下的逐时蒸发换热系数，W/(m^2·K)；

CO_{xz}——修正系数，降雨时刻取为1，非降雨时刻取为0。

5.4.2 西沙建筑外表面蒸发换热系数全年逐日统计结果

将同一时刻的壁面温度、壁面相对湿度、室外空气温度、室外空气相对湿度及对流换热系数代入模型，可得到理想情况下的海岛建筑逐日外表面蒸发换热系数，再结合西沙全年逐时降雨量数据对理想条件下的蒸发换热系数进行修正可获得实际蒸发换热系数。对于上述确定实际蒸发换热系数的参数，对流换热系数按照本书第3章研究结果由风速确定，且室外空气温度、室外空气相对湿度、风速及降雨量均可从西沙逐时气象参数（2014年）直接获取，潮湿壁面的相对湿度取值为100%，逐时壁面温度的确定方式同本书章节5.3.4中1.部分进行传热模拟。图5-35给出了西沙建筑外表面蒸发换热系数全年逐日值。可以发现，建筑外表面蒸发换热系数受当地降雨情况影响很大，呈现出很强的随机性及不连续性，当无降雨时，即使在高风速条件下，蒸发换热系数仍为0。当同时具备风速高、降雨频繁气候特征时，蒸发换热作用强。另外，西沙全年日平均蒸发换热系数的变化范围很广，垂直及水平方向上全年日平均蒸发换热系数分别处于0～160W/(m^2·K)及0～270W/(m^2·K)之间。此外，建筑垂直及水平面蒸发换热系数年均值分别为5.74W/(m^2·K)与7.01W/(m^2·K)。

5.4.3 不同时间维度的建筑外表面总换热系数统计结果

1. 西沙建筑外表面总换热系数全年逐日值

基于前面章节中关于对流、辐射及蒸发换热系数的研究结果，可计算得到西沙建筑外

表面总换热系数。图 5-36 给出了西沙建筑外表面总换热系数全年逐日值。由图 5-36 可以发现，建筑外表面总换热系数在水平方向比垂直方向变化范围广，但总体变化趋势是一致的。无论垂直还是水平方向，在 7 月份及 9 月份建筑外表面总换热系数日均值都出现了极端值情况，且垂直与水平方向极端值分别达 200W/(m^2·K) 及 300W/(m^2·K) 以上。两个极端值的出现很可能与当日风速出现极端值（平均风速在 10m/s）且降雨特别频繁（日降雨时数 18h 及 12h）有关，因为风速出现极端值可直接引起对流换热系数出现极值，而风速大与降雨频繁两者共同作用可使当日蒸发换热系数大，结果在 7 月份及 9 月份的这两日建筑外表面总换热系数均出现了极端值。

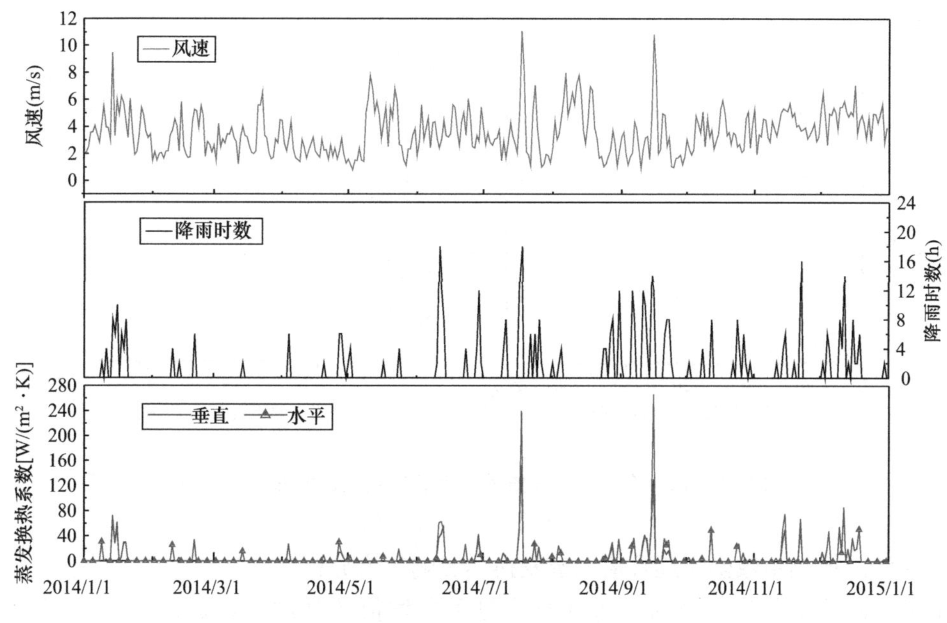

图 5-35 西沙建筑外表面蒸发换热系数全年逐日值

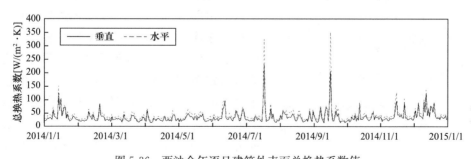

图 5-36 西沙全年逐日建筑外表面总换热系数值

另外，为明确西沙建筑外表面总换热系数的频率分布情况，图 5-37 给出了西沙全年逐日建筑外表面总换热系数的概率直方图。由图 5-37 可知，在垂直方向，西沙全年建筑外表面总换热系数日均值变化范围为 0～240W/(m^2·K)，建筑外表面总换热系数日均值处于 20～40W/(m^2·K) 范围内的天数最多，频数为 247 天，占比为 67.7%；另外，建筑外表面总换热系数日均值在 20W/(m^2·K) 以上的天数为 327 天，占比高达 89.6%，则西沙全年约 90%多天数的总换热系数日均值大于规范给定值 18.6W/(m^2·K)。在水平方向，西沙全年建筑外表面总换热系数日均值变化范围为 0～400W/(m² · K)，同样，总换热系数日均值在 20～40W/(m² · K) 范围内的天数最多，频数为 204 天，占比为 55.9%；另外，几乎全年总换热系数日均值均在 20W/(m² · K) 以上，具体天数为 361 天，频率为 98.9%，即西沙几乎全年每日总换热系数均值都大于规范给定值 18.6W/(m² · K)。

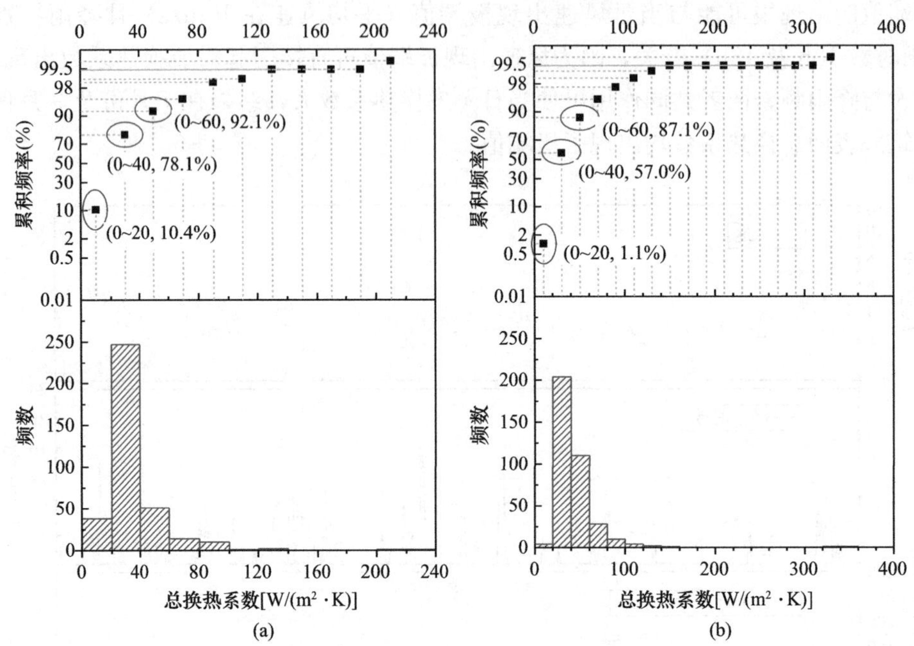

图 5-37　西沙全年逐日建筑外表面总换热系数的概率直方图

(a) 垂直方向；(b) 水平方向

2. 西沙总换热系数全年逐月值及蒸发换热影响程度分析

在获得西沙全年逐日建筑外表面总换热系数均值的基础上，通过计算可得到西沙全年各月建筑外表面总换热系数均值。图 5-38 给出了西沙全年逐月建筑外表面总换热系数。由图 5-38 可知，从月份水平上来看，西沙全年逐月建筑外表面换热系数在水平与垂直方向上变化趋势一致，且各月总换热系数均值都在规范给定值 18.6W/(m² · K) 之上。在全年各个月份中，西沙 12 月建筑外表面总换热系数均值最大，垂直方向为 48.1W/(m² · K)，水平方向为 55.7W/(m² · K)；9 月份次之，垂直及水平方向上总换热系数均值分别为 40.4W/(m² · K) 及 53.3W/(m² · K)；而在 2～5 月份，垂直及水平方向的总换热系数均值都较小，且总换热系数均值垂直方向在 30W/(m² · K) 以下，水平方向在 38W/(m² · K) 以下。

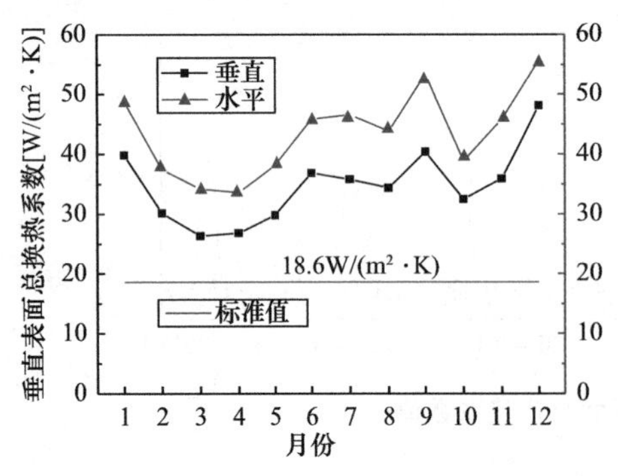

图 5-38　西沙全年逐月建筑外表面总换热系数

现以垂直方向为例，从月份水平来分析蒸发换热作用对总换热系数的影响情况及上述总换热系数各月均值相对大小产生的原因。考虑对流换热系数主要受风速大小影响且风速同时是辐射及蒸发换热系数的重要影响因素，另外蒸发换热作用很大程度上受当地降雨影

响，所以本研究对建筑垂直外表面各换热系数（包括对流、辐射、蒸发及总值）的月均值与月均风速及月总降雨时数的关系进行了分析讨论，如图 5-39 所示。由图 5-39 可以发现，西沙逐月对流换热系数均值与月均风速大小变化规律严格一致，这是由对流换热系数与风速函数关系决定的，辐射换热系数各个月份均值都处于 6～10W/(m^2·K) 范围内，蒸发换热系数月均值在 0～13W/(m^2·K) 范围内变化。另外，由于壁面是否考虑蒸发换热作用，其总换热系数差异性主要体现在蒸发换热系数数值上，所以蒸发换热系数数值大小可反映壁面蒸发换热作用对总换热系数的影响程度。通过图 5-39，可将西沙垂直外表面蒸发换热系数（蒸发换热作用对总换热系数的影响程度）大致分为三类：

（1）风速高和降雨多或风速相对较小和降雨特别频繁，代表月份为 1 月、6 月、7 月、9 月及 12 月，蒸发换热系数均值都在 7W/(m^2·K) 以上，且 9 月份蒸发换热系数均值最大，可高达 12.8W/(m^2·K)。

（2）风速低中等水平和降雨很少（几乎无降雨），代表月份为 2～5 月，蒸发换热系数均值都在 2.2W/(m^2·K) 以下，且 3 月份蒸发换热系数均值最小，仅为 0.5W/(m^2·K)，这主要由该月份几乎无降雨导致。

（3）风速及降雨均处于中等水平，代表月份为 8 月、10 月及 11 月，蒸发换热系数均值都处于 4～6W/(m^2·K) 之间。

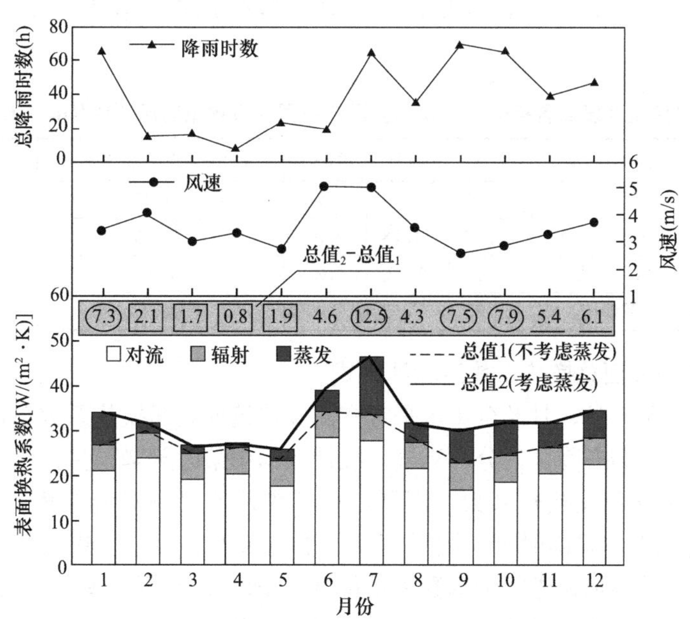

图 5-39 建筑垂直外表面各换热系数与风速及降雨时数变化关系

结合蒸发换热系数月均值分类情况可知，由于 12 月份风速月均值最大，降雨总时数仅次于 9 月份，所以对流换热系数与蒸发换热系数均较大，结果该月份总换热系数均值最大；而 2～5 月份，由于降雨非常少，蒸发换热系数很小，且风速也处于低中等水平，对流换热系数不大，因此 2～5 月份总换热系数均值较小。

3. 西沙建筑外表面各换热系数年均值及与现行标准的对比分析

考虑西沙分布于赤道附近，全年各月平均气温均在 22℃以上，具有全年皆夏季、季节更替不明显的气候特征，本研究以西沙全年平均水平对上述对流、辐射及蒸发换热系数的研究结果进行统计，并与现行规范进行对比。统计结果见表5-13。需要说明，现行规范给出的冬夏季建筑外表面总换热系数值，对于不同地区的风速大小、外围护结构表面的蒸发换热作用及建筑垂直或水平方向均未作考虑。因此，标准中的建筑外表面总换热系数与热带海岛建筑外表面实际总换热系数存在差距。由表5-13知，若将建筑外表面假设为一直处于干燥状态而忽略蒸发换热作用，建筑外表面仅包含对流与辐射换热系数，根据本研究结果，建筑外表面总换热系数垂直及水平方向分别为29.05W/(m^2·K)及36.55W/(m^2·K)，这与考虑蒸发换热作用相比较，年平均总换热系数差值垂直及水平方向分别达5.74W/(m^2·K)及7.01W/(m^2·K)，因此，热带海岛地区建筑外表面蒸发换热作用不可直接忽略。且在考虑蒸发换热作用条件下，热带海岛建筑外表面总换热系数全年均值垂直及水平方向分别为34.79W/(m^2·K)及43.56W/(m^2·K)，若在不区分垂直与水平朝向情况下建筑外表面总换热系数年均值为39.18W/(m^2·K)，这与标准规定值18.6W/(m^2·K)差值高达20.58W/(m^2·K)。

上述分析结果充分说明，对于具有独特气候条件的我国低纬度热带海岛地区，由于风速大于内陆地区，对流换热系数大于内陆地区，在此情况下，若将壁面假设为干燥壁面，总换热系数将大于内陆地区。加之，高风速、强降雨两者共同作用下，壁面蒸发换热不可忽略。因此，我国低纬度热带海岛地区与内陆地区的建筑外表面总换热系数差值必定很大。

西沙建筑外表面各换热系数年均值及与我国现行规范对比［W/(m^2·K)］　表5-13

来源	方向	对流	辐射	蒸发	总值1(不考虑蒸发)	总值2(考虑蒸发)
本研究	垂直	21.51	7.54	5.74	29.05	34.79
	水平	24.77	11.78	7.01	36.55	43.56
	若不区分水平垂直	23.14	9.66	6.38	32.80	39.18
规范	未区分水平垂直	13.95	4.652	—	18.6	—

4. 西沙建筑外表面总换热系数经验计算式

上述研究结果基于日、月及全年水平考察西沙建筑外表面换热系数总体情况，现将西沙不同时刻进行降雨与非降雨区分，当气象统计数据中某时刻降雨量大于0时，建筑外表面总换热系数需包含蒸发换热系数，否则，总换热系数只是对流与辐射换热系数之和。图5-40给出了降雨及非降雨时刻不同风速条件下建筑外表面总换热系数，且为方便工程使用，将总换热系数与风速进行了函数关系拟合。由图5-40可发现，在相同风速条件下，降雨时刻建筑外表面总换热系数远大于非降雨时刻的值，当将风速5m/s分别代入总换热系数回归方程中，可发现降雨时刻（非降雨时刻）垂直及水平方向总换热系数分别为155.05W/(m^2·K)及178.48W/(m^2·K)［33.60W/(m^2·K)及43.21W/(m^2·K)］，这已远远超过了我国现行规范中该参数的规定值。尤其是降雨时刻极端风速条件下西沙建筑外表面总换热系数将极大，此时围护结构外表面空气层热阻将很小，现以统计数据中降雨时刻的极端风速21.95m/s计算得到建筑外表面垂直及水平总换热系数分别为609.31W/(m^2·K)及729.52W/(m^2·K)，这相当于现行规范中该参数给定值的32.76倍及39.22倍，而此时相应朝向的表面空气层热阻则仅是现行规范中该参数给定值所对应

表面空气层热阻的 1/32.76 及 1/39.22。现进一步以 5.3.1 中 3. 西沙建筑围护结构热工设计方案中围护结构构造及材料热物性参数为基础，将建筑外表面换热系数按照规范及本研究降雨时刻极端风速情况分别进行取值，计算得到外墙传热系数分别为 0.69W/(m^2 • K) 及 0.72W/(m^2 • K) [屋面：0.72W/(m^2 • K) 及 0.76W/(m^2 • K)；窗：1.83W/(m^2 • K) 及 2.08W/(m^2 • K)]。可发现相对于现行规范，建筑外表面换热系数给定值下围护结构的换热系数，降雨时刻极端风速下建筑外表面换热系数下的墙体及屋面传热系数增加率在 4%左右，窗的传热系数增加率在 14%左右，窗的传热系数增加率较外墙及屋面大。另外，在不区分降雨与非降雨情况下，通过统计全年逐时建筑外表面总换热系数频率分布，结合上述围护结构，可获得相对于现行规范建筑外表面换热系数给定值下围护结构换热系数变化率，见表 5-14。当外墙（垂直方向）与屋面（水平方向）建筑外表面总换热系数均大于 40W/(m^2 • K) 时，外墙传热系数增加率均大于 2%，且该情况占全年时间百分比分别为 19.2%及 34.4%。而窗户由于表面换热系数原因，全年一半时间传热系数增加率在 2%以上，全年 6.4%时间比例传热系数增加率在 10%以上。

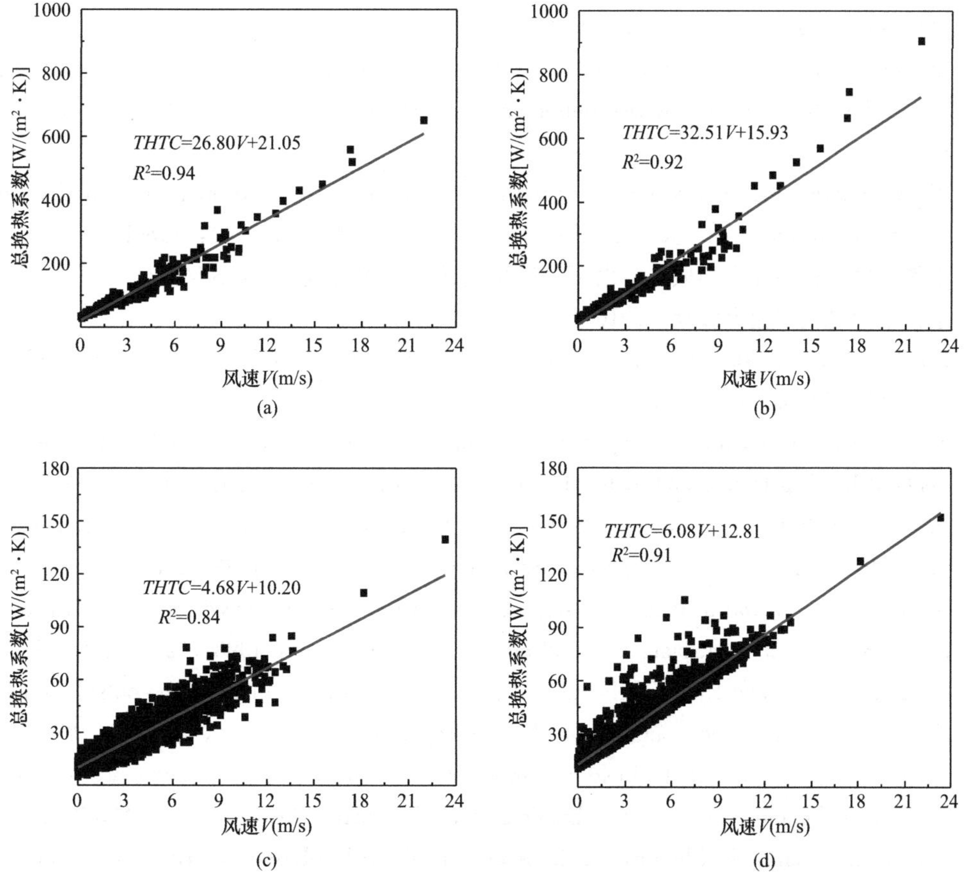

图 5-40 降雨及非降雨时刻不同风速条件下建筑外表面总换热系数

（a）降雨时刻-垂直方向；（b）降雨时刻-水平方向；

（c）非降雨时刻-垂直方向；（d）非降雨时刻-水平方向

鉴于表面换热系数的模糊性及复杂性，在实际工程中，一方面可依据西沙建筑外表面换热系数全年水平的总体情况，仿照我国现行规范中的做法直接给出热带海岛地区建筑外表面总换热系数推荐值 39.2W/(m^2·K)；另一方面，当工程设计要求特别严格时，可按照上述不同降雨情况下西沙建筑垂直及水平外表面总换热系数经验式进行取值。

围护结构换热系数变化率 **表 5-14**

位置	外墙	屋面	窗		
建筑外表面总换热系数[W/(m^2·K)]	>40	>40	>25	>30	>60
围护结构传热系数增加率	>2%	>2%	>2%	5%	10%
所占全年时间百分比	19.2%	34.4%	50%	37.1%	6.4%

参考文献

[1] Marino B M, Muõoz N, Thomas L P. Estimation of the surface thermal resistances and heat loss by conduction using thermography [J]. Applied Thermal Engineering, 2016, 114: 1213-1221.

[2] Emmel M. G, Abadie M. O, Mendes N. New external convective heat transfer coefficient correlations for isolated low-rise buildings [J]. Energy & Buildings, 2007, 39 (3): 335-342.

[3] Wijeysundera N. E, Chou S. K, Jayamaha S. E. G. Heat flow through walls under transient rain conditions [J]. Journal of Building Physics, 1993, 17 (1): 118-141.

[4] 中华人民共和国住房和城乡建设部. 民用建筑热工设计规范: GB 50176—2016 [S]. 北京: 中国建筑工业出版社, 2016.

[5] Rowley F. B, Eckley W. A. Surface coefficient as affected by direction of wind [J]. ASHRAE Trans. 1932, 38: 33-46.

[6] Montazeri H, Blocken B. New generalized expressions for forced convective heat transfer coefficients at building facades and roofs [J]. Building & Environment, 2017, 119: 153-168.

[7] Jayamaha S. E. G, Wijeysundera N. E, Chou S. K. Measurement of the heat transfer coefficient for walls [J]. Building & Environment, 1996, 31 (5): 399-407.

[8] Sharple S, Charlesworth P. S. Full-scale measurements of wind-induced convective heat transfer from a roof-mounted flat plate solar collector [J]. Solar Energy, 1998, 62 (2): 69-77.

[9] Clear R. D, Gartland L, Winkelmann F. C. An empirical correlation for the outside convective air-film coefficient for horizontal roofs [J]. Energy & Buildings, 2003, 35 (8): 797-811.

[10] Hagishima A, Tanimoto J. Field measurements for estimating the convective heat transfer coefficient at building surfaces [J]. Building & Environment, 2003, 38 (7): 873-881.

[11] Zhang L, Zhang N, Zhao F, et al. A genetic-algorithm-based experimental technique for determining heat transfer coefficient of exterior wall surface [J]. Applied Thermal Engineering, 2004, 24 (2-3): 339-349.

[12] 张泠, 汤广发, 陈友明, 等. 建筑墙体表面传热系数辨识研究 [J]. 暖通空调, 2002, 32 (2): 89-91.

[13] Yang W, Zhu X, Liu J. Annual experimental research on convective heat transfer coefficient of exterior surface of building external wall [J]. Energy & Buildings, 2017, 155: 207-214.

[14] Palyvos J. A. A survey of wind convection coefficient correlations for building envelope energy systems' modeling [J]. Applied Thermal Engineering, 2008, 28 (8): 801-808.

[15] Defraeye T, Blocken B, Carmeliet J. Convective heat transfer coefficients for exterior building surfaces: Existing correlations and CFD modelling [J]. Energy Conversion & Management, 2011, 52 (1): 512-522.

[16] Mirsadeghi M, Cóstola D, Blocken B, et al. Review of external convective heat transfer coefficient models in building energy simulation programs: Implementation and uncertainty [J]. Applied Thermal Engineering, 2013, 56 (1-2): 134-151.

[17] Lee S. W, Moon H. S. Heat transfer characteristics on the tip surface of a high-turning turbine rotor blade [J]. Transactions of the Korean Society of Mechanical Engineers B, 2008, 32 (3): 207-215.

[18] Barlow J. F, Belcher S. E. A wind tunnel model for quantifying fluxes in the urban boundary layer [J]. Boundary-Layer Meteorology, 2002, 104 (1): 131-150.

[19] Narita K. I. Experimental study of the transfer velocity for urban surfaces with a water evaporation method [J]. Boundary-Layer Meteorology, 2007, 122 (2): 293-320.

[20] Clark G, Allen C. The estimation of atmospheric radiation for clear and cloudy skies [C]. Proceedings of 2nd National Passive Solar Conference (AS/ISES), Philadelphia, PA, US, 1978, 2: 675-678.

[21] Berger X, Buriot D, Garnier F. About the equivalent radiative temperature for clear skies [J]. Solar Energy, 1984, 32 (6): 725-733.

[22] Tang R, Etzion Y, Meir I. A. Estimates of clear night sky emissivity in the Negev Highlands, Israel [J]. Energy conversion and management, 2004, 45 (11): 1831-1843.

[23] Kasten F, Czeplak G. Solar and terrestrial dependent on the amount of the type of cloud [J]. Solar Energy, 1980, 24 (2): 177-188.

[24] Berdahl P, Martin M. Emissivity of clear skies [J]. Solar Energy, 1984, 32 (5): 663-664.

[25] Penman H. L. Evaporation over the british isles [J]. Quarterly Journal of the Royal Meteorological Society, 2010, 76 (330): 372-383.

[26] 中华人民共和国住房和城乡建设部. 建筑节能气象参数标准: JGJ/T 346—2014 [S]. 北京: 中国建筑工业出版社, 2014.

[27] Sodha M S, Kumar A, Singh U, et al. Periodic theory of an open roof pond [J]. Applied Energy, 1980, 7 (4): 305-319.

[28] 孟庆林, 陈启高, 冉茂裕, 等. 关于蒸发换热系数 he 的证明 [J]. 太阳能学报, 1999, 20 (2): 216-219.

[29] 陈启高. 围护结构隔热计算中外表面换热系数的取值 [C]. 建筑物理学术论文选集. 2004: 171-174.

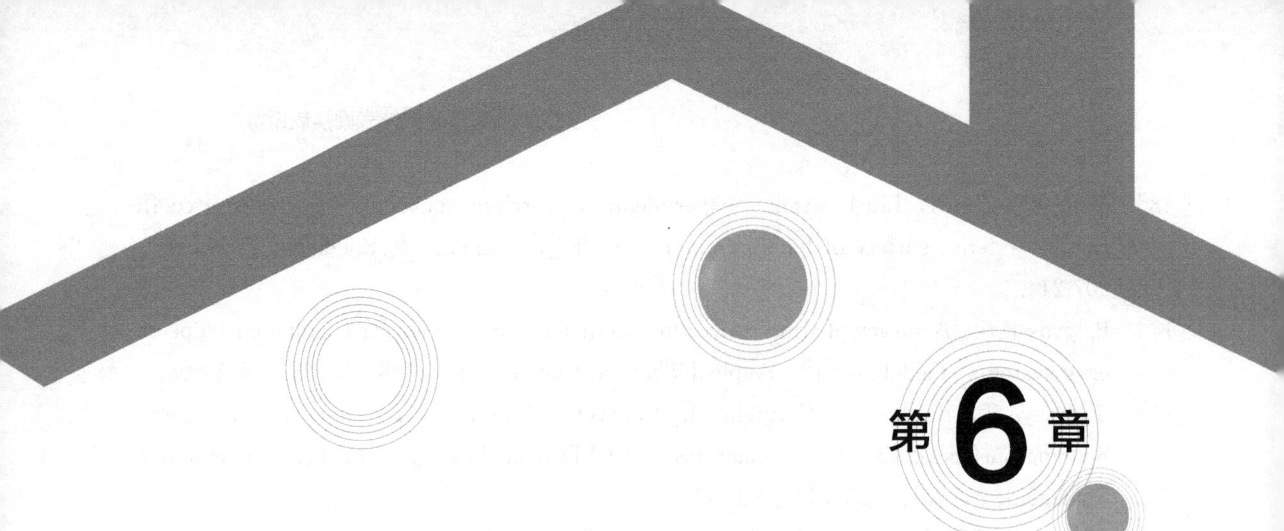

第6章

盐雾环境下海岛建筑墙体热质迁移特性

极端热湿气候区建筑常年处于高温、高湿和强辐射并存的环境中，更为突出的是海洋大气盐雾会沉降在建筑围护结构表面并侵入内部，因此建筑墙体不仅存在热量传递，还同时存在湿和盐的两质传递，致使一维墙体传热问题在该地区变为了一维、两质、三场的热质耦合迁移问题。本章针对热湿地区盐雾环境下墙体热质传递特性展开研究，建立建筑表面氯离子浓度计算模型，提出了建筑外壁面对流传质系数测试方法，揭示了材料含盐量对湿物性参数的影响规律，建立了墙体内热、湿和盐迁移耦合模型，探明含盐围护结构的热湿传递特性，并探究在盐雾环境下不同时期由于盐分积累所造成建筑围护结构热性能的差异性，进而对该地区墙体构造提出建议，为热湿地区盐雾环境下的岛礁建筑热工设计提供理论基础和方法支撑。

6.1 概述

针对本章节相关研究内容，本小节总结了盐雾环境下建筑表面氯离子浓度、建筑材料湿物性参数、建筑围护结构表面对流传质研究以及围护结构热质迁移研究现状，为后续研究提供理论基础。

6.1.1 盐雾环境下建筑表面氯离子浓度研究

低纬度岛礁地区建设逐步加快，该地区除具有高温高湿强辐射的气候特点外，空气中含有盐分也是其相较于内陆地区的显著特点。胡杰珍[1] 在热带海岛大气中进行氯离子沉积测试，结果表明：在离海距离 50m 处，氯离子沉降速率为 176mg/(m^2 · d) 左右，离海距离 150m 时，氯离子沉降速率在 100mg/(m^2 · d) 以下；上述研究充分说明，沿海或岛礁建筑处于盐雾环境中。这就导致在盐雾环境下盐分会沉降在建筑墙体表面并侵入内部。

国内外研究者在不同地域对暴露于海洋盐雾环境下建筑构件表层进行采样，测量样品内氯离子含量，分析不同暴露时长和离海距离下建筑材料表层氯离子浓度或是内部分布情况。张菲菲[2] 对深圳滨海盐雾区的实际构件表层进行取样，取样构件的服役年限基本都在 10 年以上，总样品量达到 934 个，分析大气环境中建筑表面的氯离子侵入量，结果表

明：在深圳大气区环境下，建筑表面氯离子含量范围大约在 0～0.85%之间，平均值在 0.3%。Liu[3] 研究了在海洋大气环境下建筑表面氯离子含量受离海距离的影响，采样对象为暴露于盐雾下 15 年以上的混凝土，结果表明离海岸 100～200m 处的混凝土表面氯离子浓度在 0.3%～0.4%之间，在离海距离 200m 以外的混凝土，其表面氯离子浓度小于 0.3%。

同时研究者对盐雾环境下混凝土材料内部的氯离子分布也做了大量研究。Meira[4] 等将混凝土试件暴露于盐雾环境中不同离海距离的地方，定期获取试件剖面并检测氯离子含量，测试结果表明离海边 100m 处暴露 3 年的混凝土内氯离子浓度峰值为 0.5%，且离构件表面 20mm 后氯离子含量基本为 0.15%以下，同时研究给出了不同剖面内氯离子含量随时间以及离海距离的变化规律；Real[5] 将普通混凝土暴露于海洋盐雾环境下 1～3 年，测量构件内氯离子含量发现，离构件表面 0～20mm 处氯离子浓度最大值为 0.25%，离构件表面 25mm 之后侵入量较小。上述研究给出暴露于海洋大气区盐雾环境下建筑材料中氯离子的含量，可以发现，沿海建筑材料会存在氯离子侵入的现象，但含量明显低于构件在潮差区和水下区并且侵入深度有限。

暴露于大气环境下的建筑材料表面氯离子浓度和诸多因素有关，例如离海距离、暴露时长以及建筑材料本身的特性。因此研究者试图基于现场实测结果，建立多因素作用下的建筑表层氯离子模型。杨绿峰[6] 等结合已有研究，收集来自全球各个地区包括葡萄牙西海岸、瑞典西海岸、马来西亚和巴西东北部地区的文献调研数据，通过回归分析，提出了考虑时间因素的普通混凝土表面氯离子浓度计算模型：

$$C_{\mathrm{Cl,surf}}(d,v,R_{\mathrm{W/B}},\tau)=1.03\mathrm{e}^{-0.0d}\nu^{0.83}R_{\mathrm{W/B}}(1-e^{-1.81\tau}) \tag{6-1}$$

式中　v——风速，m/s；

τ——时间，a。

徐田欣[7] 分析了盐雾区混凝土结构表面氯离子浓度与暴露年限的函数关系，拟合数据源主要来自不同地区，如下式：

$$C_{\mathrm{Cl,surf}}=-0.784\cdot\mathrm{e}^{-\tau/4.87}+0.752 \tag{6-2}$$

据上述模型可以看出，混凝土结构表面氯离子浓度的多因素计算模型都具有一定的地域特点，因为各地区室外环境的温度、相对湿度和风速风向都长期作用于构件表面，影响其表面氯离子含量，这也是造成不同地区模型具有一定差异性的原因。

综上所述，大量研究表明长期暴露在海洋环境下的建筑表面必然会存在盐分沉降于表面并侵入内部的现象。但目前我国热湿地区盐雾环境下建筑表面氯离子浓度尚不明确，需进行文献和实地调研，探明建筑外表面氯离子含量变化规律，建立适用于热湿岛礁地区的建筑表面氯离子模型，可为后续实验和计算提供真实的数据支持，保证实验和模拟研究符合工程实际背景。

6.1.2　建筑材料湿物性参数研究

建筑材料湿物性参数是多孔建筑材料热湿耦合模型计算的基础。得到准确的建筑多孔材料湿物性参数是墙体的热工设计、建筑能耗计算及室内热湿环境分析的基础。这里主要介绍本研究将要用到的 3 种湿物性参数：水蒸气渗透系数、吸水系数和等温吸放湿曲线。

水蒸气渗透系数是建筑材料最重要的湿物理性质之一。Glaser[8] 模型使用蒸汽渗透系数描述建筑材料传递水蒸气的能力，我国《民用建筑热工设计规范》GB 50176—2016[9] 也采用该方法。Phalguni[10] 提出一种用于测量水蒸气渗透系数的“改进型杯法”，研究温度对建筑材料透湿性能的影响，结果表明温度在 7～43℃之间的变化，材料的水蒸气渗透性并没有明显变化；Pazera[11] 提出多层试验方法，包括同时测试几个垂直堆积的材料层，每层由等厚的气隙隔开，无线相对湿度和温度传感器安装在每一层的表面，提供连续的温度和相对湿度监测，结果表明该方法可以显著减少实验工作量并提高测试结果的精度。

液态水扩散系数则是用来表征材料传递液态水的能力，液态水扩散系数是由毛细吸水系数计算得到的，而吸水系数是通过毛细吸水实验测量得到，因此研究者普遍是针对吸水系数开展研究。Raimondo[12] 研究了产品特性和工艺条件对黏土砖吸水初始速率的影响，分析孔隙度参数（孔隙量、孔径和弯曲度）与吸水系数的关系；Tsunazawa[13] 评价毛细管上升速率与孔隙尺寸的关系；傅强[14] 研究橡胶集料自密实混凝土与普通混凝土的毛细吸水特性，阐明橡胶掺量对该类型混凝土吸水性能的影响。

另外，平衡含湿量曲线也是重要的湿物性参数，它是描述材料对水蒸气存储能力的参数。Saeidpour[15] 测试水泥砂浆中混有不同种类和不同比例的胶粘剂后，对水蒸气吸放湿曲线的影响；Burgh[16] 介绍两种新型测定硬化凝胶材料的多室试验装置，进行了中高温度吸放湿曲线的测试。

还有一些研究者对多个湿物性参数同时进行研究，钟辉智[17] 对新型保温材料进行多种湿物性参数测试；李魁山[18,19] 对混凝土和保温材料等进行了水蒸气渗透系数和吸放湿曲线的测试，将它们表示成为相对湿度的单值函数；Feng[20,21] 对影响湿物性参数测试结果的因素进行了全面分析，针对平衡含湿量曲线的研究发现 10～40℃范围内温度对曲线没有明显影响，并且试件尺寸对吸放湿实验的结果也没有明显影响，对于吸水系数的研究中发现温度对吸水系数和液态水扩散系数有明显影响，液态水扩散系数随着温度的上升而增加，具体影响程度可以根据 Lucas-Washburn 公式进行估计，并且在研究中改进一些测试湿物性参数的方法。

可以看出，目前对于湿物性参数的研究主要涉及改进测试方法和装置，以及测量新型材料湿物性参数，而盐分影响湿物性参数的研究却鲜有报道。仅有少数研究是关于材料对不同盐溶液的吸湿性能，例如，潘振皓[22] 以多孔烧结陶片为研究对象，使其在不同浓度的 NaCl 溶液中进行毛细吸水实验，结果表明盐分将削弱陶片吸水的能力，削弱程度随盐分浓度提高而增强，此外，还对陶制多孔材料含盐后的蒸发效果进行了大量的风洞实验研究，研究表明含盐空气削弱了含湿材料的蒸发率；Cnudde[23] 以石材为研究对象，比较它在浓度为 5％的盐溶液和纯水中的吸湿差异性。而目前热湿岛礁建筑实际情况为墙体表面存在盐分累积，甚至已经侵入内部，并非直接对盐溶液进行吸湿。因此基于沿海岛礁建筑壁面的实际工程情况，若不明确材料中已有盐分对湿物性参数的影响规律，那么该地区热工设计和能耗评估便无从谈起。

6.1.3 建筑表面对流传质系数研究

对流传质系数作为建筑分界面的热工参数，出现在围护结构的热质迁移计算过程中，

与对流换热系数有着同等重要的地位，此外对流传质系数还涉及壁面蒸发换热[24]。国内外学者对传质系数进行了大量研究，传质系数是材料领域干燥过程的重要物性参数。Defraeyeli[25] 对多孔材料干燥过程进行数值分析，揭示传热系数和传质系数的变化规律；也有研究者对建筑材料与外界热湿交换过程中的对流传质系数进行研究；Steeman[26] 比较采用不同驱动势对流传质系数的影响。

目前在围护结构热湿耦合模型的计算和工程应用中，普遍使用对流换热系数计算对流传质系数。而真实室外条件下，对流换热系数的传统测量方法一般采用热平衡法。Yang[27] 等人基于建筑外表面的热平衡进行了为期一年的换热系数实验测试。张泠[28] 同样使用热平衡法测量了楼顶建筑竖直壁面的对流换热系数，并使用热流计在测量中更加精确。但在多变的室外环境条件下，使用热平衡法测量对流换热的过程中，一方面稳态热流计灵敏度不够[29]；另一方面热平衡法使用仪器较多，容易出现误差积累和难以进行多点测量的问题[30]，如果利用热平衡法所得的传热系数去计算传质系数，结果的准确性不能保证。因此，有必要提出一种可以简便直接且精度可接受的测试方法。

6.1.4　围护结构热质迁移研究

在热湿地区盐雾环境下，墙体内热湿和盐同时进行耦合传递，因此本书所提到的墙体热质迁移中的“质”既包括水分也包括盐分，首先分析墙体内湿传递的研究现状。通常在计算冷负荷时，只考虑墙体传热而忽略湿迁移，事实上湿迁移与热迁移之间互相作用，水分迁移会对负荷计算和室内环境造成影响，因此在相对湿度较高的环境中不可忽略；此外，当墙体含湿量过大时，墙体很可能会出现发霉现象，不仅影响墙体耐久性，同时还会影响室内空气品质。

学者针对建筑墙体中的水分迁移进行了大量研究，Glaser[8] 湿扩散模型是基于菲克定律而提出的，由于该模型未考虑液态水分且假设为稳态过程，因此其使用简便，在围护结构的工程设计中一直被普遍使用，我国《民用建筑热工设计规范》GB 50176—2016[9] 也采用该方法。

$$J_{\mathrm{v}}=-\delta_{\mathrm{v}}\frac{\Delta P_{\mathrm{v}}}{\Delta x} \tag{6-3}$$

式中　J_{v}——水蒸气质量流量，$\mathrm{kg/(m^2 \cdot s)}$；

δ_{v}——水蒸气渗透系数，$\mathrm{kg/(m \cdot s \cdot Pa)}$；

P_{v}——水蒸气压力，Pa。

而研究者发现忽略液态水并不能满足准确预测围护结构内水分迁移的需求，Mendes[31] 等提出以温度梯度和湿容量梯度为驱动势的多层墙体热湿传递模型，处理不同材料之间的物性不连续问题，并研究不同边界条件下材料的热湿耦合模型。

$$\frac{\partial w}{\partial \tau}=\frac{\partial}{\partial x}(D_{\mathrm{w}}\nabla w)+\frac{\partial}{\partial x}(D_{\mathrm{T}}\nabla T) \tag{6-4}$$

$$\rho_{\mathrm{m}}c_{\mathrm{p,m}}\frac{\partial T}{\partial t}=\frac{\partial}{\partial x}\left(\lambda\frac{\partial T}{\partial x}\right)+h_{\mathrm{lv}}\rho_{\mathrm{l}}\frac{\partial}{\partial x}\left(D_{\mathrm{T}}\frac{\partial T}{\partial x}+D_{\mathrm{w}}\frac{\partial w}{\partial x}\right) \tag{6-5}$$

式中　w——体积含湿量，$\mathrm{m^3/m^3}$；

ρ_m——密度，kg/m^3；

$c_{p,m}$——材料的比热容，$J/(kg \cdot K)$；

λ——导热系数，$W/(m \cdot K)$；

h_{lv}——蒸发潜热量，J/kg；

ρ_l——密度，kg/m^3；

T——开尔文温度，K；

D_T——与温度有关的传质系数，$m^2/(s \cdot K)$；

D_w——与含湿量有关的传质系数，m^2/s。

Qin[32] 提出了温度梯度系数的确定方法，对一些建筑材料的水分扩散系数、温度梯度系数进行了实验评价，基于测量结果，提出一种模拟多层墙体热湿耦合迁移的动态数学模型。该模型形式上相对简化，将液态和汽态水传递统一为水分传递系数，但并未阐述如何得到该系数；刘向伟[33] 阐明了墙体热湿耦合迁移机理，建立以温湿度为驱动势的热湿耦合传递方程：

$$\frac{\partial u}{\partial \varphi}\frac{\partial \varphi}{\partial \tau}=\nabla\left[\left(\delta_v P_s+K_l\rho_l R_D\frac{T}{\varphi}\right)\nabla\varphi+\left(\delta_v\varphi\frac{dP_s}{dT}+K_l\rho_l R_v\ln(\varphi)\right)\nabla T\right] \tag{6-6}$$

$$(\rho_m c_{p,m}+wc_{p,l})\frac{\partial T}{\partial \tau}=\nabla(\lambda\nabla T)+h_{lv}\nabla\left[\delta_p\left(\varphi\frac{dP_s}{dT}\right)\nabla T+P_s\nabla\varphi\right] \tag{6-7}$$

式中 u——质量含湿量，kg/kg；

P_s——饱和水蒸气压力，Pa；

R_v——水蒸气的气体常数，$J/(kg \cdot K)$。

由于相对湿度是基本气象参数之一，以相对湿度和温度作为驱动势可以直接应用于建筑热工计算。

上述研究可以看出，目前研究已不局限于稳态和只考虑水蒸气传输的Glaser湿扩散模型，因此国内学者开展了具有工程指导意义的研究工作，孔凡红[34] 对新建建筑干燥特性以及干燥过程对室内热湿环境进行分析，并且对严寒地区新建建筑围护结构多层材料的热湿传递建立模型并加以验证，结果表明保温层内侧增加隔汽层可以缓解围护结构受潮；王莹莹[35] 分析了热湿传递对室内环境以及建筑能耗的影响。国内学者针对我国不同气候区的围护结构热湿迁移特性进行了研究，但并未涉及热湿地区盐雾环境下的岛礁建筑围护结构。由于该地区的建筑墙体存在盐分积累与迁移，使得墙体内增加了盐分浓度场，这使得原本一维墙体的热湿迁移问题，变成了一维墙体、两质传递、三场耦合的问题。

国内外学者关于氯离子在多孔材料内传递也进行了诸多探索，Samson[36] 和 Ababneh[37] 构建了混凝土在非饱和状态下的氯离子扩散与对流耦合作用的传输模型。李克非[38] 等人运用对流与扩散传输机理并考虑材料对氯离子的吸附作用，建立氯离子在混凝土中的传输模型。

部分研究者针对海洋大气区提出相应的氯离子传递模型，Liu[39] 提出一种描述大气碳化作用下海沙混凝土内部氯化物分布的数学模型，利用 COMSOL 软件对随机集料生成的混凝土模型进行了数值模拟，结果表明孔隙溶液中氯离子浓度随深度的增加而降低，并预测海沙混凝土结构暴露在大气环境下的使用寿命；Zhang[40] 评估用于桥梁上部和下部结

构项目的混凝土的氯离子迁移阻力，并采用菲克第二定律和概率实现方法对氯离子随时间的扩散进行了建模，对模型的可靠性进行了评估。上述研究大多针对水下区、潮差溅浪区的混凝土构件进行探究，即使是针对海洋大气区的混凝土构件也是位于海面上方的码头或桥体，其所处环境往往属于重度盐雾区，虽然对围护结构中盐分侵入的研究提供了借鉴，但不可能完全套用，因为岛礁建筑物所处位置距海边有一定的距离，大气含盐量不及盐雾重度区，无论是边界条件，还是内部主导传递机理都有所不同，海岛建筑盐分对墙体热工性能的影响研究处于空白，该地区急需盐雾环境下建筑围护结构内热质耦合迁移的计算方法作为热工设计的理论依据。

6.2　盐分对材料湿物性参数的影响

由于滨海建筑处于盐雾环境中，氯离子会在围护结构表面累积并且向内部侵入，若要探究盐雾环境下建筑围护结构的热质迁移问题，需首要明确墙体材料内盐分对湿物性参数的影响。描述多孔材料内水分迁移和储存的湿物性参数有很多，结合后续研究需求，选取了可反映水分存储能力的平衡含湿量，反映液态水迁移的液态水扩散系数以及表征汽态水迁移的水蒸气渗透系数作为研究对象，分别对未含盐与含盐材料湿物性参数进行测试，探究不同含盐量下材料湿物性参数的变化规律，并量化盐分对湿物性参数的影响，建立多因素影响下的湿物性参数计算模型，最后结合盐溶液的性质与不同材料含盐量工况下的扫描电子显微镜（SEM）形貌图，分析盐分对湿物性参数影响规律的成因。为探究盐分对材料湿物性的影响提供方法指导，同时也为揭示含盐围护结构内的湿和盐耦合关系奠定基础。

6.2.1　实验方案

1. 总体研究路线

为揭示盐分对湿物性参数的影响，以材料内含盐量为变量设置对比实验。具体实验技术路线如图 6-1 所示。首先制作所需的实验试件，将制作完成的试件分为对照组和实验组，对照组试件不做任何处理直接进行湿物性参数测试，而实验组则需要经盐分侵入处理，使试件中含盐量达到沿海建筑表层含盐量实际范围内，再进行湿物性参数测试；在湿物性参数测试阶段，进行三种测试实验分别是水蒸气渗透实验、吸湿平衡实验和毛细吸水实验，分别对应测试出的湿物性参数是水蒸气渗透系数，平衡含湿量和液态水扩散系数；两组材料经历了湿物性测试后，便可根据对照组和实验组的测试结果对比得到盐分对湿物性参数的影响规律。

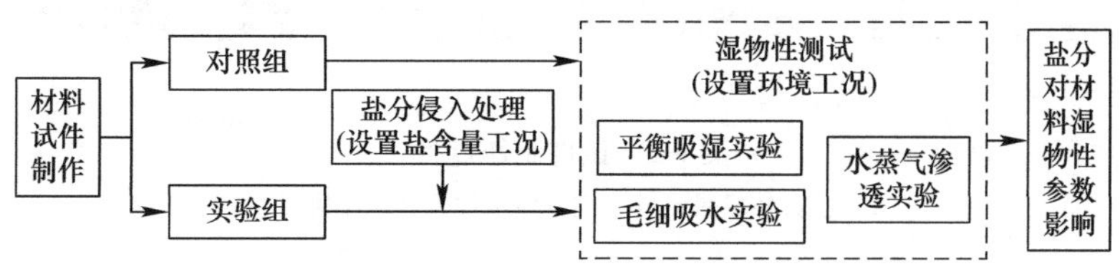

图 6-1　盐分对材料湿物性影响实验的技术路线

需要说明的是，对照组中只包含一种工况，即未含盐工况，而实验组在盐分侵入处理阶段时将设置多个含盐量工况，以便探究不同含盐量对材料湿物性参数的影响。此外在湿物性参数测试过程中也需设置环境工况，这是由于被测湿物性参数会受到温湿度的影响，这些湿物性参数在未含盐状态下就会受到环境因素的影响。以水蒸气渗透实验为例，首先将制作好的试件进行盐分侵入处理，同时设置多种材料含盐工况；之后进入湿物性参数测试阶段，由于已有研究表明水蒸气渗透系数受相对湿度影响显著，而常温环境中温度对水蒸气渗透系数的影响可以忽略不计，因此只在不同相对湿度环境中测试对照组和实验组内各含盐工况试件的水蒸气渗透系数，不考虑温度对水蒸气渗透系数的影响。最后比较对照组与实验组在各相对湿度环境中的水蒸气渗透系数，揭示在多孔材料内盐分对汽态水分迁移的影响规律。

2. 试件的制作

无论外层墙体主体结构是混凝土或是砌块砖，一般最外侧都使用水泥砂浆抹面，同时建筑表面直接与海洋大气接触最先遭受氯离子侵蚀，因此本研究选定水泥砂浆作为研究对象。在进行毛细吸水实验、水蒸气渗透实验和平衡吸湿实验时所需试件形状不同，后两者所需试件为片状，而毛细吸水实验的试件则为立方体，于是分别制作尺寸为 100mm×100mm×10mm 和 50mm×50mm×50mm 的模具，使用 32.5 级普通水泥和中砂，参照制作 M7.5 水泥砂浆的配合比水泥：砂：水＝2.3：14.5：3.2，浇筑 24h 后拆模放入标准养护室养护 28 天。水泥砂浆的基本物性参数如表 6-1。

水泥砂浆物性参数　　表 6-1

参数	密度（kg/m^3）	导热系数[W/(m·K)]	比热容[J/(kg·K)]
值	1800	0.93	1050

图 6-2 中展示了使用的模具与成品。将制作好的试件分为对照组和实验组，之后对实验组的试件进行盐分侵入处理。

(a)

(b)

(c)

图 6-2　试件制作过程

(a) 立方体模具；(b) 立方体试件；(c) 片状试件

3. 试件中氯离子侵入方法及含盐量工况设置

结合建筑表面氯离子多因素计算模型可以得到表面氯离子含量基本在 0～0.75%范围

内，随着暴露时间的增加侵入量会逐渐稳定，并且在盐雾环境下，氯离子侵入构件的深度有限。鉴于上述特征，在探究氯离子对湿物性参数影响时，需设置合理的工况，限制氯离子侵入试件的量，如果试件中氯离子含量过大，实验则缺乏实际工程背景，因此如何在试件中复现沿海建筑表层含盐量就显得尤为重要。上述 3 种湿物性参数的测试实验中，涉及片状和块状两种形状的水泥砂浆试件，为此针对不同试件形状提出了相应的氯离子侵入方式，目的是使氯离子侵入量在合理范围内并达到预设工况。

(1) 片状试件的盐分侵入方法

水蒸气渗透实验与平衡吸湿实验均使用 10cm×10cm×1cm 的薄片型试件。考虑到试件形状为 1cm 薄片状，可将其完全侵入盐溶液中，给予足够长的时间浸泡，使盐分充分进入试件内部。在实验组中，通过调节浸泡试件的盐溶液浓度实现试件内不同含盐量的设置。海水主要成分是 Na^+ 和 Cl^-，因此选定 NaCl 溶液作为浸泡盐溶液。实验组共设置 4 个工况，配制质量浓度 2.5%、5%、7.5% 和 10% 的 NaCl 溶液，如图 6-3 所示。

图 6-3 片状试件盐分侵入

(2) 块状试件的盐分侵入方法

在吸水系数测试中，水泥砂浆试件需为立方体形状。若将立方体的底面假定为墙体外壁面的一部分，如图 6-4 所示。将干燥试件底部浸没于盐溶液中，使氯离子单侧侵入试件，箭头代表氯离子入侵墙体方向，立方体试件被盐分侵入侧类比墙体外侧。为使试件氯离子含量符合实际工程背景，这就需要控制盐分侵入深度以及盐溶液浓度。

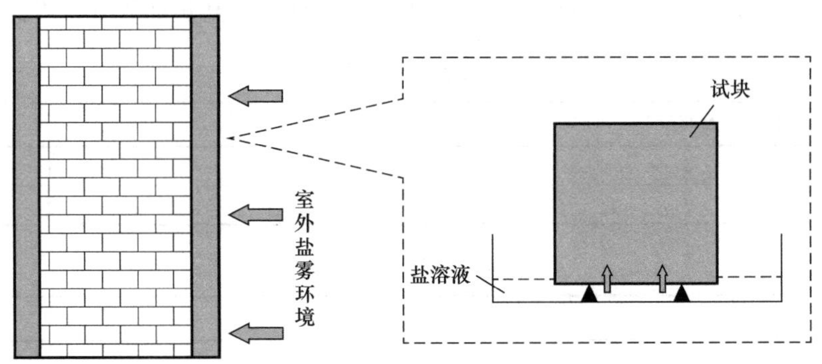

图 6-4 立方体试件盐分侵入

氯离子在混凝土中迁移的过程就是带电粒子或分子在多孔介质的孔隙液中迁移的过程。干燥的试件接触到盐溶液时，由于毛细吸水作用，试件的孔隙会吸收水分，氯离子随着载体溶液发生整体迁移。根据 Zhang[40] 的研究表明，当盐溶液通过毛细作用在水泥砂浆中传输时，水比氯离子要侵入更快，会发生氯离子与水分离，也就是说当水分高度达到 H_1 后，氯离子所入侵的深度 H_{Cl} 小于 H_1，两者之间的关系：

$$H_{Cl} = 1.54 \times 10^{-3} + 0.44 H_1 \tag{6-8}$$

式中　H_1——水分上升高度，m；

H_{Cl}——氯离子上升高度，m。

通过分析盐雾环境下建筑构件内氯离子分布的已有研究，在较长暴露时间下盐分侵入构件深度普遍在 2～3cm 内，因此实验将盐分侵入深度控制在该范围内。在预设盐分侵入试件深度后，即可根据上式计算得到水分侵入深度。而侵入深度与底面浸泡时间的关系为：

$$H_1 = \frac{A_{cap}}{w_{cap}}\sqrt{\tau} \tag{6-9}$$

式中　w_{cap}——毛细饱和含湿量，kg/m^3；

A_{cap}——吸水系数，$kg/(m^2 \cdot s^{0.5})$。

毛细饱和含湿量与吸水系数都是在毛细吸水实验过程中得到的物理量，在之后的毛细吸水实验中会具体介绍。在已知水分上升高度时，根据式（6-9）即可确定试件底部浸泡于盐溶液的时间。试件浸没 NaCl 溶液的时间被确定，只能通过调节 NaCl 溶液的浓度来改变试件内含盐量，以实现设置实验组不同含盐量工况的目的。由于立方体只是单侧浸泡，并且限定了试件浸泡的时间，因此设置块状试件所需的 NaCl 溶液浓度应大于薄片时的溶液浓度。实验组共设置 4 个工况，配制质量浓度为 5%、10%、15%和 20%的 NaCl 溶液。

（3）盐分侵入量的测试结果

两种形状试件经盐分侵入处理后，实验组中试件内部均已含有盐分。本书中提及的材料含盐量是以材料中含有 Cl^- 质量百分比浓度为表征。测试材料内含 Cl^- 质量浓度的具体方法已在第 2 章测试采样样品中 Cl^- 含量时进行了具体说明，这里不再赘述。但需要指出的是，随机选取浸泡好的试件并从试件上取粉时，片状试件和立方体试件取粉深度都为 10mm。经不同浓度的 NaCl 溶液浸泡后，两种形状试件的含盐量如表 6-2 和表 6-3 所示。

块状试件含盐量　　**表 6-2**

工况	对照组	1	2	3	4
NaCl 浓度	0	5%	10%	15%	20%
氯离子含量(%)	0	0.103	0.201	0.424	0.605

片状试件含盐量　　**表 6-3**

工况	对照组	1	2	3	4
NaCl 浓度	0	2.5%	5%	7.5%	10%
氯离子含量(%)	0	0.175	0.334	0.518	0.724

对比表 6-2、表 6-3 可以看出，试件中氯离子含量均随着浸泡 NaCl 溶液浓度的增加而增加。虽然浸泡立方体试件的 NaCl 溶液浓度高于浸泡片状试件溶液的浓度，但立方体试件的含盐量却低于片状试件的含盐量。这是由于盐分从片状试件两侧侵入内部，试件厚度仅 1cm 且浸泡时间充足，而立方体块状试件仅底部置于 NaCl 溶液中。基于上述对水泥砂浆试件的处理，制备了实验组各含盐工况下的试件，之后测试实验组和对照组试件的湿物性参数。需要指出的是，经 NaCl 浸泡后的材料，其湿物性参数的改变是 Na^+ 和 Cl^- 的共

同作用，而仅以氯的质量百分比含量表征材料内的含盐量。实验组中有 4 个不同含盐量工况，每个盐分工况中包含 3 个试件，取 3 个试件的平均值作为该含盐工况下湿物性参数测试值。

4. 平衡吸湿实验

材料在湿空气中吸湿本质上是固体表面对汽态水分子的吸附。当气体分子与固体表面发生碰撞，由于它们的互相作用，使得一些分子停留在固体表面上，造成这些分子在固体表面浓度大于气体中的浓度，这种现象称为吸附。发生吸附现象的原因是固体表面能总是以各种方式自发地趋于减小，气体在固体表面上吸附即可降低表面能。固体为吸附剂，被吸附的物质叫吸附质。气体分子被多孔材料的孔壁吸附可以是单层吸附，也可以是多层吸附。在等温条件下，随着吸附质的压力增加，固体对吸附质的吸附量也逐渐增加，孔壁会形成一层吸附膜，对于一些孔径较小的孔隙可能被液态吸附质所填充，如图 6-5 所示。

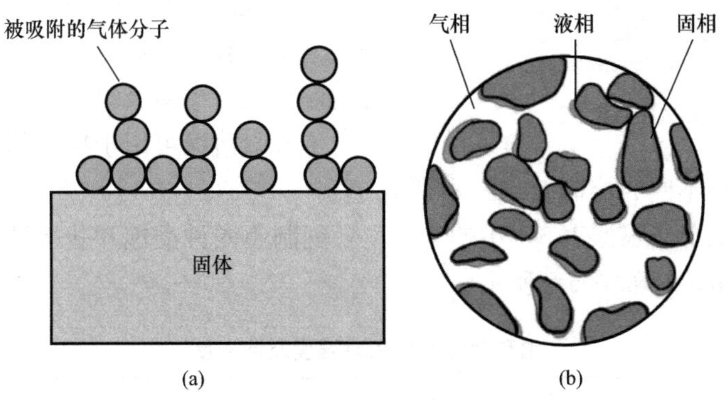

图 6-5　固体吸附气体示意图

(a) 固体表面吸附；(b) 形成吸附膜

在湿空气中材料对水分的吸附现象宏观表现为材料的含湿量增加。若环境相对湿度不变，在足够长的时间内材料吸湿会达到平衡状态，即含湿量不变，称此时材料的含湿量为平衡含湿量，随着相对湿度的增加，平衡含湿量也会随之增加，因此，平衡吸湿实验需要测量不同相对湿度环境中材料的平衡含湿量。以相对湿度作为横坐标，含湿量作为纵坐标，将不同相对湿度中材料的平衡含湿量用平滑曲线连接，即可得到平衡含湿量曲线，在吸湿条件下测得的平衡含湿量曲线也称为吸湿曲线，虽然吸湿曲线与放湿曲线会存在差异，称为吸附滞后现象，但在围护结构热湿计算中通常忽略这一现象，并且已有研究表明在常温环境下，材料的平衡含湿量受温度影响很小可忽略[41]，因此环境工况只以相对湿度作为变量，不考虑温度影响。探究各相对湿度环境中不同含盐量水泥砂浆试块的平衡含湿量。

(1) 测试原理及方法

平衡吸湿实验具体步骤是首先烘干制作好试件，之后将烘干制作完成的试件放置于相对湿度受控的密封箱内进行吸湿，且每间隔 24h 称重试件，连续三次测量试件质量波动小于 0.1%时认为材料吸湿达到稳定状态。用于平衡吸湿实验的试件形状与水蒸气渗透实验相同，片状试件可缩短达到平衡含湿量的时间。受控相对湿度环境下材料的含湿量：

$$u=\frac{m_{\mathrm{wet}}-m_{\mathrm{dry}}}{m_{\mathrm{dry}}} \tag{6-10}$$

式中 u——平衡含湿量，kg/kg；

m_{dry}——干燥试件的质量，kg；

m_{wet}——达到吸湿平衡后试件的质量，kg。

完成试件在某个相对湿度环境中的测试后，需将试件重新烘干，再进行下一个相对湿度环境中的吸湿实验。

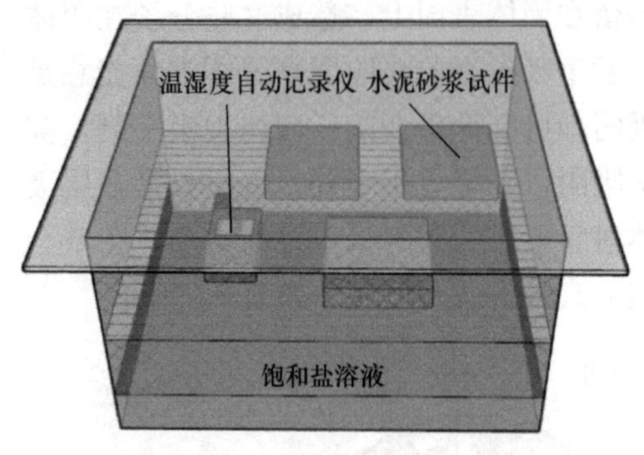

图 6-6　吸湿性能测试

(2) 实验装置

为满足平衡吸湿实验要求，需要营造受控相对湿度环境。研究采用饱和盐溶液控制密闭箱内的相对湿度环境。具体操作是在密闭箱底部倒入饱和盐溶液，在上方设置支架，试件被放置在支架上进行吸湿。同时将 Testo 温湿度自动记录仪放入密闭箱中，监测内部温湿度，如图 6-6 所示。实验装置处于常温环境中，因此忽略温度对平衡吸湿量的影响。

饱和盐溶液可用于控制箱内相对湿度，不同盐溶液可以达到不同的控制效果，本研究选定 97.6%、85.1%、75.5%和 43.2%作为不同的相对湿度工况。根据表 6-4 中的饱和度，配制不同种类饱和盐溶液。磁力搅拌器可用于配制饱和盐溶液，如图 6-7 所示。

饱和盐溶液的相对湿度及饱和度　　**表 6-4**

饱和盐溶液	饱和度(g/100mL)	相对湿度(%)
K_2SO_4	12	97.6
KCl	34.7	85.1
NaCl	35.7	75.5
K_2CO_3	112	43.2

5. 毛细吸水实验

毛细吸水实验是基于毛细作用的水分传输过程。当把一根细管插入液体中，若液体可以润湿管壁，毛细管内将形成凹液面并发生液体在管内上升的现象，反之若液体无法润湿管壁，则会发生管内液体下降的现象，这种液面在细管内上升或下降的现象即为毛细管现象。而建筑多孔材料内分布着直径大小不一的孔隙，当材料底面处于润湿状态，水分就会在毛细作用下逐渐上升，直至全部润湿材料，如图 6-8 所示。基于该水分传输过程，由文献［42］提出的毛细吸水实验可用于估算液态水扩散系数。

图 6-7　磁力搅拌器配制饱和盐溶液

液态水扩散系数是衡量液态水迁移速率的物性参数，单位 m^2/s。液态水扩散系数与材料的含湿量有关，若要精确测量不同含湿量下的液态水扩散系数比较复杂，需对多孔材料内部的毛细吸水全程监测，得到内部含湿量的分布和变化，用波尔兹曼变换法求得液态水扩散系数[43-44]。实验过程中对毛细吸水过程的检测需要较为昂贵和复杂的实验设备，例如 X 射线、伽马射线和中子图谱，并且需要专业的实验人员，不适合大规模推广使用。通过毛细吸水实验测试液态水扩散系数的方法较为简单且便于操作，对仪器设备要求低，虽然该方法测得的液态水扩散系数是材料在不同含湿量下的平均值，但实验证实其与精确测量结果具有相同的数量级，满足工程应用的精度要求。

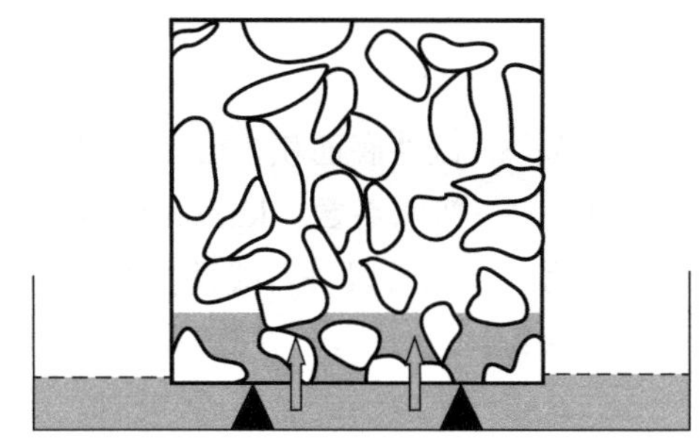

图 6-8　多孔材料毛细吸水示意图

（1）测试原理及方法

通过毛细吸水实验可直接得到材料吸水系数（A_{cap}）和毛细饱和含湿量（w_{cap}），液态水扩散系数则是通过上述两个参数计算得到。将标准的立方体试件放置于水面上，试块底部保持润湿状态，水会在毛细力的作用下逐渐润湿试块整体，在整个润湿过程中，对试件进行多次质量称重。实验具体操作过程如下：将干燥好且称重后质量为 m_{dry} 的试块，放入底部粘有支柱的水槽中，水槽中的液面略微高于支柱顶端，支柱支撑实验试块，使其底面浸没于水中进行一维吸水。每隔一段时间，将水槽中的试件取出用湿布擦去底面附着水，并对试件进行称重，质量为 m_{wet}，再将其放回水槽中继续吸水。一段时间 τ（初始放入时刻至测试时刻）内，试件吸收水分的质量 $m_{moisture}$ 可由此表示为：

$$m_{moisture}(\tau)=m_{wet}(\tau)-m_{dry} \tag{6-11}$$

式中　m_{dry}——干燥后的试块质量，kg；

m_{wet}——试件润湿后质量，kg；

$m_{moisture}$——水分增加量，kg。

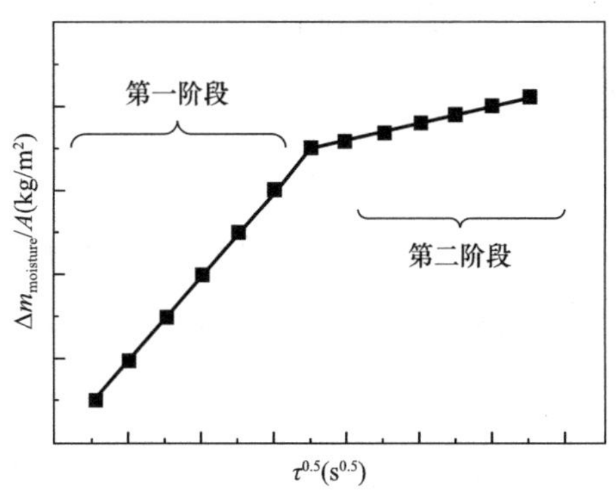

图 6-9　毛细吸水实验结果示意图

将 $m_{moisture}/A$ 作为纵坐标而将时间的平方根作为横坐标，绘制出毛细吸水实验结果示意图，如图 6-9 所示。显然吸水过程分为两阶段，第一阶段表示试件正在通过毛细作用进行一维吸水，此时毛细力和黏性力起主导作用，试件的吸水量迅速增加。第二阶段表示水分已到达材料的上表面，孔隙中的空气渐渐被排出，使得吸水量缓慢增加。需要注意的是图 6-9 的横坐标是时间的 0.5 次方，为使得图中测试点分布均匀，测试间隔时间需要逐渐加大，本研究测试时间设置为首次测量间隔 0.5h，之后分别是 1h、2h 和 3h 等，并且每种时间间隔连续进行两次。

第一阶段的斜率即为吸水系数，可由下式表示：

$$A_{cap}=\frac{\Delta m_{moisture}}{A\sqrt{\tau}} \tag{6-12}$$

式中　A——试件底面积，m^2；

A_{cap}——吸水系数，$kg/(m^2 \cdot s^{0.5})$。

对第一、二阶段进行线性拟合，两条直线交点对应的含湿量则被定义为毛细饱和含湿量可表示为：

$$w_{cap}=\frac{1}{H}\frac{\Delta m_{moisture}}{A} \tag{6-13}$$

式中　w_{cap}——毛细饱和含湿量，kg/m^3；

H——试件高度，m。

根据绘制的毛细吸水实验过程图可得到 w_{cap} 和 A_{cap}，基于测量结果可根据下式得到液态水扩散系数的估算值：

$$D_l=\frac{\pi}{4}\left(\frac{A_{cap}}{w_{cap}}\right)^2 \tag{6-14}$$

式中　D_l——液态水扩散系数，m^2/s。

毛细饱和含湿量不受环境因素影响，但吸水系数会受到温度影响，这是由于毛细吸水高度与水的表面张力和动力黏度有关，而温度会影响这两个物理量。根据 Lucas-Washburn 公式：

$$x=\sqrt{\frac{\varepsilon r\cos\kappa}{2\mu}}\sqrt{\tau} \tag{6-15}$$

式中　ε——表面张力，N/m；

μ——动力黏度，Pa·s；

r——毛细孔半径，m；

κ——接触角，°；

τ——时间，s。

将上式进行处理，等式两边同时乘以液体密度，并除以 $\tau^{0.5}$，可以得到下式：

$$A_{cap}=\rho_l\sqrt{\frac{\varepsilon r\cos\kappa}{2\mu}} \tag{6-16}$$

式中　ρ_l——液体密度，kg/m^3。

从上式可以看出，吸水系数受到表面张力和液体动力黏度的影响，温度对接触角的影响很小可忽略不计。因此可以得到 A_{cap} 与 $\sqrt{\gamma/\mu}$ 存在比例关系，而 $\sqrt{\gamma/\mu}$ 在常温下 0～50℃时与温度呈线性关系：

$$\sqrt{\frac{\gamma}{\mu}}=0.095\times(T-273.15)+6.566 \tag{6-17}$$

式中　T——温度，K。

因此结合式（6-16）和式（6-17），可以得到：

$$A_{cap}=k\times[0.095\times(T-273.15)+6.566] \tag{6-18}$$

上式中当确定孔径的毛细管吸湿，k 可通过孔径和接触角计算得到。但对于材料的吸

水系数，材料内部孔径分布不均，此时 k 值视为与材料类型有关的一个物理量，不同的材料有着不同的 k 值。若是相同材料，则两个不同温度下的吸水系数则满足：

$$\frac{A_{cap1}}{A_{cap2}}=\frac{0.095\times(T_1-273.15)+6.566}{0.095\times(T_2-273.15)+6.566} \tag{6-19}$$

式中　A_{cap1}——温度 T_1 对应下的吸水系数，kg/(m^2 · s$^{0.5}$)；

A_{cap2}——温度 T_2 对应下的吸水系数，kg/(m^2 · s$^{0.5}$)。

式（6-19）表明当已知一个温度下的吸水系数时，可以计算出另一个温度下的吸水系数，已有实验表明毛细饱和含湿量并不受温度影响，因此根据式（6-19）可以得到扩散系数与温度之间的关系为：

$$\frac{D_{l1}}{D_{l2}}=\left(\frac{0.095\times(T_1-273.15)+6.566}{0.095\times(T_2-273.15)+6.566}\right)^2 \tag{6-20}$$

式中　D_{l1}——温度 T_1 对应下的液态水扩散系数，m^2/s；

D_{l2}——温度 T_2 对应下的液态水扩散系数，m^2/s。

综上所述，当建筑多孔材料在未含盐状态下遵循上述比例关系，但当含有盐分时，是否依然遵循上述规律需进一步验证，因此在毛细吸水实验中不仅在25℃的环境工况下对对照组和实验组的试件进行测试，还在35℃和15℃的环境工况中对含盐试件进行测试，探究材料含盐分后是否依然遵循吸水系数与温度的比例关系式（6-19）。方法是测量多个试块在25℃条件下的 A_{cap}，再利用式（6-19）计算得到35℃和15℃的 A_{cap}，同时实测35℃和15℃条件下的 A_{cap}，最后比较多个试块分别在35℃和15℃条件下的测试值和计算值，若存在显著差异，则认为受盐分影响，温度与吸水系数不再遵循原有的比例关系，反之若无显著差异，则认为温度与吸水系数依然遵循原有比例关系，液态水扩散系数与温度的比例关系不会改变。

（2）实验装置

通常毛细吸水实验装置简单，使用底部带有支架的水槽，将试件置于支架之上，并在水槽内注入可浸没试件底面的水量即可。但若直接将试件和水槽放置于开放的环境中，由于蒸发降温的作用，水体温度会低于环境温度和材料温度，这样就无法做到精准控温。测试过程应是让环境温度、材料温度和水温三者一致，这样才能准确得到设定温度下的吸水系数。为达到此目标，本研究新开发出可以实现准确控制测试环境温度的毛细吸水实验装置。该装置由两部分组成，一部分是用于控制测试环境温度的控温水槽，另一部分是用于进行毛细吸水实验的实验水槽。控温水槽底部装有支架，支架将实验水槽支撑起来，如图6-10所示。

控温水槽通过管道与恒温水浴相连，在控温水槽内形成恒温水循环，可为测试提供稳定的温度环境，通过调节恒温水浴中的水温可以控制循环水温度。实验水槽部分浸没在控温水槽中，控温水槽中的循环水与实验水槽中的水发生热量交换，使得实验水槽中水温与控温水槽中循环水温保持一致。同时，为减少实验环境和外部环境之间的传热，在控温水槽外部安装了保温材料EPS。由于控温水槽上加盖，限制了实验水槽中水分蒸发对温度的影响，因此该装置能使测试环境中的空气温度、材料温度以及水温三者保持基本一致并且可控。温度传感器放在测试环境中（1 号温度传感器）与控温水槽内的循环水中（2 号温度传感器），并连接数据巡检仪，监测测试环境与循环水的温度。

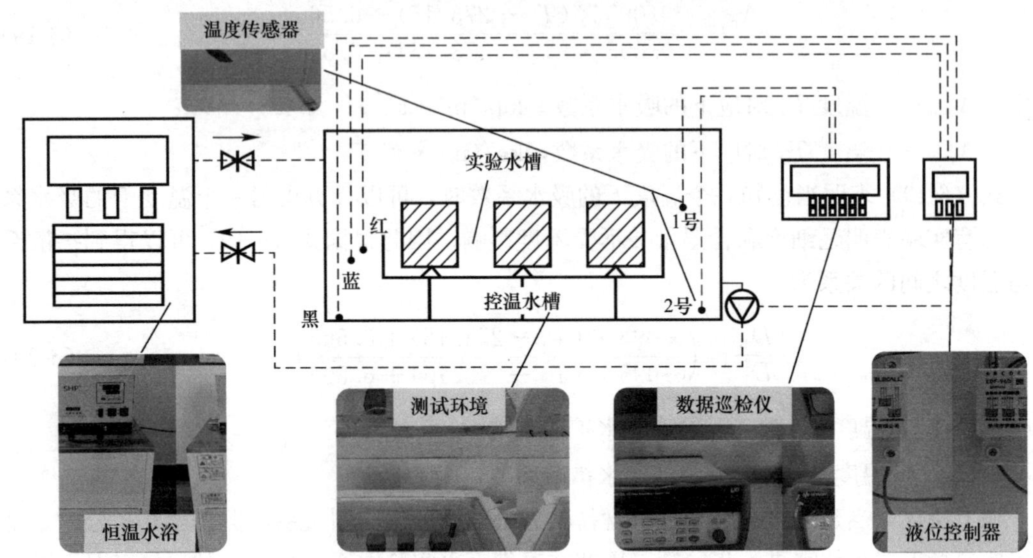

图 6-10　毛细吸水实验装置

两个水槽均采用亚克力板制作，控温水槽的进出水管连接恒温水浴，入水口设置在控温水槽上端，出水口设置在控温水槽下端。进出水管上均加装了阀门，用于控制进出水的流量。进水管所连接的恒温水浴自带水泵，开启恒温水浴即可供水，但回水管需额外安装回水泵，才可将水输送回恒温水浴，水泵启停受液位控制器控制。在控温水槽中加装液位控制器，目的是将控温水槽内的循环水水位控制在合适的位置，防止水位过高导致循环水倒灌至实验水槽，水位过低导致循环水无法与实验水槽发生热量交换。液位控制器有三个探头黑、蓝和红。黑色线所连探头需设置在水底部，而蓝线所接探头和红线所接探头分别表示受控水位的最低液面和最高液面。

装置使用步骤是首先将实验水槽放入控温水槽内，之后开启恒温水浴并设置好测试温度，当水浴内温度达到预设温度后，进出水阀门同时打开，起初注水阶段由于液位没有达到红线探头所在位置，因此回水泵未开启，控温水槽内水位不断上升，直至达到最高位，此时循环水泵开启，并且回水量大于进水量，液面逐渐下降，当液面下降至蓝线探头所设低位时，回水水泵关闭，液面开始上升循环往复，液位被控制在合适位置，待环境温度和水温达到预设温度时，便可将试件放入至实验水槽内，开始毛细吸水实验。

图 6-11 中给出了当恒温水浴被设定为 25℃时，温度传感器 1 号和 2 号的温度，两者相差 1℃之内，控温水槽内水温出现周期性波动是由于回水水泵间歇启停所致，测试时室温约为 18℃，因此试件上方温度小于控温水槽内的水温。证明该装置可将测试环境内温度控制在较小的温度范围内。

6. 水蒸气渗透实验

在多孔建筑材料内充满了孔隙和孔道，水分子在浓度梯度或压力梯度作用下，从高压

高浓度侧透过板壁向低压低浓度侧迁移，如图 6-12 所示。在该物理过程中水蒸气渗透系数（δ_v）是反映水蒸气在多孔材料内的迁移能力，它是基于菲克定律并结合理想气体状态方程而提出的，表示 1m 厚的物体，两侧水蒸气压力差为 1Pa，1s 内通过单位面积渗透的水蒸气量，单位：kg/(m・s・Pa)，从水蒸气渗透系数的定义不难看出，当传递过程以压力作为驱动势时可采用 δ_v 计算质传递的通量，并被广泛应用于工程中。

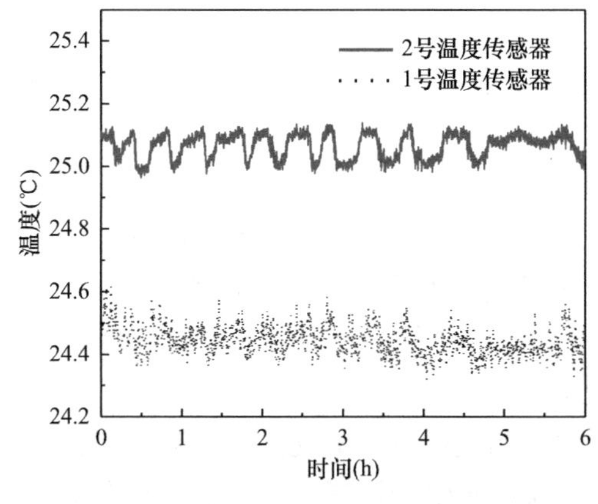

图 6-11　测试空间内温度变化

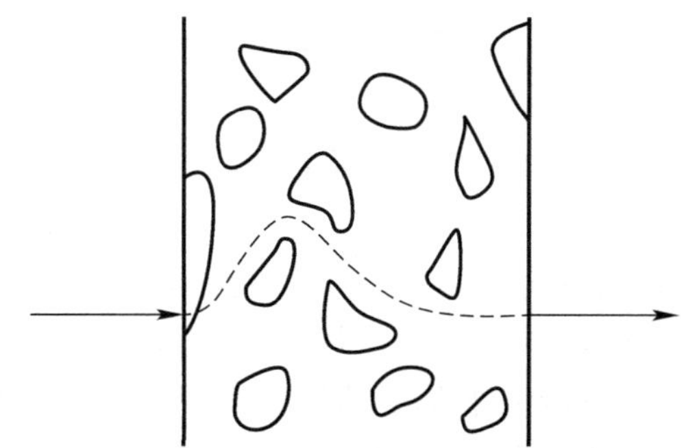

图 6-12　水蒸气在多孔材料内的迁移

水蒸气渗透实验通过营造材料两侧不同的水蒸气压力差，记录通过材料水蒸气的质量来得到水蒸气渗透系数。已有研究表明在常温环境中水蒸气渗透系数受温度变化的影响可忽略不计，但受相对湿度的影响。因此本研究在不同相对湿度环境中开展了水蒸气渗透系数的测试，揭示各含盐量在不同相对湿度条件下水蒸气渗透系数的变化规律。

（1）测试原理及方法

关于水蒸气渗透实验国标 ISO 12572：2016 有具体规定[45]，实验方法是营造试件两端不同的水蒸气压力，使其水蒸气在压力梯度的作用下通过试件进行传递，为此将试件封装在密闭容器口部，密闭容器中放入足量的干燥剂，再将其放入更大的恒温恒湿的容器内。考虑实验耗时和实验效果，所制作的试件形状应是面积大且厚度小的薄片状，面积大可以使单位时间内透过水蒸气的质量增加；厚度小则可以减少厚度造成的阻力，增加单位时间内湿流量且减少测试时间。在每次实验开始前均需对试件进行烘干处理，实验开始后，间隔 24h 对试件和密闭容器整体称重，当连续 7 次称重呈线性增加后停止实验。绘制总质量随时间变化的散点图，拟合得到直线的斜率即为质量变化速率 M(kg/s)。测量薄片面积，可根据式（6-21）计算得到单位面积的湿流量：

$$g_v = \frac{M}{A} \tag{6-21}$$

式中　g_v——湿流密度，kg/(m^2・s)；

M——质量变化速率，kg/s；

A——试件面积，m^2。

已知试件两侧温度可得到饱和水蒸气压力，再由内外相对湿度差与试件厚度可得到水蒸气渗透系数：

$$\delta_v = \frac{g_v H}{P_s \Delta\varphi} \tag{6-22}$$

式中 δ_v——水蒸气渗透系数，kg/(m·s·Pa)；

P_s——饱和水蒸气压力，Pa；

$\Delta\varphi$——两侧相对湿度差，%；

H——试件厚度，m。

P_s 是由测试时的温度计算得到，H 与 $\Delta\varphi$ 也可以通过测量得到，之后根据式（6-22）就可计算出材料的水蒸气渗透系数。

（2）实验装置

为满足水蒸气渗透系数测试要求，并参考已有研究对水蒸气渗透系数的改进方法，准备尺寸为 13.5cm×13.5cm×7cm 的保鲜盒，在保鲜盒盖上用手工刀刻出略大于 10cm×10cm 的方孔，将制作好的水泥砂浆薄片塞入方孔内，边缘使用环氧树脂胶进行密封，保证水蒸气只能从水泥砂浆薄片透过，如图 6-13 所示。

为营造试件两端不同相对湿度，采用"干杯法"测试材料水蒸气渗透系数，即在保鲜盒内放入干燥剂，干燥剂选用变色硅胶，属于高档次的吸附干燥剂。其优点就是在测试过程中可根据硅胶颜色判定其是否失效，以便及时更换干燥剂。认为保鲜盒内相对湿度为 0。然后将保鲜盒放入更大的密封箱内，密封箱内相对湿度控制方法与平衡吸湿实验相同，如图 6-14 所示。测试期间整体实验装置处于常温状态，因此认为 Testo 温湿度自动记录仪所记录温度即为水泥砂浆两侧温度。

图 6-13　密封在塑料盖上的试件

图 6-14　相对湿度受控密闭箱

水蒸气渗透系数受相对湿度影响，常温下温度对水蒸气渗透系数的影响可忽略。因此需设置不同的相对湿度工况。水蒸气渗透实验的相对湿度工况设置与平衡吸湿实验相同，共设置 97.6%，85.1%，75.5%和 43.2%4 个相对湿度环境工况。水泥砂浆试件一侧为干燥环境相对湿度为 0，另一侧则是通过饱和盐溶液控制的相对湿度环境，且两侧温度相同。

6.2.2　盐分对材料湿物性影响的实验结果

1. 平衡吸湿实验测试结果

(1) 材料的吸湿过程

水泥砂浆吸湿过程的含湿量变化如图 6-15 所示。在任意相对湿度和含盐量工况下，水泥砂浆从干燥状态进入潮湿环境后开始吸湿，并且含湿量逐步增加，经历一段时间后趋于稳定并达到吸湿平衡状态。对比图 6-15 中相同含盐工况下不同相对湿度中材料含湿量达到平衡状态的时间可以发现，对照组相对湿度为 97.6%时，试件含湿量在测试开始后第 7 天达到稳定状态，而在其余三种环境相对湿度下材料在 2～3 天内就达到了平衡状态。同样，在工况一中 97.6%环境相对湿度下水泥砂浆达到平衡含湿量的时间需要 8 天，而在 75.5%与 85.1%环境相对湿度下第 4 天达到平衡，43.2%相对湿度条件下耗时更少只需 2 天。这表明环境相对湿度越高，材料达到平衡含湿量所需的时间就越长。同时，对比相同湿度下不同含盐量工况的稳定时间可以发现，环境相对湿度 97.6%时，从实验组至工况四达到稳定的天数为 7 天、8 天、11 天、12 天和 14 天，其他相对湿度下也表现出相同规律，这表明在相同相对湿度环境下，含盐量越高，材料吸湿过程达到稳定状态所需要的时间越长。

从测试过程的吸湿速率来看，实验组和对照组中均是当环境相对湿度为 97.6%时，水泥砂浆的含湿量增加速度最快。在对照组中 85.1%时的速率略快于 75.5%，而在实验组中，两种环境工况下的吸湿速率没有明显区别，甚至在工况一、工况三和工况四中出现了相对湿度 85.1%前期吸湿速率小于相对湿度 75.5%的现象。这表明当材料不含盐时，吸湿速率会随相对湿度的增加而增加。当材料含盐时，不同环境条件下的吸湿速率会发生改变，可能会发生低相对湿度的吸湿速率高于高相对湿度环境下材料的吸湿速率。

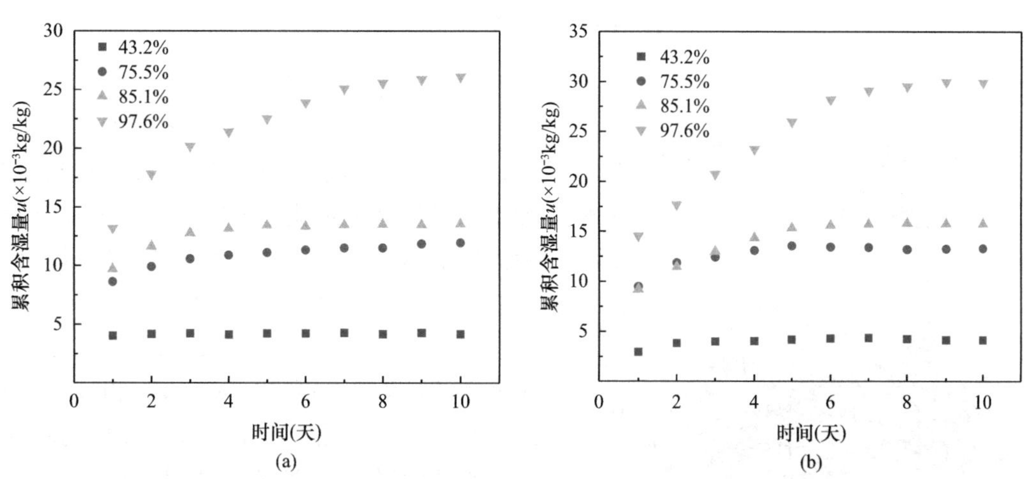

图 6-15　水泥砂浆吸湿过程的含湿量变化（一）

(a) 对照组；(b) 工况一

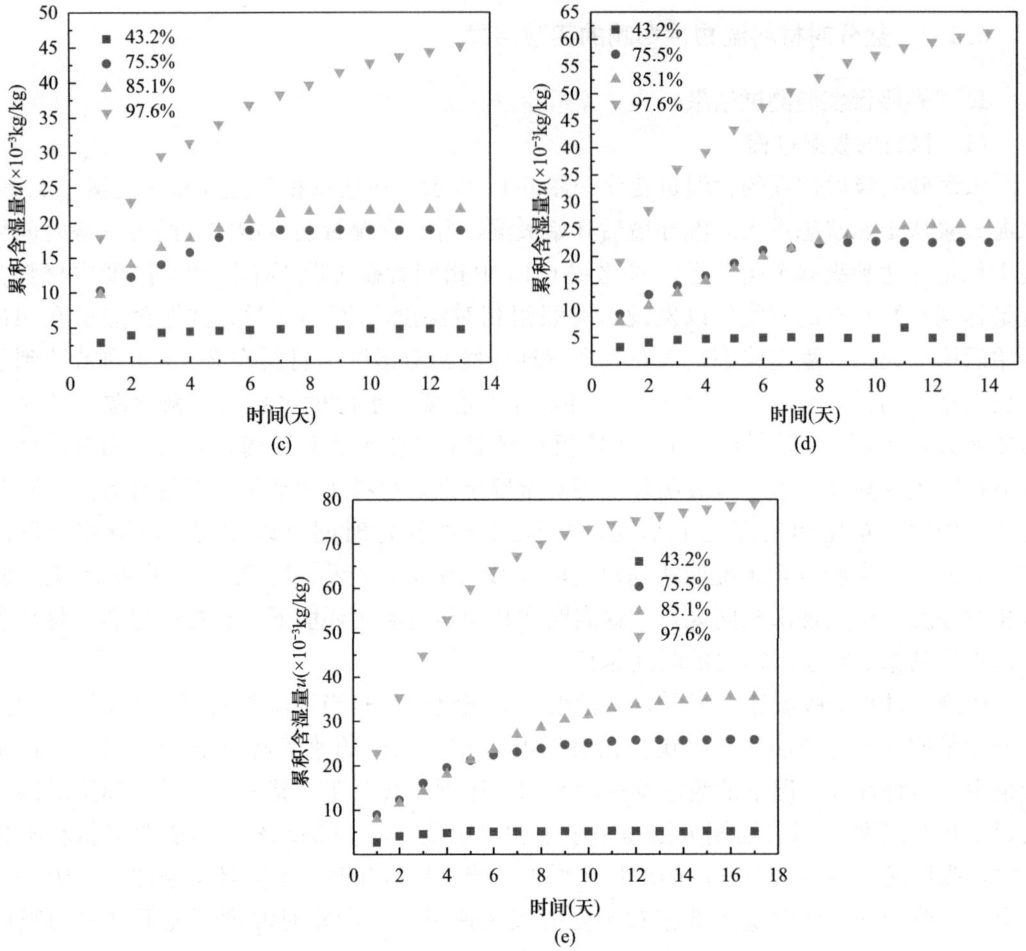

图 6-15 水泥砂浆吸湿过程的含湿量变化（二）

（c）工况二；（d）工况三；（e）工况四

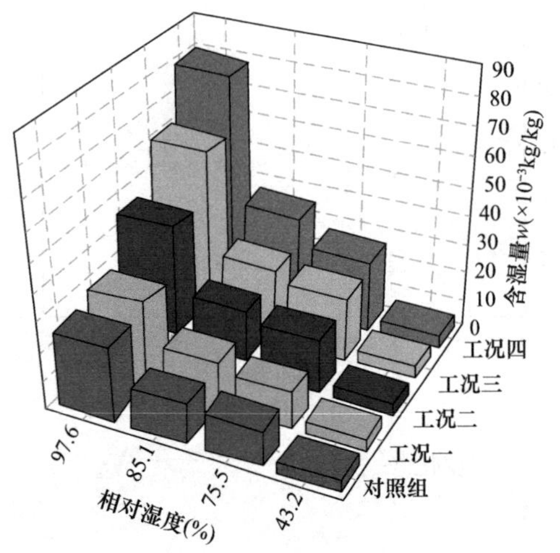

图 6-16 平衡含湿量测试结果

（2）平衡含湿量测试结果

不同相对湿度下材料达到不同的平衡含湿量。图 6-16 给出了不同环境工况下实验组与对照组的平衡含湿量测试结果。首先分析相同相对湿度下不同含盐量材料的平衡含湿量变化，相对湿度 43.2%时工况一与对照组的平衡含湿量基本一致为 4.18×10^{-3}kg/kg，而工况四的平衡含湿量为 5.35×10^{-3}kg/kg，相较于对照组增加了 28%；相对湿度 97.6%时实验工况一的平衡含湿量为 29.9×10^{-3}kg/kg，相较于该相对湿度下的对照组增加了 14.5%，而工况四为 78.9×10^{-3}kg/kg，相较于对照组增加了 3 倍。可以看出任意相对湿度环境下，平衡含

湿量随着盐分的增加而增加，在高湿环境下尤为显著，表明材料含盐量的增加会提高材料的吸湿性能，增大平衡含湿量。

其次，观察相同含盐工况下平衡含湿量随相对湿度的变化规律。任意含盐量下，含盐材料的平衡含湿量都会随相对湿度的增加而增加，并且在环境相对湿度大于85.1%之后，如果环境相对湿度继续上升，那么含盐材料平衡含湿量会迅速增加。这表明材料内盐分并不改变平衡含湿量随相对湿度增加而增加的规律。

依据本研究实验数据，将平衡含湿量作为因变量，相对湿度和含盐量作为自变量，绘制图6-17。所测试工况范围内材料平衡含湿量变化区间为0.004～0.078kg/kg，含湿量最大值出现在高湿高盐工况，最小值则出现在低湿低盐工况。当水泥砂浆中氯离子含量为0.201%时，材料在相对湿度为90%时平衡含湿量达到20×10^{-3}kg/kg，而当氯离子含量为0.605%时，只需70%的相对湿度就可以达到与前者相同的平衡含湿量。这表明当材料含盐后可以增强材料的吸湿性能。同时，计算各工况下3个试件的测试值与平均值的偏差，结果表明偏差均在10%左右，而盐分对于含湿量的影响远大于10%，因此误差不影响实验结果的分析。

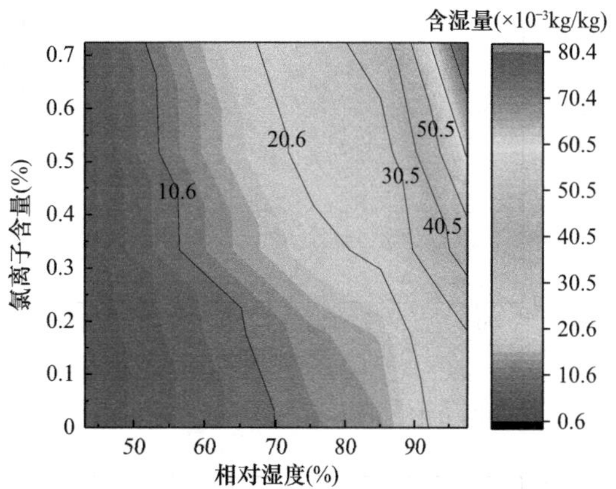

图6-17　平衡含湿量随相对湿度和含盐量的变化

2. 毛细吸水实验测试结果

通过对毛细吸水实验中材料吸水过程的分析，可以得到吸水系数和毛细饱和含湿量，并利用它们计算得到材料的液态水扩散系数。本节首先分析了各含盐工况下材料吸水过程和吸水后的质量变化特性，其次给出了3个湿物性参数在不同含盐量工况下的测试结果，最终明确了含盐材料液态水扩散系数随温度的变化规律。

(1) 材料的吸水过程

吸水量随时间的变化，如图6-18所示。吸水量在实验前期迅速增加然后逐渐放缓并进入相对稳定的状态，从达到稳定状态的时间上看，对照组所需时长大约25h，而工况四则在20h时就已经达到稳定状态，这表明盐分的增加降低了材料达到饱和含湿量的时间，但同时发现，盐分对于吸水速率的提升并不显著，并且随材料内含盐量的增加，最终达到毛细饱和状态时的含湿量就越低。

为使第1阶段图形呈现明显的线性趋势，将图6-18中的横坐标变为时间的0.5次方，纵坐标变为水分增量与试件底面积的比值，得到图6-19。吸水系数和毛细饱和含湿量都基于图6-19得到。

图6-20柱状图表示不同时间间隔内水泥砂浆的吸水速率，例如工况一在实验开始0.5h内测得质量增加0.0041kg，因此在该段测试时间内，材料的吸水速率为0.0082kg/h。不难看出，实验前期1h内材料的吸水速率很大，之后1h内吸水速率下降为第一小时速率的一半，并在实验后期的几小时内吸水速率逐渐降低。实验组相较于对照组，第一个

0.5h内对照组吸水速率低于工况一，但高于其他实验工况，在第二个0.5h内对照组低于实验组所有工况，之后几段测量时间内测试组与对照组的吸水速率相差不大，因此盐分并未对实验某个特定时期的吸水速率有显著影响。

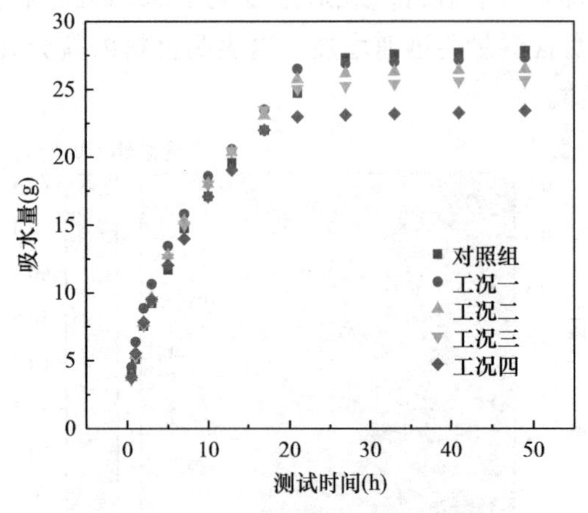

图 6-18 吸水量随时间的变化

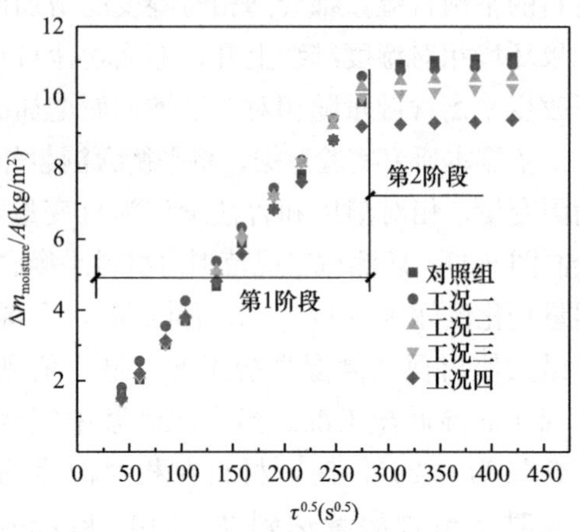

图 6-19 毛细吸水实验结果

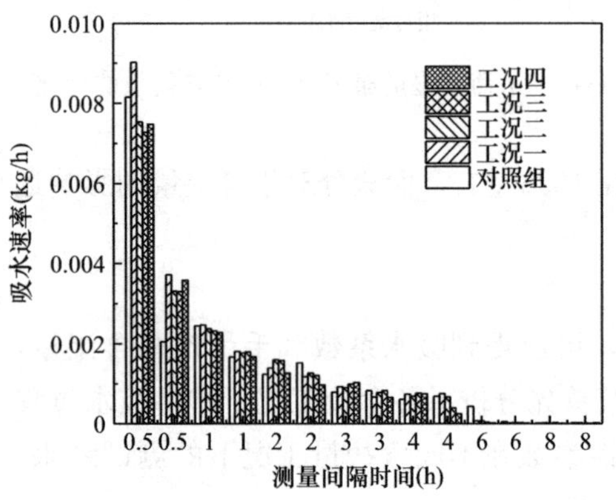

图 6-20 测试间隔时间内吸水速率

（2）液态水扩散系数测试结果

为明确水泥砂浆内含盐量与吸水系数之间的变化关系，绘制图6-21。图6-21中柱高表示各工况中的氯离子含量，对应左侧纵坐标。折线上各点代表对应工况下吸水系数与毛细饱和含湿量的测试值，对应右侧纵坐标。图6-21中对照组的吸水系数为0.036kg/(m^2·s$^{0.5}$)，随含盐量的增加吸水系数逐渐增加，峰值出现在工况三时，相较于对照组吸水系数的增加量为7.5%。当含盐量达到工况四的0.604%时，吸水系数转而下降至0.035kg/(m^2·s$^{0.5}$)，相较对照组下降了2.7%，这表明水泥砂浆内盐分的增加对材料吸水系数存在一定的促进作用，含盐量继续增加并大于某一临界值时，盐分对材料吸水系数的促进作用将迅速下降，甚至起到抑制作用。

各工况下含盐水泥砂浆的毛细饱和含湿量如图6-22所示。毛细饱和含湿量受盐分的影响更为显著，随着各工况含盐量的增加，毛细饱和含湿量逐步下降，从未含盐对照组的218.428kg/m^{3}下降至实验组工况一的213.908kg/m^3，下降了2.1%，当实验组工况四时，下降了15.8%，显然无论材料内含盐量如何，盐分对毛细饱和含湿量总是存在抑制作用。

为进一步说明盐分对毛细饱和含湿量和吸水系数的影响，定义两者盐分因子为：

$$\eta_{A_{\mathrm{cap}}}=\frac{A_{\mathrm{cap实验组}}}{A_{\mathrm{cap对照组}}} \tag{6-23}$$

$$\eta_{w_{\mathrm{cap}}}=\frac{w_{\mathrm{cap实验组}}}{w_{\mathrm{cap对照组}}} \tag{6-24}$$

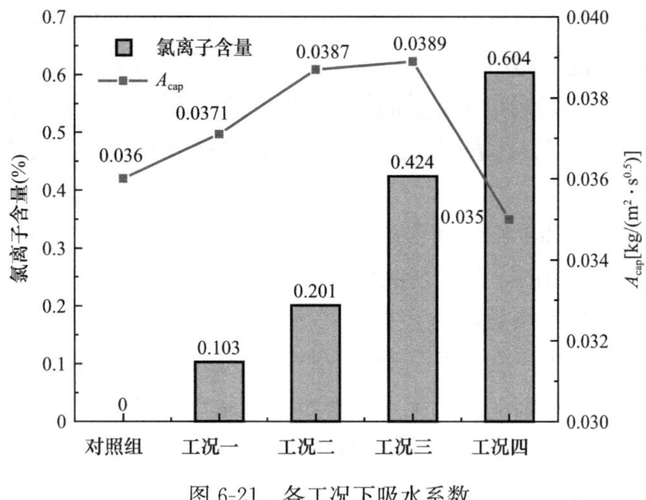

图 6-21　各工况下吸水系数

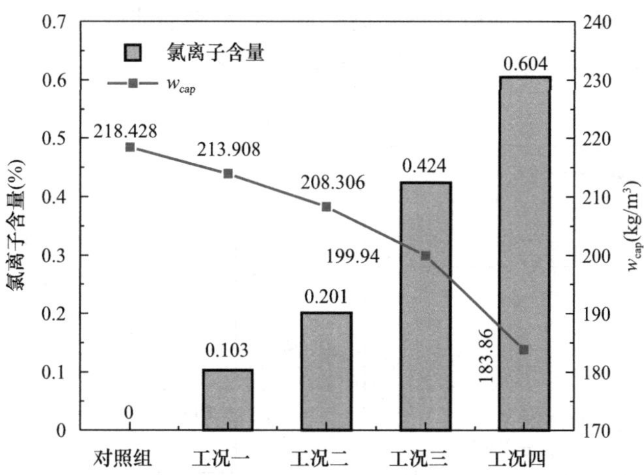

图 6-22　各工况下含盐水泥砂浆的毛细饱和含湿量

式中　$\eta_{A_{cap}}$——吸水系数盐分影响因子；

$\eta_{w_{cap}}$——毛细饱和含湿量盐分影响因子；

$A_{cap实验组}$——实验组各工况吸水系数，kg/(m^2·s$^{0.5}$)；

$A_{cap对照组}$——对照组吸水系数，kg/(m^2·s$^{0.5}$)；

$w_{cap实验组}$——实验组各工况毛细饱和含湿量，kg/m^3；

$w_{cap对照组}$——对照组毛细饱和含湿量，kg/m^3。

需要说明的是，η 表征盐分对湿物性参数的影响程度，可以体现不同含盐工况下实验组较对照组的差异性。当未含盐时，各相对湿度条件下盐分影响因子为1，即不产生影响。若影响因子小于或大于1时，分别表示盐分会对该湿物性参数起到抑制或促进的作用，盐分影响因子一定是大于0的。

图 6-23 表示各工况下盐分影响因子的变化规律，对照组的盐分影响因子为1，用虚线表示。从图中可以看出盐分对水泥砂浆吸水系数的促进作用是先增加后减小。在高盐分工

况四下出现抑制作用，吸水系数的盐分影响因子为 0.972。如果盐分含量继续增加，抑制作用可能会加强，但含盐量超出了实际工况下沿海建筑外壁面氯离子浓度范围，本研究不作进一步讨论。盐分对毛细饱和含湿量的抑制作用在含盐量最高时最显著，毛细饱和含湿量的盐分影响因子为 0.842。这表明高盐工况下，材料盐分对水分储存的抑制作用大于对水分传输的作用。

虽然盐分对吸水系数和毛细饱和含湿量的影响是有限的，但本研究的目标液态水扩散系数是通过式（6-14）得到的，两者与液态水扩散系数存在平方的关系，因此盐分对它们的影响会在计算液态水扩散系数的过程中被扩大。图 6-24 展示了各工况下水泥砂浆液态水扩散系数的测试结果。由于在工况一至工况三时，吸水系数逐渐升高，而毛细饱和含湿量呈下降趋势，因此实验组前 3 个工况下液态水扩散系数较对照组逐渐升高，工况一相较于对照组增加了 12.2%，工况三出现液态水扩散系数峰值，达到 $2.96\times10^{-8}\mathrm{m^2/s}$，相较对照组增加了 38.9%；随后由于吸水系数在高盐分环境下迅速下降，导致液态水扩散系数也有所下降，但依然体现为促进作用，并在本研究实验工况范围内未出现抑制作用。对各工况下 3 个试件的测试值与平均值的偏差进行计算，结果表明吸水系数和毛细饱和含湿量的偏差在 10%以内，因此，误差不影响实验结果的分析。

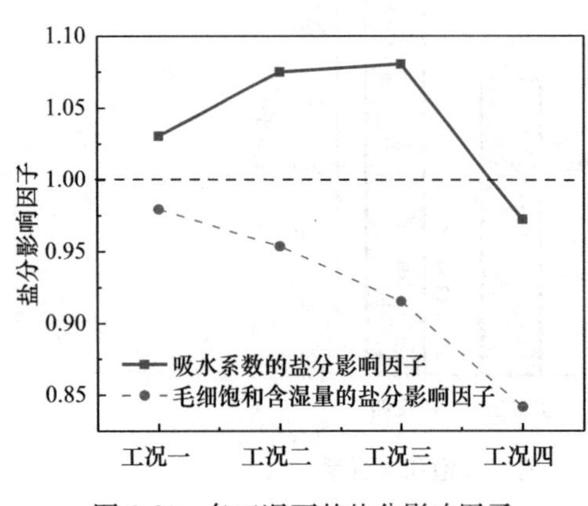

图 6-23　各工况下的盐分影响因子

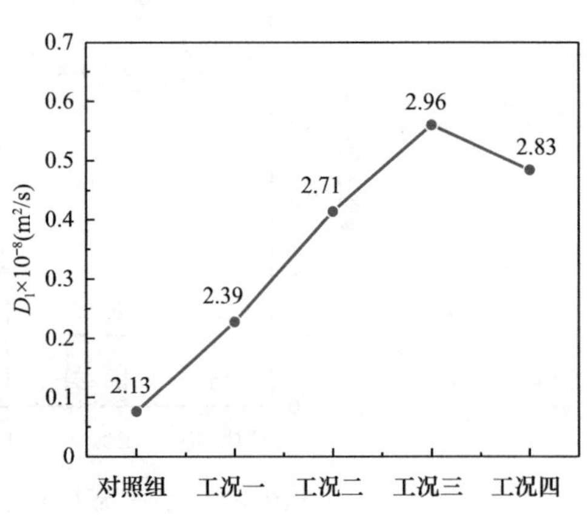

图 6-24　各工况下水泥砂浆液态水扩散系数

为探究当材料含盐分后是否依然遵循吸水系数与温度的比例关系，以考察盐分与温度对液态水扩散系数的影响是否存在耦合关系。取 6 个工况二下的水泥砂浆试块，分别在 25℃、15℃和 35℃的环境中进行测试。水温、环境温度和试件温度在测试装置内保持一致。基于 25℃时所测得的吸水系数，利用其与温度的比例关系式，计算得到 15℃和 35℃下的吸水系数。并利用 t 检验分析在 35℃和 15℃下测量值与计算值之间是否存在显著性差异，如果存在差异则说明当材料含盐时会影响吸水系数与温度的比例关系，反之则含盐材料依然服从吸水系数与温度原有的比例关系。t 检验是用 t 分布理论来推论差异发生的概率，从而比较两组数据是否具有显著性差异。

3 种温度工况下的测试结果，如图 6-25 所示。可以看出含盐材料的吸水系数随温度的升高而增大，随温度的降低而减小，并且在 35℃和 15℃时，计算值与测量值并无明显的整体偏移。利用 t 检验得到各温度下的 p 值，当 $p>0.05$ 时，表明两组数据并无显著性差异。计算结果得到 35℃时 p 值为 0.711，15℃时 p 值为 0.238，两者均大于 0.05，说明两

种数据无显著性差异，含盐材料依然遵循吸水系数与温度的比例关系，并且可以得到 $k=0.004$。

3. 水蒸气渗透实验测试结果

（1）水蒸气渗透过程

水蒸气渗透系数与相对湿度有关，研究测试了不同相对湿度下对照组和实验组的水蒸气渗透系数。当试件和密闭容器整体放入潮湿环境中时，由于水泥砂浆薄片试件自身也在吸湿，因此实验前期试件和密闭盒整体的质量变化不仅有透过薄片试件的水分质量，也包括试件本身吸附的水分质量。但随着试件内含湿量和水蒸气传输过程的稳定，试件和密闭盒质量的增加量将趋于稳定，整体质量增长呈线性，此时的质量增加量是测试间隔时间内透过水泥砂浆薄片被密闭盒内干燥剂吸收的水分质量。以对照组在相对湿度为 43.2% 时的测试结果为例，图 6-26 给出了水泥砂浆薄片自身吸湿完全后，试件和保鲜盒总质量随时间变化情况。可以看出总质量连续 7 次呈现线性增加，由于试件、密闭盒以及内部干燥剂的质量在 400g 以上，因此，纵坐标起始为 400 以上。对变化曲线进行线性拟合，直线的斜率为质量变化速率 0.0138g/h，根据原理部分公式即可得到水蒸气渗透系数，在计算过程中需注意单位换算。其余各盐分工况和相对湿度工况下水蒸气渗透系数的获得与上述过程相同。

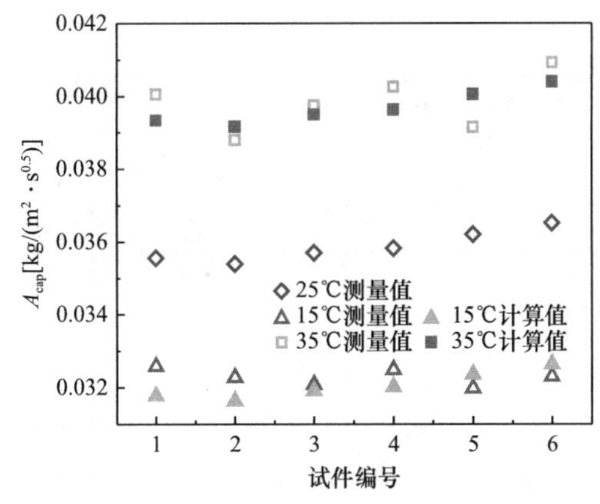

图 6-25　不同温度下水泥砂浆吸水系数的测试值和计算值

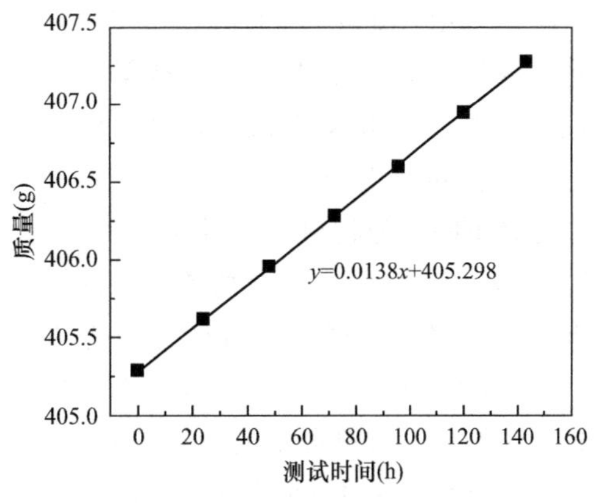

图 6-26　试件和保鲜盒总质量随时间变化

（2）水蒸气渗透系数测试结果

图 6-27 展示了水蒸气渗透系数的测试结果。首先观察含盐量相同时相对湿度对水蒸气渗透系数的影响：对照组中水泥砂浆试件的相对湿度从 43.2% 增加到 97.6% 时，水蒸气渗透系数也从 2.66×10^{-12}kg/(m·s·Pa) 增加到 4.02×10^{-12}kg/(m·s·Pa)；实验组各工况下均在相对湿度 43.2% 环境条件下的水蒸气渗透系数为最低值，在相对湿度 97.6% 时水蒸气渗透系数达到最大值。除含盐工况三，其余实验组中各盐分工况下水蒸气渗透系数随着相对湿度的增加而增加，与对照组的变化规律基本一致，这表明材料含盐后并未改变水蒸气渗透系数随相对湿度增加而变大的规律。

其次，分析相对湿度相同时不同盐分对水蒸气渗透系数的影响，当相对湿度为 97.6%

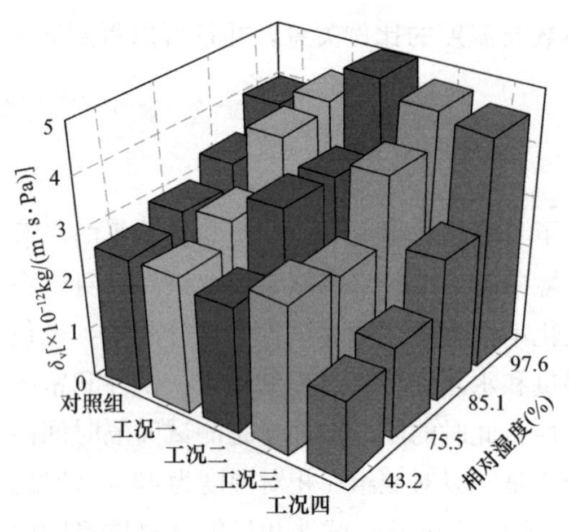

图 6-27　水蒸气渗透系数测试结果

时水蒸气渗透系数峰值在工况二时出现，而相对湿度为 85.1%、75.5%以及 43.2%时，峰值又出现在不同含盐量工况下，而各相对湿度环境下的最小值也出现在不同的含盐工况中，相对湿度为 97.6%时未含盐试件的水蒸气渗透系数最小，但其余三个相对湿度环境下，最小值都出现在材料含盐量水平较高的工况四时，这表明在同一相对湿度环境下，不同含盐量对于水蒸气渗透系数的影响规律均存在差异。对各工况下 3 个试件的测试值与平均值的偏差进行计算，结果表明水蒸气渗透系数的偏差在 8%左右，因此，误差不影响实验结果的分析。

绘制水蒸气渗透系数等值线设色图，如图 6-28 所示。可以看出在高湿状态下当材料含盐量在 0.3%～0.5%之间时，水蒸气渗透系数出现最大值 5.04×10^{-12}kg/(m·s·Pa)，相较于对应工况下对照组的渗透系数增加了 25.3%；在低湿高盐情况下出现最小值 1.59×10^{-12}kg/(m·s·Pa)，相较于对照组下降了 40.3%。

材料在相对湿度为 90%以上环境时，水蒸气渗透系数均处于给定含盐量下的最高值。当环境相对湿度 90%以下时，在任意含盐量情况下，水蒸气渗透系数都会随之下降，但材料含盐量在 0.3%～0.5%之间时，水蒸气渗透系数随相对湿度下降，下降速度较慢，其数值分布在 $(4.0\sim3.0)\times10^{-12}$kg/(m·s·Pa) 之间；同时发现，材料含盐量在 0.5%以上时，水蒸气渗透系数随相对湿度的降低而显著下降，甚至在低湿高盐分时，水蒸气渗透系数会低于无盐工况，下降至 1.59×10^{-12}kg/(m·s·Pa)，这说明低湿高盐工况会对水蒸气渗透系数起抑制作用。

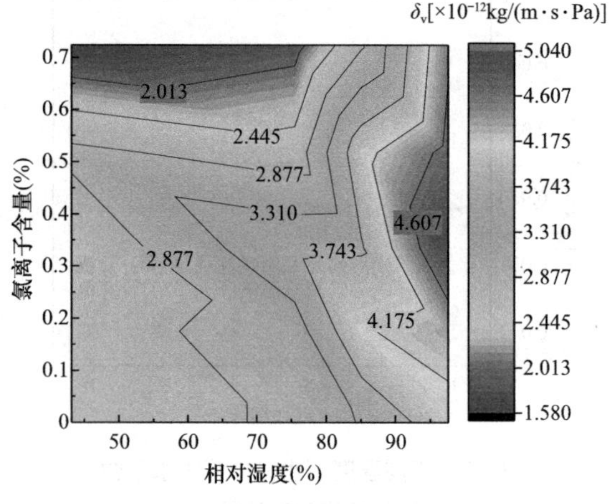

图 6-28　水蒸气渗透系数随相对湿度和含盐量变化

6.2.3　多因素影响下湿物性参数计算模型的建立

本节基于上述盐分对湿物性参数影响的分析，提出盐分影响因子，利用非线性回归建立考虑环境和材料含盐量双因素的湿物性参数计算模型。在已知环境参数和材料含盐量后，通过本节建立的模型可计算得到材料的湿物性参数，为后续沿海建筑围护结构内热质迁移研究提供准确的计算参数。

1. 含盐材料平衡含湿量计算模型的建立

在多孔材料热湿耦合计算中，平衡含湿量曲线是重要的湿物性参数，由于材料在不同

相对湿度环境下对应不同的平衡含湿量，将各个相对湿度下的平衡含湿量用光滑的曲线连接起来，便可形成吸湿曲线 $u=f(\varphi)$。在材料不含盐分的情况下，平衡含湿量曲线是以环境相对湿度为单一自变量的变湿物性参数，但当材料含盐分时，平衡含湿量不仅受相对湿度的影响，还会受到盐分含量的影响，此时为平衡含湿量曲面。为体现材料含盐量对平衡含湿量的影响，定义平衡含湿量的盐分影响因子：

$$\eta_u=\frac{u_{实验组}}{u_{对照组}} \tag{6-25}$$

式中　η_u——平衡含湿量的盐分影响因子；

$u_{实验组}$——实验组各工况平衡含湿量，kg/kg；

$u_{对照组}$——对照组平衡含湿量，kg/kg。

式（6-25）中的实验组数据和对照组数据是相同相对湿度条件下的平衡含湿量，平衡含湿量影响因子体现了相较于对照组，不同含盐量对材料平衡含湿量的影响。

为建立相对湿度和盐分影响下的平衡含湿量计算模型，绘制 η_u 随含盐量和相对湿度的变化曲线，根据变化曲线线形确定含盐量与 η_u 关系的函数类型；同时，利用几种常见的平衡含湿量拟合公式，对对照组的测试结果进行拟合；再根据盐分影响因子和对照组的平衡含湿量曲线，建立含盐材料平衡含湿量计算模型，并根据实测数据利用多元非线性回归得到模型中的参数。

图 6-29 给出了 η_u 随盐分含量和相对湿度的变化规律。图 6-29(a) 中虚线表示对照组的盐分影响因子为 1，实验组各工况的影响因子在任意相对湿度下均在对照组之上，表明盐分的侵入促进了材料平衡含湿量的增加；在任意相对湿度下，随着含盐量的增加，平衡含湿量也会随之增加，但各相对湿度环境下，平衡含湿量随盐分增加的变化速率并不相同，例如在 43.2%相对湿度环境下，工况一时影响因子最小为 1.01，工况四时影响因子最大为 1.24。而在 97.6%相对湿度下，工况一的影响因子也仅为 1.14 与相对湿度 43.2%时相差不大，但当含盐量达到工况四时，影响因子为 3.02 远大于相对湿度 43.2%时的 1.24。

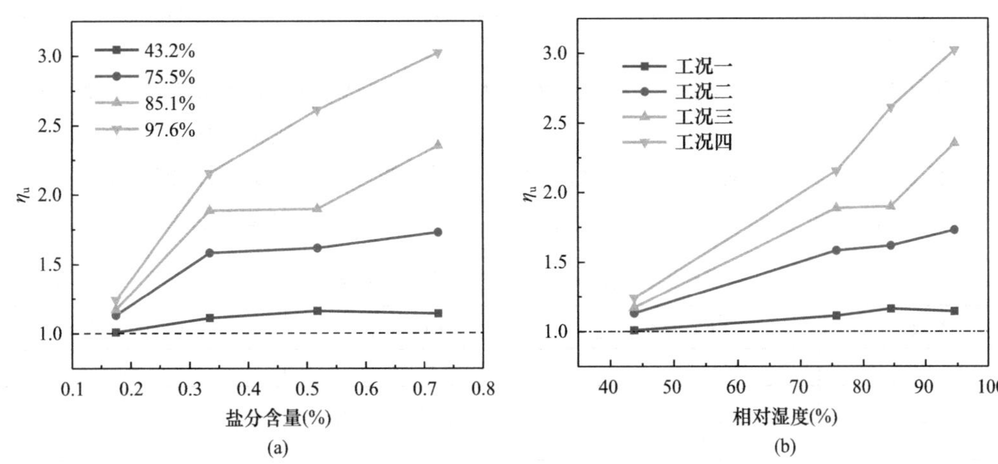

图 6-29　η_u 变化规律

(a) η_u 随盐分的变化规律；(b) η_u 随相对湿度的变化规律

从图 6-29(b) 则可以看出任意含盐工况下，平衡含湿量总是随相对湿度的增加而增加，但各含盐量工况下，平衡含湿量随相对湿度的变化速率并不相同，例如在含盐量为工况一时，盐分影响因子都在 1～1.14 之间，但当含盐量达到工况四时，盐分影响因子在 1.27～3.02 之间，这也表明低盐分工况时，影响因子随相对湿度的增加变化并不明显，高盐分工况影响因子随相对湿度的增加显著提高。

在图 6-29(a) 中不同相对湿度条件下，盐分影响因子随盐分的增加规律有所不同，各曲线并未重合，这表明平衡含湿量随盐分的增加受到相对湿度的影响，同理在图 6-29(b) 中，平衡含湿量随相对湿度的增加在各含盐量情况也存在差异，表明 η_u 受材料含盐量和相对湿度两个因素的影响，并且还发现无论是各含盐量工况下 η_u 随相对湿度变化规律，还是各相对湿度工况下 η_u 随含盐量变化规律，它都呈现线性相关，因此确定相对湿度和盐分含量两个因素与影响因子的函数关系为下式：

$$\eta_u = (a_1 C_{Cl} + a_2)(a_3\varphi + a_4) \tag{6-26}$$

式中 C_{Cl}——氯离子浓度，%；

φ——相对湿度，%；

a_1、a_2、a_3、a_4——参数。

在确定了盐分影响因子的基本函数关系式后，对含盐材料的平衡含湿量可表示为：

$$u = \eta_u f(\varphi) \tag{6-27}$$

式中，$f(\varphi)$ 为通常情况下不含盐时的平衡含湿量曲线，它是相对湿度的单值函数。为了确定 $f(\varphi)$，利用几种常见的吸湿拟合公式对对照组的测试结果进行拟合，如表 6-5 所示。BET[46] 是基于多层吸附理论基础上得到的经典公式，此外还有 Henderson[47]、Oswin[48] 和 Caurie[49] 开发的函数关系式。

描述平衡含湿量曲线的拟合公式　　表 6-5

公式名称	BET	Henderson	Oswin	Caurie
公式	$u = \dfrac{k_1\varphi}{(1+k_2\varphi)(1-k_3\varphi)}$	$u = \{[\ln(1-\varphi)]/k_1\}^{k_2}$	$u = k_1\left(\dfrac{\varphi}{1-\varphi}\right)^{k_2}$	$u = \exp(k_1 + k_2\varphi)$

注：k 是参数。

结果表明除 Hederson 拟合失败无法收敛外，其余公式类型都可以成功拟合，表 6-6 给出了 BET、Oswin 和 Caurie 拟合公式中参数 k 的值以及各公式拟合优度 R^2，对 k 值保留 3 位有效数字。虽然在对照组的拟合结果中，BET 的拟合优度最高，但还需进一步用式（6-27）进行曲面拟合，以最终结果的拟合优度为判定依据选择函数类型。

对照组平衡含湿量曲线的参数 k 值与拟合优度　　表 6-6

参数	BET 公式	Oswin 公式	Caurie 公式
k_1	0.0123	0.00698	−7.39
k_2	2.01	0.359	3.81
k_3	0.864	—	—
R^2	0.988	0.971	0.971

基于上述对照组的拟合结果，将表 6-6 中的参数代入表 6-5 中对应的拟合公式中，并

结合式（6-27）的函数关系形式，以各含盐工况在不同相对湿度下的平衡含湿量为数据源，利用非线性曲面拟合，可以得到式（6-26）中的未定参数 $a_1 \sim a_4$，表 6-7 中给出各曲面类型公式的拟合结果，并给出了对应的拟合优度 R^2。可以看出，拟合优度较不考虑含盐时有所下降，虽然在对照组的拟合中 Oswin 型曲面与 Caurie 型曲面 R^2 相同，但在曲面拟合中 Caurie 型曲面优于 Oswin 型曲面，其中拟合效果最好的依然是基于 BET 型所建立的曲面拟合模型。

含盐材料平衡含湿量的计算模型 **表 6-7**

公式名称	公式 $u=\eta_u f(\varphi)$	R^2
BET 型曲面	$u=(1.87C\times10^2+0.597)(1.3\varphi+0.22)\dfrac{0.0123\varphi}{(1+2.01\varphi)(1-0.864\varphi)}$	0.980
Oswin 型曲面	$u=(1.79C\times10^2+0.567)(-0.734\varphi+1.529)\times0.00698\left(\dfrac{\varphi}{1-\varphi}\right)^{0.359}$	0.955
Caurie 型曲面	$u=(1.92C\times10^2+0.611)(1.44\varphi+0.0415)\exp(-7.39+3.81\varphi)$	0.964

BET 型曲面更适用于拟合含盐水泥砂浆的平衡含湿量曲面，将其作为最终建立含盐水泥砂浆的平衡含湿量计算模型：

$$u=(1.87C\times10^2+0.597)(1.3\varphi+0.22)\frac{0.0123\varphi}{(1+2.01\varphi)(1-0.864\varphi)} \tag{6-28}$$

需要说明的是在拟合盐分影响因子时所用的数据源中并不包含各相对湿度下对照组的影响因子 1，因此平衡含湿量计算式（6-28）也不包含未含盐时的情况，通过对影响因子 η_u 的分析可以看出在含盐工况一 0.173%时，影响因子最大仅为 1.14，因此将式（6-29）的使用范围设定在含盐量大于 0.2%的情况下，小于 0.2%则依然沿用未含盐材料平衡含湿曲线的拟合，由于实验研究工况设置时最大含盐量为 0.724%，因此以 0.75%为使用范围上限，结果如下式：

$$u=\begin{cases}\dfrac{0.0123\varphi}{(1+2.01\varphi)(1-0.864\varphi)} & 0<C\leqslant0.2\% \\ (1.87C\times10^2+0.597)(1.3\varphi+0.22)\dfrac{0.0123\varphi}{(1+2.01\varphi)(1-0.864\varphi)} & 0.2\%<C\leqslant0.75\%\end{cases} \tag{6-29}$$

此外，由于研究是针对热湿地区岛礁建筑而开展的，基于气象数据分析，该地区高温高湿，全年室外环境相对湿度低于 40%的小时数为 0，并且盐分侵入发生在外壁面，室内相对湿度无法直接对最外层墙体产生影响，因此实验测试的环境工况数据并不包含相对湿度小于 40%的情况，在低相对湿度使用时需注意其拟合效果。

2. 含盐材料液态水扩散系数计算模型的建立

盐分对吸水系数和毛细饱和含湿量都存在影响，故液态水扩散系数也会受盐分的影响。定义液态水扩散系数的盐分影响因子为：

$$\eta_{Dl}=\frac{D_{l实验组}}{D_{l对照组}} \tag{6-30}$$

式中　η_{Dl}——液态水扩散系数的盐分影响因子；

$D_{l实验组}$——实验组各工况液态水扩散系数，m^2/s；

$D_{l对照组}$——对照组液态水扩散系数，m^2/s。

液态水扩散系数的盐分影响因子与平衡含湿量的盐分影响因子相类似，当大于 1 时代表对物理量有促进作用，反之则抑制。但 η_{Dl} 是含盐量的单值函数，这是由于虽然环境温度的改变可通过影响吸水系数进而对液态水扩散系数产生影响，但已通过实验研究证明，材料中含盐后，温度与吸水系数的原有的比例关系并不发生改变。

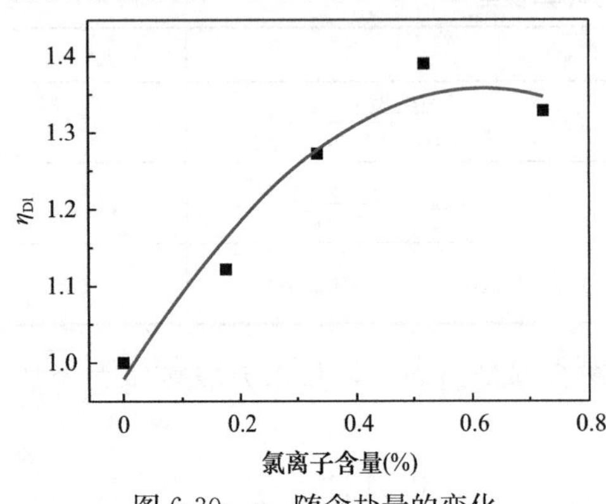

图 6-30　η_{Dl} 随含盐量的变化

图 6-30 中给出了 η_{Dl} 随含盐量的变化，其中包含未含盐时的盐分影响因子 1，之后可将含盐与未含盐的液态水扩散系数统筹起来。盐分影响因子前期随含盐量的增加而增加，当含盐量为 0.537%时，液态水扩散系数达到峰值，接近对照组的 1.4 倍，之后在含盐量为 0.724%时开始下降，但依然是材料未含盐时的 1.3 倍。显然含盐量对材料液态水扩散系数的影响规律呈抛物线状，因此采用一元二次函数对液态水扩散系数的盐分影响因子与含盐量之间的关系进行拟合：

$$\eta_{Dl} = -0.986(C \times 10^2)^2 + 1.222(C \times 10^2) + 0.979 \tag{6-31}$$

由于盐分并不影响吸水系数与温度之间的关系，毛细饱和含湿量也不受温度影响，结合 25℃条件下液态水扩散系数的测量结果可以得到 t 温度下的扩散系数为：

$$D_l = \left[\frac{0.095(T_1 - 273.15) + 6.566}{8.941}\right]^2 D_{l,25℃} \tag{6-32}$$

综上所述，各含盐量下不同温度的液态水扩散系数根据未含盐时 25℃时的液态水扩散系数而得，因此，可以得到水泥砂浆的液态水扩散系数计算模型：

$$D_l = [-0.986(C \times 10^2)^2 + 1.222(C \times 10^2) + 0.979] \left[\frac{0.095(T_1 - 273.15) + 6.566}{8.941}\right]^2 D_{l,25℃} \quad 0 \leqslant C \leqslant 0.75\% \tag{6-33}$$

由于在对盐分影响因子与含盐量的拟合中包含含盐量为 0 的工况，因此该模型的盐分使用范围为 0～0.75%。

3. 含盐材料水蒸气渗透系数计算模型的建立

含盐材料的水蒸气渗透系数受盐分和相对湿度的影响，为建立含盐材料水蒸气渗透系数计算模型，采用与之前两种湿物性参数相类似的方法，同样定义水蒸气渗透系数的盐分影响因子：

$$\eta_{\delta_v} = \frac{\delta_{v实验组}}{\delta_{v对照组}} \tag{6-34}$$

式中　η_{δ_v}——水蒸气渗透系数的盐分影响因子；

$\delta_{v对照组}$——对照组水蒸气渗透系数，kg/(m・s・Pa)；

$\delta_{v实验组}$——实验组各工况水蒸气渗透系数，kg/(m·s·Pa)。

计算各相对湿度环境和实验工况下水蒸气渗透系数的盐分影响因子。盐分影响因子随盐分和相对湿度的变化，如图6-31所示。图中虚线表示1，虚线上端表示盐分增加了水蒸气渗透系数，反之体现抑制作用。可以看出，含盐量对不同相对湿度下的水蒸气渗透系数的影响规律存在很大差异，随着含盐量增高，相对湿度为97.6%时表现出了先上升后下降的趋势，但曲线整体位于虚线之上，表明在相对湿度97.6%时无论何种盐分工况对水蒸气渗透系数总是体现促进作用，而其余相对湿度下都存在抑制点。相对湿度85.1%时中低含盐工况下，水蒸气渗透系数基本保持不变，但在高盐分环境下表现出抑制作用，75.5%和43.2%时盐分对影响因子的影响规律也不尽相同。

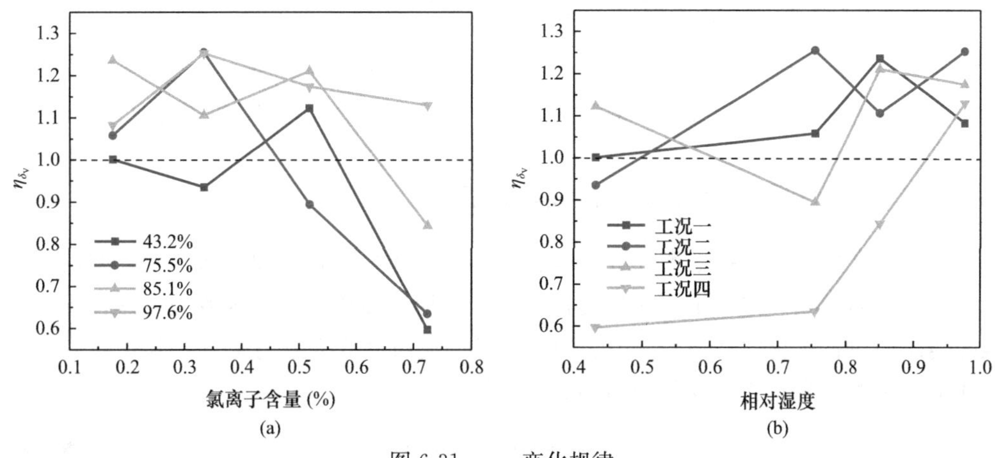

图6-31　η_{δ_v} 变化规律

(a) η_{δ_v} 随盐分的变化规律；(b) η_{δ_v} 随相对湿度的变化规律

从图6-31(b)中可以看出，各含盐工况下 η_{δ_v} 随相对湿度的变化趋势不尽相同，建立计算水蒸气渗透系数模型时，无法确定适用于曲面拟合的函数形式，鉴于未含盐材料的水蒸气渗透系数在不同相对湿度下的处理方法常采用分段函数，因此本研究对测试全工况范围内的水蒸气渗透系数区域化，取该区域内测试数据的平均值代表此区域水蒸气渗透系数。

在等值图中标出测试点，并对颜色相近的区域进行划分，划分的标准是尽量保证区域内最大值、最小值与该区域内确定的水蒸气渗透系数之间的偏差较小，区域划分如图6-32所示，共划分9个区域，分别标号①～⑨。在 y 轴上的4个点代表43.2%相对湿度下，对照组与实验组各工况含盐下水蒸气渗透系数的测试，在 x 轴上的4个点为不含盐材料在各相对湿度环境下测试点。全工况范围内共使用9个水蒸气渗透系数表示。

各区域范围与表征值在图6-33中给出。需要关注的是区域⑧中只有一个测试点，且无法代表区域内整体情况，该区域以 3.1×10^{-12}kg/(m·s·Pa)作为区域表征值。图6-33左侧处给出了相对湿度的区域分布，底部给出了相对湿度的区域分布，在区域⑦和区域⑧处相对湿度划分发生改变，两区域相对湿度分界为80%。图中各区域的表征值都已给出。含盐材料的水蒸气渗透系数计算模型以图形形式给出，在模拟程序使用过程中，将使用判断语句对含盐量和环境相对湿度做出判断后选取对应的水蒸气渗透系数表征值。

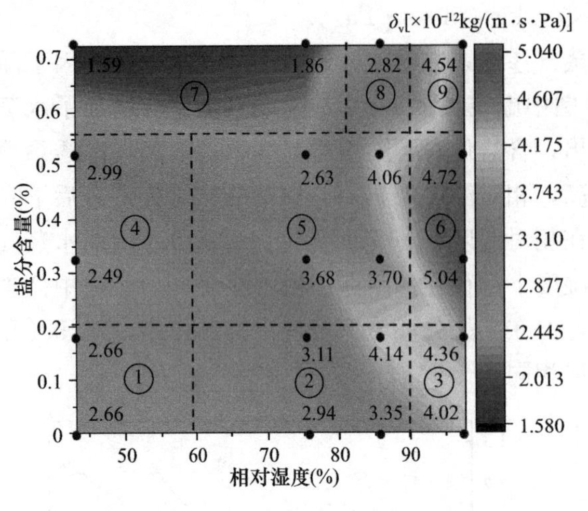

图 6-32　全工况水蒸气渗透系数区域

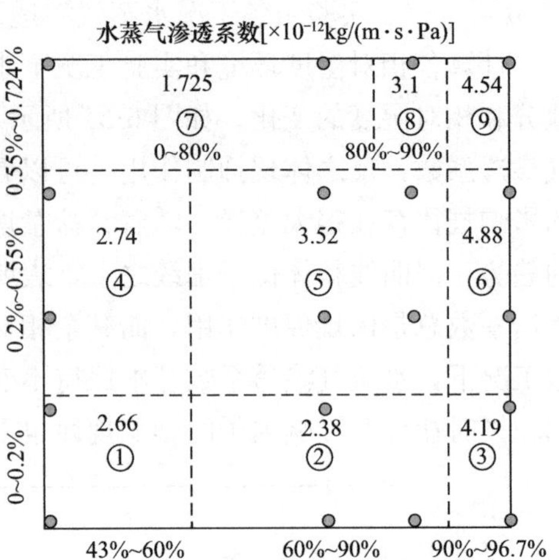

图 6-33　水蒸气渗透系数区域表征值

6.2.4　盐分对湿物性参数影响的成因分析

通过不同含盐量下材料平衡吸湿实验、水蒸气渗透实验和毛细吸水实验，明确了盐分对湿物性参数的影响，并给出了材料内含盐量与湿物性参数之间的函数关系式。为更加清晰地明确盐分对各湿物性参数的影响，表 6-8 对上述研究成果进行梳理，其中对变化规律的描述是基于本研究实验工况范围内的测试结果。

盐分对湿物性参数的影响　　**表 6-8**

湿物性参数	环境影响因素	含盐量增加	是否相互作用	促进/抑制
平衡含湿量	相对湿度	逐渐增加	是	全工况促进作用
水蒸气渗透系数	相对湿度	先增加后减少	是	高盐低湿工况抑制作用
吸水系数	温度	先增加后减少	否	高盐工况抑制作用
毛细饱和含湿量	—	逐渐减少	—	全工况抑制作用
液态水扩散系数	温度	先增加后减少	否	全工况促进作用

平衡含湿量的增加表明盐分可以促进材料的吸湿性能，这可能主要是由于 NaCl 晶体在孔隙内遇水易电解，形成 Cl^- 与 Na^+，其极易与水分子结合形成水合离子，增强材料整体的吸湿能力；此外，饱和氯化钠溶液上方的饱和水蒸气压力小于纯水的饱和水蒸气压力，这是饱和 NaCl 溶液可将密闭空间的相对湿度控制在 75.5%的原因，若孔壁上的液膜为饱和 NaCl 溶液，则可降低孔隙内液体表面的水蒸气压力，提高材料对水分的吸附作用。

从表 6-8 可以看出描述水分传输的水蒸气渗透系数、吸水系数和液态水扩散系数，在本研究所设置的盐分工况范围内均出现随含盐量的增加先上升再下降的现象，甚至水蒸气渗透系数与吸水系数出现相较于无盐工况时被抑制的情况。汽态水和液态水的传输与多孔材料微观孔隙结构有关，故通过对不同含盐工况的水泥砂浆试件取样，利用 SEM 观察孔隙结构变化，从而推测盐分对水分传输系数产生影响的原因。

图 6-34 中给出不同含盐量试件放大 2 万倍的 SEM 微观形貌图。可以看出对照组试件的孔隙结构清晰可辨别，而随含盐量的增加，相同放大倍数下孔道数量有所减少，有一些

孔道可能由于盐分侵入导致微观结构产生变化而被封堵。对于多孔材料质传递来说，孔隙数量下降直接会影响传质系数，因此在高盐分环境下，水分传输系数均下降。毛细饱和含湿量随盐分含量增加而逐渐减小的实验现象，可能也是由于孔隙被封堵的原因所导致的。

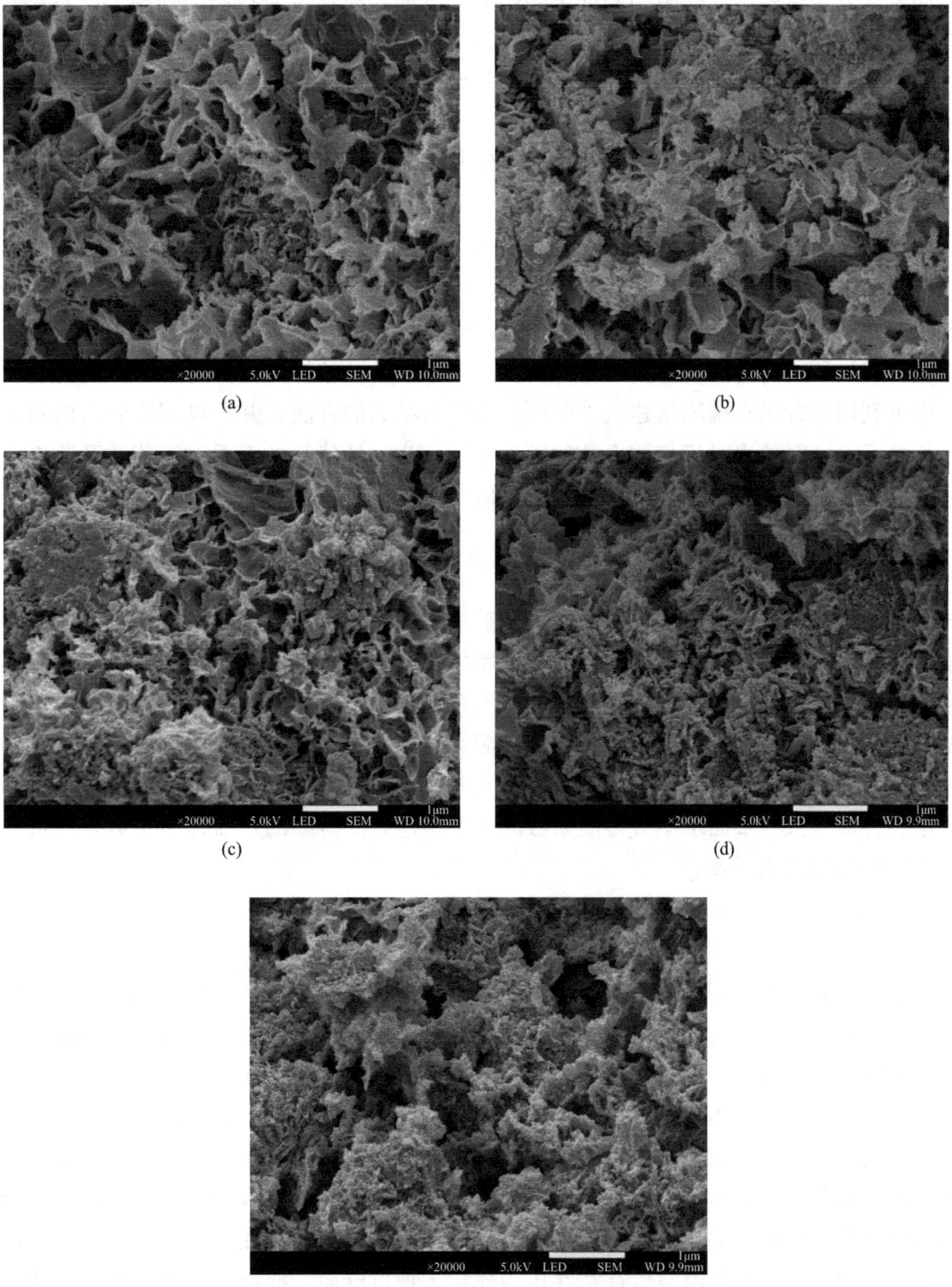

(a)

(b)

(c)

(d)

(e)

图 6-34　不同含盐试件的 SEM 形貌图

(a) 对照组；(b) 工况一；(c) 工况二；(d) 工况三；(e) 工况四

盐分对材料内水分储存和迁移的影响可直观反映在对湿物性参数的影响上，但剖析其影响规律的成因则存在一定困难，因为多孔材料内水分迁移和储存与孔隙率、孔径分布以及比表面都存在关系，目前研究尚无定量分析，当材料孔隙内含盐后，过程更加复杂，一方面涉及盐分对材料微观孔隙结构的影响，另一方面还涉及表面物理学的相关内容，即盐分与固体表面接触，汽态水和液态水接触时的情况。本研究的目的是明确盐分与湿物性参数之间的变化规律并提出湿物性计算模型，故变化规律成因只进行初步推断分析。

6.3 热湿地区海岛建筑外壁面与环境的质交换

热湿地区岛礁建筑全年处于高湿的环境中，建筑围护结构与室外湿空气的水分交换不可忽略，探究建筑外壁面与湿空气的质交换机理以及确定建筑分界面热工参数是明确分界面上水分交换情况的重要前提，也是围护结构热工计算的先决条件。本节首先分析壁面与湿空气质交换所属的传质类型，结合对流传质过程中涉及的特征值和特征方程进行理论推导，提出利用萘升华直接测量建筑外壁面对流传质系数的方法，并在风洞实验台内对该方法进行验证，同时给出对流传质系数的预测模型，为室外建筑外表面对流传质系数提供测试方法指导，对热湿地区围护结构热质迁移研究具有重要意义。

6.3.1 墙体表面对流传质系数的测试方法

由于岛礁地区环境相对湿度大，建筑围护结构界面处会发生湿交换，湿交换的量一方面由密度差决定，当大气中水蒸气密度大于墙体表面的水蒸气密度时，墙体就会处于吸湿状态，反之则为放湿；另一方面则由对流传质系数决定，传质系数增加质交换的量也会相应增加。本小节首先分析壁面中水分与环境湿空气的传质过程，之后对如何测量对流传质系数展开研究，由于萘固体易升华且具有便于安装固定的特点，通过理论分析建立起固体萘升华的传质系数与壁面水蒸气传质系数的关系，通过测得萘的对流传质系数，便可计算得到壁面的对流传质系数。

1. 建筑壁面对流传质机理分析

传质的基本方式包括分子传质和对流传质。分子传质又可称为分子扩散，简称为扩散。它是由于分子无规则的热运动而形成的物质传递现象。分子扩散可由诸多因素引起，例如浓度梯度、温度梯度和压力梯度。对流传质是具有一定浓度的混合物流体流过不同浓度的壁面时，或是两个有限互溶的液体发生运动时的质量传递。前者可具体称之为对流质交换，它发生在混合流体与液体或固体的两相交界面上，例如空气掠过固体萘表面加速了萘升华，或者干燥空气掠过潮湿壁面，会加速材料表层水蒸发起到干燥作用。由此可知扩散传质和对流传质的基本区别是质扩散发生在相对静止的环境中，不涉及宏观物质迁移。而对流传质则发生在流动流体与静止材料或流体之间的质传递。在热湿地区建筑外壁面直接接触室外湿空气，外界湿空气往往在风力作用下掠过壁面，壁面会因外界湿空气状态的不同与外界进行吸湿或放湿的水分交换，这样的传质过程显然属于对流传质。

对流传质是在流体宏观运动的同时进行质量传递，如果组分 A 浓度为 $C_{A,\infty}$ 的混合流体流经固体表面，在固体表面处 A 组分的浓度为 $C_{A,surf}$，并且 $C_{A,\infty} \neq C_{A,surf}$ 时将发生由对

流引起的A组分传递。如要计算该物理过程的传质量，需建立质量流密度、传质系数和浓度差之间的关系。固体壁面与混合流体之间的对流传质通量可定义为：

$$J_A = h_{m,A}(C_{A,surf} - C_{A,\infty}) \tag{6-35}$$

式中　J_A——对流传质通量，kg/(m^2·s)；

$C_{A,surf}$——壁面A的浓度，kg/m^3；

$C_{A,\infty}$——混合流体中A的浓度，kg/m^3；

$h_{m,A}$——A组分的对流传质系数，m/s。

在壁面与外界湿空气的质交换过程中A代表水蒸气，在萘升华过程中A代表萘。当流体流过固体壁面时，认为流体内A组分的浓度是均匀的，而壁面的A浓度与流体浓度并不相同，因此认为质传递的阻力来自于固体表面上层具有浓度梯度的流体层中，即浓度边界层。

普遍情况下流体在强制流动状态下的对流传质过程中，浓度边界层的厚度与对流传质系数的大小有直接的关系，而浓度边界层厚度又受到流体状态的影响，因此对流传质与动量传输密切相关。雷诺数（Re）是一种可用来表征流体流动情况的无量纲数，定义式为$Re=uL/\nu$。其中u是流体速度，m/s；ν是运动黏度，m^2/s；L是特征长度。它代表着惯性力和黏性力之比，如果Re较小，惯性力远小于黏性力，流动可保持为层流，反之在雷诺数比较大的情况下，就会发生层流向湍流过渡，临界雷诺数Re_c可作为区别两种流体的临界值，对于平板上的流动该值大约为10^5～3×10^6。传质速率与雷诺数（Re）有关。对流传质与对流传热类似，对照对流传热的相关准则数，更换各准则数中所包含的各物理量和几何参数，即可得到对流传质的相关准则数：Sc施密特数，定义式为$Sc=\nu/D$，D是质量扩散系数，单位是m^2/s，用来描述同时有动量扩散和质量扩散的流体。

对流传质系数也可使用特征数表示，称这类表达式为特征方程。由于对流传质系数与流体有关，根据流体状态的不同，表达对流传质系数的特征方程也不同。若雷诺数Re小于临界雷诺数Re_c，则特征方程为式（6-36）；若雷诺数Re远大于临界雷诺数Re_c，则特征方程为式（6-37）；若雷诺数Re稍大于临界雷诺数Re_c，则特征方程为式（6-38）[50]

$$h_m = 0.664\frac{D}{L}Re^{1/2}Sc^{1/3} \tag{6-36}$$

$$h_m = 0.664\frac{D}{L}Re^{4/5}Sc^{1/3} \tag{6-37}$$

$$h_m = \frac{D}{L}(0.037Re^{4/5} - 817)Sc^{1/3} \tag{6-38}$$

式中　h_m——对流传质系数，m/s；

D——质量扩散系数，m^2/s；

L——特征长度，m。

通过上述分析可知，无论A组分是水蒸气还是萘，对于湿空气横掠壁面或是固体萘升华，对流传质系数的准则关系式都是相同的。

2. 萘升华测试对流传质系数原理

(1) 萘的对流传质系数

萘（naphthalene）是最简单的稠环芳烃，分子式为$C_{10}H_8$。固体萘试件易升华。通过上述分析，该物理过程属于对流传质过程，萘的质量流量（J_{nap}）可表示为：

$$J_{nap}=h_{m,nap}(\rho_{nap,surf}-\rho_{nap,e}) \tag{6-39}$$

式中 $h_{m,nap}$——萘升华传质系数，m/s；

$\rho_{nap,surf}$——表面温度对应下的饱和萘蒸气密度，kg/m^3；

$\rho_{nap,e}$——空气中萘蒸气密度，kg/m^3。

$\rho_{nap,surf}$利用萘的表面温度和该温度下萘的饱和压力通过理想气体状态方程得到固体萘表面的密度：

$$\rho_{nap,surf}=\frac{P_{nap,surf}}{R_{nap}T_{nap,surf}} \tag{6-40}$$

式中 $P_{nap,surf}$——萘试件表面的饱和蒸气压力，Pa；

R_{nap}——萘蒸气的气体常数，J/(kg·K)；

$T_{nap,surf}$——萘试件表面温度，K。

式（6-40）中的R_{nap}可通过萘的分子量和通用气体常数得到，可由经验公式（6-41）得到萘表面温度下对应的饱和蒸气压力[51]：

$$T_{nap,surf}\ln(P_{nap,surf})=\frac{1}{2a_0}+\sum a_sF_{nap} \tag{6-41}$$

式中 a_0、a_s——常系数；

F_{nap}——关于$T_{nap,surf}$的经验函数。

结合式（6-39）～式（6-41）可以得到萘表面的对流传质系数：

$$h_{m,nap}=\frac{J_{nap}}{\dfrac{f(T_{nap,surf})}{RT_{nap,surf}}-\rho_{nap,e}} \tag{6-42}$$

式中，J_{nap}可通过萘试件在实验过程中的质量差和实验时长计算得到萘通量：

$$J_{nap}=\frac{\Delta m_{nap}}{\tau A} \tag{6-43}$$

式中 A——萘试件面积，m^2；

Δm_{nap}——萘升华的质量，kg；

τ——时间，s。

萘试件表面温度（$T_{nap,surf}$），可通过固定在上面的温度传感器测量得到。由于萘在大气中含量微小甚至没有，因此认为空气中萘的蒸气密度（$\rho_{nap,e}$）是0。综上所述，通过一定时间内对质量和温度的测量，就可通过式（6-42）得到在壁面所处环境下萘的对流传质系数（$h_{m,nap}$）。

（2）壁面的对流传质系数

所谓壁面的对流传质系数，即壁面水分与湿空气发生水分交换时的对流传质系数。若将萘试件放置于被测壁面上，则认为萘和板壁处在相同的空气流场状态下，那么两者上表面流体空气所具有的物性参数是近似相等的，即两者*Re*数相等，在计算萘的传质系数和板壁的水蒸气传质系数时，会在式（6-36）～式（6-38）中选取相同的公式。因此无论选取上述公式中的哪一个，将两者公式做比较，都可以得到相同的结果：

$$\frac{h_{m,nap}}{h_{m,v}}=\left(\frac{D_{nap}}{D_v}\right)\left(\frac{Sc_{nap}}{Sc_v}\right)^{\frac{1}{3}} \tag{6-44}$$

式中　D_{nap}——萘在空气中的扩散系数，m^2/s；

D_v——水蒸气在空气中的扩散系数，m^2/s；

$h_{m,v}$——壁面的对流传质系数，m/s。

其中，Sc 包括空气的动力黏度和空气的密度。在相同环境条件下，认为萘和壁面上端空气所具有类似的物性参数。因此式（6-44）化简为：

$$h_{m,v}=\left(\frac{D_{nap}}{D_v}\right)^{2/3}h_{m,nap} \tag{6-45}$$

测量得到的 $h_{m,nap}$，通过式（6-45）计算得到壁面的对流传质系数 $h_{m,v}$，其中水蒸气在空气中的扩散系数（D_v）和萘在空气中的扩散系数（D_{nap}）受温度影响。D_v 可通过式（6-46）计算得到[52]：

$$D_v=D_0\frac{P_0}{P}\left(\frac{T}{T_0}\right)^{\frac{3}{2}} \tag{6-46}$$

式中，压力 $P_0=1.013\times10^5$Pa、温度 $T_0=273$K 时，空气中水蒸气扩散系数 $D_0=0.22\times10^{-4}m^2/s$，其他压力下的 D_v 可计算得到。

D_{nap} 则通过经验关系式[53] 计算得到：

$$D_{nap}=0.0681\times10^{-4}\left(\frac{T_{air}}{298.16}\right)^{1.93}\left(\frac{1.013\times10^5}{P_{atm}}\right) \tag{6-47}$$

式中　T_{air}——空气温度，K；

P_{atm}——测点附近大气压，Pa。

综上所述，利用萘升华测量对流传质系数的理论是在认为萘固体表面上方空气流态与壁面相同的前提下，借助对流传质系数的特征方程式，建立萘传质系数与水蒸气传质系数之间的比例关系，从而通过测量萘的传质系数，而最终得到壁面的传质系数。

6.3.2　萘升华测试法的实验验证

为验证该方法的可靠性，本书利用风洞实验台，在相同的工况条件下分别对两个相同墙板用萘升华法和热平衡法测量相关参数。虽然热平衡法在自然环境条件下操作复杂，易出现误差，但在工况稳定的风洞实验条件下，认为传统的热平衡法是相对准确的。将两者测试结果进行对比，验证萘升华法测量对流传质系数的可靠性。本实验制作两个相同墙板Ⅰ和Ⅱ，由单层水泥板构成，尺寸为 400mm×400mm×50mm，将制作好的两块板壁放于风洞实验台内，试件上表面是风洞内表面的一部分，试件下表面用 EPS 保温板包裹，做绝热处理。

1. 热平衡法测量对流传质系数实验

当流体流过固体表面，流体与固体表面既存在质量又有热量交换时，可通过对流换热和对流传质的相似准则关系式推导出表面质交换系数，即利用 Lewis 关系式进行计算：

$$h_m=\frac{h_c}{\rho c_p} \tag{6-48}$$

式中 ρ——流体密度，kg/m^3；

c_p——流体的比热容，$J/(kg \cdot K)$；

h_c——对流换热系数，$W/(m^2 \cdot K)$。

因此，要得到建筑外壁面对流传质系数就转化为如何获得对流换热系数的问题，目前在实际应用中，若要进行实地测量对流换热系数，普遍使用的是热平衡法。其基本原理是利用得到的净辐射值（q_R）和导热热流值（q_D）反推对流换热量（q_C），最后求出对流换热系数。计算过程可由下列公式表示：

$$q_R = q_C + q_D + q_{lantern} \tag{6-49}$$

$$h_c = \frac{q_C}{T_{surf} - T_{air}} \tag{6-50}$$

式中 q_R——测试表面的净辐射量，W/m^2；

q_C——测试表面与周围空气的对流换热量，W/m^2；

q_D——测试表面导热量，W/m^2；

$q_{lantern}$——测试表面潜热换热量，W/m^2；

T_{surf}——测试表面温度，K；

T_{air}——周围空气温度，K。

通过热流计可测得墙壁的 q_D，q_R 则是利用净辐射测量仪得到。壁面为干燥壁面，认为壁面的潜热量 $q_{lantern}$ 为 0。综上所述就可以得到 q_C，再利用式（6-50）求得对流传质系数。

Ⅰ墙体则是利用热平衡法测量对流传热系数，表面布置温度传感器和热流计，其中热流计可以测定单位时间内流经单位面积的热量。墙板试件周围布置有长波辐射感受器，用于测量壁面接受的长波辐射热量。上方悬挂用于测试壁面反射辐射量的二分位辐射感受器，综合以上测试值，可得到板壁的净辐射热量，热平衡实验所需的主要仪器及风洞内布置同第 5 章图 5-6、图 5-7。

2. 萘升华测量对流传质系数实验

采用萘升华法测量对流传质系数，首先需要制备实验所需的萘试件，具体制作过程见第 5 章图 5-2。为使萘在单位时间内的升华质量明显，以及考虑使用过程中方便携带等因素，可选取表面较大，但容积不大的容器，本研究选择直径为 13cm 的圆形铁盘作为萘物质的容器，将高纯度固体萘颗粒加热熔化后，倒入容器中，迅速加盖玻璃板，目的是使上表面光滑，保证萘试件表面温度均匀且空气掠过时流动状态不受影响，该过程认为萘的纯度不发生变化。

为与自然环境相接近，风洞内设置温度为 27℃，提供了 $22W/m^2$ 的辐射强度来模拟太阳辐射。通过前期对气象数据的分析，低纬度岛礁地区的平均风速为 4m/s，因此实验设置了风速从 0.5m/s 到 5m/s，每间隔 0.5m/s 为一个测试工况，共 10 组风速工况，对不同风速下的壁面对流传质系数进行测试。每组实验中使用 4 个萘试件，以字母标记 A～D。在测试前对萘试件进行称重，实验结束后再次对萘盒称重，并记录测试时间。

3. 结果分析与对比验证

经风洞内萘升华实验可测量得到 10 组风速下 A～D 4 个萘试件的质量变化，以及对应

测试时间和萘试件表面温度。图 6-35 给出了 4 个萘试件在不同风速下的表面温度，可以看出随着风速的增加，萘试件表面温度会随之减小，这是由于风速的增加加强了试件表面的对流换热能力，带走了萘试件表面更多的热量，使得温度下降。

得到了质量通量和温度后，通过原理部分的公式就可以计算得到板壁的对流传质系数，每组风速条件下得到 4 个萘试件的对流传质系数。热平衡实验结果得出对流换热量，通过对流换热计算式和刘易斯关系式得到对流传质系数，由于各物理量取平均，因此每组风速条件下得到一个对流传质系数值。

图 6-36 给出各工况下对流传质结果。可以看出，随风速的增加对流传质系数也随之增加，风速与对流传质系数呈线性关系，且 4 个萘试件样品测得的对流传质系数相差不大。图中给出了热平衡法测试结果 10%的误差线，可以看出萘升华测量值基本都在热平衡法测量值的误差线以内。使用各风速下萘升华法测试结果的平均值进行回归分析，得到拟合优度为 0.97 的线性方程：

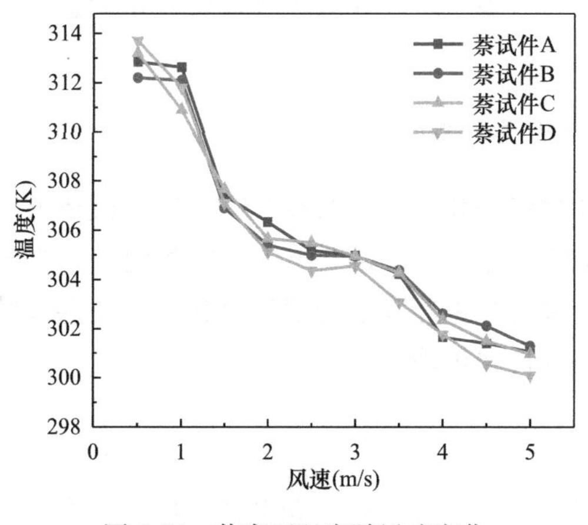

图 6-35　萘表面温度随风速变化

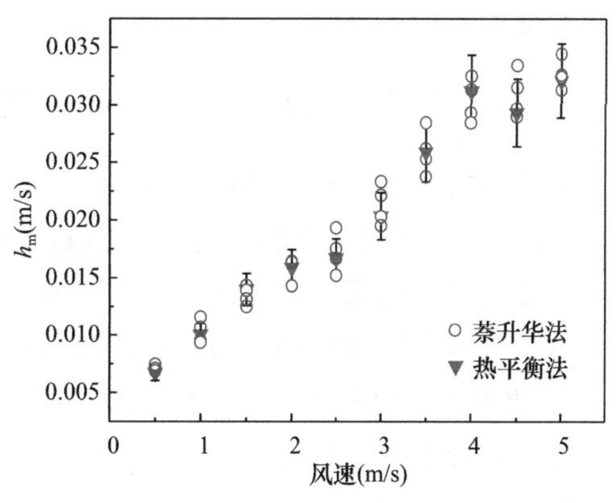

图 6-36　各工况下对流传质系数

$$h_m = 0.006v + 0.004 \tag{6-51}$$

式中　v——风速，m/s。

为更准确地表述萘升华法与热平衡法的差异性，计算两者之间的偏差：

$$\sigma = \frac{h_{m,萘升华} - h_{m,热平衡}}{h_{m,热平衡}} \times 100\% \tag{6-52}$$

式中　σ——偏差，%。

验证结果的理想情况是完全相同的，即比值为 0。图 6-37 给出了两种测试方法偏差的频率分布直方图，萘升华法各工况风速下共测试 40 个点，其中只有 5 个数据距热平衡法的偏差超出了 10%以上，±5%之间有 28 个测点，因此，证明了萘升华法测量壁面对流传质系数的可靠性。

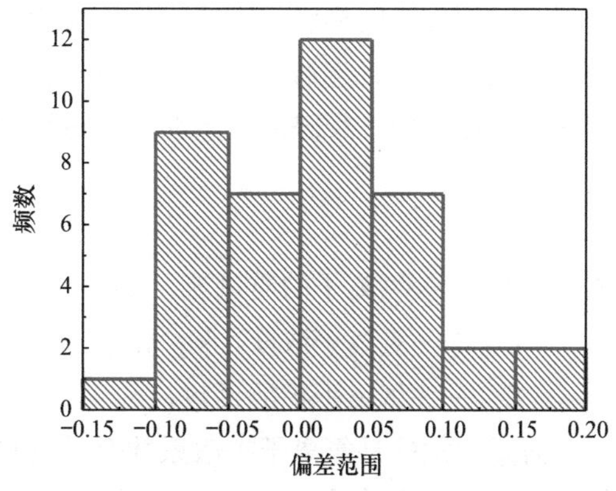

图 6-37　两种测试方法偏差的频率分布直方图

6.4 盐雾环境下建筑墙体热质耦合迁移模型的建立

在极端热湿气候条件下，建筑墙体内存在温度场、相对湿度场和盐分浓度场，在发生热传递的同时，也在进行水分和盐分的质传递，这与目前围护结构热工计算中单纯考虑传热的情况截然不同。此外，围护结构内过量的水分迁移与储存，会导致墙体热工性能下降甚至影响围护结构耐久性，盐雾导致的外表面盐分的累积可能会加剧这种不利影响。因此揭示热湿地区盐雾环境下建筑围护结构内热质迁移机理以及建立热、湿和盐耦合迁移模型对准确评估该地区墙体热工性能和建筑能耗具有重要意义。

本节首先分别阐明了热、湿和盐在多孔材料内的迁移过程，并确定海洋盐雾环境下墙体内的氯离子传输方式，结合盐分对湿物性影响的研究，揭示多孔材料内热、湿和盐耦合传递机理，进而对盐雾环境下建筑墙体内的热质迁移过程进行简化和假设，建立适用于含盐围护结构热质迁移计算的一维、两质、三场的数学模型，并在人工气候实验室内进行实验以验证模型的可靠性。

6.4.1 建筑多孔材料内热、湿和盐的迁移机理分析

多孔材料是指含有很多孔隙的固体，在多孔材料的孔隙内普遍存在有流体（液体或气体）。建筑材料普遍属于多孔材料，例如水泥砂浆、混凝土和黏土砖等。这些建筑材料直接与环境接触，内部孔隙中含有汽态或液态水，大气盐雾环境下的建筑材料内部还存在盐分，本节分析围护结构热、湿和盐在多孔材料内的传递机理。

1. 建筑多孔材料氯离子传输机理分析

（1）氯离子传输机制

氯离子在建筑多孔材料中的传输存在多种形式包括扩散、对流和电迁移作用。在不同的环境工况下，占主导地位的传输方式也有所不同。研究以氯离子传递表征盐分传递。

扩散作用：

氯离子的扩散传递是氯离子在浓度梯度作用下，由高浓度向低浓度迁移的过程。扩散过程一方面受浓度梯度的影响，另一方面也受到材料内部孔隙结构的影响，这是由于材料内部孔隙并非笔直连通而是迂回曲折，扩散过程必定会受到阻碍，迂回曲折程度不同，受到的阻力也不同。反映氯离子在扩散过程中迁移速率的物理量为氯离子扩散系数。根据菲克定律：

$$J_{\mathrm{Cl}}=-D_{\mathrm{Cl}}\nabla C_{\mathrm{Cl}} \tag{6-53}$$

式中 J_{Cl}——氯离子的质量流，kg/(m^2·s)；

C_{Cl}——氯离子浓度，kg/m^3；

D_{Cl}——氯离子扩散系数，m^2/s。

需要注意的是氯离子扩散系数会受到材料含湿量的影响，因此氯离子的传输会与水分的迁移存在耦合关系。

对流作用：

对流传质是指氯离子随着多孔材料内部孔隙中的液态水流动而发生的质迁移，孔

隙内的液态水作为传输氯离子的载体。对流作用造成氯离子在某个界面上的通量可表示为：

$$J_{\mathrm{Cl}}=-C_{\mathrm{Cl}}v \tag{6-54}$$

式中 v——混凝土中孔隙液对流速度，m/s。

在氯离子传输的研究中，引发对流的原因有两种：外界压力作用和毛细吸水作用。外界压力作用是指混凝土构件在外界水分压力的作用下，水分在材料内部孔隙发生渗流，此时驱动势为渗透压，可根据达西定律表达为：

$$\nu=-\frac{K}{\mu}\frac{\partial P_{\mathrm{H}}}{\partial x} \tag{6-55}$$

式中 K——渗透系数，m^2；

μ——液体的动力黏度，Pa·s；

P_{H}——渗透压，Pa。

多孔材料内部孔隙可以看作是纵横交错的毛细管，由于液体存在表面张力。为平衡张力，会发生毛细管内液体的迁移，称之为毛细作用。氯离子溶解在毛细管内的液态水中，随着毛细作用向内部迁移，毛细作用在计算上可与渗流作用等效，也同样符合达西定律，驱动势则变为毛细压力。

电迁移作用：

电迁移作用是指对盐溶液施加外界电场，溶液中的离子会发生定向移动。电迁移作用往往被利用于实验测量中，例如：测定氯离子的扩散系数和钢筋锈蚀的加速实验。电迁移离子的通量可表示为：

$$J_{\mathrm{Cl}}=\frac{1}{K_{\mathrm{Cl}}}z_{\mathrm{Cl}}C_{\mathrm{Cl}}eE \tag{6-56}$$

式中 K_{Cl}——氯离子黏滞性系数，N·s/m；

z_{Cl}——氯离子电价；

e——电子电量，C；

E——所处外界的电场强度，N/C。

(2) 盐雾环境下墙体内氯离子传输方式的确定

海洋环境下建筑构件中氯离子迁移方式与其所处的海洋环境密切相关，不同环境中氯离子传输方式不同。一般存在如图 6-38 所示的三种环境：(a) 水下区；(b) 潮差和溅浪区；(c) 大气区。3 种环境中建筑构件内氯离子浓度分布特征都具有明显差异性。基于对已有研究[53] 的分析，归纳总结出各区域的氯离子含量分布示意图，并基于水下区和溅浪区的氯离子分布特征，明确海洋盐雾环境下建筑墙体内氯离子传输的主导方式，为后续建立热、湿和盐耦合迁移模型提供理论支撑。

图 6-39 为各区域建筑构件内氯离子浓度分布示意图，横坐标代表从表面至内部的深度，从 0 至 x 且 $0<x$；纵坐标代表氯离子浓度从 0 至 C 且 $0<C$。图 6-39(a)～(c)，虽两者均无具体数值，但因各区域横纵坐标是一致相关的，因而可以进行比较，例如图 6-39(a) 中的 C_1 相对位置高于图 6-39(c) 中的 C_2，即代表 $C_1>C_2$，横坐标亦是如此。并且各图中暴露时长 τ_1 与 τ_2 都基本在同一时期，具有可比性。

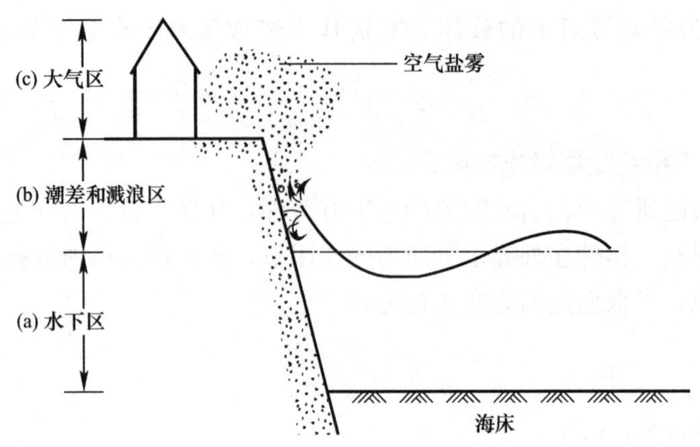

图 6-38　海洋暴露环境区域类型[54]

当混凝土构件完全浸没于海水中，例如桥墩、堤坝的水下部分等。图 6-39(a) 示意了位于水下区不同暴露时长建筑构件内部的氯离子分布，暴露时长 $\tau_1 > \tau_2$。由表层到内部氯离子分布明显呈线性变化且逐渐下降，随着暴露时间的增加，表面氯离子浓度增加，并且内部各处氯离子分布也会整体增加。由于水下区材料孔隙内的溶液不发生相对移动，也就不会存在对流作用，但氯离子会受溶液浓度差的影响，从高浓度扩散至低浓度，因此扩散作用成为该工况下的主导方式，使用扩散定律描述水下区氯离子的传输更为适宜。

桥墩和堤坝在水面上方的位置处于潮差区和溅浪区，这些部位长期处于干湿循环状态，其氯离子分布如图 6-39(b) 所示。在润湿阶段，海水浸泡干燥的构件外表面，会形成持续的外加海水压力，并且内部干燥孔隙极易发生毛细作用，在对流作用下海水侵入建筑构件内部时，对流效应占主导地位；当潮水退去时，湿壁面开始干燥，进入内部的海水慢慢蒸发，侵入内部的氯离子依然留在孔隙内。如此往复的干湿循环，会在建筑构件内部形成深度为 x 的对流区，且 x 处是构件内氯离子浓度分布的峰值处。而在对流深度之后的部分，氯离子传递以扩散为主导。从构件表面到氯离子浓度峰值的距离称为对流区深度。可见随着暴露时间的增加，对流区也逐渐加深，表面氯离子含量与峰值浓度的差距也逐渐加大。对比图 6-39(a) 和图 6-39(b)，发现虽然在初暴露期 τ_1 时间内，水下区构件表面氯离子浓度大于潮差区表面氯离子浓度。但随着暴露时间的增加，在 τ_2 时潮差区的峰值浓度已大于水下区构件表面的氯离子浓度。表明干湿循环条件下混凝土内盐分的侵入量在一段时间之后会大于水下区。

图 6-39(c) 展示了海洋大气区建筑构件内氯离子浓度的分布特点，本书所研究的建筑正是处于该区域。从图中可以看出，暴露于大气区的建筑构件内氯离子含量远远低于水下区和潮差区。此外，在大气区暴露较长时间后，构件会出现与潮差区相类似的氯离子分布特征，即形成距表层 x_1 深度的对流区。但需要注意的是：盐雾下建筑构件内的对流区相较于潮差区下建筑构件内的对流区有很大不同，首先对流区深度很小，并且虽暴露时间增加，但深度变化不显著；其次表层氯离子浓度与峰值浓度差距微小甚至相等。盐雾环境中构件内的对流区是由沉降在构件表面的盐分和雨水共同作用所产生的。所以盐雾环境中建筑构件的干湿循环次数远不及潮差区，并且海水盐分浓度大于雨水中的盐分浓度。故本研

究忽略盐雾环境中氯离子在混凝土迁移过程中的对流作用，以扩散作用来描述氯离子在构件内部的传输。

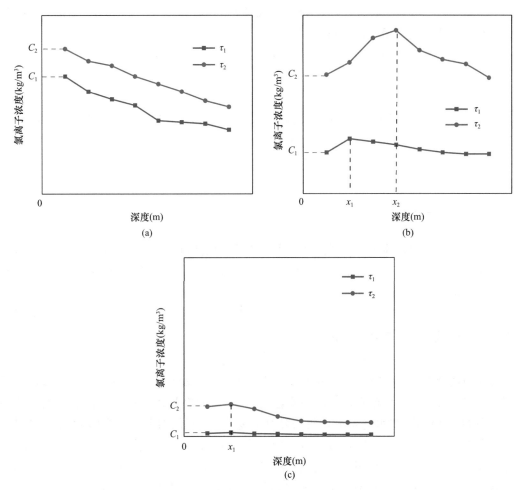

图 6-39　建筑构件内氯离子浓度分布示意图
（a）水下区；（b）潮差和溅浪区；（c）大气区

2. 建筑多孔材料湿迁移机理分析

当材料处于干燥状态时，此时认为多孔材料内部并不存在可以自由迁移的水分。当干燥材料处于相对湿度较低的环境中时，汽态水分通过连通孔隙进入材料内部，水蒸气压力大的一侧将逐渐驱动水分向另一侧迁移，同时在固体表面物理吸附的作用下气体水分子被吸附于孔隙壁面，随着相对湿度的逐渐上升，除了固体内孔隙壁面对汽态水分子的吸收外，还有壁面第一层水分子对空气中水分子的吸附，即从单层吸附逐渐发展为多层吸附，孔壁出现水膜；直径较小的孔隙首先被堵塞形成液态水，此时孔隙相当于毛细管，毛细管内液体形成弯液面，并产生毛细作用。干燥过程与之相类似，堵塞孔隙的液态水逐渐消失，孔隙内壁面发生解吸，多孔材料内的自由水逐渐减少。由此可以看出多孔材料内的水分迁移，包括汽态水和液态水。

汽态水的传输：

水蒸气的迁移是由于扩散作用所造成的，使用 Fick 定律进行数学描述，并且以水蒸气压力为水蒸气传递的驱动势：

$$J_v = -\delta_v \nabla P_v \tag{6-57}$$

式中 J_v——水蒸气流量，kg/(m^2 · s)；

δ_v——水蒸气扩散系数，kg/(m · s · Pa)；

P_v——水蒸气压力，Pa。

液态水的传输：

关于液态水迁移的描述通常是利用达西定律，它是通过水在泥沙中渗流得到的实验定律。目前建筑多孔材料湿迁移的计算中达西定律被广泛使用，液态水迁移过程以毛细压作为驱动势；

$$J_l = -K_l \nabla P_{cap} \tag{6-58}$$

式中 J_l——液态水流量，kg/(m^2 · s)；

K_l——液态水渗透率，kg/(m · s · Pa)；

P_{cap}——毛细水压力，Pa。

除使用达西定律描述多孔材料内液态水迁移外，依然可以使用菲克定律描述液态水的迁移，菲克定律可描述气体、液体和固体三相的扩散问题。当采用扩散定律描述时，则是以材料含水量作为驱动势：

$$J_l = -D_l \nabla w \tag{6-59}$$

式中 D_l——液态水扩散系数，m^2/s；

w——体积含湿量，kg/m^3。

两种描述液态水迁移方式的不同点在于驱动势，由于驱动势的不同，传递系数也有所不同。在渗透理论中，传递系数为液态水渗透率 K_l，而在扩散理论中，传递系数为液态水扩散率 D_l。描述液态水迁移的两种方法中，达西定律最初用来计算土壤中的水流量，在土壤学中，K_l 易于测量可靠性高，但对于建筑材料来说内部结构复杂和孔径小等特点，需分片称重、核磁共振（NMR）或 γ 射线测试整个试件的含水量分布，再通过计算得到 K_l。因此，建筑材料的渗透系数 K_l 难以通过实验直接测量得到，这成为热湿耦合模型难以推广使用的一个因素。Kumaran[55] 提出可通过毛细吸水实验估算液态水扩散系数，相较于液态水渗透系数显然更便于获得，并对估算出的液态水扩散系数进行验证，表明该方法满足实际工程的计算精度。但目前在使用液态水扩散系数的研究中，水分迁移驱动势为含水量，也并未使用便于计算测量的相对湿度作为驱动势，使得在计算多层墙体截面处不连续，并且无法直接使用室外气象参数作为边界条件。因此，本研究针对上述问题，采用液态水扩散系数，将含湿量驱动势转换为相对湿度为驱动势。

3. 建筑多孔材料热传递机理分析

固体材料处于稳态时，若改变其环境温度，材料内部进行热传导，材料温度将会发生改变。傅里叶定律可表述导热过程：

$$q = -\lambda \nabla T \tag{6-60}$$

式中 q——热流密度，W/m^2；

λ——导热系数，W/(m · K)；

T——温度，K。

能量传递的驱动势为温度梯度。当多孔材料内部含水量较大时，除常规的固体导热外，还存在由于水蒸气和液态水迁移所造成的焓值变化，此时温度已不再是能量传递的唯一驱动势。热湿地区建筑围护结构处于高湿状态下，除材料的热传导还包括水分迁移或相变而产生的能量传递，氯离子也在同时进行传递，但如前所述，氯离子在表面累积与侵入内部是长期的过程且迁移量很小，因此在逐时计算热质迁移的过程中，盐分传递所带来焓值的变化可以忽略不计。但墙体暴露时间的增加，盐分会对水分的迁移造成影响，这就导致围护结构内氯离子的累积间接影响着热量传递。

6.4.2 围护结构热质耦合迁移数学模型

在热湿地区盐雾环境下建筑墙体中存在盐分和水分的两种质传递以及热量传递，在各传递特点分析的基础上确定相应的物理描述方法：首先在计算盐分传递时，依据大气区建筑构件内氯离子含量偏低，且内部对流层深度浅不随暴露时间向内部移动等特点，使用以氯离子浓度为驱动势的菲克定律简化计算模型；其次，在计算墙体内水分的两相传递时，为使湿物性参数便于获得，液态水扩散系数作为传递系数，汽态水迁移也同样使用扩散理论进行描述；最后在计算热量传递时，采用傅里叶定律。在此基础上热、湿和盐分之间又存在耦合关系，如图 6-40 所示。盐分的传输会受到材料内含湿量的影响，这体现在氯离子扩散系数与材料含湿量有关方面；水分的迁移和储存则会受到材料内盐分的影响，这体现在材料湿物性参数与含盐量的函数关系上，同时水分的迁移也会受到温度梯度的影响；在热传递中只需考虑水分传输和相变带来的焓值变化，忽略氯离子迁移对热传递造成的直接影响。

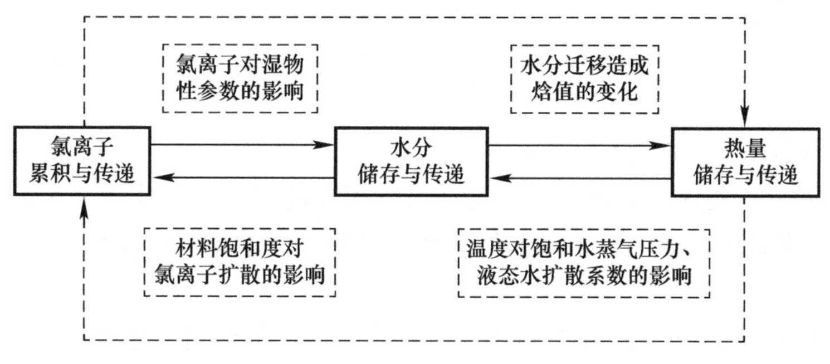

图 6-40 多孔材料内热、湿和盐耦合关系

综上所述，本研究基于对热、湿、盐三者之间耦合关系的分析，建立两质、三场的热质耦合迁移数学模型，并做如下假设：（1）墙体多孔材料为连续均匀且各向同性；（2）墙体内热质迁移看作是一维过程；（3）多孔材料内的水蒸气按理想气体处理，并满足理想气体状态方程；（4）多孔材料内部存在局部热力平衡；（5）不考虑滞后影响，忽略常温环境中温度对材料平衡含湿量的影响；（6）大气区建筑多孔材料内氯离子的迁移服从扩散定律，忽略对流作用的影响；（7）忽略氯离子在时间和空间上的瞬时变化量。

1. 湿迁移控制方程

在多孔材料内部，水分同时以气态与液态的形式迁移，因此湿组分平衡方程可表示为：

$$\frac{\partial w}{\partial \tau}=-\frac{\partial}{\partial x}(J_{v}+J_{l}) \tag{6-61}$$

式中 w——体积含湿量，kg/m³。

汽态迁移遵循菲克定律，控制方程为：

$$J_{v}=-\delta_{v}\frac{\partial P_{v}}{\partial x} \tag{6-62}$$

式中 δ_{v}——水蒸气渗透系数，kg/(Pa·m·s)；

P_{v}——水蒸气压力，Pa。

为便于实验测量和直接利用气象数据进行计算，研究选择相对湿度作为水分传递的驱动势，因此将水蒸气压力 P_{v} 表示为：

$$P_{v}=\varphi P_{s} \tag{6-63}$$

式中 φ——相对湿度，%；

P_{s}——饱和水蒸气压力，Pa。

饱和水蒸气压力可表示为温度的函数：

$$P_{s}(T)=610.5\exp\left(\frac{17.26T}{237.3+T}\right) \tag{6-64}$$

将汽态水迁移的控制方程中的驱动势转为温度与相对湿度，将式（6-63）和式（6-64）代入式（6-62）中，可以得到多孔材料内汽态水分迁移的控制方程：

$$J_{v}=-\left(\delta_{v}\varphi\frac{\partial P_{s}}{\partial T}\frac{\partial T}{\partial x}+\delta_{v}P_{s}\frac{\partial \varphi}{\partial x}\right) \tag{6-65}$$

本研究利用扩散理论描述液态水的迁移，采用便于测量的液态水扩散系数作为传递系数，因此方程可表示为：

$$J_{l}=-D_{l}\frac{\partial w}{\partial x} \tag{6-66}$$

式中 D_{l}——液态水扩散系数，m²/s。

其中的含湿量 w 是体积含湿量，它与质量含湿量的换算关系式为 $w=\rho_{m}u$，并且基于前述研究建立的平衡含湿量与 φ 和 C_{Cl} 的关系，可得到含盐材料的体积平衡含湿量：

$$w=\rho_{m}u(\varphi,C_{Cl}) \tag{6-67}$$

因此，在式（6-62）与式（6-67）中，体积含湿量的导数可表示为：

$$\frac{\partial w}{\partial \tau}=\rho_{m}\frac{\partial u}{\partial \tau}=\rho_{m}\frac{\partial u}{\partial \varphi}\frac{\partial \varphi}{\partial \tau}+\rho_{m}\frac{\partial u}{\partial C_{Cl}}\frac{\partial C_{Cl}}{\partial \tau} \tag{6-68}$$

$$\frac{\partial w}{\partial x}=\rho_{m}\frac{\partial u}{\partial x}=\rho_{m}\frac{\partial u}{\partial \varphi}\frac{\partial \varphi}{\partial x}+\rho_{m}\frac{\partial u}{\partial C_{Cl}}\frac{\partial C_{Cl}}{\partial x} \tag{6-69}$$

根据上文假设（7），盐分常年累积，并缓慢侵入试件内部，瞬时计算时，在相同空间与时间步长条件下，变化量级远远小于热湿传递，因此氯离子浓度的变化量可忽略不计，于是略去式（6-68）与式（6-69）中的最后一项。化简为：

$$\frac{\partial w}{\partial \tau}=\rho_{m}\frac{\partial u}{\partial \tau}=\rho_{m}\frac{\partial u}{\partial \varphi}\frac{\partial \varphi}{\partial \tau} \tag{6-70}$$

$$\frac{\partial w}{\partial x}=\rho_{m}\frac{\partial u}{\partial x}=\rho_{m}\frac{\partial u}{\partial \varphi}\frac{\partial \varphi}{\partial x} \tag{6-71}$$

将式（6-70）代入式（6-61），可以得到：

$$\rho_m \frac{\partial u}{\partial \varphi}\frac{\partial \varphi}{\partial \tau} = -\frac{\partial}{\partial x}(J_v + J_l) \tag{6-72}$$

将式（6-71）代入式（6-66），可以得到：

$$J_l = -D_l \rho_m \frac{\partial u}{\partial \varphi}\frac{\partial \varphi}{\partial x} \tag{6-73}$$

将汽态水迁移式（6-65）和液态水迁移式（6-73）代入式（6-72），得到水分控制方程：

$$\rho_m \frac{\partial u}{\partial \varphi}\frac{\partial \varphi}{\partial \tau} = \frac{\partial}{\partial x}\left(\delta_v \varphi \frac{\partial P_s}{\partial T}\frac{\partial T}{\partial x} + \delta_v P_s \frac{\partial \varphi}{\partial x} + D_l \rho_m \frac{\partial u}{\partial \varphi}\frac{\partial \varphi}{\partial x}\right) \tag{6-74}$$

该公式为湿组分控制方程，等式左边表示材料自身含湿量的变化率。

将式（6-74）中具有相同驱动势的项进行合并：

$$\rho_m \frac{\partial u}{\partial \varphi}\frac{\partial \varphi}{\partial \tau} = \left(\delta_v \varphi \frac{\partial P_s}{\partial T}\right)\frac{\partial^2 T}{\partial x^2} + \left(\delta_v P_s + D_l \rho_m \frac{\partial u}{\partial \varphi}\right)\frac{\partial^2 \varphi}{\partial x^2} \tag{6-75}$$

上式即为最终的湿迁移控制方程。需要说明的是，式中的 $\partial u/\partial \varphi$，$u$，$\delta_v$ 和 D_l 均是受盐分含量影响的湿物性参数。

2. 氯离子传输控制方程

由于沿海大气区建筑相较于桥梁距海距离更远，并且表面沉积量低，造成对流区深度浅，且内部氯离子浓度峰值与表面氯离子浓度相差不大的现象，因此本研究忽略对流区作用，利用菲克定律来描述墙体内氯离子的分布和迁移过程。虽然氯离子传输在时间和空间上的瞬时传递量小，但由于长年积累会在壁面内形成一定的氯离子浓度，且材料内的相对湿度影响氯离子扩散系数：

$$\frac{\partial C_{Cl}}{\partial t} = \frac{\partial}{\partial t}\left[D_{Cl}(\varphi)\frac{\partial C_{Cl}}{\partial x}\right] \tag{6-76}$$

D_{Cl} 是非饱和状态下的氯离子扩散系数，研究表明非饱和状态下的氯离子扩散系数与材料的饱和度相关，可表示为[54]：

$$D_{Cl}(\varphi) = D_{Cl,s}\left[1 + \left(\frac{1-\varphi}{1-\varphi_0}\right)^4\right]^{-1} \tag{6-77}$$

式中　$D_{Cl,s}$——材料饱和时氯离子扩散系数，m^2/s；

　　φ_0——相对湿度，取 75%。

由此可见，材料的 φ 对 D_{Cl} 会造成影响，两者之间存在耦合关系。

3. 热传递控制方程

根据能量守恒定律，控制体内焓值的变化量就等于进入控制体内的净能量。在控制体内包括固态多孔材料、液态水和汽态水，因此热迁移控制方程为：

$$\frac{\partial}{\partial \tau}(\rho_m c_{p,m} T + h_v w_v + h_l w_l) = \frac{\partial}{\partial x}\left(\lambda \frac{\partial T}{\partial x} + h_v J_v + h_l J_l\right) \tag{6-78}$$

式中　ρ_m——固体材料密度，kg/m^3；

　　$c_{p,m}$——材料的比热容，$J/(kg \cdot K)$；

　　w_v——水蒸气的含量，kg/m^3；

w_l——液态水的含量，kg/m³；

h_v——汽态水的比焓，J/kg；

h_l——液态水的比焓，J/kg；

λ——导热系数，W/(m·K)。

等式右边第一项为湿空气的焓值，可表示为：

$$h_v = h_{lv} + h_l \tag{6-79}$$

式中 h_{lv}——水蒸气的汽化潜热，J/kg。

将式（6-79）代入式（6-78）中，可以得到：

$$\rho_m c_{p,m} \frac{\partial T}{\partial \tau} + \frac{\partial}{\partial \tau}(h_{lv} w_v) + \frac{\partial}{\partial \tau}(h_l w) = \lambda \frac{\partial T}{\partial x^2} - h_{lv} \frac{\partial}{\partial x}(J_v) - \frac{\partial}{\partial x}(h_l J_v + h_l J_l) \tag{6-80}$$

相较于水蒸气汽化潜热，水蒸气和液态水的显热可以忽略不计，故方程左边和右边第三项均可以忽略。尽管水蒸气的汽化潜热很大，但由于水蒸气传递速率小，水蒸气形式的含湿量变化率非常小，方程左边第二项也可以忽略不计[31]，方程化简为：

$$\rho_m c_{p,m} \frac{\partial T}{\partial \tau} = \lambda \frac{\partial^2 T}{\partial x^2} - h_{lv} \frac{\partial J_v}{\partial x} \tag{6-81}$$

式（6-81）即为热传递的控制方程。将式（6-78）代入式（6-81）中，得到：

$$\rho_m c_{p,m} \frac{\partial T}{\partial \tau} = \lambda \frac{\partial^2 T}{\partial x^2} + h_{lv} \frac{\partial}{\partial x}\left[\delta_v \left(\varphi \frac{\partial P_s}{\partial T} \frac{\partial T}{\partial x} + P_s \frac{\partial \varphi}{\partial x}\right)\right] \tag{6-82}$$

将式（6-82）中具有相同驱动势的项进行合并：

$$\rho_m c_{p,m} \frac{\partial T}{\partial \tau} = \left(\lambda + h_{lv} \varphi \delta_v \frac{\partial P_s}{\partial T}\right) \frac{\partial^2 T}{\partial x^2} + h_{lv} \delta_v P_s \frac{\partial^2 \varphi}{\partial x^2} \tag{6-83}$$

本研究提出的热、湿和盐耦合传递模型以温度、相对湿度和氯离子浓度为驱动势，其中湿物性参数均为相对湿度和氯离子浓度的函数，并且热迁移与水分的迁移相关。

4. 定解条件

求解本研究提出的热质迁移模型，本质就是求解微分方程，为获得满足某一具体工况下的温度、相对湿度和氯离子在材料内分布的结果，还需给出一些针对该问题的特定条件，称之为定解条件。对于非稳态热质传递问题，定解条件包括两部分，一部分是给出初始时刻所需要物理量在材料内分布状态，另一部分是给出材料边界上温度、相对湿度和氯离子浓度或者热质交换情况。初始条件的设置简单，一般为直接给定物理量。边界条件则分为三类：第一类是直接规定边界上物理量的值，即第一类边界条件，例如在本研究所涉及的盐分在外壁面的累积时，所建立起的表面氯离子计算模型，就是通过离海距离和暴露时间直接计算得到的边界上的氯离子浓度；第二类边界条件是规定了边界上的热流密度或质量流密度，例如围护结构表面由于太阳辐射所引起的传热；第三类边界条件是材料界面与外界流体间的对流换热或传质系数，以及外界流体物理量的值，例如本研究所涉及的建筑墙体外壁面与周围环境的热湿交换过程就属于该类边界条件。

内壁面热湿边界条件：

建筑墙体内壁面的湿流量（$g_{n,i}$）与热流（$q_{n,i}$）分别为：

$$g_{n,i} = h_{m,i}(\rho_{v,x=0} - \rho_{v,i}) \tag{6-84}$$

$$q_{n,i}=h_{c,i}(T_{v,x=0}-T_{v,i})+h_{lv}h_{m,i}(\rho_{v,x=0}-\rho_{v,i}) \tag{6-85}$$

式中　$g_{n,i}$——内壁面与室内环境进行的水分交换量；

$q_{n,i}$——既包括内壁面的对流换热也包含在质交换过程中所产生的热量传递。

外壁面与内壁面类似，外壁面热湿边界条件：

$$g_{n,e}=h_{m,e}(\rho_{v,x=1}-\rho_{v,e}) \tag{6-86}$$

$$q_{n,e}=h_{c,e}(T_{v,x=1}-T_{v,e})+h_{lv}h_{m,e}(\rho_{v,x=1}-\rho_{v,e}) \tag{6-87}$$

式中　$\rho_{v,x=0}$、$\rho_{v,x=1}$——墙体内、外表面水蒸气密度，kg/m^3；

$\rho_{v,i}$、$\rho_{v,e}$——室内内、外侧水蒸气密度，kg/m^3；

$h_{m,i}$、$h_{m,e}$——墙体内、外表面对流传质系数，m/s；

$h_{c,i}$、$h_{c,e}$——墙体内、外表面对流换热系数，W/(m^2·K)。

当模拟真实围护结构外壁面时，需在外层边界条件中加入辐射得热项。

外壁面氯离子浓度边界条件：

基于前述研究所提出的低纬度岛礁地区建筑外壁面氯离子浓度计算模型，氯离子传递边界条件属于第一类边界条件，可表示为：

$$C_{Cl}\big|_{x=0}=(e^{-0.00435d})\cdot[-0.78e^{(-t/4.87)}+0.75] \tag{6-88}$$

6.4.3　围护结构热质耦合迁移模型的求解与验证

基于上述模型建立的过程，热质迁移模型由偏微分方程以及相应的定解条件所构成。可采用分析解和数值计算的方法求解偏微分方程。分析解虽然得到的结果精确，但计算过程复杂且只能适用于少数情况。数值计算的方法则是把空间和时间坐标中连续物理量的场，用一系列数值散点进行综合表示，并建立散点之间的代数方程，最终得到近似解。围护结构热质迁移模型中湿物性参数为变系数，并且物理量之间又存在耦合关系，因此模型的求解更适合采用数值计算方法。

1. 热质耦合迁移模型求解

数值求解方法主要包括有限差分、有限容积和有限元。有限差分是最早采用的数值方法，将求解区域划分为一系列网格，在每个网格线的交点上，将控制方程中每个导数用相应的差分表达式来代替，这样便形成了与交点数相同的代数方程，每个方程包括交点以及交点附近其他一些交点的未知数，求解这些代数方程即可获得数值解。有限容积法则是将计算区域划分成控制容积，每个容积都有一个节点表示，将守恒型的控制方程对控制容积做积分形成离散方程。有限元则是把计算区域划分成一系列元体，在每个元体上取数个点作为节点，然后通过对控制方程做积分来得到离散方程。

鉴于有限差分方法简单、灵活以及通用性强等特点，且容易在计算机上实现，本研究采用有限差分方法对偏微分方程进行处理。利用MATLAB软件编程实现上述对一维墙体区域离散与差分方程的建立。向离散方程输入定解条件和热湿物性参数，经过程序对代数方程组求解，即可得到热、湿和盐在区域内各离散点的逐时变化以及在区域内的分布情况。

2. 热质耦合迁移模型的验证

在热湿传递模型建立的过程中，对实际的物理过程进行简化和假设，这必然会导致模拟结果与实际情况存在偏差，因而需对新模型进行验证，探究这种偏差是否在工程应用的范围内。

(1) 验证实验方法

为验证该模型的准确性，进行热质耦合实验。实验方法是将含盐水泥砂浆构件放置于某恒定的温湿度状态下足够长时间，直至构件温湿度达到稳态，然后瞬间改变环境温湿度，此时水泥砂浆构件内的温湿度也会随之发生变化直至达到新的稳定状态，对试件温湿度变化过程进行监测，并利用本书提出的热质耦合迁移模型对该变化过程进行模拟，最终通过比较测试值和模拟值，判定模型对含盐材料热质迁移的预测是否可靠。

(2) 实验装置与设备

将热湿传感器预埋在构件内部，用于对温湿度进行监测。实验所用到的温度传感器为铂电阻温度传感器，测量误差为±0.15K。铂电阻使用前需进行标定，即利用恒温水浴与温度计建立温度与电阻值之间的函数关系，铂电阻输出端与无纸记录仪相连，用以记录电阻值。湿度传感器则选用电容式湿度传感器（HIH-4000-003），尺寸为4.27mm×9.47mm×2.03mm，响应时间为15s，测量误差为±3.5%，湿度传感器输出电压信号与电压表相连接，记录电压表的度数，通过电压与相对湿度的转化关系式得到相对湿度。需要在预埋前对电容式湿度传感器进行处理，首先要使用三芯电线将湿度传感器相连接，在连接过程中注意区别各芯线与湿度传感器的正负供电线和型号输出线的连接情况。对连接部分进行焊接，并用绝缘胶带包裹，防止在预埋过程中发生短路或是连接处脱离。

为营造两个不同的温湿度工况环境，使材料温湿度发生变化。实验在人工气候室内进行，人工气候室是一种能够模拟自然环境的科研实验设备。本研究所使用的人工气候室分为A、B两室，A室温度控制范围−20～50℃，相对湿度控制范围20%～90%。B室温度控制范围5～50℃，相对湿度控制范围30%～90%。加热和制冷方式可通过房间顶部的孔板送风和在实验室地面内的预埋冷水暖路实现。A、B两室尺寸均为4m×3m×2.5m。墙体材料包括不锈钢板、聚氨酯板和白色彩钢板，如图6-41所示。

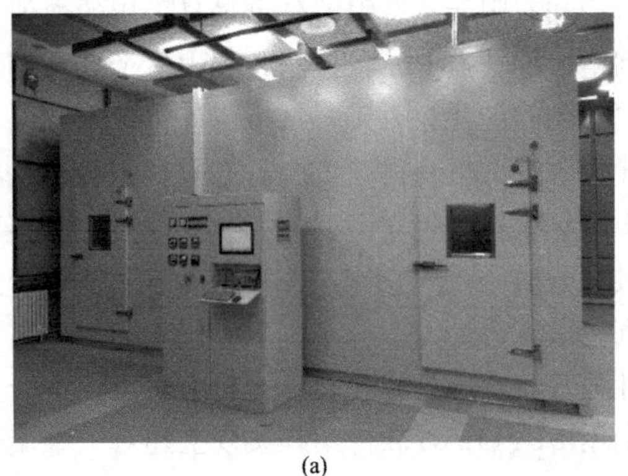

(a)

(b)

图6-41 人工气候室

(a) 外观；(b) A室

(3) 实验步骤

制作尺寸为0.3m×0.3m×0.02m，配合比与湿物性参数实验所用材料一致的水泥砂

浆板。在制作过程中，将温湿度传感器预埋在板子的中心位置，温度传感器距离板子左边缘0.1m处，湿度传感器距离板子右边缘0.1m处，用于监测板内温湿度变化。如图6-42所示。脱模养护之后，将水泥砂浆板放置于5%的氯化钠溶液中浸泡12h，使盐分充分侵入板子内部。完成盐分侵入并烘干后将薄板先放置于A室低温低湿的环境中；待预埋板内的温湿度传感器示数不再发生变化时，即表明板内温湿度稳定；之后立即将其放入到提前设定好高温高湿环境的B室中，并在此环境中放置Testo温湿度自动记录仪，检测水泥砂浆板所处于预设环境温湿度是否稳定；通过预埋传感器监测水泥砂浆板的温湿度变化，直至平衡实验结束。最后还需对实验完成后的水泥砂浆板取粉，进行氯离子含量测试，以确定材料内的氯离子含量，作为初始条件输入计算模型中。

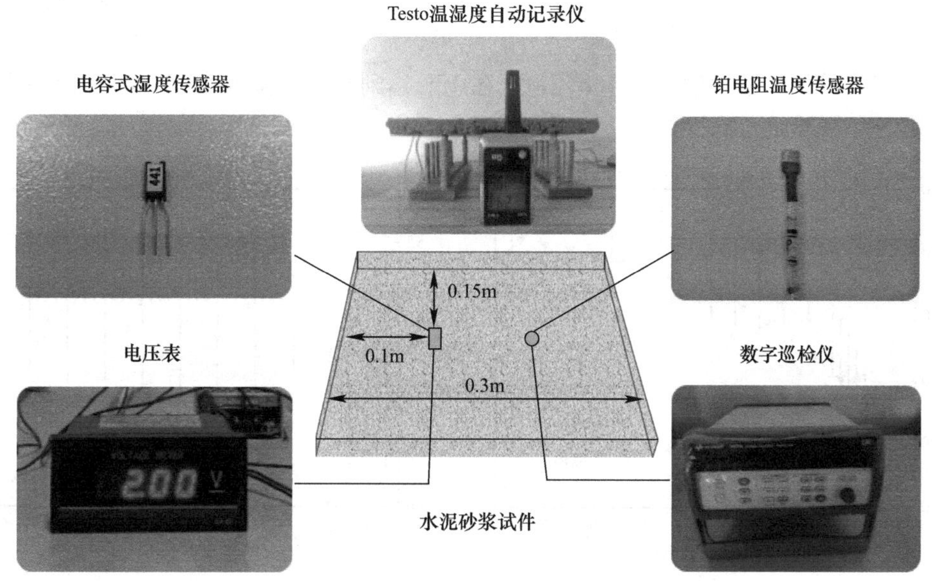

图6-42 验证实验仪器装置

(4) 工况设置与模拟参数输入

A室温、湿度设定值分别为15℃和38%，将盐溶液浸泡好并且烘干后的板子放置于A室。通过温湿度检测，在板子内部温湿度稳定在15℃和38%后，迅速将板子从A室转移至提前设定好温、湿度分别为38℃和80%的B室中，监测板子内部温湿度变化。在水泥砂浆板子内部温湿度都达到B室所设定的环境温湿度后，验证实验结束。

在进行热质耦合迁移模型模拟时，水泥砂浆板的物性参数与前述研究相同；通过氯离子快速测定仪得到水泥砂浆含盐量为0.475%，由此得到对应含盐水泥砂浆下的湿物性参数；初始条件为15℃和38%，边界条件为38℃和80%；由于是在室内环境进行实验，因此，对流换热系数在模拟中设置为8.7W/(m^2·K)，对流传质系数为0.00825m/s。

(5) 验证实验结果

利用程序化后的模型对水泥砂浆板由低温低湿环境到高温湿度环境中的温度变化过程进行模拟。将模拟结果与测试结果进行对比，如图6-43和图6-44所示。水泥砂浆板由15℃转至35℃，内部温度逐步升高，仅在1.5h后达到环境温度，图中给出的误差线是测

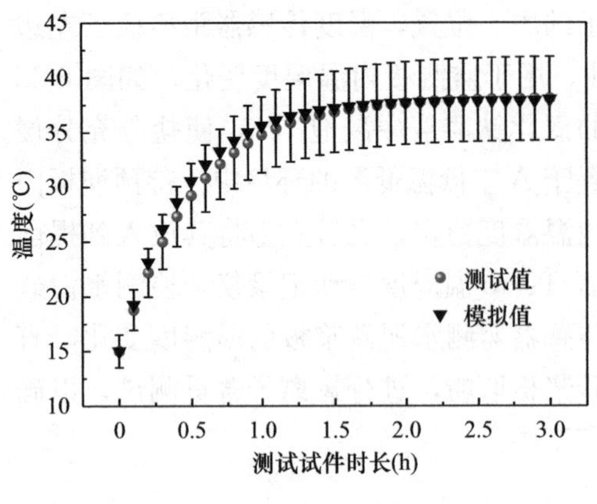

图 6-43 水泥砂浆板内温度变化

试温度值的±10%，可以看出，该模型模拟结果均在测试值的10%以内。由于相对湿度达到平衡状态需要较长时间，因此图 6-44(a) 给出了测试 7.5h 前的测试值与模拟值的对比结果，图 6-44(b) 给出了 7.5h 之后板内相对湿度情况。相对湿度达到平衡需要更长的时间，实验前期相对湿度增加较快，在 7h 之内将相对湿度从 38%上升至 70%，从 70%至 80%却需要很长时间，但模拟结果未能体现出这一特征。模拟结果在 7.5h 之前低于测试结果，最大偏差为 8%，在之后的测试时间，模拟值高于实验值，最大偏差为 4.8%，并在 15h 达到平衡。温度和相对湿度偏差均小于 10%，验证了模型的可靠性。

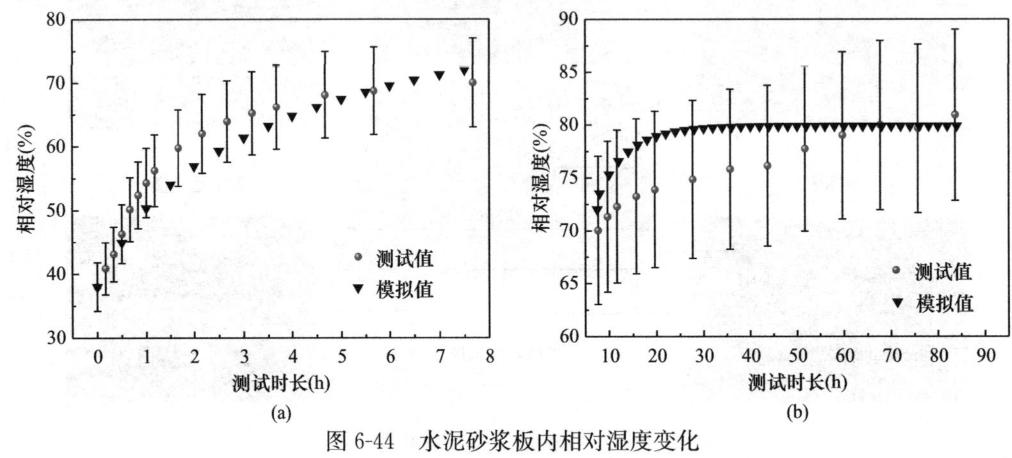

图 6-44 水泥砂浆板内相对湿度变化

6.5 含盐建筑墙体热质耦合迁移特性

建筑在高湿环境下，湿传递会对围护结构的传热造成影响，而在低纬度岛礁地区建筑，不仅处于高相对湿度环境中，外表面还会受到盐分侵蚀，当材料含盐后水分的储存和迁移都会受到影响。本章由单层板壁到多层墙体逐步探究水分和盐分的两质传递对墙体热工性能的影响，首先以单层板壁为研究对象设置定常边界条件，研究含盐壁面从非稳态到稳态过程中的热湿传递特性，之后将一侧边界条件改为周期边界条件，探究材料含盐后对墙体热工性能的影响，并就其对外扰的作用效果与相变材料进行类比。进而揭示在热湿岛礁地区盐雾环境中不同时期由于盐分积累与侵入所造成建筑围护结构热性能的差异性。

6.5.1 含盐板壁定常边界条件下热湿传递特性

1. 定常边界条件工况设置

为研究定常边界条件下盐分对材料热湿传递的影响，以 5cm 厚的水泥砂浆板为研究对

象，设置低、中、高 3 种材料含盐量的工况：0.25%、0.5%、0.75%。内侧温湿度以人体热舒适区为依据，设定为 26℃、60%。外侧温湿度以低纬度岛礁气候环境为依据，设定为 35℃、85%。内侧对流换热系数和传质系数分别设定为 8.7W/(m^2・K) 和 0.00825m/s；外侧则基于对流换热系数与风速的关系式，以岛礁地区全年风速平均 4m/s 计算得到对流换热系数为 21.3W/(m^2・K)，对流传质系数设定为 0.028m/s。材料物性参数都与前述研究用到的水泥砂浆材料相同。

对上述物理过程分别使用传热模型（H 模型）、热湿耦合模型（HM 模型）以及本研究所提出的热湿盐三场耦合模型（HMS 模型）进行模拟。需要说明的是 HM 模型与含盐量为 0 时的 HMS 模型是等价的，HM 模型模拟的结果，也可认为是含盐量工况为 0 时的计算结果，因此在模拟结果分析过程中会以未含盐工况来描述 HM 模型的模拟结果。由于真实的建筑墙体存在不含盐的情况，但不存在完全干燥的壁面，所以在对 H 模型计算出的结果进行描述时，作为忽略湿传递的计算结果进行分析。HMS 模型需对 3 种含盐量板壁的热湿传递情况进行模拟，在结果描述的过程中将 0.25%含盐量的模型表示为 HMS-0.25，其余两种工况与之类似。

2. 板壁内中心点温度变化

图 6-45 中给出了利用 H 模型与 HM 模型、HM 模型和 HMS 模型计算板壁中心点温度的模拟结果。水泥砂浆板壁内侧初始温湿度为 26℃和 60%，外侧温、湿度分别为 35℃和 85%，随着传热过程的开始，水泥砂浆板中心点温度也开始增加，此时处于非稳态传热阶段，经历一段时间后中心点温度不再改变时即进入稳态传热阶段。所有模拟结果显示大约在 4h 后温度均达到稳定状态。

分析升温速率与达到稳态时的温度可以发现：前期 0～4h 升温过程中考虑传湿时的升温速率大于不考虑传湿时，并且最终模拟得到的稳定温度 HM 模型计算结果大于 H 模型，这表明材料内水分的迁移增强了传热作用，若采用只考虑传热的模型计算定常边界条件下的传热过程，会低估非稳态传热阶段的温度上升速率。

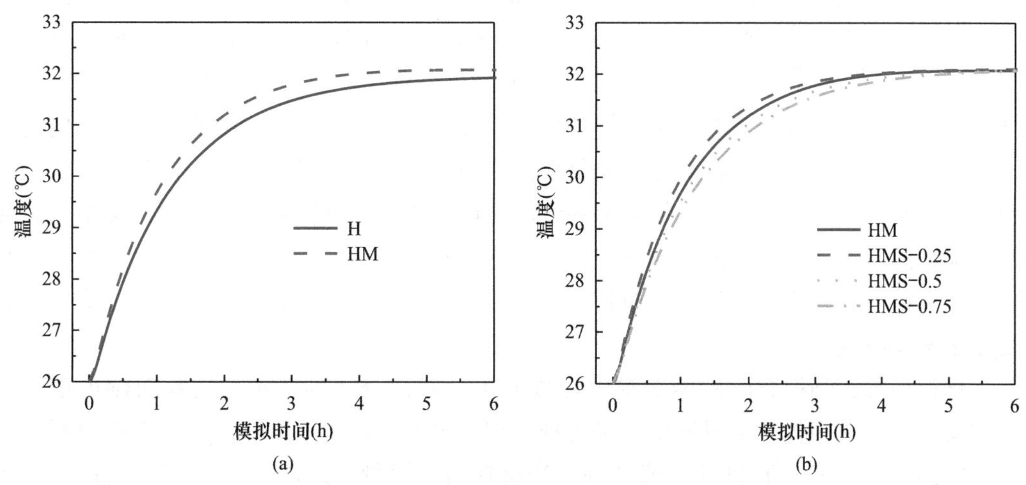

图 6-45　板壁中心点温度变化

(a) H 模型与 HM 模型；(b) HM 模型与 HMS 模型

图 6-45(b) 中给出了未含盐以及 3 种含盐工况的模拟结果。从传热速率来看，低含盐量材料的升温速率最高，其次是未含盐材料，而含盐量在中高水平材料的升温速率最低，因此在定常边界条件下的非稳态阶段，随着材料含盐量的增加，温度变化速率先升高而后下降，高含盐材料的升温速率最小。

结合不同含盐量工况对湿物性参数影响的研究，分析出现这样规律的主要原因是：当材料含盐量较低时，水蒸气渗透系数和液态水扩散系数都处于增加状态，有助于气液两相水分在多孔材料内部迁移，这也加强了水泥砂浆板的导热能力；材料含盐量处于中高浓度后，材料整体吸湿性能增强，平衡含湿量相较于无盐和低盐时显著提高，但水分传输系数开始下降甚至出现被抑制的情况，因此，这对板壁整体热容的提升更为显著，但对于板壁导热能力的增强却影响很小，这就表现为材料含盐量在中高水平时，温度变化速率慢于无盐和低盐工况，同时从稳态温度可以看出，考虑传湿后在任意含盐量下的稳态温度均无明显差异且都高于未考虑传湿时的情况。

3. 板壁内中心点相对湿度变化

水泥砂浆板壁中心点相对湿度变化规律与温度相类似，在外界高温高湿环境的作用下，相对湿度逐渐上升，经历一段非稳态质传递之后，中心点相对湿度趋于稳定，板壁湿传递进入稳态阶段。由于 H 模型并未考虑湿迁移，板壁中心位置相对湿度变化只包含 HM 模型和 HMS 模型的计算结果，如图 6-46 所示。各模拟结果达到稳定状态所需要时间存在差异，未含盐和低盐工况在 15h 后达到稳定状态，而中高盐分工况相对湿度达到稳定状态用时更长，需要 20h 以上。对比温度与相对湿度的变化曲线可以看出，温度在 3h 之内基本就达到了平衡，而相对湿度则需要更长时间。

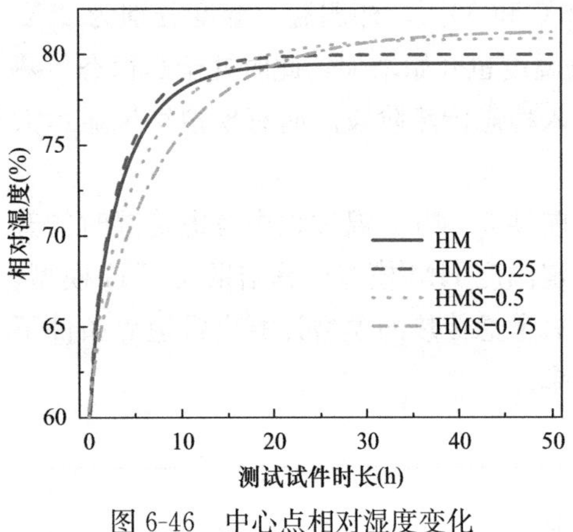

图 6-46　中心点相对湿度变化

分析相对湿度变化速率，材料在低含盐水平时中心点的相对湿度变化速率大于未含盐时的模拟结果，含盐量处于中等水平时中心点的相对湿度变化速率小于 HM 与 HMS-0.25 的模拟结果，而高盐分时变化速率最小。低盐分对于材料中心点相对湿度的变化速率有促进作用，但中高盐分对中心点的相对湿度变化存在抑制作用，延长了材料整体达到稳定状态的时间。这与解释温度变化规律时的推断一致，即在材料含盐量较低时，水分传递系数被促进而吸湿性能并未被显著增强，内部相对湿度变化速率加快，而中高盐分情况却相反，水分传递速率促进效果下降甚至是被抑制，而吸湿能力显著提升，导致传递速率下降，相对湿度变化速率减慢。

从材料内部达到稳态时的相对湿度可以看出：低盐分达到稳定后的相对湿度值高于 HM 的模拟结果；中盐分工况模拟结果表现为相对湿度变化速率虽然低于未含盐材料，但最终稳定的相对湿度大于 HM 模拟结果。当材料内含盐量继续增加至 0.75%的高盐分工况时，相对湿度的增加速率也低于 HM 的模拟结果，而最终达到稳定的相对湿度也同样大于 HM 模型。这主要是由于材料内含盐后增加了材料的吸湿性能，当达到稳态时，盐

分含量越高中心点的相对湿度越高。综上所述，当利用 HM 模型计算含盐材料的定常边界条件下的热湿变化时，会低估材料内低盐分工况时的变化速率，高估材料含中高盐分时的变化速率，并且含盐材料中心位置最终达到稳定时的相对湿度值总会被 HM 模型所低估。

6.5.2　含盐板壁周期边界条件下热湿传递特性

1. 周期边界条件工况设置

建筑外环境的空气温湿度随时间呈现周期性变化，因此在实际工况下建筑材料往往处于周期变化的环境中。根据前期对热湿岛礁地区的气候分析可知，珊瑚和永暑的年平均温度约为 27℃，年平均相对湿度约为 78.5%。根据低纬度岛礁地区温湿度变化幅度较小的特点，确定外侧温湿度波动服从：

$$t(\tau)=27-2.5\times\cos\left(\frac{\pi\tau}{12}+161\right) \tag{6-89}$$

$$\varphi(\tau)=0.785-0.1\times\cos\left(\frac{\pi\tau}{12}+2.6\right) \tag{6-90}$$

式中　$t(\tau)$——τ 时刻温度，℃；

$\varphi(\tau)$——τ 时刻相对湿度，%。

依然以 5cm 厚的水泥砂浆板为研究对象，设置低、中、高 3 种材料含盐量水平的工况：0.25%、0.5%、0.75%。内侧温、湿度设定为 26℃、60%，其他物性参数设置与前述研究相同。分别利用 H 模型、HM 模型和 HMS 模型进行模拟计算。在板壁单侧施加周期性外扰后，在计算开始后的一段时间内，初始条件会对计算结果产生影响，但这部分变化并不是研究所关注的内容，当计算时间足够长后，材料内各点温湿度变化同样呈现周期性变化。将墙体内表面温湿度周期变化规律与外扰温湿度波动进行对比，分析在外扰作用下，不同含盐量时板壁对外扰作用的差异性。

在周期性外扰作用下，墙体对室外温度波通常会产生衰减和延迟作用。衰减是指在外扰作用下，板壁温度波动的波幅由传递方向逐渐递减的现象，描述衰减作用大小的物理量为衰减倍数，衰减倍数的定义是：

$$\gamma=\frac{\theta_e}{\theta_{i,surf}} \tag{6-91}$$

式中　γ——衰减倍数；

θ_e——外扰波动幅度；

$\theta_{i,surf}$——内表面温度波动幅度。

延迟是指板壁内表面的温度变化比室外空气温度的变化在时间上有所滞后的现象，并且距外表面越远滞后时间越长，延迟时间用 ξ 表示。从衰减和延迟的定义上可以看出它们是通过比较外扰温度波与内壁面温度波差异性而得到的。

板壁之所以对外扰温度波可以起到衰减和延迟作用，这主要是由材料的热惰性而导致的。评价材料热惰性的物理量为热惰性指标，可表示为：

$$D=RS \tag{6-92}$$

式中　D——热惰性指标；

R——材料层的热阻，W/(m^2·℃)；

S——材料的蓄热系数，m^2·℃/W。

热阻代表围护结构抵抗导热的能力，而蓄热系数表示材料层阻挡温度波的能力。热惰性指标越大，表明外来的热流穿透板壁需要的时间越长，波幅被减弱的程度也越大。本研究将基于含湿含盐壁面对外扰的衰减和延迟作用，分析板壁内湿组分和盐组分对墙体热工性能的影响。

2. 不同含盐工况对内壁面温度的影响

为比较不同模型及含盐工况下板壁对外扰衰减和延迟的影响，提取内壁面温度在一个周期内的模拟结果，观察各个不同含盐工况下板壁对外扰作用的差异性。使程序在周期性工况下多次循环，目的是排除模拟初期初始条件对计算结果的影响。

图 6-47(a) 中给出了室外温度以及用 H 模型与 HM 模型计算出的墙体内壁面温度。图中虚线代表了 3 种温度波的平均值，可以看出外扰温度波平均值为 26.9℃高于内壁面温度平均值，并且发现是否考虑湿迁移对内壁面的平均温度影响不大。分析 3 种波的波动幅度：周期外扰的峰值为 29.5℃，由 H 模型计算得到的内表面温度波的峰值为 27.8℃，当考虑湿迁移后内表面温度的峰值降至 27.4℃，即 $\theta_{out}>\theta_{H}>\theta_{HM}$。这表明当采用传热模型对含湿材料周期性热过程进行模拟时，会低估传递过程的谷值，高估传递过程的峰值，因此，内壁面温度波动幅度会被高估。外扰温度峰值出现在 15h，H 模型中温度峰值出现在 16h，而 HM 模型的峰值则出现在 17h，即 $\xi_{H}<\xi_{HM}$。这表明考虑湿迁移后，会加强板壁整体对外扰温度波的延迟作用。

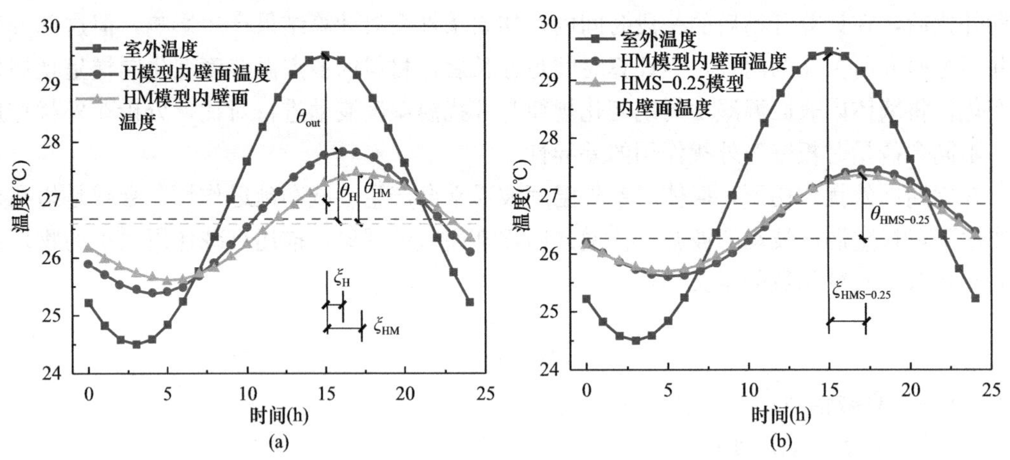

图 6-47 室外与内壁面温度的波动

(a) H 模型与 HM 模型；(b) HM 模型与 HMS-0.25 模型

图 6-47(b) 给出了室外温度，HM 模型和 HMS-0.25 模型的内壁面温度，通过对比可以发现，当材料含盐量处于较低水平时，内壁面的平均温度和波幅情况均与未含盐时情况基本相似，且含盐 0.25%材料的温度波峰依然是在 17h，波幅衰减也不显著。

各含盐工况下内壁面温度波动如图 6-48 所示。图中长竖线代表外扰温度峰值出现时刻。随着板壁盐分含量的增加，内表面温度波峰值分别为：27.35℃、27.23℃、27.13℃，

并且延迟时间：$\xi_{HMS-0.25}=\xi_{HMS-0.5}<\xi_{HMS-0.75}$，不难看出，随着盐分的增加温度波的衰减和延迟程度持续增加，但 3 种含盐量工况下的内壁面温度平均值变化不大，变化量在 0.3℃以内。

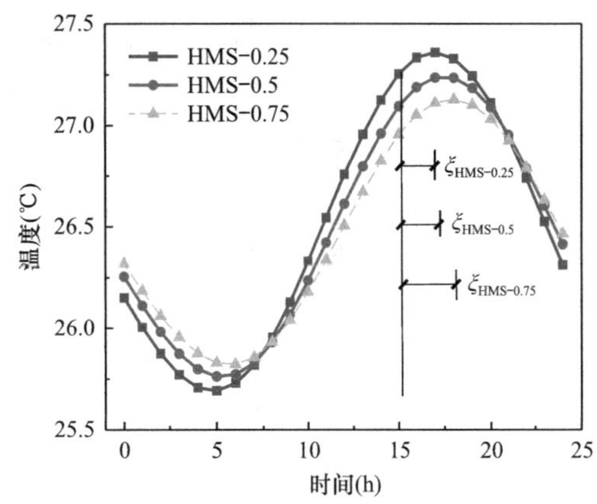

图 6-48　各含盐工况下内壁面温度波动

表 6-9 给出了各模型和各含盐工况下延迟时间和衰减倍数。板壁计算考虑湿迁移后，衰减倍数增加 33.6%，延迟时间延长 1h，表明材料内湿迁移的存在会加强板壁延迟和衰减的效果，并且使内壁面温度波动减小，这可能是由于材料内的湿组分增加了板壁整体的热惰性；同时，比较不同含盐量 HMS 模型的计算结果，随着含盐量的增加衰减倍数逐渐增加，延迟时间也在高盐分时有所增加，HMS-0.75 相较于 HM 衰减系数增加了 29.2%，延迟时间增加了 1h。这表明盐分增强了水分对板壁热工性能的影响，这主要是由于盐分含量的增加，相应地增加了材料的吸湿性能，虽然在低盐分工况时并不显著，但在中高盐分工况时材料吸湿能力明显增加，进而加强板内的相变过程，相当于增加了构件整体的热容，因此提高了材料整体的热惰性，表现为衰减倍数和延迟时间的增加。

延迟时间和衰减倍数　　　　**表 6-9**

项目	H 模型	HM 模型	HMS-0.25 模型	HMS-0.5 模型	HMS-0.75 模型
衰减倍数	2.05	2.74	3.02	3.43	3.87
延迟时间（h）	1	2	2	2	3

3. 不同含盐工况对内壁面水蒸气密度的影响

本研究在考虑热传递的同时还需要考虑湿传递，因而在外层存在温度波动的同时还有相对湿度波动。计算湿流时所用到的物理量为水蒸气密度，与计算热流时的温度具有相类似的作用，因此在建筑围护结构热质耦合计算中，将表述温度波变化的衰减和延迟推广至水蒸气密度波，并通过对比内壁面水蒸气密度和外扰水蒸气密度峰值的大小和出现时间，可以得到不同工况下板壁对外扰水蒸气密度的延迟和衰减作用。水蒸气密度的波幅记为 θ_v。

图 6-49 给出未含盐时的内侧壁面水蒸气密度和外侧水蒸气密度，由于两者数值差距较大，为更加直观的表示，采用双坐标的形式，左侧纵坐标为外扰水蒸气密度，右侧纵坐标为内侧壁面水蒸气密度，两者平均值分别为 0.0202kg/m^3 和 0.0173kg/m^3，这表明板壁对外界水分阻隔明显，致使平均值下降较大；相对湿度外扰的波幅为 0.00761kg/m^3，内侧壁面的水蒸气密度波幅为 0.00503kg/m^3，即 $\theta_{v,out}<\theta_{v,H}$，这表明板壁对水蒸气外侧同样会产生衰减作用；比较外侧与内侧壁面水蒸气密度峰值出现时间，外侧峰值时间出现在 20h，而内侧壁面峰值出现时间在 39h，延迟时间约为 19h，这是因为湿迁移的速率慢且受到材料吸湿性能的影响，使得板壁对湿迁移的延迟效果远大于温度的延迟。

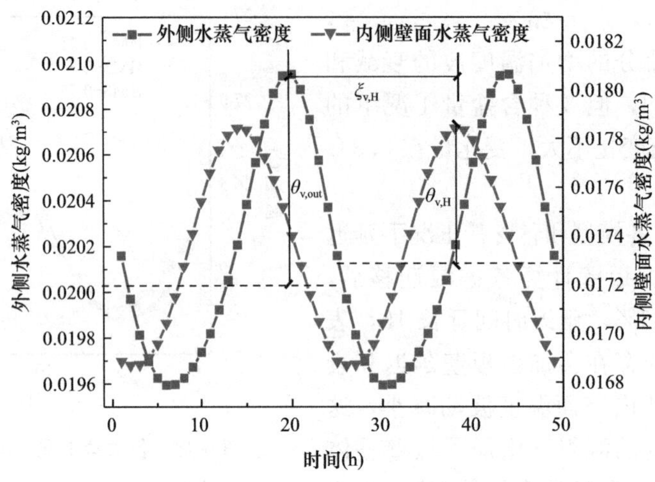

图 6-49 室外与 HM 模型计算内壁面水蒸气密度

图 6-50 给出了板壁无盐和含盐量为 0.25%时内侧壁面的水蒸气密度变化规律。从波动幅度上看，当材料含盐量较少时，内侧壁面波动峰值相较于未含盐时要高，而谷值要低，低含盐量增加了内侧壁面水蒸气密度的波动幅度，而两者平均值基本保持不变为 0.0173kg/m³；从延迟时间上看，当材料含盐 0.25%时，峰值出现在第 40h，比未含盐时峰值出现的时间晚 1h。综上所述，材料含盐量较低时，会使得板壁对水蒸气密度波动的延迟作用增强，内壁面相对湿度波动的波幅增大，但对于内壁面水蒸气密度的平均值影响很小。这可能是由于材料在低盐分含盐时湿迁移系数被促进，使得相对湿度波动更易受外扰影响，因此增幅变大。同时，含盐材料吸湿能力相较于未含盐材料稍强，因此盐分在使内侧壁面水蒸气密度波动幅度变大的同时还使得延迟时间略有增加。

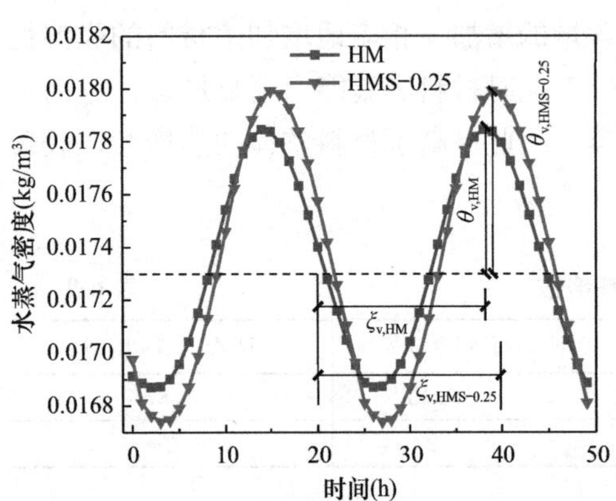

图 6-50 室外与 HMS-0.25 计算内侧壁面水蒸气密度

图 6-51 对比 3 种不同含盐量板壁的内侧壁面水蒸气密度。随着材料内含盐量从 0.25%增加至 0.75%，水蒸气密度波的峰值和谷值逐渐增加，从而随着盐分的增加，内侧壁面水蒸气密度的平均值也逐渐增加，这可能是由于盐分增加了构件的吸湿能力，使得壁面水蒸气密度得到提升；从波动幅度上看，中高含盐板壁的波动幅度相近并且都小于低盐分工况，即 $\theta_{v,HMS\text{-}0.25} > \theta_{v,HMS\text{-}0.5} \approx \theta_{v,HMS\text{-}0.75}$；在延迟时间上，水泥砂浆含盐量为

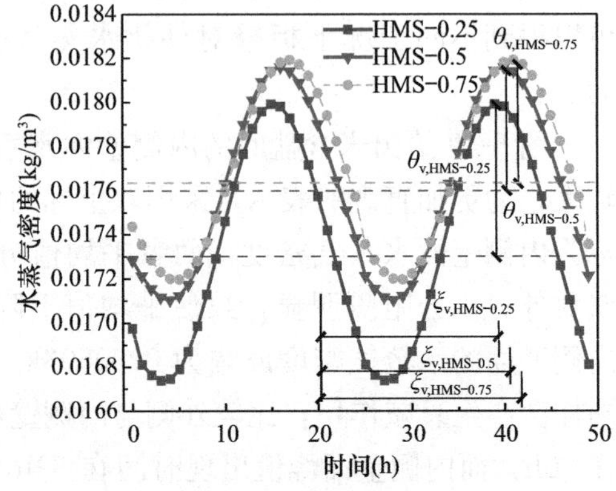

图 6-51 HMS 模型计算内侧壁面水蒸气密度

0.5%时，水蒸气密度波峰出现在第41h；水泥砂浆含盐量为0.75%时，水蒸气密度波峰出现在第42h，即$\xi_{v,HMS-0.25}<\xi_{v,HMS-0.25}<\xi_{v,HMS-0.75}$，这表明随着含盐量的增加，湿迁移的滞后现象更加显著。当材料含盐量处于中高水平时，正处于吸湿能力上升，湿传递能力下降的阶段，导致在周期性湿外扰作用下墙体内侧壁面水蒸气密度波的增幅相较于低盐分下降，而延迟时间却随之增加。

4. 不同含盐工况壁面的热湿流分析

(1) 热流与累积传热量

热流是指单位时间通过单位面积的热能，单位为W/m^2。本研究利用内侧壁温与内侧空气温度计算透过板壁的逐时热流，需要指出的是直接通过壁温与内侧温度计算出的热量为显热热流：

$$q_{sen}=h_c(T_{x=0}-T_i) \tag{6-93}$$

式中　q_{sen}——显热热流，W/m^2；

h_c——对流换热系数，W/(m^2·K)；

$T_{x=0}$——内壁面温度，K；

T_i——室内温度，K。

对周期性热扰条件下的板壁热流进行计算，通过板壁的逐时热流如图6-52所示。图中虚线表示热流为0，即内侧壁面温度与环境温度一致时，板壁与内侧空气无热量交换。当热流为负值时，表示热流方向为由内向外，即内侧空气向板壁传热；当热流为正值时，表示热流方向为从外至内，板壁向内侧传热。从图中可以看出，H模型计算出的热流变化曲线在0～8h都为负值，在考虑湿迁移和板壁内含盐后，热流为负值的时段变为2～8h。曲线与虚线所围成的面积可理解为累积传热量，随着含盐量的增加，位于虚线以下的面积逐渐减小，这表明由内侧向外侧的传热量也逐渐减少，同理在虚线上方与热流曲线围成的面积，代表由内壁面向内侧的累积传热量。相较于单纯考虑传热的模拟计算结果，考虑湿迁移也会减少向内侧的热量传递，当板壁内含盐后，随着含盐量的增加向内侧的累积传热量逐渐减少。可以看出24h的传热周期内，无论热流方向是由内向外或是由外向内，水分和盐分在材料内均起到降低显热热流的效果。

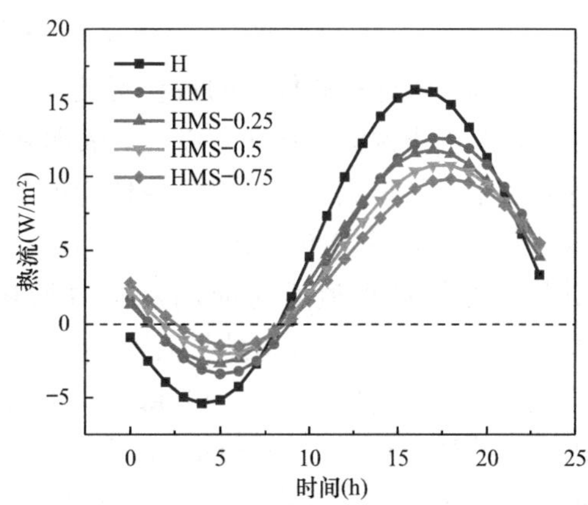

图6-52　通过板壁的逐时热流

利用逐时显热热流可计算一个周期内的显热累积传热量，如下式：

$$Q_{sen}=\sum_{i=1}^{24}(3600q_{sen}) \tag{6-94}$$

式中　Q_{sen}——显热累积传热量，kJ/m^2。

通过壁板的累积传热量计算值如图6-53所示。在各模型或各工况计算结果条件下，累积传热量为正时，表示循环周期内虽然存在由内向外的热流，但综合传热量是由外侧向

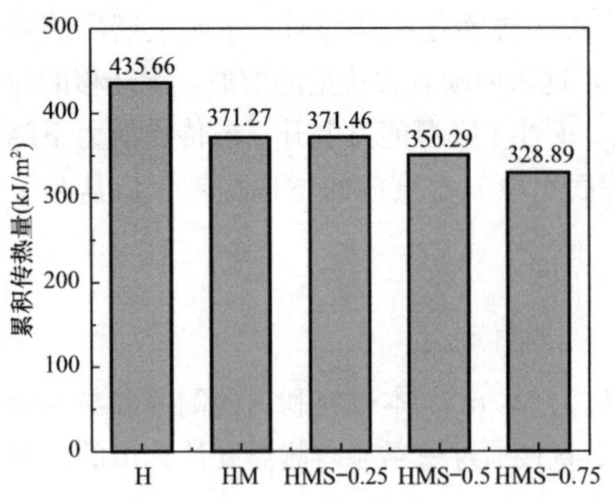

图 6-53 通过板壁的累积传热量

内侧的。HM 模型的显热累积传热量相较于 H 模型下降了 14.8%，这表明虽然受湿迁移的影响，但向内热量传递的减少量大于向外热量传递的减少量。随着材料含盐量的增加，壁面显热累积传热量会逐渐下降，材料含盐量在 0.75%时相较于不含盐材料时的显热累积传热量下降了 11.6%。

(2) 湿流与累积传湿量

湿流是指单位时间通过单位面积的湿量，单位为 kg/(m^2 · s)。本研究利用内侧壁面水蒸气密度与内侧空气的水蒸气密度计算透过板壁的逐时湿流：

$$q_{\text{moisture}} = h_{\text{m}}(\rho_{\text{v,x=0}} - \rho_{\text{v}}) \tag{6-95}$$

式中 q_{moisture}——湿流量，kg/(m^2 · s)；

h_{m}——对流传质系数，m/s；

$\rho_{\text{v,x=0}}$——内壁面水蒸气密度，kg/m^3；

ρ_{v}——内侧水蒸气密度，kg/m^3。

对周期性热扰条件下的板壁湿流进行计算。图 6-54 给出了逐时湿流量变化。含盐与未含盐工况下湿流量均在 0 以上，表明在周期范围内湿迁移方向总是由外侧向内侧迁移，这是由于内侧设定的空气边界条件为温度 26℃，相对湿度 60%，由此通过计算得到的室内水蒸气密度为 0.0146kg/m^3，而另一侧相对湿度外扰最小值所对应的水蒸气密度为 0.0196kg/m^3，在 24h 的周期内的内壁面水蒸气密度不会出现低于 0.0146kg/m^3 的情况，因此湿传递方向总是由外向内的并且没有负值。由于湿流量不存在负值，各曲线与 x 轴所围成的面积即为传湿量。由此可见板壁含 0.75%盐分时传湿量最大，其次是含盐量为 0.5%的板壁。未含盐板壁在 0～5h 的传湿量大于含 0.25%盐分的低盐板壁，但未含盐量板壁的湿流峰值却低于含盐量为 0.25%板壁的湿流峰值。此外可以看出湿流传递变化规律与热流相似，均是在 0:00～5:00 时出现谷值，大约在 15:00 时出现峰值。

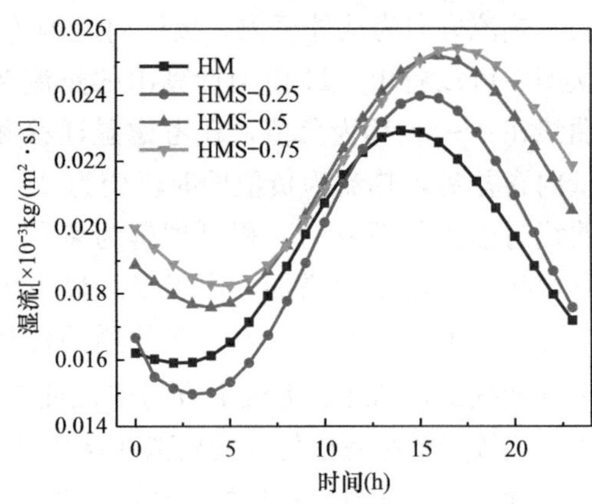

图 6-54 通过板壁的逐时湿流量

利用逐时湿流可计算出一个周期内的累积传湿量，如下：

$$Q_{\text{moisture}} = \sum_{i=1}^{24}(3600 q_{\text{moisture}}) \tag{6-96}$$

式中 Q_{moisture}——累积传湿量，kg/m^2。

图 6-55 给出了一个周期内透过各工况板壁的累积传湿量，其中未含盐板壁在一个周

期内的累积传湿量最低，0.25%含盐量的板壁累积传湿量略高于未含盐板壁，增量仅为0.48%。之后随着含盐量的增加，累积传湿量也随之增加。材料含盐0.5%时，累积传湿量增加最为明显，相较于未含盐时增加了10.5%，但含盐量为0.75%时，累积传湿量仅增至12.9%。这是由于当材料含盐量处于中等水平时，各个湿传递系数达到峰值，进而促进了累积传湿量的增加；而高盐分时水分传递系数都有所下降，因此累积传湿量相较于中盐分工况增加并不显著。总之，材料内的盐分可增加通过板壁的累积传湿量。

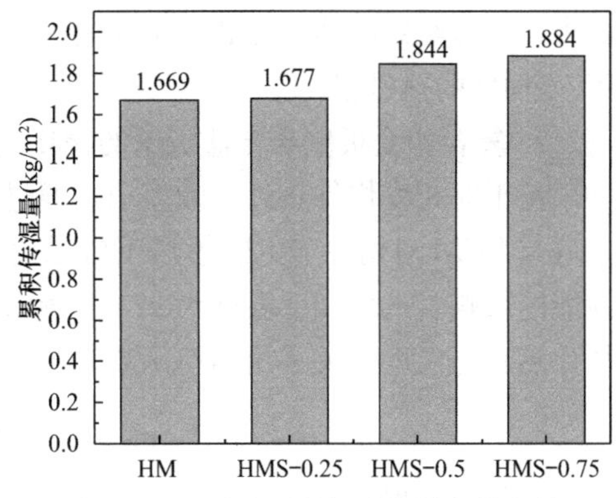

图 6-55　通过各工况板壁的累积传湿量

5. 板壁内存在相变过程的传热分析

在多孔材料湿迁移过程中，孔隙中的汽态和液态水可能会发生毛细凝结或蒸发的相变过程。在建筑墙体构造中，通常会在制作构件的过程中掺混相变材料（PCM），使其成为相变复合构件以提高墙体的蓄热性能。本节的目的是将含湿含盐构件与相变复合构件进行类比，模拟不同相变材料掺混量下复合构件的传热过程，以延迟时间和衰减倍数为评价指标，寻求等效掺混量，即相变材料与湿组分对构件热工性能具有相同的作用效果时的用量，以量化湿传递对板壁热工性能的影响。

6. 相变材料的介绍与数值求解方法

传统的建筑材料包括砖、水泥砂浆、混凝土等，它们的比热容大约在 1～2kJ/(kg・K)，但相变材料在相变温度区间内能够吸收 10kJ 的热量，建筑中常用的相变材料有石蜡类和酯酸类。通常的做法是将相变材料在制作构件过程中与原材料进行掺混，形成相变构件。复合相变材料的构件在整体上会表现出比热容增大、热惰性增加的特点，从而起到增加建筑墙体蓄热和稳定室内温度的作用。

复合相变板壁传热过程的数值求解方法有焓法、热容法和热源法，由于本研究的目的是以延迟时间和衰减倍数作为评价指标，寻求含湿材料与相变材料之间的等效关系，因此使用热容法。该方法是将相变材料的潜热以显热的形式表示出来，当将相变材料的热容作为温度的函数时，可根据 DSC 曲线通过拟合得到：

$$c_{\mathrm{PCM}}=f(T) \tag{6-97}$$

式中　c_{PCM}——相变材料的比热容，J/(kg・K)。

若相变构件掺混质量百分比为 ψ 时，复合相变构件整体的比热容，即等效比热容则为：

$$c_{\mathrm{eff}}=(1-\psi)c_{\mathrm{p,m}}+\psi c_{\mathrm{PCM}} \tag{6-98}$$

式中　c_{eff}——等效比热容，J/(kg・K)；

ψ——掺混相变材料的比例，%。

因此，相变构件的导热微分方程可由下式表示：

$$\rho c_{\mathrm{eff}}\frac{\partial T}{\partial t}=\lambda\frac{\partial^2 T}{\partial x^2} \tag{6-99}$$

式中，通过给定的边界条件与初始条件，并利用式（6-98）与式（6-99），便可求得混有PCM构件的热过程。

7. 复合相变板壁与含盐板壁的类比

基于对相变构件热过程的模拟，通过对比相变构件与含湿构件的内表面温度，明确当水分与PCM对构件产生同等热工效果时PCM的掺混量，由此便可量化水分对板壁热工性能的影响。选取相变温度为27℃，相变半径为2℃的PCM掺混于水泥砂浆中，相变材料比热容与温度的关系用高斯函数表示为：

$$c_{\mathrm{PCM}}=1220+27000\mathrm{e}^{-\left(\frac{T-27}{2}\right)^2} \tag{6-100}$$

一侧模拟边界条件设置与前述研究相同的温度外扰，另一侧边界条件与初始条件也同样为26℃。比热容设置为 $c_{\mathrm{eff}}=1050\cdot(1-\psi)+\psi\cdot c_{\mathrm{PCM}}$，其余基本物性参数设置不变。需要指出的是研究目的是将水分与PCM掺混量进行类比，因此对复合相变板壁的模拟不再考虑湿迁移。

通过多次模拟不同混合比的相变构件对内壁面温度的影响，发现当 $\psi=5\%$时，相变构件与考虑湿迁移后的内壁面温度基本一致。图6-56中给出了外扰温度波动，以及板壁内掺混量为5%和考虑传湿后内壁面温度的计算结果。湿迁移对板壁所造成的延迟时间和衰减倍数与掺混5%PCM的构件基本相等，这表明两者对板壁热工性能造成的影响相类似。

以同样的模拟方法发现当含盐量为0.75%时所造成的内壁面延迟时间与衰减倍数无法与同一掺混量的相变构件等同，如图6-57所示。结果表明在延迟时间上含盐量0.75%时与掺混7.5%PCM的构件效果相同，而衰减倍数上与掺混18%PCM的构件效果相同，盐分对墙体热性能的影响效果无法再用统一掺混量等价表示，这表明盐分对墙体对外扰衰减作用要强于延迟作用。

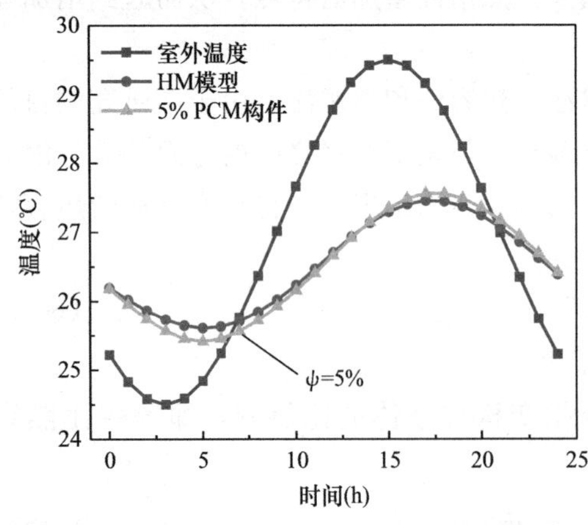

图6-56　PCM构件与含湿构件的内壁面温度

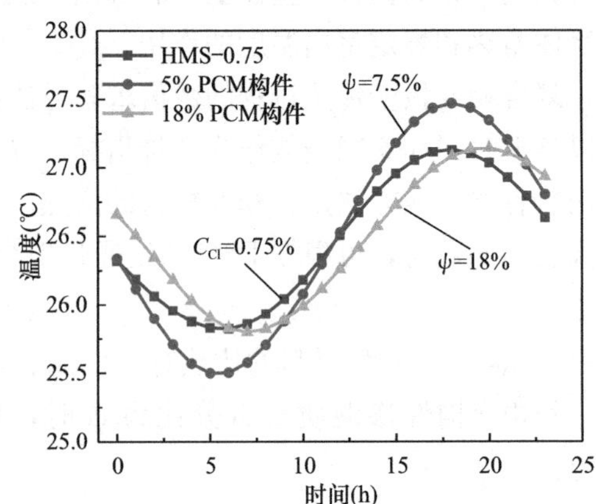

图6-57　PCM构件与含盐构件的内壁面温度

单纯湿传递作用对传热的影响可等价于掺混少量PCM对板壁的影响；当材料内同时存在湿迁移和盐分时，板壁内湿组分对延迟和衰减的影响增强，一方面是由于盐分的存在增加了材料内含湿量；另一方面吸湿过程是水分由汽态被吸附于材料孔壁，逐渐在孔隙直径较小的孔道内凝结成液态水，盐分对吸湿过程的加强，也就相当于加强了孔隙内毛细凝结现象。

8. 板壁内相变过程分析

材料内存在的湿组分会增加板壁的延迟时间和衰减倍数，一方面是由于液态水的比热容大于一般的建筑材料，而板壁作为水分和固体材料共同形成的整体，其比热容相较于干燥的建筑材料更高；另一方面是由于水分在温度梯度和相对湿度梯度共同作用下迁移，并同时发生相变，即水蒸气的毛细凝结或孔隙内液态水的蒸发。此时将含湿材料可类比为复合 PCM 构件，孔隙内湿组分等价于相变材料，如图 6-58 所示。混有 PCM 的建筑壁面会在达到相变温度时比热容变大，明显提高了建筑板壁整体的蓄热系数，这与湿组分对板壁热工性能起到的作用相同。当材料内同时含有盐分时，材料吸湿性能加强从而强化了多孔材料内的相变过程。

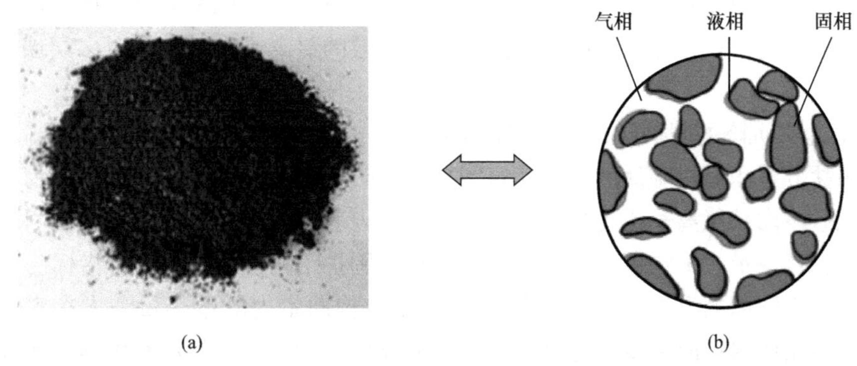

图 6-58　相变材料与湿组分的类比

（a）相变材料；（b）孔隙内湿组分

6.5.3　盐雾沉降对围护结构热性能的影响

本研究以内表面温度、通过墙体的导热冷负荷以及累积传热量作为指标，分析热湿地区盐雾环境中不同时期由盐分累积所造成的建筑围护结构热性能的差异性。

1. 基本参数与工况设定

在进行模拟研究之前，需先对围护结构构造、物性参数、定解条件以及模拟工况进行一系列的设定。

（1）围护结构构造及物性参数

本研究采用我国夏热冬暖地区典型外墙构造形式，主体结构为：30mm 水泥砂浆＋200mm 加气混凝土＋30mm 水泥砂浆。水泥砂浆基本热工参数与前述研究相同。假设盐分累积和扩散只存在于最外层水泥砂浆材料中，因此加气混凝土的参数为常规值，如表 6-10 所示。根据已有研究[56] 设定 $2\times10^{-12}\,m^2/s$ 为水泥砂浆中的氯离子扩散系数。

加气混凝土物理性质[57]　　表 6-10

参数	密度 (kg/m^3)	比热容 [J/(kg·K)]	导热系数 [$W/(m^2\cdot K)$]	平衡含湿量 (kg/m^3)	液态水扩散系数 (m^2/s)	水蒸气渗透系数 [kg/(Pa·s·m)]
取值	600	1050	0.479	$w=\varphi/(-0.1196\varphi^2+0.1226\varphi+0.0011)$	$D_l=9.2\times10^{-11}\times\exp(0.0215\omega)$	3.47×10^{-11}

(2) 定解条件及模拟工况设置

定解条件包括初始条件和边界条件。初始条件：设定多层墙体的初始状态为温度 26℃和相对湿度 60%，氯离子含量为 0。边界条件：以珊瑚岛典型气象年逐时温湿度为室外侧边界条件，室内设定为恒定工况 26℃和 60%，盐分累积量根据第 2 章提出的表面氯离子浓度模型计算得到，并作为第一类边界条件。建筑分界面上的热工参数取值与模拟定常边界条件工况时相同。实际工况下外壁面太阳辐射得热不可忽略，设置最外侧水泥砂浆外壁面的吸收率为 0.53。对流传质系数是由典型年气象参数中的逐时风速，通过式（6-15）计算得到。对流传热系数同样是通过对流换热系数与风速的关系式计算得到。

本研究模拟对象为暴露于离海距离 10m 和 100m 的建筑墙体，前期研究表明，在 15 年之后表面氯离子浓度趋于稳定，因此本研究对建筑围护结构 15 年间的盐分累积和热湿传递进行了连续的模拟，比较不同时期围护结构外层的氯离子含量及其对多层墙体热湿迁移的影响。

2. 考虑盐雾沉降的围护结构热过程模拟结果

为探明盐分累积对热湿地区岛礁建筑围护结构热湿迁移的影响，分析了离海距离不同的外层水泥砂浆内部氯离子浓度分布情况，同时以内表面温度、通过墙体的瞬时冷负荷峰值和墙体累积传热量三个物理量作为反映不同时期围护结构差异性的评价指标。

围护结构内壁面的温度变化，直接影响围护结构向室内的散热量和人在室内的舒适性，因此，以墙体内壁面温度作为分析差异性的评价指标之一。热流峰值时常被用于空调选型，本书探究 7 月逐时墙体导热热流中的最大值，包括显热热流和潜热热流，显热热流为式（6-93），潜热热流为：

$$q_{\text{latenr}} = h_{\text{lv}} h_{\text{m}} (\rho_{\text{v},\text{x}=0} - \rho_{\text{v}}) \tag{6-101}$$

式中 q_{latenr}——潜热热流，W/m^2。

进而将湿流量所造成的潜热热流和显热热流两者叠加，得到通过墙体的总热流：

$$q_{\text{total}} = q_{\text{latenr}} + q_{\text{sen}} \tag{6-102}$$

式中 q_{total}——总热流，W/m^2；

q_{sen}——显热热流，W/m^2。

墙体累积传热量反映了一段时间内透过围护结构进入室内的热量，在空调季这部分热量直接给空调带来相应的能耗，其中包括潜热量和显热量，显热累积传热量用式（6-94）计算，潜热累积热量表示为：

$$Q_{\text{latent}} = \sum_{i=1}^{N} (3600 q_{\text{latent}}) \tag{6-103}$$

$$Q_{\text{total}} = Q_{\text{sen}} + Q_{\text{latent}} \tag{6-104}$$

式中 Q_{latent}——潜热累积热量，kJ/m^2；

Q_{total}——总热量，kJ/m^2；

N——小时数。

使用 H 模型、HM 模型和 HMS 模型进行模拟，通过比较 H 模型与 HM 模型的模拟结果可以看出水分对墙体热性能的影响，比较 HM 模型和 HMS 模型可以得到盐分对墙体热湿迁移的影响。需要说明的是，使用典型年作为边界条件，利用 H 模型与 HM 模型进

行连续多年模拟，逐年模拟结果均相同；而因盐分逐年积累，使用HMS模型连续模拟15个典型年，模拟结果会存在差异，故H模型与HM模型仅进行一次典型年工况下的模拟，无需区别第5年、10年和15年3个时期的结果，并且HM模型的模拟结果可看作是建筑初期含盐量极低的情况。本研究考察5年、10年和15年的HMS模拟结果，分别记为HMS/5、HMS/10和HMS/15。

（1）不同时期外层墙体材料的氯离子分布

盐雾环境下氯离子在墙体表层累积，研究假设盐分向内部侵入的范围仅在最外层材料内，因此盐分侵入深度为30mm。图6-59给出了10m和100m两个地点3个时期的7月15日最外层材料内氯离子浓度分布情况。图中虚线给出了不同时期外侧水泥砂浆内氯离子浓度的平均值，显然随着暴露时间的增加水泥砂浆内含盐量逐渐提高，并且随着距海距离的增加，围护结构外层墙体含盐量显著减少。

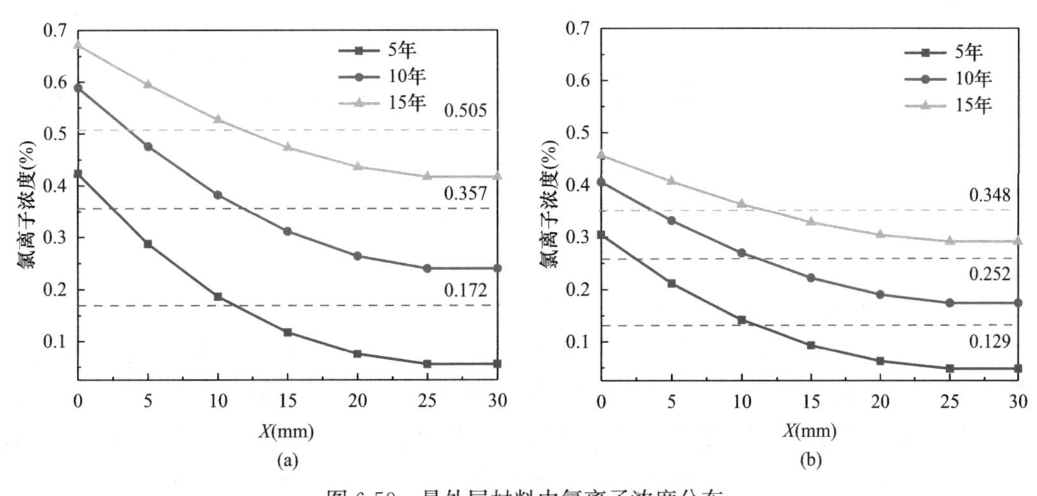

图6-59 最外层材料内氯离子浓度分布

（a）10m；（b）100m

（2）不同时期墙体内壁面温度

分析H模型、HM模型以及HMS模型计算出7月份的墙体内表面温度，其中HMS模型计算包括3个时期的结果。图6-60给出了H模型和HM模型计算内壁面温度的对比情况，由于低纬度岛礁地区夏季室外温度日较差小，再经围护结构作用后其波动更加平稳，因此，内表面温度全月波动幅度小且稳定。可以看出与周期性边界条件的结果类似，由于材料内水分增加了墙体的热惰性，考虑湿迁移之后内壁面温度波动幅度减小，延迟时间略有增加。

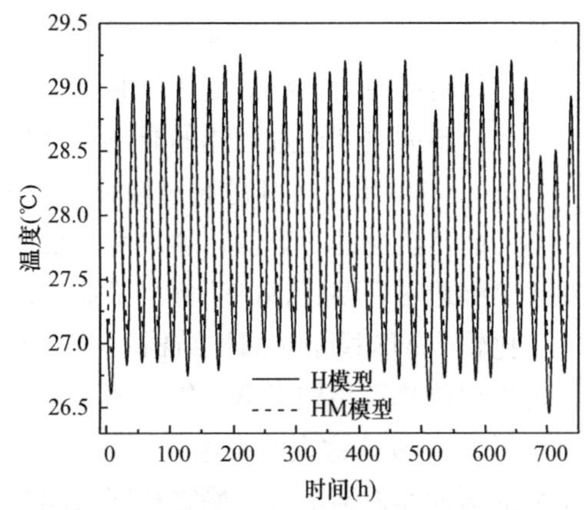

图6-60 H模型与HM模型计算内壁面温度

图6-61（a）给出位于距海距离10m处，HM模型与HMS/15模型计算结果的内表面温度，两者略有差距，且小于H模型与HM模型之间的差异。图6-61（b）给出了100m

处经过 15 年后的内表面温度与未含盐时的温度，两者温度基本相同。这主要是由于模型计算时，受盐分影响的最外层水泥砂浆板壁厚度仅 30mm，而主体材料加气混凝土厚度则为 200mm，对墙体热工性能起主导作用，而 H 模型与 HM 模型的对比则是全结构层均受湿传递影响，所以差异效果相较 HM 与 HMS 模型的差异更显著。

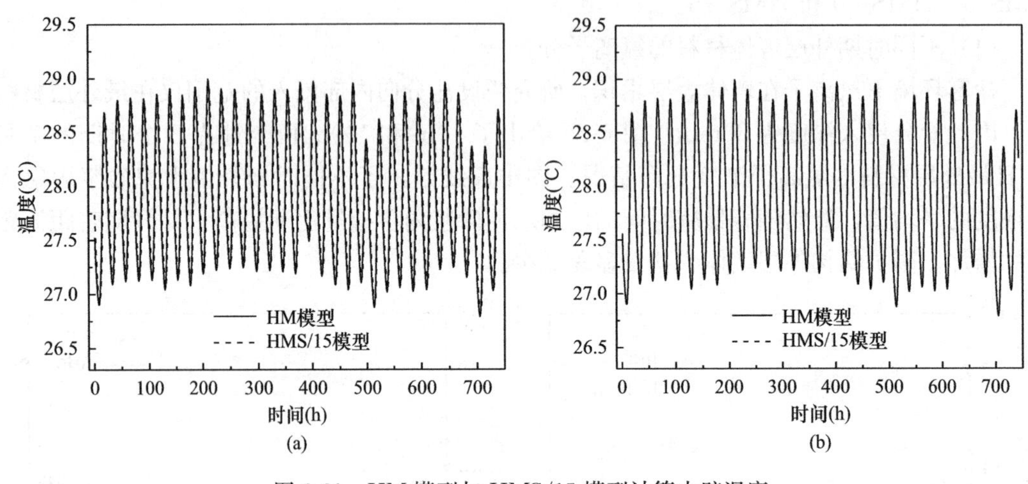

图 6-61　HM 模型与 HMS/15 模型计算内壁温度

(a) 10m；(b) 100m

(3) 不同时期通过墙体的导热冷负荷峰值

图 6-62 给出了利用各模型计算不同时期 7 月份通过墙体的导热冷负荷峰值，考虑湿迁移后，虽然显热负荷有所下降，但由于潜热负荷的叠加，总负荷峰值高于未考虑传湿时约 5.72%。即利用 H 模型计算含湿含盐墙体的传热时，会低估通过墙体的传热冷负荷峰值。比较 HMS 模型计算出不同时期冷负荷峰值的情况，可以发现，离海距离 10m 处墙体的导热冷负荷峰值最大出现在第 10 年，相较于 HM 模型增加了 1.87%，之后随着建筑使用年限的增加，冷负荷峰值有所下降；离海距离 100m 最大的负荷峰值在第 15 年，相较于 HM 模型增加了 1.2%。对于近海墙体导热的冷负荷峰值先增加后减少，对远海围护结构则是逐年增加。这可能是由于高盐分导致外层水泥砂浆传湿性能下降，起到一定阻隔潜热的作用，因此，无论何种含盐工况下的负荷峰值都大于未含盐时的情况，但不同暴露时长墙体的瞬时冷负荷峰值变化量并不显著。

(4) 不同时期通过墙体的导热总传热量

图 6-63 给出了 7 月份通过墙体的累积传热量。考虑湿迁移后，累积显热传递量略高于不考虑传湿时的计算值，加之潜热量后累积总传热量差值更大，增量约 13.5%。这表明对于热湿地区，湿迁移显著增加了通过墙体的累积传热量，不利于建筑节能。

比较 HMS 模型对围护结构不同时期的计算结果可以发现，第 15 年时，10m 处围护结构累积传热量相较于第一年增加 3.78%，而 100m 处围护结构累积传热量相较于第一年增加了 2.69%。这表明无论离海距离是 10m 还是 100m，7 月份累积传热量都在随建筑使用期的增加而逐渐上升，暴露相同时间的建筑墙体，离海距离越小通过墙体传递的热量就越多。这表明盐分在建筑围护结构表面的沉降会促进累积传热量的增加。

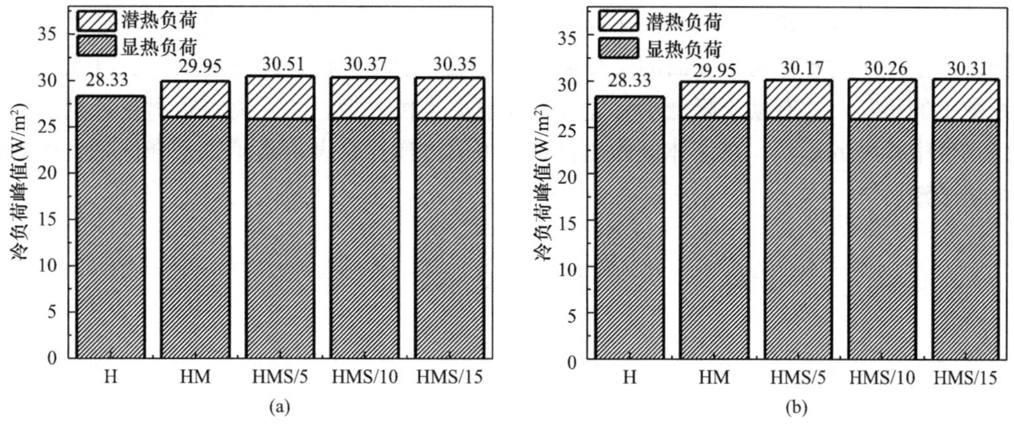

图 6-62　通过墙体的导热冷负荷峰值

(a) 10m；(b) 100m

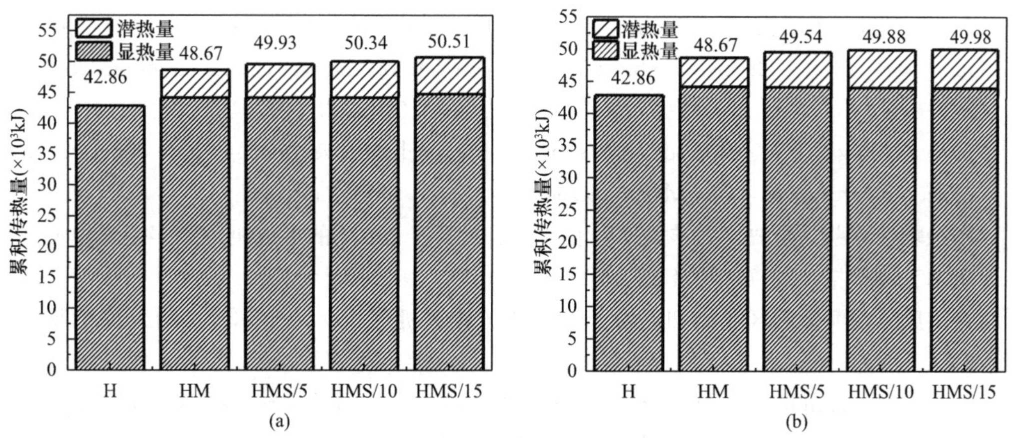

图 6-63　通过墙体的导热累积传热量

(a) 10m；(b) 100m

(5) 热湿地区岛礁建筑墙体构造优化方案

基于含盐建筑构件分别在定常边界条件、周期边界条件以及实际气象数据下的模拟分析，可以发现，当建筑构件为单层含盐材料时，盐分对整体热湿传递影响明显，强化了材料孔隙内水分的相变过程，增加了构件整体热惰性，使得延迟衰减更为明显。同时，由于盐分的存在增强了材料的吸湿性能，提高了构件整体的含湿量。从多层墙体的模拟结果可以看出，外层含盐水泥砂浆对墙体内壁面的温度以及热湿流影响不大，一方面由于盐分累积由外至内逐渐降低，另一方面外侧水泥砂浆并非墙体主体结构，墙体整体构件的热性能主要由主体材料起决定性作用，但可以看出无论含盐量多少，湿迁移造成的潜热负荷不可忽略，在低纬度岛礁地区，单纯的传热模型会低估建筑墙体所造成的冷负荷峰值和累积传热量。

综上所述，对于热湿岛礁地区盐雾环境下的建筑墙体应以阻湿流、抗盐分为建造原则，对该地区建筑墙体构造提出以下几点方案：(1) 可在水蒸气流入侧增设隔汽层，如沥青和隔汽涂料，或在建筑外墙直接涂抹专用防水涂料，例如纯丙乳液或硅丙乳液等，直接阻隔室外空气中的水分与外壁面的质交换。(2) 最外层墙体材料建议使用密实且水蒸气渗透系数小的材料，这有助于降低水分迁移量和氯离子侵入量。(3) 离海距离越近则越需要注意构件中盐分的影响，在墙体最外侧材料内可通过掺拌粉煤灰或矿粉来降低室外侧墙体内氯离子浓度。

参考文献

[1] 胡杰珍，刘泉兵，胡欢欢，等. 热带海岛大气中氯离子沉降速率 [J]. 腐蚀与防护，2018，39 (6)：463-466.

[2] 张菲菲. 深圳滨海建筑物表层氯离子沉积规律研究 [D]. 深圳：深圳大学，2016.

[3] Liu J，Ou G，Qiu Q，et al. Atmospheric chloride deposition in field concreteat coastal region [J]. Construction & Building Materials，2018，190 (30)：1015-1022.

[4] Meira G R，Andrade C，Alonso C，et al. Durability of concrete structures in marine atmosphere zones - The use of chloride deposition rate on the wet candle as an environmental indicator [J]. Cement and Concrete Composites，2010，32 (6)：427-435.

[5] Real S，Bogas J A. Chloride ingress into structural lightweight aggregate concrete in real marine environment [J]. Marine Structures，2018 (61)：170-187.

[6] 杨绿峰，蔡荣，余波. 海洋大气区混凝土表面氯离子浓度的形成机理和多因素模型 [J]. 土木工程学报，2017，50 (12)：51-60.

[7] 徐田欣. 滨海盐雾区非饱和混凝土中氯离子渗透机理 [D]. 哈尔滨：哈尔滨工业大学，2014.

[8] Glaser H. Simplified calculation of vapor diffusion through layered walls involving the formation of water and ice [J]. Kaltetechnik，1958，10：358-364.

[9] 中华人民共和国住房和城乡建设部. 民用建筑热工设计规范：GB 50176—2016 [S]. 北京：中国建筑工业出版社，2016.

[10] Phalguni M. Use of the 'Modified Cup Method' to determine temperature dependency of water vapor transmission properties of building materials [J]. Journal of Testing and Evaluation，2005，33 (5)：316-322.

[11] Pazera M.，Salonvaara M. Multilayer test method for water vapor transmission testing of construction materials [J]. Journal of Building Physics，2012，35 (3)：224-237.

[12] Raimondo M，Michele D，Davide G，et al. Predicting the initial rate of water absorption in clay bricks [J]. Construction and Building Materials，2009 (23)：2623-2630.

[13] Tsunazawa Y，Yokoyama T，Nishiyama N. An experimental study on the rate and mechanism of capillary rise in sandstone [J]. Prog Earth Planet Sc，2016：3-8.

[14] 傅强，谢友均，龙广成，等. 橡胶集料自密实混凝土的毛细吸水特性研究 [J]. 建筑材料学报，2015 (1)：17-23.

[15] Saeidpour M，Wads L. Moisture diffusion coefficients of mortars in absorption and desorption [J]. Cement & Concrete Research，2016，83：179-187.

[16] Burgh D. J. M, Foster S. J. Influence of temperature on water vapour sorption isotherms and kinetics of hardened cement paste and concrete [J]. Cement and Concrete Research, 2017, 92: 37-55.

[17] 钟辉智. 建筑多孔材料热湿物理性能研究及应用 [D]. 成都：西南交通大学，2010.

[18] 李魁山，张旭，韩星等. 建筑材料等温吸放湿曲线性能实验研究 [J]. 建筑材料学报，2009，12（1）：81-84.

[19] 李魁山，张旭，韩星，等. 建筑材料水蒸气渗透系数实验研究 [J]. 建筑材料学报，2009，12（3）：288-291.

[20] Feng C, Janssen H, Feng Y, et al. Hygric properties of porous building materials: Analysis of measurement repeatability and reproducibility [J]. Building & Environment, 2015, 85: 160-172.

[21] Feng C, Janssen H. Hygric properties of porous building materials (Ⅱ): analysis of temperature influence [J]. Building & Environment, 2016, 99: 107-118.

[22] 潘振皓，孟庆林，李琼. 多孔烧结陶片在盐溶液中的吸水特性 [J]. 土木建筑与环境工程，2017，39（6）：117-122.

[23] Cnudde V, De Boever W, Dewanckele J, et al. Multi-disciplinary characterization and monitoring of sandstone (Kandla Grey) under different external conditions [J]. Quarterly Journal of Engineering Geology & Hydrogeology, 2013, 46 (1): 95-106.

[24] 刘艳峰，刘加平. 建筑外壁面换热系数分析 [J]. 西安建筑科技大学学报（自然科学版），2008，40（3）：407-412.

[25] Defraeyeli T, Blocken B. Analysis of convective heat and mass transfer coefficients for convective drying of a porous flat plate by conjugate modeling [J]. International Journal of Heat & Mass Transfer, 2012, 55 (1/2/3): 112-124.

[26] Steeman H, T' Joen C, Belleghem M V, et al. Evaluation of the different definitions of the convective mass transfer coefficient forwater evaporation into air [J]. International Journal of Heat & Mass Transfer, 2014, 52 (15): 3757-3766.

[27] Yang W, Zhu X, Liu J. Annual experimental research on convective heat transfer coefficient of exterior surface of building external wall [J]. Energy & Buildings, 2017, 155: 207-214.

[28] 张泠，汤广发，陈友明，等. 建筑墙体表面传热系数辨识研究 [J]. 暖通空调，2002，32（2）：89-91.

[29] Zhang L, Zhang N, Zhano F, et al. A genetic-algorithm-based experimental technique for determining heat transfer coefficient of exterior wall surface [J]. Applied Thermal Engineering, 2004, 24 (2/3): 339-349.

[30] 刘京，付志鹏，邵建涛，等. 应用萘升华法实测建筑外表面对流换热 [J]. 天津大学学报（自然科学与工程技术版），2009，42（8）：683-688.

[31] Mendes N, Philippi P C. A method for predicting heat and moisture transfer through multilayered walls based on temperature and moisture content gradients [J]. International Journal of Heat and Mass Transfer, 2005, 48 (1): 37-51.

[32] Qin M, Belarbi R, Ait-Mokhtar A, et al. Coupled heat and moisture transfer in multi-layer building materials [J]. Construction and Building Materials, 2009, 23 (2): 967-975.

[33] 刘向伟，陈友明，陈国杰. 围护结构热湿耦合传递模型及简便求解方法 [J]. 土木建筑与环境工程，2016，38 (4)：7-12.

[34] 孔凡红，郑茂余. 新建建筑围护结构的热质耦合传递对建筑负荷的影响Ⅰ：冬季热负荷 [J]. 热科学与技术，2009，8 (2)：146-150.

[35] 王莹莹. 围护结构湿迁移对室内热环境及空调负荷影响关系研究 [D]. 西安：西安建筑科技大学，2013.

[36] Samson E, Marchand J. Modeling the transport of ions in unsaturated cement-based materials [J]. Computers and Structures, 2007, 85 (23): 1740-1756.

[37] Ababneh A., Benboudjema F., Xi Y. Chloride penetration in non-saturated concrete [J]. Journal of Materials in Civil Engineering, 2003, 15 (2): 183-191.

[38] 李克非. 基于可靠度理论的海洋混凝土结构耐久性设计与评估方法及应用 [D]. 北京：清华大学，2015.

[39] Liu W, Li Y, Tang L, et al. Modelling analysis of chloride redistribution in sea-sand concrete exposed to atmospheric environment [J]. Construction and Building Materials, 2021, 274 (2): 121962.

[40] Zhang C, Yang J, Ou X, et al. Clay dosage and water/cement ratio of clay-cement grout for optimal engineering performance [J]. Applied Clay Science, 2018, 163 (10): 312-318.

[41] 冯驰. 多孔建筑材料湿物理性质的测试方法研究 [D]. 广州：华南理工大学，2014.

[42] Goldstein R J, Cho H H. A review of mass transfer measurements using naphthalene sublimation [J]. Experimental Thermal & Fluid Science, 1995, 10 (4): 416-434.

[43] Scheffler G., Grunewald J., Plagge R. Evaluation of functional approaches to describe the moisture diffusivity of building materials [J]. Journal of ASTM International, 2007, 4 (2): 1-16.

[44] Carmeliet J, Hens H, Roels S, et al. Determination of the liquid water diffusivity from transient moisture transfer experiments [J]. Journal of Thermal Envelope and Building Science, 2004, 27 (4): 277-305.

[45] European Committee for Standardization. Hygrothermal performance of building materials and products Determination of water vapour transmission properties: ISO12572: 2016 [S]. European Committee for Standardization, 2016.

[46] Anderson R, Hall K. Modifications of the Brunauer, Emmett and Teller equation [J]. Journalof the American Chemical Society, 1946, 68 (4): 689-691.

[47] Henderson S M. Equilibrium moisture content of hops [J]. Journal of Agricultural Engineering Research, 1973, 18 (1): 55-58.

[48] Oswin C R. The kinetics of package lifeⅣ Diffusivity [J]. Journal of Chemical Technology & Biotechnology, 2010, 67 (7): 274-277.

[49] Caurie M. A new model equation for predicting safe storage moisture level for optimum

stability of dehydrated foods [J]. International Journal of Food Science & Technology, 2007, 5 (3): 301-307.

[50] 俞昌铭. 多孔材料传热传质及其数值分析 [M]. 北京：清华大学出版社，2011.

[51] Ambrose D, Lawrenson I. J, Sprakec H. S. The vapour pressure of naphthalene [J]. Journal of Chemical Thermodynamics, 1975, 7 (12): 1173-1176.

[52] 连志伟. 热质交换原理与设备 [M]. 北京：中国建筑工业出版社，2011.

[53] 胡劲哲，牛建刚，孙丛涛，等. 海洋大气区氯离子在混凝土中的沉积与传输行为研究综述 [J]. 土木与环境工程学报，2020，42 (2)：165-178.

[54] Nielsen E, Geiker M. R. Chloride diffusion in partially saturated cementitious material [J]. Cement & Concrete Research, 2003, 33 (1): 133-138.

[55] Kumaran M. Moisture diffusivity of building materials from water absorption measurements [J]. Journal of Building Physics, 1999, 22 (4): 349-364.

[56] Shafikhani M, Chidiac S. E. Quantification of concrete chloride diffusion coefficient-A critical review [J]. Cement and Concrete Composites, 2019 (99): 225-250.

[57] 郭兴国. 热湿气候地区多层墙体热湿耦合迁移特性研究 [D]. 长沙：湖南大学，2010.

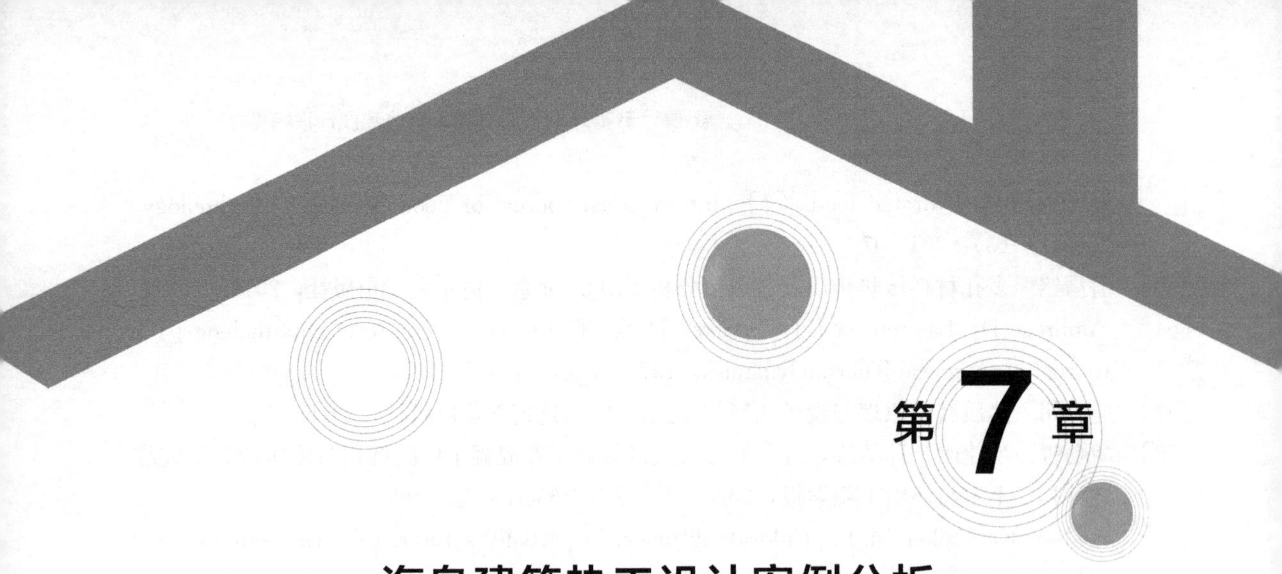

海岛建筑热工设计案例分析

为适应极端热湿气候特征，本章以前文提供的气候数据为基础，采用热工设计参数，基于建立的热-湿-盐三场耦合传导模型，遵循极端热湿气候区的建筑设计基本原则，对该地区海岛建筑外墙隔热防潮设计、不同结构通风屋顶设计以及宾馆建筑窗墙比设计进行案例分析，为满足极端热湿气候区超低能耗建筑设计提供参考。

7.1 海岛建筑外墙隔热防潮设计

建筑热湿外环境通过建筑围护结构影响建筑室内的热湿环境，为保证室内热湿环境的基本热舒适性，建筑必须采用符合建筑节能标准的隔热设计策略。在极端热湿气候条件下，建筑尤其注重围护结构的隔热性能。围护结构的隔热性能是指围护结构在室外非稳态热扰动条件下抵抗室外热扰动的能力的特性，是体现建筑围护结构在夏季室外热扰动条件下的防热特性的最基本指标。

7.1.1 外墙隔热设计及优化

极端热湿气候具有高温高湿、强辐射的特点，该气候条件下的建筑围护结构隔热设计需要因地制宜，充分考虑气候特点。然而该气候条件下的外墙隔热设计方法及构造方案大多参考气候特点不同的夏热冬暖地区的相关标准规范，缺失针对极端热湿气候的建筑热工设计规范，因此针对极端热湿气候条件下的建筑外墙隔热设计研究亟待进行。

1. 隔热验算要求

由于受室外温度波动影响，围护结构外表面温度波动幅度很大，进而对围护结构内表面温度产生强扰动，造成围护结构内表面温度出现较大波动，考虑围护结构内表面温度直接影响室内热环境的舒适度以及建筑能耗的大小，且其对室内热环境的影响明显大于衰减与延迟对室内热环境的影响，所以《民用建筑热工设计规范》[1] GB 50176—2016 对外墙内表面最高温度做出强制规定，在给定外墙两侧空气温度及变化规律的情况下，其需要满足表 7-1 限值的规定。

外墙内表面最高温度限值 表 7-1

房间类型	自然通风房间	空调房间	
		重质围护结构 ($D \geqslant 2.5$)	轻质围护结构 ($D < 2.5$)
内表面最高温度 $\theta_{i \cdot \max}$	$\leqslant t_{e \cdot \max}$	$\leqslant t_i + 2$	$\leqslant t_i + 3$

建筑外墙构造隔热设计需要满足：自然通风工况下，建筑外墙内表面最高温度要小于或等于室外累年日平均温度最高日的最高温度；空调工况下，重质建筑外墙结构，即热惰性 D 不低于 2.5 的外墙，其内表面最高温度必须小于或等于房间室内空气温度加 2℃；轻质屋面结构，即热惰性 D 小于的外墙，其内表面最高温度必须小于或等于房间室内空气温度加 3℃。

《民用建筑热工设计规范》GB 50176—2016[1] 对外墙内表面最高温度计算方法作出了明确规定。按要求，外墙隔热设计时应采用一维非稳态方法计算，计算时所采用的室内边界条件应按房间实际运行工况确定，且室外边界条件需要按规范要求确定室外空气逐时温度和太阳辐射。该规范配套光盘中还提供了一维非稳态传热计算软件 Kvalue，方便读者隔热计算使用。

2. 隔热计算方法

(1) Kvalue 计算方法

Kvalue 软件是专为《民用建筑热工设计规范》GB 50176—2016[1] 隔热计算开发的，主要用来计算和判定外墙和屋面构造隔热性能是否满足《民用建筑热工设计规范》GB 50176—2016 中相关条文要求。程序采用一维非稳态传热计算方法计算，程序中边界条件设置包括 24h 逐时室外计算温度、太阳辐射、室内空气温度，以及室内工况、外表面换热系数、内表面换热系数、太阳辐射吸收系数。按式 (7-1) 建立常物性、无内热源的一维非稳态导热的内部微分方程，微分方程的求解可采用有限差分法：

$$\frac{\partial t}{\partial \tau} = \alpha \frac{\partial^2 t}{\partial x^2} \tag{7-1}$$

式中 $\frac{\partial t}{\partial \tau}$——温度对时间的导数，℃/s；

α——材料的导温系数，$\alpha = \frac{\lambda}{\rho c}$，$m^2/s$。

按式 (7-2) 建立第三类边界条件隐式差分格式边界节点方程：

$$-\frac{\lambda}{\Delta x}(t_1^k - t_2^k) + \alpha(t_f^k - t_1^k) + \rho_s I^k = C_p \rho \frac{\Delta x}{2} \cdot \frac{t_1^k - t_1^{k-1}}{\Delta \tau} \tag{7-2}$$

式中 C_p——材料的比热容，J/(kg·K)；

ρ——材料的密度，kg/m^3；

α——材料的导温系数，$\alpha = \frac{\lambda}{\rho c}$，$m^2/s$；

Δx——时间步长，m；

λ——材料的导热系数，W/(m·K)；

ρ_s——外表面的太阳辐射吸收系数；

t_f^k——对流换热温度，℃。

按式（7-3）列出各内部节点和边界点的节点方程，并求解节点方程组得到外墙、屋顶内表面温度值。

$$t_i = \sum_{j=1}^{n} \alpha_{ij} t_j + C_i (i = 1, 2, \cdots, n) \tag{7-3}$$

式中 t_i——差分节点温度值，℃。

（2）公式法

《实用供热空调设计手册（第2版）》也对围护结构夏季隔热节能设计给出更为具体的验算方法。

非通风外墙内表面最高温度可按下式近似计算：

$$\theta_{i,\max} = \bar{\theta}_i + \left(\frac{A_{tsa}}{v_0} + \frac{A_{ti}}{v_i}\right)\beta \tag{7-4}$$

式中 $\bar{\theta}_i$——内表面平均温度，℃；

$$\bar{\theta}_i = \bar{t}_i + \frac{\bar{t}_{sa} - \bar{t}_i}{R_0 \cdot \alpha_i} \tag{7-5}$$

A_{ti}——室内计算温度波幅，℃，取 $A_{ti} = A_{te} - 1.5$℃；

A_{tsa}——太阳辐射强度波幅，℃；

$$A_{tsa} = (A_{ts} + A_{te})\beta \tag{7-6}$$

A_{te}——室外计算温度波幅，℃；

A_{ts}——太阳辐射强度当量温度波幅，℃；

$$A_{ts} = \frac{\rho_s (I_{max} - \bar{I})}{\alpha_e} \tag{7-7}$$

I_{max}——水平或垂直上太阳辐射照度最大值，W/m^2；

$\bar{I}$——水平或垂直上太阳辐射照度平均值，W/m^2；

ρ_s——太阳辐射吸收系数；

α_e——外表面换热系数，W/(m^2·K)；

β——相位差修正系数；

R_0——围护结构的传热阻，m^2·K/W；

α_i——内表面换热系数，W/(m^2·K)；

$\bar{t}_{sa}$——室外综合温度平均值，℃；

$\bar{t}_i$——室内计算温度平均值，℃，取 $\bar{t}_i = \bar{t}_{ec} + 1.5$℃；

$\bar{t}_{ec}$——室外计算温度平均值，℃；

v_0——围护结构总衰减倍数；

$$v_0 = 0.9 e^{\Sigma D} \sqrt{2} \frac{(S_1 + \alpha_i)(S_2 + y_1) \wedge y_{k-1} \wedge (S_n + y_{n-1})(y_n + \alpha_e)}{(S_1 + y_1)(S_2 + y_2) \wedge y_k \wedge (S_2 + y_2) \cdot \alpha_e} \tag{7-8}$$

ΣD——围护结构总热惰性指标，$\Sigma D = D_1 + D_2 + \cdots + D_n$；

S_1，S_2，S_3，…，S_n——由内到外各层材料的外表面蓄热系数，W/(m^2·K)；空气层 $S=0$；

y_1，y_2，y_3，…，y_n——由内到外各层材料的外表面蓄热系数，W/(m^2·K)；

v_i——室内空气至内表面的衰减倍数；

$$v_i = 0.95\frac{\alpha_i + y_i}{\alpha_i} \tag{7-9}$$

y_i——围护结构内表面蓄热系数，W/(m^2·K)。

3. 隔热验算方法比较

分别采用《民用建筑热工设计规范》GB 50176—2016[1] 中 Kvalue 隔热计算程序以及公式计算方法对海南琼海地区建筑工程中常用的外墙构造的内表面最高温度进行计算。以 Kvalue 程序中提供的琼海的室外空气温度以及太阳辐射作为室外设计参数，室内工况设为空调工况，室内温度设为 26℃。内表面换热系数为 8.7W/(m^2·K)，外表面换热系数为 39W/(m^2·K)[2]，太阳辐射吸收系数选取水泥粉刷墙面 0.56。Kvalue 程序的边界条件设置界面如图 7-1 所示。

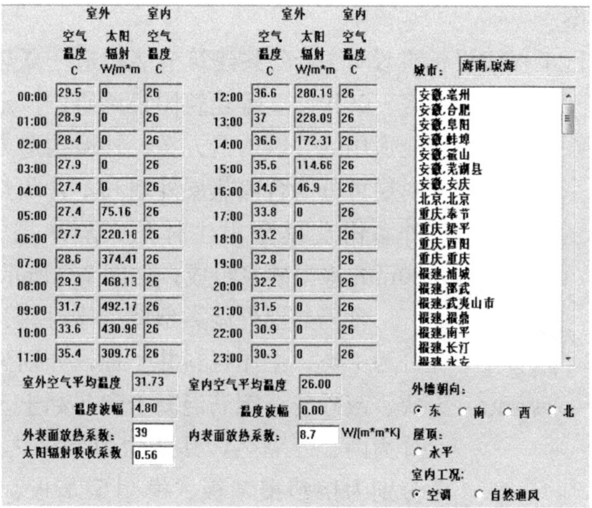

	室外 空气温度 C	室外 太阳辐射 W/m*m	室内 空气温度 C		室外 空气温度 C	室外 太阳辐射 W/m*m	室内 空气温度 C
00:00	29.5	0	26	12:00	36.6	280.19	26
01:00	28.9	0	26	13:00	37	228.09	26
02:00	28.4	0	26	14:00	36.6	172.31	26
03:00	27.9	0	26	15:00	35.6	114.66	26
04:00	27.4	0	26	16:00	34.6	46.9	26
05:00	27.4	75.16	26	17:00	33.8	0	26
06:00	27.7	220.18	26	18:00	33.2	0	26
07:00	28.6	374.41	26	19:00	32.8	0	26
08:00	29.9	468.13	26	20:00	32.2	0	26
09:00	31.7	492.17	26	21:00	31.5	0	26
10:00	33.6	430.98	26	22:00	30.9	0	26
11:00	35.4	309.76	26	23:00	30.3	0	26

室外空气平均温度 31.73　室内空气平均温度 26.00
温度波幅 4.80　温度波幅 0.00
外表面放热系数：39　内表面放热系数：8.7 W/(m*m*K)
太阳辐射吸收系数 0.56
城市：海南,琼海
安徽,亳州 安徽,合肥 安徽,阜阳 安徽,蚌埠 安徽,霍山 安徽,芜湖县 安徽,安庆 北京,北京 重庆,奉节 重庆,梁平 重庆,酉阳 重庆,重庆 福建,浦城 福建,邵武 福建,武夷山市 福建,福鼎 福建,南平 福建,长汀 福建,永安
外墙朝向：东 南 西 北
屋顶：水平
室内工况：空调 自然通风

图 7-1　Kvalue 程序的边界条件设置

建筑外墙构造模型如图 7-2 所示。共有 4 层材料层，从室内到室外分别为 10mm 水泥砂浆、40mm 聚苯乙烯泡沫板、230mm 蒸压灰砂砖、10mm 水泥砂浆。所用材料的热工性能参数见表 7-2。

不同方法的外墙内表面最高温度计算结果如表 7-3 所示。Kvalue 程序计算结果为 26.72℃，而采用公式通过 MATLAB 编程计算得到 26.74℃。两种方法计算出的内表面最高温度仅差 0.02℃，认为两者结果基本一致，故使用其中任一方法进行隔热验算即可。

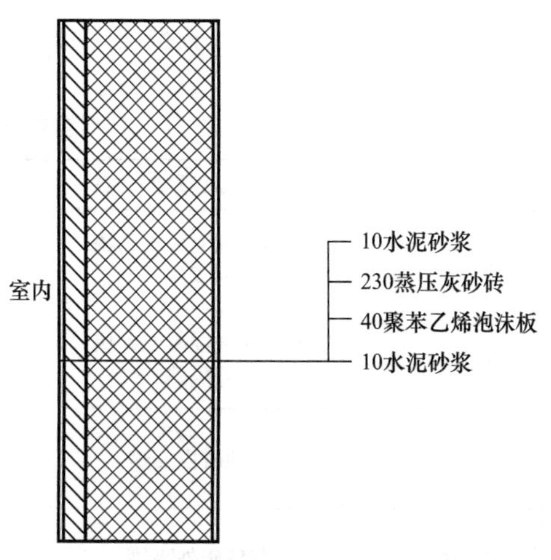

图 7-2　建筑外墙构造模型

建筑材料热工参数　　表 7-2

材料	密度 (kg/m³)	导热系数 [W/(m·K)]	蓄热系数 [W/(m²·K)]	比热容 [kJ/(kg·K)]
水泥砂浆	1800	0.93	11.37	1.05
聚苯乙烯泡沫板	20	0.039	0.28	1.38
蒸压灰砂砖	1500	0.79	8.12	1.07

不同方法的外墙内表面最高温度计算结果　　表 7-3

方法	Kvalue 程序	公式法
内表面最高温度(℃)	26.72	26.74

4. 外墙隔热验算

建筑围护结构的隔热性能好坏直接影响建筑室内环境优劣，极端热湿气候条件下，其影响更为明显。围护结构的隔热设计必须满足设计要求及相关标准规范要求。

(1) 外墙构造方案

通过对《中南地区工程建设标准设计》《公共建筑节能构造—夏热冬冷和夏热冬暖地区》06J908-2 等建筑图集调研，拟定极端热湿气候区可能适用的外墙构造方案。外墙构造方案根据有无隔热材料层可分为含隔热层外墙和不含隔热层外墙。含隔热层外墙构造模型由主体层、隔热层及墙体内外表面各 20mm 水泥砂浆组成，如图 7-3 所示。

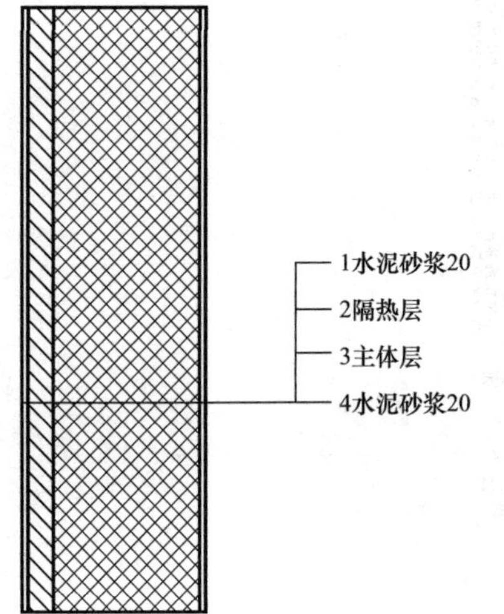

图 7-3　含隔热层外墙构造模型

含隔热层外墙类型按主体材料、隔热层位置分类可分为 7 类，主体材料共 4 种，分别为蒸压加气混凝土砌块、灰砂砖、钢筋混凝土和非黏土多孔砖。其中前 3 种分为内、外隔热，其余均为外隔热。隔热材料共 4 种，分别为挤塑聚苯板、模塑聚苯板、硬质聚氨酯泡沫塑料、胶粉 EPS 颗粒 XR 无机隔热浆料。由主体材料、隔热材料及隔热形式组合得到 28 个外墙构造方案。每个构造方案的隔热材料设置的厚度有 4 种，详见表 7-4。

含隔热层的外墙构造方案　　表 7-4

方案序号	外墙类型(厚度 mm)	隔热材料	隔热层厚度(mm)
1～4	蒸压加气混凝土砌块内隔热	挤塑聚苯板 模塑聚苯板 硬质聚氨酯泡沫塑料 胶粉 EPS 颗粒 XR 无机隔热浆料	25/30/35/40 25/30/35/40 25/30/35/40 25/30/35/40
5～8	蒸压加气混凝土砌块外隔热		
9～12	灰砂砖内隔热		25/30/35/40 25/30/35/40 20/25/30/35 30/40/50/60
13～16	灰砂砖外隔热		

续表

方案序号	外墙类型(厚度 mm)	隔热材料	隔热层厚度(mm)
17～20	钢筋混凝土内隔热	挤塑聚苯板 模塑聚苯板 硬质聚氨酯泡沫塑料 胶粉 EPS 颗粒 XR 无机隔热浆料	25/30/35/40 25/30/35/40 20/25/30/35 30/35/40/50
21～24	钢筋混凝土外隔热		
25～28	非黏土多孔砖外隔热		25/30/35/40 25/30/35/40 20/25/30/35 30/40/50/60

按主体材料分类，非透明幕墙类型共有 4 类，主体材料分别为钢筋混凝土、双排孔混凝土空心砌块、空心砖和加气混凝土。隔热材料共有岩棉板玻璃棉板、硬聚氨酯泡沫塑料 2 种。由主体材料、隔热材料组合得到 8 个非透明幕墙构造方案。每个构造方案均采用外隔热形式，且隔热材料的厚度设置 3 种、4 种，详见表 7-5。

非透明幕墙构造方案 **表 7-5**

方案序号	外墙类型(厚度 mm)	隔热材料	隔热层厚度(mm)
29～30	非透明幕墙外隔热-钢筋混凝土	岩棉板玻璃棉板 硬聚氨酯泡沫塑料	40/50/60/70 25/30/35/40
31～32	非透明幕墙外隔热-双排孔混凝土空心砌块		20/25/30/35 35/40/50/60
33～34	非透明幕墙外隔热-空心砖		30/40/50 25/30/40
35～36	非透明幕墙外隔热-加气混凝土		30/40/50 20/25/30

无隔热层外墙构造模型如图 7-4 所示。无隔热层外墙构造共 6 种，主体材料除了双排孔混凝土空心砌块厚度为 190mm，其他材料均设置两种厚度，见表 7-6。以上外墙构造方案所用材料的热工参数见表 7-7。

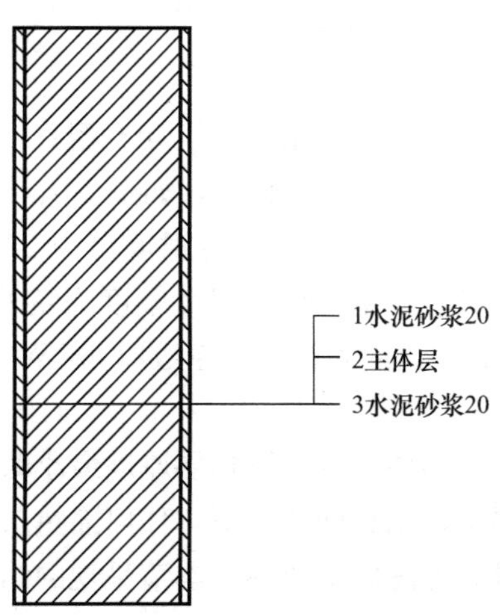

图 7-4 无隔热层外墙构造模型

无隔热层外墙构造方案　　表 7-6

方案序号	外墙类型	主体厚度(mm)
37	蒸压加气混凝土砌块	200/250
38	灰砂砖	180/240
39	钢筋混凝土	200/250
40	非透明幕墙-双排孔混凝土空心砌块	190
41	非透明幕墙-空心砖	200/240
42	非透明幕墙-加气混凝土	200/250

墙体构造材料及其热工参数　　表 7-7

材料	密度 (kg/m³)	导热系数 [W/(m·K)]	蓄热系数 [W/(m²·K)]	比热容 [kJ/(kg·K)]	蒸汽渗透系数 μ(×10⁻⁴) [g/(m·h·Pa)]
蒸压加气混凝土砌块	1500	0.790	8.12	1.07	—
灰砂砖	1900	1.100	12.72	1.05	1.050
钢筋混凝土	2500	1.740	17.20	0.92	0.158
非黏土多孔砖	1440	0.510	—	—	—
双排孔混凝土空心砌块	1300	0.792	7.50	1.05	—
空心砖	1400	0.580	7.92	1.05	0.158
加气混凝土	500	0.140	2.31	1.05	1.110
挤塑聚苯板	35	0.030	0.34	1.38	—
模塑聚苯板	20	0.039	0.28	1.38	0.162
硬质聚氨酯泡沫塑料	35	0.024	0.29	1.38	0.234
胶粉 EPS 颗粒 XR 无机隔热浆料	400	0.090	0.95	—	—
岩棉板	60～160	0.041	0.47～0.76	1.22	4.880
玻璃棉板	≥40	0.035	0.35	1.22	4.880
水泥砂浆	1800	0.930	11.37	1.05	0.210

(2) 边界条件

外墙隔热验算所需的室外计算参数选用隔热设计典型日——西沙 2013 年 6 月 10 日以及永暑 2010 年 5 月 14 日的干球温度和太阳辐射，如图 7-5、图 7-6 所示。当外墙为有隔热层外墙时，室内工况设置为空调状态，室内计算温度设为 26℃，当外墙为无隔热层外墙时，室内工况设置为自然通风状态，室内计算温度幅度为室外计算温度幅度减 1.5℃。外表面换热系数取 39W/(m²·K)[2]，内表面换热系数取 8.7W/(m²·K)。

(3) 隔热验算结果及分析

相同构造的外墙，当其他材料层不变，隔热层厚度最小时，在一定边界条件下，若其隔热验算满足热工隔热设计要求，则相同条件下，任何隔热层厚度大于隔热层最小厚度的外墙都满足热工隔热设计要求。考虑以上所述，本节呈现的结果均为各外墙方案的隔热层厚度最小时的隔热验算结果。

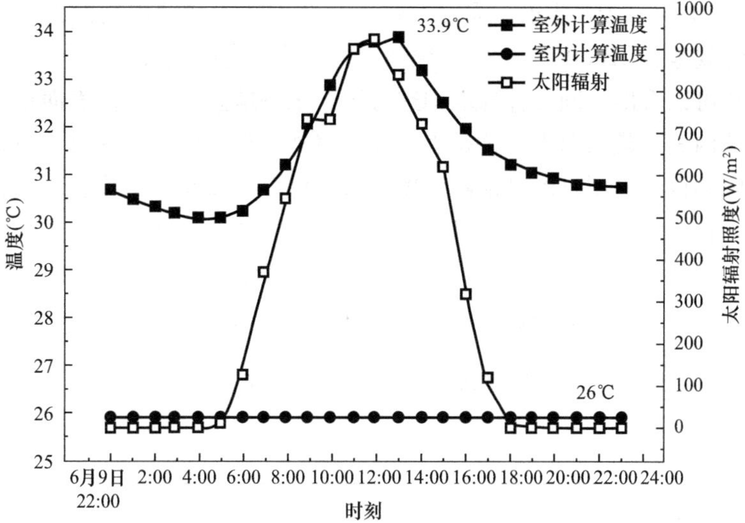

图 7-5　西沙地区隔热验算的室内/室外计算参数设置

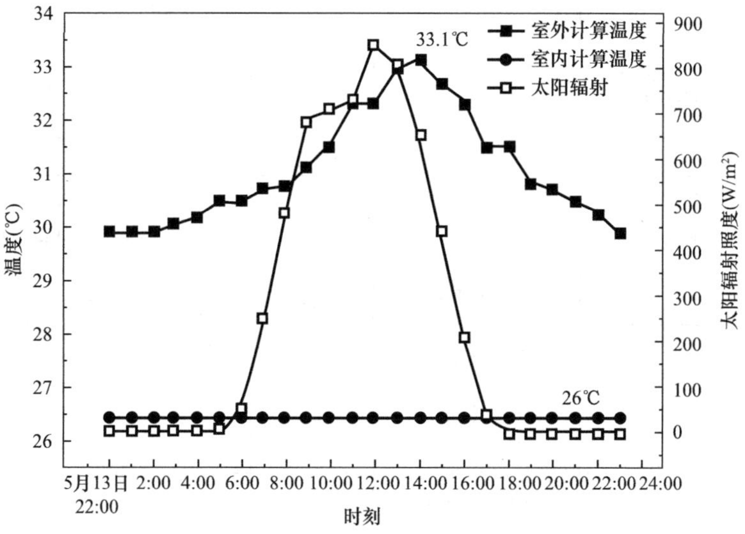

图 7-6　永暑地区隔热验算的室内/室外计算参数设置

如表 7-8 所示，方案 1～方案 24 的热惰性指标均大于 2.5，即均属于重质墙体，而方案 25～方案 28 的热惰性指标均小于 2.5，属于轻质墙体。根据表 7-1 可知，《民用建筑热工设计规范》GB 50176—2016 对于空调房间，重质墙体的隔热设计要求是内表面最高温度高于室内计算温度不超过 2℃，即内表面最高温度不允许超过 28℃。而对轻质墙体的隔热设计的要求是内表面最高温度高于室内计算温度不超过 3℃，即内表面最高温度不允许超过 29℃。将所有外墙构造方案的内表面最高温度的计算结果对比温度限值可知，方案 12 灰砂砖（180mm）＋胶粉 EPS 颗粒 XR 无机隔热浆料（30mm）内隔热、方案 20 钢筋混凝土（200mm）＋胶粉 EPS 颗粒 XR 无机隔热浆料（30mm）内隔热、方案 24 钢筋混凝土（200mm）＋胶粉 EPS 颗粒 XR 无机隔热浆料（30mm）外隔热外墙在西沙地区的内表面最高温度均大于热工规范要求的限值 28℃，故三种外墙隔热构造方案不符合《民用建筑热工设计规范》GB 50176—2016 要求，需要改进。其余构造方案的内表面最高温度都在《民用建筑热工设计规范》GB 50176—2016 限值以内，均符合隔热设计要求。

由计算结果可以看出，同一种外墙构造方案，永暑地区的外墙内表面最高温度均低于西沙地区的外墙内表面最高温度，这是因为作为室外计算条件的隔热设计典型日的特征存在差异，西沙隔热设计典型日的日最高温度、日最低温度以及日平均温度均稍大于永暑隔热设计典型日，且西沙隔热设计典型日的日较差（室外温度波幅）也大于永暑隔热设计典型日的日较差（室外温度波幅），由式（7-5）可知，西沙地区外墙内表面最高温度的计算结果必然稍大于永暑地区外墙内表面最高温度的计算结果。

含隔热层外墙的内表面最高温度 **表 7-8**

方案序号	外墙类型（厚度 mm）	隔热材料	隔热层厚度（mm）	热惰性指标 D	内表面最高温度(℃)	
					西沙	永暑
1～4	蒸压加气混凝土砌块内隔热（200）	挤塑聚苯板 模塑聚苯板 硬质聚氨酯泡沫塑料 胶粉 EPS 颗粒 XR 无机隔热浆料	25 25 25 25	4.044 4.014 4.901 4.300	26.566 26.623 26.424 26.729	26.501 26.552 26.374 26.644
5～8	蒸压加气混凝土砌块外隔热（200）				26.556 26.613 26.419 26.781	26.492 26.543 26.370 26.692
9～12	灰砂砖内隔热（180）		25 25 20 30	2.807 2.776 2.781 2.874	27.199 27.442 27.199 28.131	27.062 27.277 27.062 27.888
13～16	灰砂砖外隔热（180）				27.087 27.308 27.087 27.940	26.961 27.156 26.961 27.715
17～20	钢筋混凝土内隔热（200）		25 25 20 30	2.701 2.670 2.674 2.767	27.232 27.492 27.232 28.253	27.091 27.321 27.091 27.996
21～24	钢筋混凝土外隔热（200）				27.111 27.344 27.149 28.042	26.981 27.187 27.015 27.805
25～28	非黏土多孔砖外隔热（200）		25 25 20 30	0.758 0.666 0.729 0.804	27.191 27.623 27.340 28.173	27.064 27.447 27.248 27.937

同时，相同外墙构造方案在两个地区的内表面最高温度的温差随外墙构造方案不同而不同。例如，蒸压加气混凝土砌块（200mm）＋挤塑聚苯板（25mm）的内隔热外墙在西

沙、永暑的内表面最高温度分别为26.566℃、26.501℃，相差0.065℃；蒸压加气混凝土砌块（200mm）+模塑聚苯板（25mm）的内隔热外墙在西沙、永暑的内表面最高温度分别为26.623℃、26.552℃，相差0.071℃；灰砂砖（180mm）+挤塑聚苯板（25mm）的内隔热外墙在西沙、永暑的内表面最高温度分别为27.199℃、27.062℃，相差0.137℃。这也说明了气候条件影响建筑外墙隔热效果，且影响程度随方案的不同而不同。

在西沙、永暑的气候条件下，外隔热外墙的内表面最高温度均低于内隔热外墙的内表面最高温度，以蒸压加气混凝土砌块（200mm）+挤塑聚苯板（25mm）为例，在西沙、永暑地区，内隔热墙体内表面最高温度分别为27.232℃、27.091℃，相差0.141℃，而内隔热墙体内表面最高温度分别为27.111℃、26.981℃，相差0.13℃。在西沙、永暑地区，内隔热墙体的内表面最高温度比外隔热墙体的内表面最高温度分别高0.121℃、0.11℃。说明在两个地区的气候条件下，外隔热的隔热性能略优于内隔热，且其受气候条件的影响微小于内隔热墙体。

非透明幕墙均采用外隔热设计，方案29～方案36的热惰性指标均大于2.5，即均属于重质墙体，根据表7-1空调房间重质围护结构墙体的隔热要求可知，方案29～方案36的外墙内表面最高温度高于室内计算温度不超过2℃，即内表面最高温度不允许超过28℃。所有方案内表面最高温度计算结果见表7-9，对比温度限值可以判断，在西沙、永暑的气候条件下，方案29～方案36均满足热工规范隔热设计要求。

非透明幕墙的内表面最高温度　　表7-9

方案序号	主体材料（厚度mm）	隔热材料	隔热层厚度（mm）	热惰性指标 D	内表面最高温度(℃)	
					西沙	永暑
29～30	钢筋混凝土（200）	岩棉板玻璃棉板 硬聚氨酯泡沫塑料	40 25	2.943 2.731	27.090 27.037	26.871 26.828
31～32	双排孔混凝土空心砌块（190）		20 35	3.202 3.348	27.395 26.668	27.234 26.590
33～34	空心砖（200）		30 25	3.575 3.486	27.025 26.814	26.906 26.720
35～36	加气混凝土（200）		30 20	4.163 4.018	26.584 26.556	26.517 26.492

无隔热层的墙体的隔热验算，室内工况为自然通风状态。由热惰性指标计算结果可知，下列方案中，除了200mm钢筋混凝土的墙体属于轻质墙体，其余方案的热惰性指标均大于2.5，即均属于重质墙体。由表7-1可知，无论是轻质围护结构墙体还是重质围护结构墙体，在自然通风工况下，《民用建筑热工设计规范》GB 50176—2016对墙体的隔热设计要求是内表面最高温度不高于室外计算温度的最大值，即在西沙、永暑地区，外墙内表面最高温度分别不允许超过33.9℃、33.1℃。无隔热层外墙内表面最高温度计算结果总结如表7-10所示，在西沙、永暑的气候条件下，仅有250mm蒸压加气混凝土砌块方案、200mm加气混凝土非透明幕墙方案以及250mm加气混凝土非透明幕墙方案的外墙内表面最高温度低于要求限值温度，即满足《民用建筑热工设计规范》GB 50176—2016隔热设计要求，其余方案都不满足隔热设计要求。

无隔热层外墙内表面最高温度 表 7-10

方案序号	主体材料	厚度(mm)	热惰性指标 D	内表面最高温度(℃)	
				西沙	永暑
37	蒸压加气混凝土砌块	200/250	3.326 4.036	34.109 33.851	33.306 33.073
38	灰砂砖	180/240	2.570 3.246	35.672 34.952	34.660 34.011
39	钢筋混凝土	200/250	2.450 2.941	35.895 35.321	34.846 34.327
40	非透明幕墙-双排孔混凝土空心砌块	190	2.956	35.160	34.219
41	非透明幕墙-空心砖	200/240	3.205 3.749	34.856 34.474	33.949 33.605
42	非透明幕墙-加气混凝土	200/250	3.794 4.620	33.861 33.673	33.086 32.916

增加主体材料厚度，墙体总热阻增加，墙体隔热性能得以提升。以蒸压加气混凝土砌块外墙为例，当蒸压加气混凝土砌块厚度为 200mm 时，在西沙、永暑地区的内表面最高温度分别为 34.109℃、33.306℃，均高于《民用建筑热工设计规范》GB 50176—2016 的限值，即分别高于西沙 33.9℃、永暑 33.1℃。而当蒸压加气混凝土砌块厚度增至 250mm 时，内表面最高温度分别为 33.851℃、33.073℃，均小于温度限值，满足《民用建筑热工设计规范》GB 50176—2016 的隔热设计要求。

虽然增加主体材料厚度，墙体隔热性能得到相应提升，但鉴于主体主要起承重作用，同时兼具一定隔热效果，采取这一措施对外墙进行改进的方法的适用性由材料本身的特性决定，其方法不适用于所有材料。以钢筋混凝土外墙为例，当钢筋混凝土的厚度为 200mm 时，在西沙、永暑地区，外墙的内表面最高温度分别为 35.895℃、34.846℃，当厚度增至 250mm 时，外墙的内表面最高温度分别降至 35.321℃、34.327℃，虽然内表面最高温度都有所降低，隔热效果有所提升，但提升效果非常有限。一味地增加主体材料厚度，非但隔热效果改善程度有限，未能满足隔热设计要求，而且不经济，造成资源浪费。

(4) 外墙构造的改进及隔热验算

1) 外墙构造改进方案

根据上一节的外墙隔热验算结果，含有隔热层的外墙构造方案共有 3 种方案，即方案 12 灰砂砖 (180mm)+胶粉 EPS 颗粒 XR 无机隔热浆料 (30mm) 内隔热、方案 20 钢筋混凝土 (200mm)+胶粉 EPS 颗粒 XR 无机隔热浆料 (30mm) 内隔热、方案 24 钢筋混凝土 (200mm)+胶粉 EPS 颗粒 XR 无机隔热浆料 (30mm) 外隔热不满足《民用建筑热工设计规范》GB 50176—2016 隔热设计要求，需要对方案改进。

增加隔热层厚度，或增加主体材料层厚度是提高外墙隔热性能的有效方式，此研究采用这两种方法分别对外墙构造进行方案改进。表 7-11 为采用增加隔热层厚度方法进行改进的方案，每个改进方案中的隔热层厚度均设置了两个值。表 7-12 为采用增加主体材料层厚度方法进行改进的方案，根据目前建筑工程中常用尺寸，每个改进

方案的主体层厚度设置一个值，即灰砂砖的厚度由原先的 180mm 增至 240mm，钢筋混凝土的厚度则由 200mm 增至 250mm。隔热验算边界条件设置同 7.1.1 中边界条件。

增加隔热层厚度的外墙改进方案　　表 7-11

序号	外墙类型(厚度 mm)	隔热材料	隔热层厚度(mm)
12-①	灰砂砖内隔热（180mm）	胶粉 EPS 颗粒 XR 无机隔热浆料	40/50
20-①	钢筋混凝土内隔热（200mm）		35/40
24-①	钢筋混凝土外隔热（200mm）		35/40

增加主体层厚度的外墙改进方案　　表 7-12

序号	外墙类型	主体厚度(mm)	隔热材料(厚度 mm)
12-②	灰砂砖内隔热	240	胶粉 EPS 颗粒 XR 无机隔热浆料（30）
20-②	钢筋混凝土内隔热	250	
24-②	钢筋混凝土外隔热	250	

2）隔热验算结果及分析

增加隔热层厚度的改进方案的墙体热惰性指标均大于 2.5，属于重质围护结构墙体。根据表 7-1 判断可知，空调工况下，若重质围护结构墙体的内表面最高温度不超过 28℃，即可判断墙体符合《民用建筑热工设计规范》GB 50176—2016 要求。外墙结构改进方案的内表面最高温度计算结果如表 7-13 所示。

方案 20-①钢筋混凝土内隔热（200mm）+胶粉 EPS 颗粒 XR 无机隔热浆料当隔热层材料厚度为 35mm 时，墙体内表面最高温度大于《民用建筑热工设计规范》GB 50176—2016 要求的限值 28℃，而当隔热层厚度增至 40mm 时，外墙满足隔热设计要求。因此钢筋混凝土内隔热（200mm）+胶粉 EPS 颗粒 XR 无机隔热浆料的墙体构造的隔热层不应小于 40mm。

增加隔热层厚度的外墙内表面最高温度　　表 7-13

序号	主体材料(厚度 mm)	隔热材料	隔热层厚度(mm)	热惰性指标 D	内表面最高温度(℃)	
					西沙	永暑
12-①	灰砂砖内隔热(180mm)	胶粉 EPS 颗粒 XR 无机隔热浆料	40/50	2.979 3.085	27.813 27.579	27.607 27.398
20-①	钢筋混凝土内隔热(200mm)		35/40	2.820 2.873	28.063 27.900	27.827 27.683
24-①	钢筋混凝土外隔热(200mm)		35/40		27.869 27.721	27.651 27.521

对于方案 12-①灰砂砖内隔热（180mm）+胶粉 EPS 颗粒 XR 无机隔热浆料与方案 24-①钢筋混凝土外隔热（200mm）+胶粉 EPS 颗粒 XR 无机隔热浆料，当隔热层厚度分别增至 40mm、35mm 时，在西沙、永暑地区的墙体内表面最高温度均小于《民用建筑热工设计规范》GB 50176—2016 限值 28℃，即满足《民用建筑热工设计规范》GB 50176—2016 隔热设计要求。

增加主体层厚度的改进方案的墙体热惰性指标均大于2.5，属于重质围护结构墙体。外墙结构改进方案的内表面最高温度计算结果如表7-14所示。由此可见，增加主体层厚度有效地提高了墙体的隔热性能，在西沙和永暑地区，三个改进方案的内表面最高温度均小于《民用建筑热工设计规范》GB 50176—2016限值28℃，满足《民用建筑热工设计规范》GB 50176—2016隔热设计要求。

增加主体层厚度的外墙内表面最高温度 **表7-14**

序号	外墙类型	主体厚度（mm）	隔热材料（厚度mm）	热惰性指标 D	内表面最高温度(℃)	
					西沙	永暑
12-②	灰砂砖内隔热	240	胶粉EPS颗粒XR无机隔热浆料(30)	3.564	27.812	27.603
20-②	钢筋混凝土内隔热	250		3.258	27.966	27.738
24-②	钢筋混凝土外隔热	250			27.885	27.664

7.1.2 外墙防潮性能研究

湿分经墙体传递，若墙体中水蒸气传递不畅，容易聚集于墙体内，受周围环境影响，可能会在墙体表面及内部发生冷凝，若长期反复结露，一方面会导致墙皮潮解、粉化及脱落，外墙内表面发霉，出现黑斑，甚至破坏结构层。这些因素不仅影响建筑美观度、使用寿命和安全性，还会对室内环境、室内舒适度产生影响。另一方面，墙体内部材料发生结露后，滞留在空隙中的水分子会影响墙体的导热系数，从而影响墙体热工性能，增加建筑传热量。极端热湿气候地区雨水充沛，终年高温、高湿，考虑环境对墙体的影响，有必要对该气候下的建筑的防潮情况进行分析研究。

1. 结露机理及受潮类型

当某一温度湿空气的水蒸气分压力大于该温度对应的水蒸气饱和分压力时，将会发生凝结成水的现象。湿空气中水蒸气的饱和压力仅与对应温度有关，且任一温度对应一个饱和水蒸气分压力。如果保持未饱和湿空气的温度不变，增加其中水蒸气含量，即增加水蒸气分压力，那么水蒸气的状态会沿定温度线向上界限移动，所以空气的温度越高，达到饱和状态需要的水蒸气量就越多，即其饱和水蒸气分压力越大。如果保持未饱和湿空气的水蒸气含量不变，即水蒸气分压力不变，降低其温度，那么水蒸气的状态会沿定压力线变化，直至达到新饱和状态。这种对应于水蒸气分压力的饱和温度即为露点温度，简称露点。若温度仍继续降低，就将会发生冷凝，有水析出[3]。同样，若未饱和湿空气与表面温度低于湿空气露点温度的物体接触，接触面的水蒸气会冷凝成水，即发生结露现象。

围护结构结露按结露部位分类可分为两类，一类是表面结露，当表面温度低于或等于空气的露点温度时，即可判断壁面会产生结露现象。另一类是内部结露，内部结露现象主要有两种，一种是多层复合围护结构的内部结露，多为湿流受阻型的结露现象。复合围护结构由多种建筑材料构成，且不同建筑材料的水蒸气渗透系数有不同，当湿分由水蒸气渗

透系数大的材料向水蒸气渗透系数小的材料传递时，湿分因扩散受阻，而滞留在两种材料的间层中，致使间层的水蒸气分压力增大。若间层位于墙体的低温侧，温度对应的饱和压力较小，那么间层中的水蒸气容易达到饱和，产生结露。这种结露现象与温度梯度有关，同时也受水蒸气渗透系数不同的材料排列顺序影响；另一种是保温层内部结露现象。保温层的传热系数小，温度呈直线变化，温度梯度大，其水蒸气分压力的梯度呈曲线形式变化，近似为指数函数。当保温层高温侧的相对湿度极高，或两侧的温差极大，保温层内部便会产生结露现象。当多层墙体中含有保温层时，该层两侧的温差很大，使其低温一侧的饱和水蒸气分压力急剧减小，即使透过低温一侧的水蒸气含量不大，也能够形成容易结露的条件。在这种情况下，若保温层低温一侧的材料蒸汽渗透阻越大，导致湿分不能及时扩散出，那么就越容易发生结露现象[4]。

2. 防潮验算方法

(1) 内部冷凝验算

先由室内外空气的温度和相对湿度确定水蒸气分压 P_i 和 P_e，然后根据式（7-12）计算墙体内部各界面的水蒸气分压力 P_m 分布曲线，再根据室内外空气的温度 t_i 和 t_e，计算各界面的温度，并确定各层对应的水蒸气分压力 P_s 分布曲线。若墙体内部水蒸气分压力 P_m 曲线和饱和水蒸气分压力 P_s 曲线相交，则判断内部发生冷凝。

单一均质材料层的蒸汽渗透阻：

$$H=\frac{\delta}{\mu} \tag{7-10}$$

式中　H——材料层的蒸汽渗透阻，$m^2 \cdot h \cdot Pa/g$；

δ——材料层厚度，m；

μ——材料的蒸汽渗透系数，$g/(m \cdot h \cdot Pa)$。

多层均质材料层组成的围护结构的总蒸汽渗透阻：

$$H=H_1+H_2+\cdots+H_n \tag{7-11}$$

式中　H_1，H_2，…，H_n——各层材料的蒸汽渗透阻，$m^2 \cdot h \cdot Pa/g$。

任一层内界面的水蒸气分压 P_m 按下式计算：

$$P_m=P_i-\frac{\sum_{j=1}^{m-1}H_j}{H_0}(P_i-P_e) \tag{7-12}$$

式中　P_m——任一层内界面的水蒸气分压，Pa；

P_i——室内空气水蒸气分压，Pa；

H_0——围护结构的总蒸汽渗透阻，$m^2 \cdot h \cdot Pa/g$，应按《民用建筑热工设计规范》GB 50176—2016 第 3.4.15 条的规定计算；

$\sum_{j=1}^{m-1}H_j$——从室内一侧算起，由第一层到第 $m-1$ 层的蒸汽渗透阻之和，$m^2 \cdot h \cdot Pa/g$；

P_e——室外空气水蒸气分压，Pa。

夏季墙体内部各层温度及内表面温度采用有限差分方法计算：

$$\frac{\partial t(x,\tau)}{\partial \tau}=\alpha\frac{\partial^2 t(x,\tau)}{\partial x^2} \tag{7-13}$$

式中 α——壁体材料的导温系数，$\alpha=\frac{\lambda}{\rho c}$，$m^2/s$；

λ——壁体材料的导热系数，W/(m·K)；

c——壁体材料的比热容，kJ/(kg·K)；

ρ——壁体材料的密度，kg/m^3。

采用向前差分方法，得到温度对时间 τ 的一阶导数表达式为：

$$\left(\frac{\partial t}{\partial \tau}\right)_{i\cdot m}=\frac{t_i^m-t_i^{m-1}}{\Delta \tau} \tag{7-14}$$

节点温度对 x 的二阶导数表达式为：

$$\left(\frac{\partial^2 t}{\partial x^2}\right)_{i\cdot m}=\frac{\frac{t_{i+1}^m-t_i^m}{\Delta x}-\frac{t_i^m-t_{i-1}^m}{\Delta x}}{\Delta x}=\frac{t_{i+1}^m-2t_i^m+t_{i-1}^m}{\Delta x^2} \tag{7-15}$$

将式（7-14）、式（7-15）代入式（7-13）中，得到内节点（i，m）的节点差分方程式：

$$\frac{t_i^m-t_i^{m-1}}{\Delta \tau}=a\,\frac{t_{i+1}^m-2t_i^m+t_{i-1}^m}{\Delta x^2} \tag{7-16}$$

将上式移项整理得到：

$$t_i^{m-1}=t_i^m-a\,\frac{\Delta \tau}{\Delta x^2}(t_{i+1}^m-2t_i^m+t_{i-1}^m) \tag{7-17}$$

（2）表面结露验算

当围护结构内表面温度低于空气露点温度时，即判断表面结露。

3. 边界条件设置

室外计算参数采用西沙地区的隔热设计典型日当天的温度和日平均相对湿度。西沙隔热设计典型日平均温度为 31.3℃，日平均相对湿度 78.84%，对应的水蒸气分压力为 3605.6Pa，该温度对应的饱和水蒸气分压力为 4573.4Pa。室内为空调工况，温度设置为 26℃，相对湿度 60%，对应的水蒸气分压力为 2017.9Pa，该温度对应的饱和水蒸气分压力为 3362.5Pa。室内表面对流换热系数 8.7W/(m·K)；室外表面对流换热系数 39W/(m·K)。

4. 防潮验算结果

室内为空调工况，温度设置为 26℃，相对湿度 60%时，对应露点温度为 17.66℃。即西沙地区的建筑内表面温度不应低于 17.66℃。本节满足隔热验算的所有构造方案的外墙的内表面温度均不小于 17.66℃，故认为不存在表面结露的风险。因此，简化防潮验算，仅进行内部冷凝验算。

（1）内、外隔热的墙体防潮验算结果

本节对灰砂砖（180mm）+挤塑聚苯板（25mm）内保温、灰砂砖（180mm）+挤塑聚苯板（25mm）外保温、钢筋混凝土（200mm）+挤塑聚苯板（25mm）内保温、钢筋混凝土（200mm）+挤塑聚苯板（25mm）外保温的外墙进行验算分析。验算结果如图 7-7～图 7-10 所示。以下所有示图中横坐标从左至右均为室外侧到室内侧。

由图 7-7～图 7-10 可知，饱和水蒸气压力线与水蒸气分压力线未相交，认为以上方案

均未发生内部冷凝现象。墙体内部隔热层靠室内一侧的界面，即隔热层低温一侧界面，其相对湿度较高温一侧界面的相对湿度发生骤升，这是由于隔热层的温度梯度大、温度大幅度下降、温度对应的饱和蒸汽压力也大幅减小、湿分经墙体传递不能及时扩散，导致相对湿度上升。相同材料的外墙，当墙体采用外隔热形式时，由于隔热层两侧界面的温差较采用内隔热形式时的温差更大，故相对湿度变化更明显。灰砂砖外隔热外墙的隔热层低温侧界面的相对湿度达 76.05%，较高温侧界面上升了 4.24%，而钢筋混凝土外隔热外墙的隔热层低温侧界面的相对湿度更是高达 91.3%，较高温侧界面上升了 15.06%，接近冷凝状态。

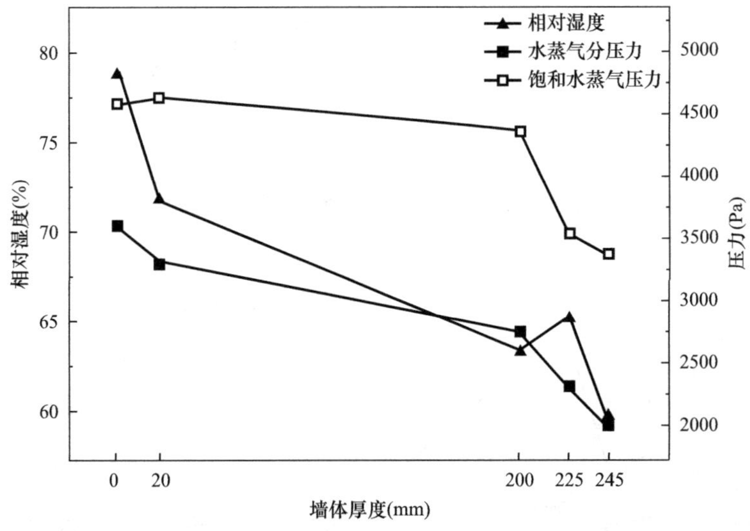

图 7-7　灰砂砖内隔热外墙内部冷凝曲线

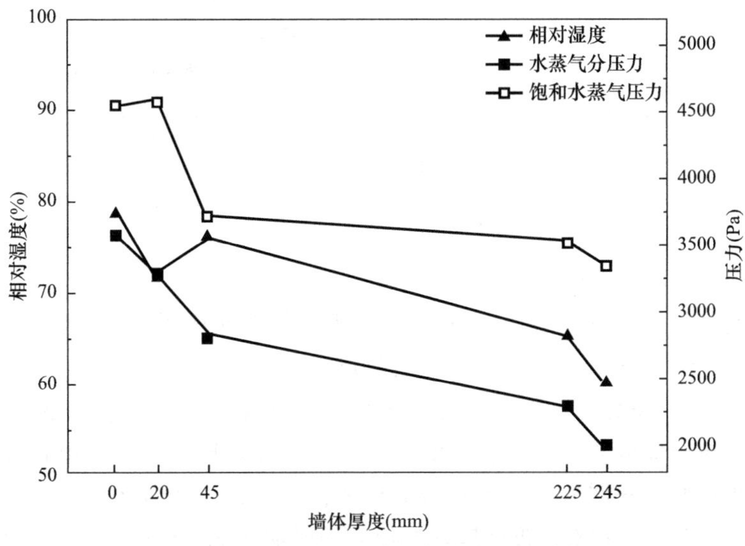

图 7-8　灰砂砖外隔热外墙内部冷凝曲线

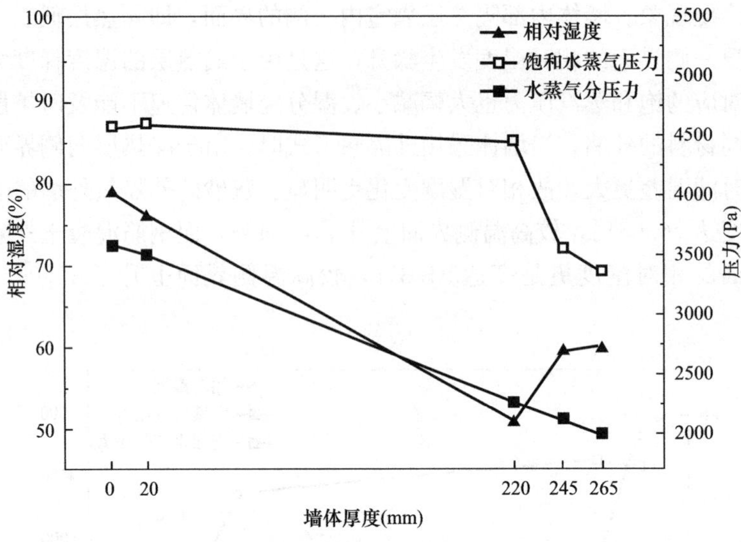

图 7-9　钢筋混凝土内隔热外墙内部冷凝曲线

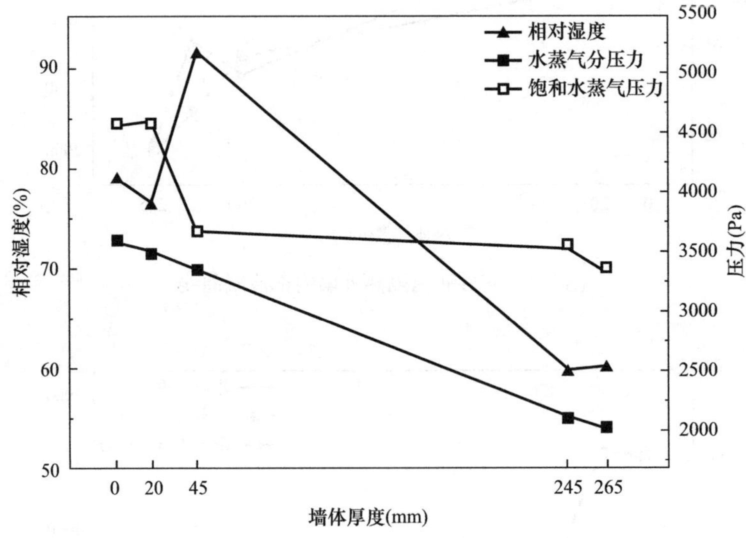

图 7-10　钢筋混凝土外隔热外墙内部冷凝曲线

(2) 不同保温层厚度的墙体防潮验算结果

此部分研究对象为空心砖（200mm）＋岩棉板外保温非透明幕墙。岩棉板厚度分别设置为 30mm、40mm、50mm。验算结果如图 7-11～图 7-13 所示。

图 7-11～图 7-13 表明，此构造未发生内部冷凝现象。虽然随着隔热层厚度的增加，室外侧水泥砂浆与岩棉板的界面的相对湿度有微弱减小，即 30mm、40mm、50mm 岩棉板墙体界面的相对湿度分别为 75.72％、75.57％、75.46％。但岩棉板与空心砖的界面的相对湿度均明显上升，且相对湿度随隔热层厚度的增加而增加，相对湿度分别为 91.47％、93.33％、94.67％。可见，增加隔热层厚度虽能减少向室内传递的热量，但可能增加墙体内部冷凝的风险。

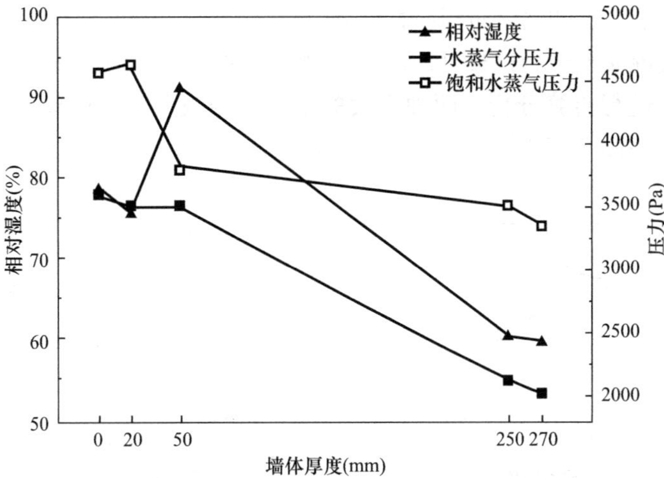

图 7-11　空心砖＋岩棉板（30mm）外墙内部冷凝曲线

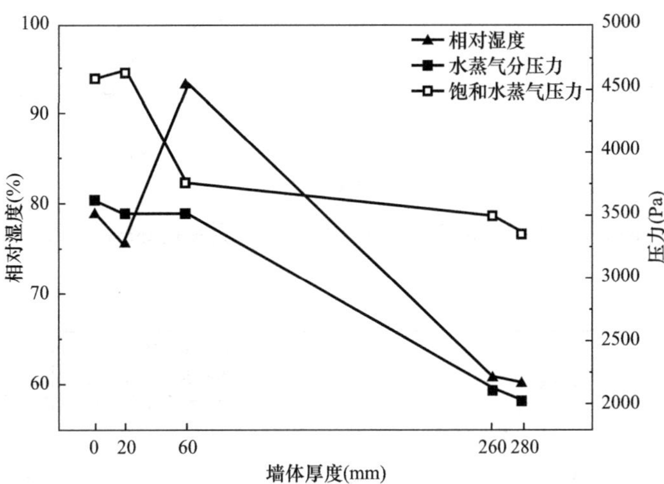

图 7-12　空心砖＋岩棉板（40mm）外墙内部冷凝曲线

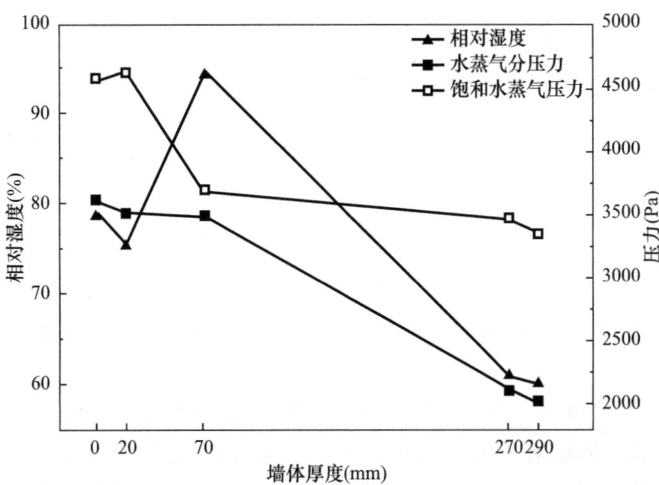

图 7-13　空心砖＋岩棉板（50mm）外墙内部冷凝曲线

（3）不同主体层厚度的墙体防潮验算结果

本部分对加气混凝土＋岩棉板（30mm）、加气混凝土＋硬聚氨酯泡沫塑料（20mm）外保温非透明幕墙进行验算分析。两种方案的主体层均设置 200mm、250mm 两种厚度。验算结果如图 7-14～图 7-17 所示。

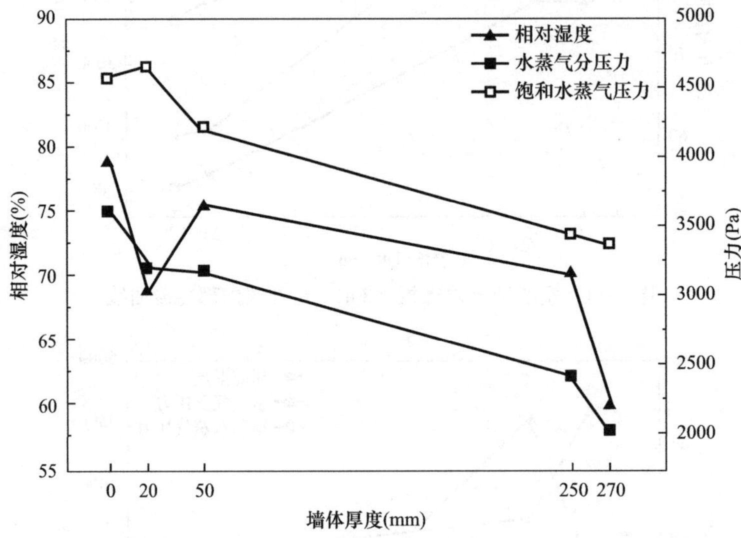

图 7-14　加气混凝土（200mm）＋岩棉板外墙内部冷凝曲线

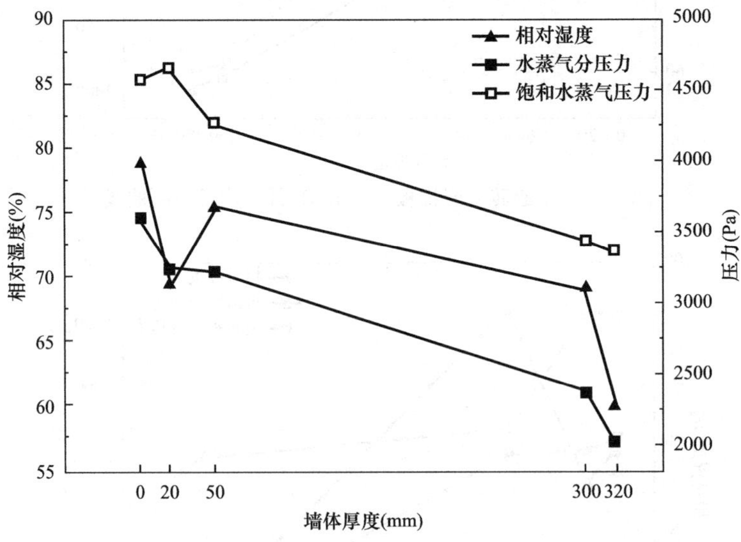

图 7-15　加气混凝土（250mm）＋岩棉板外墙内部冷凝曲线

由图 7-14～图 7-17 可知，以上方案均未出现内部冷凝现象。室外侧水泥砂浆与隔热层界面和隔热层低温一侧的相对湿度有微弱上升，而室内侧水泥砂浆与加气混凝土界面的相对湿度有微弱上升。增加主体层厚度对墙体内部各界面相对湿度影响不明显。

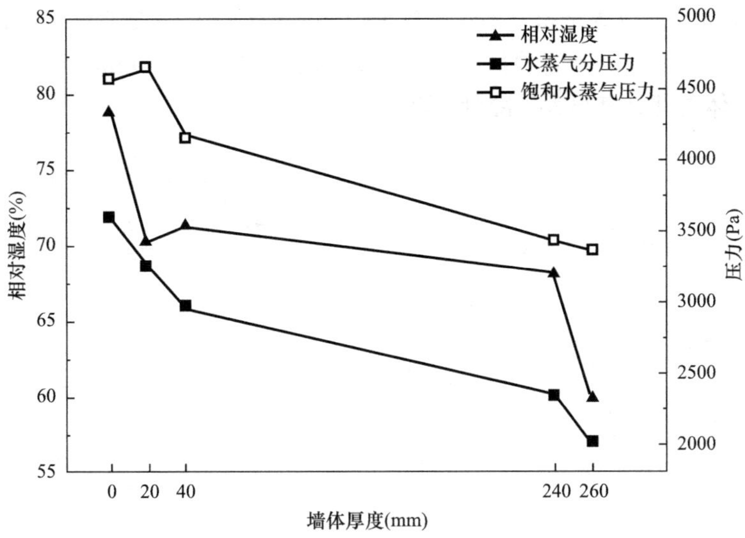

图 7-16 加气混凝土（200mm）+硬聚氨酯泡沫塑料外墙内部冷凝曲线

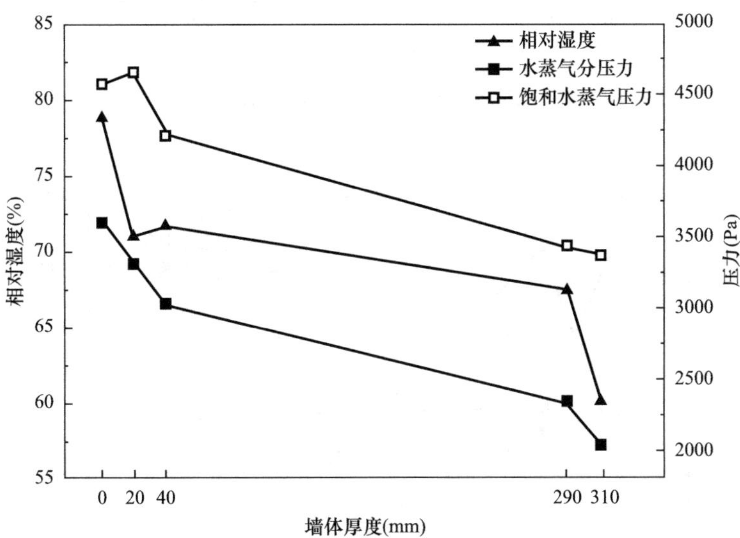

图 7-17 加气混凝土（250mm）+硬聚氨酯泡沫塑料外墙内部冷凝曲线

（4）不同建筑材料的墙体的防潮验算结果

本节对钢筋混凝土（200mm）+岩棉板（40mm）、钢筋混凝土（200mm）+硬聚氨酯泡沫塑料（40mm）、加气混凝土（200mm）+岩棉板（40mm）、加气混凝土（200mm）+硬聚氨酯泡沫塑料（40mm）外隔热非透明幕墙进行验算分析。验算结果如图 7-18、图 7-19 所示。

采用两种不同隔热材料的钢筋混凝土墙体内部相对湿度变化趋势基本一致。隔热层与钢筋混凝土界面温度大幅度下降，而相对湿度明显升高。岩棉板、硬聚氨酯泡沫塑料低温侧界面的相对湿度分别增至 97.24%、95.28%。虽然相同厚度的硬聚氨酯泡沫塑料的水蒸气渗透阻是岩棉板的水蒸气渗透阻约 21 倍，但隔热层水蒸气渗透阻仅是墙体总的水蒸气渗透阻的极小部分，所以硬聚氨酯泡沫塑料低温侧的相对湿度只是略低于岩棉板。可见构造为钢筋混凝土（200mm）+岩棉板（40mm）、钢筋混凝土（200mm）+硬聚氨酯泡沫塑料（40mm）墙体内部具有很大的冷凝风险。

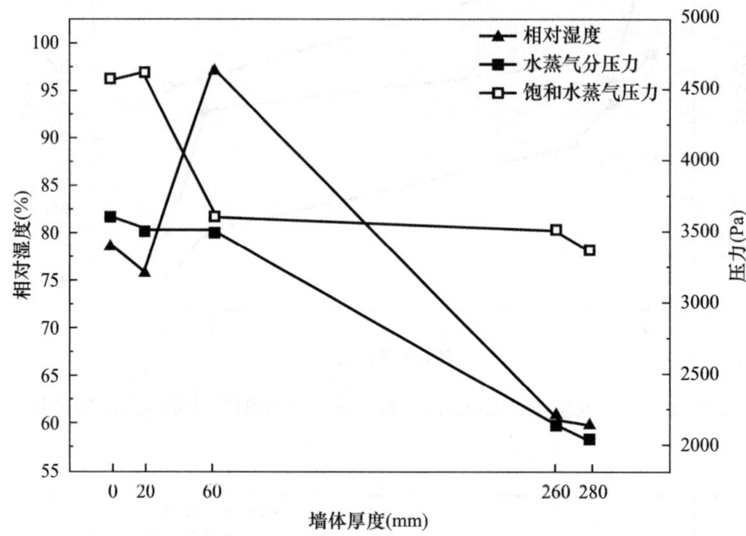

图 7-18　钢筋混凝土+岩棉板外墙内部冷凝曲线

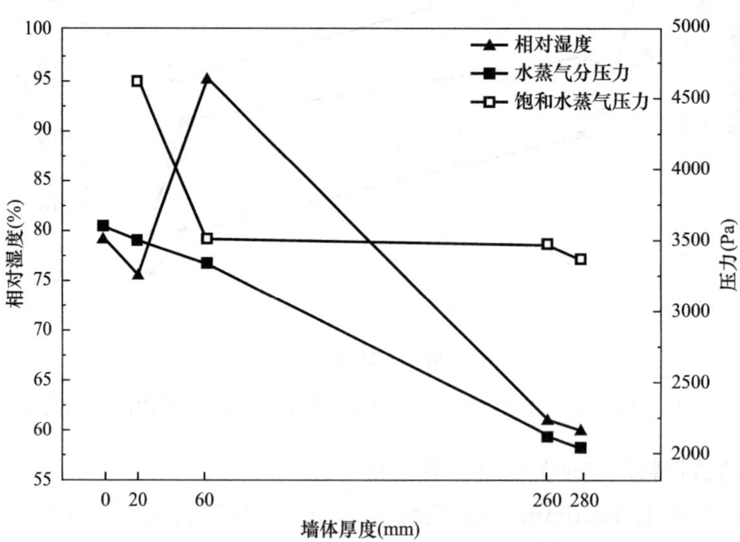

图 7-19　钢筋混凝土+硬聚氨酯泡沫塑料外墙内部冷凝曲线

如图 7-20、图 7-21 所示，对比加气混凝土墙，同样适用 40mm 的岩棉板、硬聚氨酯泡沫塑料作为隔热层，其低温一侧的相对湿度明显低于钢筋混凝土墙体，分别为 77.06%、71.5%。这是因为加气混凝土的蒸汽渗透阻远小于相同厚度的钢筋混凝土的蒸汽渗透阻。可见，若隔热层低温一侧采用蒸汽渗透阻很大的材料，则结露风险越大。

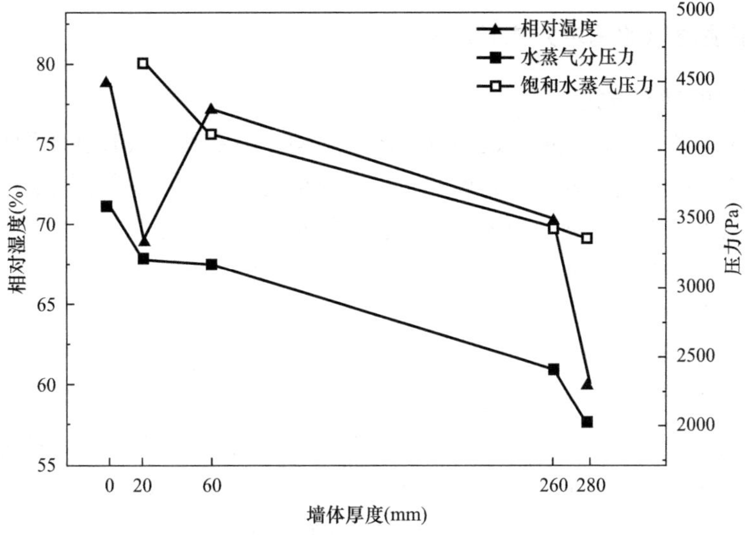

图 7-20　加气混凝土＋岩棉板外墙内部冷凝曲线

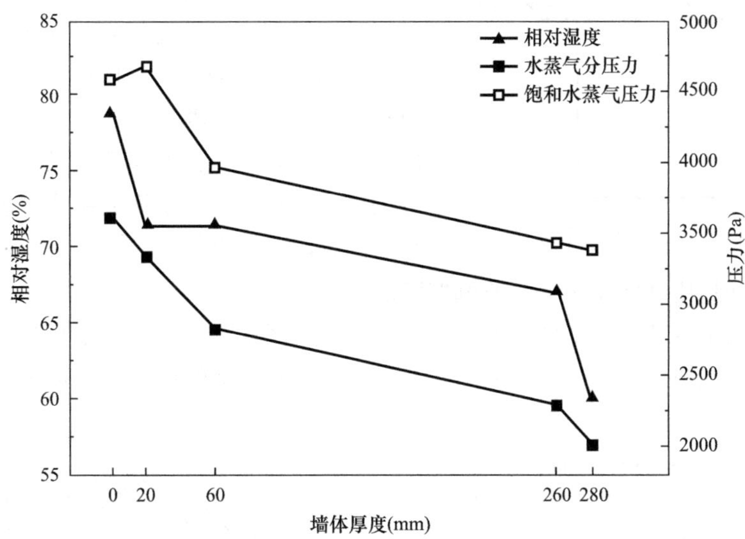

图 7-21　加气混凝土＋硬聚氨酯泡沫塑料外墙内部冷凝曲线

7.2　不同结构通风屋顶设计

在炎热的夏季，由于传统屋顶隔热性能差，导致从屋顶进入室内环境的热量大，传统屋顶结构表面的温度能轻易达到 75～80℃[5]，我国多层住宅建筑屋顶的实际能耗约占整个建筑总能耗的 5％～10％，而屋面能耗占顶层房间能耗的 40％以上，屋面热工性能较差将直接影响顶层居住者的舒适性，同时大大提高顶层房间空调的能耗[6]。由此可见，屋顶的节能效果将直接影响整个建筑的能耗量。

7.2.1 屋顶通风的基本方式和结构

1. 屋顶通风的基本方式

在自然通风条件下，通风屋顶运用双层屋顶结构，当室外空气存在不同压差时，通过开口流向屋顶通风层，受室外气象条件、屋顶不同结构、开口位置等因素的影响，室外不同压差可以按照驱动力的不同分为风压驱动、热压驱动以及风压和热压共同作用。本节根据不同通风屋顶结构形式，分别介绍不同驱动力作用下的屋顶通风方式。

(1) 风压作用下的通风平屋顶

空气流经建筑物表面时受到墙壁等阻挡，建筑物四周空气流速产生变化，从而导致其表面压力随之产生变化，建筑物表面静压的变化称为风压，而当建筑物表面静压产生变化时，与四周空气产生压力差，这个差值即为风压差。当有自然气流流过建筑四周时，建筑物的迎风面对气流产生阻挡，形成压力较大的正压区，而建筑物的背风面则由于气流无法到达而形成负压区，空气从压力大的正压区流向负压区，由此产生风压驱动的自然通风。

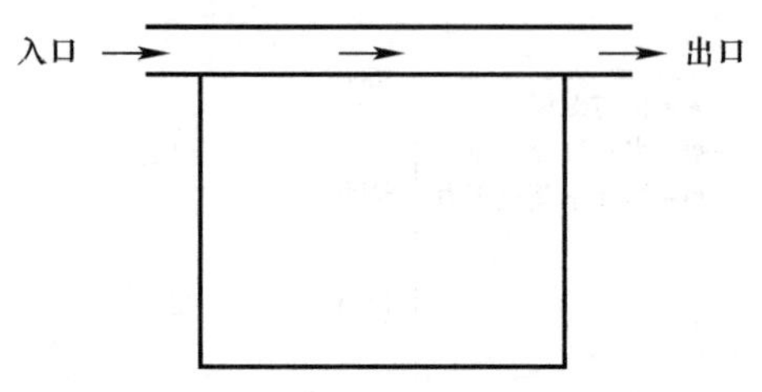

图 7-22 风压作用下的通风平屋顶

对于通风屋顶来说，如图 7-22 所示，通风平屋顶通风层入口处迎着来流方向，气流受下层建筑和屋顶周围的阻挡，形成正压区，而屋顶出风口则在建筑物的背风面，入口与出口的压力差驱动作用下，空气流经屋顶通风层，带走屋顶吸收的太阳辐射热量，从而使屋顶内表面温度低于单层屋顶时的温度。

(2) 风压和热压共同作用下的通风坡屋顶

室内外不同温度的空气密度不同，当空气存在密度差时，会产生垂直方向的流动。建筑物周围的冷空气被加热后会向上流动，这种由温度差驱动的通风方式称为热压通风。如图 7-23 所示，对于通风来说，当屋顶通风方式为屋脊通风的坡屋顶时，通风层内空气温度被上层屋面加热，高于周围空气温度，当空气流经建筑物周围时，由于建筑的遮挡产生风压驱动的通风，同时由于通风层内空气与周围环境空气的温度差产生热压驱动的通风，下方开口的气流被加热向上流动，从上方开口流出，有效带走屋顶接收太阳辐射所得的热量，降低屋顶温度。

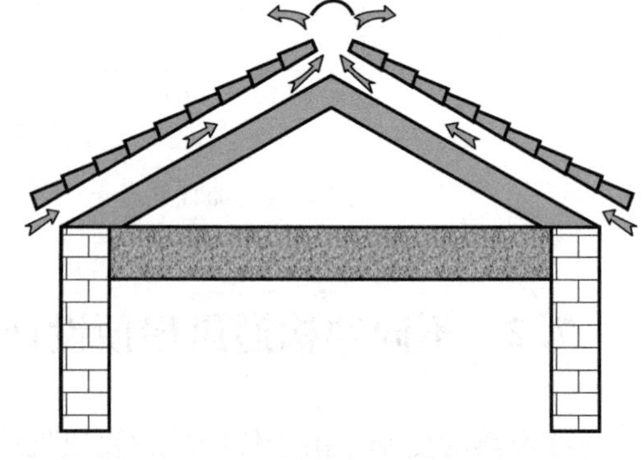
图 7-23 风压和热压共同作用下的通风坡屋顶

2. 屋顶通风的结构

热带岛礁地区室外风量充足，辐射较强，利用上层屋面隔热，中间空气层通风带走热量，以减少下层屋面得热的通风平屋顶能够充分利用自然资源，降低室内空调负荷，达到节能的效果。通风屋顶的隔热性能与其结构形式有关，同时也与外部环境如来流风速、风向等密切相关。为优化热带海岛通风平屋顶的结构，降低该地区的建筑得热，本节运用

CFD针对通风平屋顶中运用较为普遍的通风平屋顶进行了数值模拟，研究空气层高度以及入口风速对通风平屋顶隔热性能的影响。将永暑典型日气象参数最大值作为边界条件，对比分析简化通风平屋顶三维模型下表面温度场以及不同位置温度分布情况，提出更适合热带海岛地区的结构形式。

(1) 通风平屋顶的结构形式

通风平屋顶是常用的屋顶节能结构形式，在热湿地区应用广泛，图7-24为常见的通风平屋顶结构形式，主要有大阶砖通风平屋顶和空腹夹层通风平屋顶两种形式。大阶砖通风平屋顶是以砖为垫块，将上层屋面垫高，此类通风屋顶早年间在我国南方地区应用广泛，但是由于垫砖的影响会导致屋顶通风气流不畅，易损坏或存异物等问题，近年来使用较少。另一种空腹夹层通风平屋顶逐渐发展起来。这种屋顶结构在上层建造一个空腹通风道，使气流能够没有阻碍地沿通风道流动，带走屋顶上下表面的热量，本小节的研究主要针对空腹结构展开。

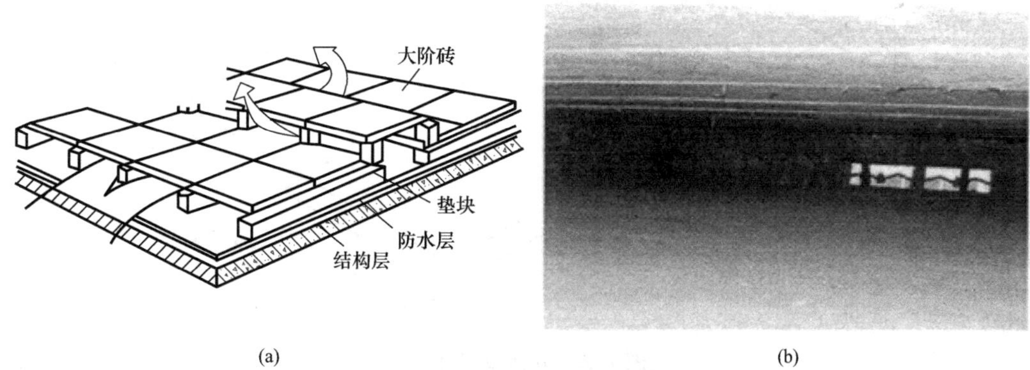

图7-24　常见通风平屋顶结构形式

(a) 大阶砖通风平屋顶；(b) 空腹夹层通风平屋顶

(2) 通风坡屋顶的结构形式

坡屋顶通风主要有山墙通风、屋脊通风和天窗通风等形式。对于通风坡屋顶，倾斜角度和通风口的位置都是影响屋顶隔热性能的主要因素，因此，本节建立不同倾斜角度的屋脊通风坡屋顶，研究倾斜角度对屋脊通风坡屋顶隔热性能的影响，得到屋脊通风时的最佳坡屋顶角度。在得到最佳坡屋顶角度后，建立倾斜角度相同，通风口位置分别为山墙和天窗的坡屋顶模型，研究不同通风口位置对坡屋顶隔热性能的影响。

7.2.2　通风平屋顶隔热性能模拟研究

本节利用CFD数值计算软件Fluent针对影响通风平屋顶隔热效果的两个重要因素，通风层间距和通风入口风速进行了模拟研究。以通风平屋顶空气层内部的温度变化为指标，研究不同工况时屋顶下表面的温度分布情况，并据此讨论不同工况对屋顶隔热性能的影响，提出极端热湿气候区通风平屋顶较优的结构形式。

1. 计算模型及模拟条件设定

(1) 几何模型

在通风平屋顶的模拟研究中，由于下部房间对屋顶的影响有限，有些是针对屋顶的截面进行二维模拟，有些建立三维简化模型进行计算分析，本节参考对极端热湿气候区自然通风条件下建筑最佳构造的已有研究成果，为了更清晰地研究不同情况下平屋顶的隔热效果，确定简化模型进行初步研究，不考虑各界面的影响，将模型简化为三维长方体，尺寸为 5.4m×3.9m×n(n=0.1～0.5m)，设置不同通风空气层高度和不同通风入口风速两个工况，几何模型尺寸如图 7-25 所示。

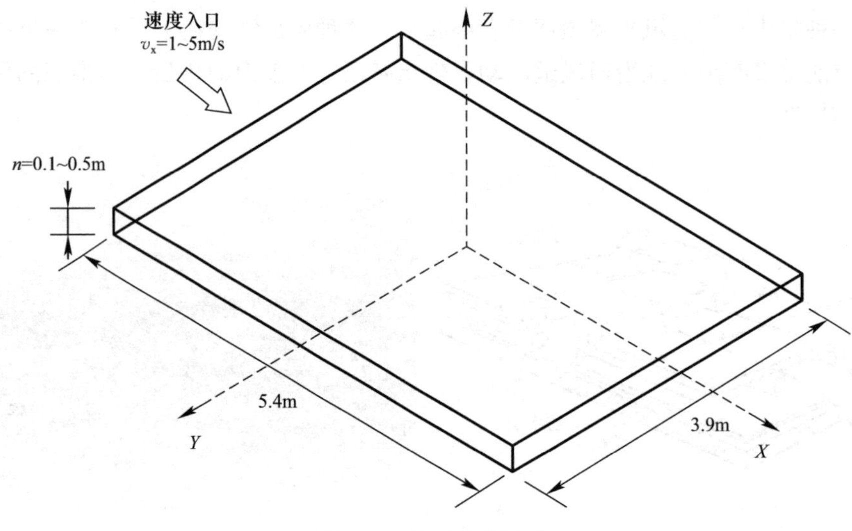

图 7-25 几何模型尺寸

屋顶材料设置为钢筋混凝土，根据《民用建筑热工设计规范》GB 50176—2016 查得，其密度为 2500kg/m^3，导热系数为 1.74W/(m·K)，辐射吸收系数为 0.94，气体设置为不可压缩理想气体，模拟材料参数见表 7-15。

模拟材料参数 表 7-15

材料	密度 (kg/m^3)	比热容 [J/(kg·K)]	导热系数 [W/(m·K)]	吸收系数
钢筋混凝土	2500.00	940.00	1.74	0.94
空气	不可压缩理想气体	1006.43	0.02	0

(2) 边界条件

本小节计算边界条件采用永暑夏季温度最高时刻实测数据，上层外部设置为该时刻室外太阳辐射强度为 817W/m^2，室外永暑夏季最高温度为 33℃，下层设置对流换热系数设置为 8.7W/(m^2·℃)，外界换热温度设置为空调房间温度 26℃。通风层出入口的空气温度均设置为 33℃。具体模拟条件设置如表 7-16 所示。

模拟条件设置　　**表 7-16**

<table>
<tr><th rowspan="2">工况</th><th rowspan="2">模型尺寸(m)</th><th rowspan="2">网格数</th><th rowspan="2">离散方法</th><th rowspan="2">算法</th><th colspan="4">边界条件</th></tr>
<tr><th>上层屋面</th><th>下层屋面</th><th>速度入口</th><th>压力出口</th></tr>
<tr><td rowspan="5">一</td><td>5.4×3.9×0.1</td><td>263250</td><td rowspan="6">对流项采用二阶迎风差分，扩散项采用一阶迎风差分</td><td rowspan="6">SIMPLE</td><td rowspan="6">q=817W/m^2</td><td rowspan="6">h=8.7 W/(m^2·K)，t=26℃</td><td rowspan="5">v_x=5m/s；t=33℃</td><td rowspan="6">表压=0；t=33℃</td></tr>
<tr><td>5.4×3.9×0.2</td><td>526500</td></tr>
<tr><td>5.4×3.9×0.3</td><td>789750</td></tr>
<tr><td>5.4×3.9×0.4</td><td>1053000</td></tr>
<tr><td>5.4×3.9×0.5</td><td>1316250</td></tr>
<tr><td>二</td><td>5.4×3.9×0.3</td><td>789750</td><td>v_x=1m/s，2m/s，3m/s，4m/s，5m/s；t=33℃</td></tr>
</table>

(3) 工况设置

影响通风平屋顶隔热性能的因素有很多，如通风空气层高度、入口风速、屋顶材料、通风口位置等，本节针对通风空气层高度和入口风速设置两个工况进行研究，分别分析该工况下变量变化时通风平屋顶的速度分布、温度分布情况，研究不同空气层高度和不同风速对屋顶隔热性能的影响。

工况一：此工况研究空气层高度（也称间层高度）对屋顶隔热性能的影响，模型尺寸为5.4m×3.9m，通风空气层高度分别为0.1m、0.2m、0.3m、0.4m、0.5m，入口选用速度入口，迎风方向加x方向速度，取永暑平均风速v_x=5m/s，出口选用压力出口边界。

工况二：此工况研究不同入口风速对屋顶隔热性能的影响，模型尺寸为5.4m×3.9m×0.3m，选用速度入口，x方向入口风速分别取1m/s、2m/s、3m/s、4m/s、5m/s，出口选用压力出口边界。

2. 通风间层高度对平屋顶隔热性能的影响

工况一计算收敛后，绘制下表面速度矢量图、压力分布云图、温度分布云图，创建出口处轴线和屋顶下表面轴线，并导出不同空气层高度出口轴线处和屋顶下表面轴线处的温度数据绘制温度变化曲线图，研究不同间层高度对屋面隔热性能的影响。

(1) 不同间层高度下层屋面速度压力分布

图7-26和图7-27分别为不同间层高度下层屋面的速度矢量图和压力分布云图。从图7-26中可以看出，当空气层高度为0.1m时，由于高度较小，增大了气流与表面之间的黏滞力，导致速度达到峰值后减小，随着空气层高度的增加，空气流速受边界的影响越来越小，速度不断增大。当空气层高度为0.1m时，通风平屋顶的中段速度最小，为4.4m/s，经过中间段后速度又有所增加，为4.6m/s，出口处有一段风速与中间段之前的风速相同，这说明当空气间层高度很小时，底面速度与中间速度相差不大，表面对气流速度的减缓作用有限，随着间层高度的增加，出口速度逐渐减小，下表面从入口到出口的速度变化幅度逐渐增加。

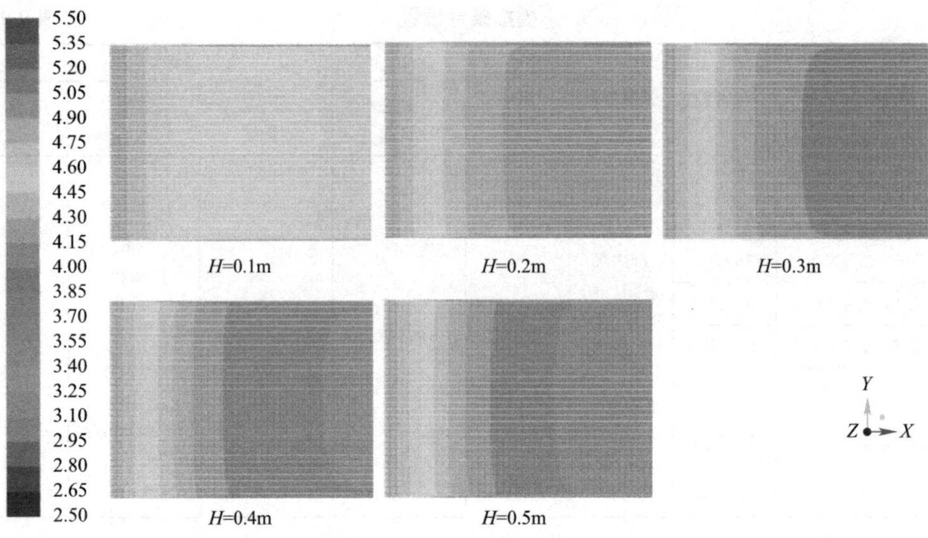

图 7-26　不同间层高度下表面速度矢量图（彩图见文后插页）

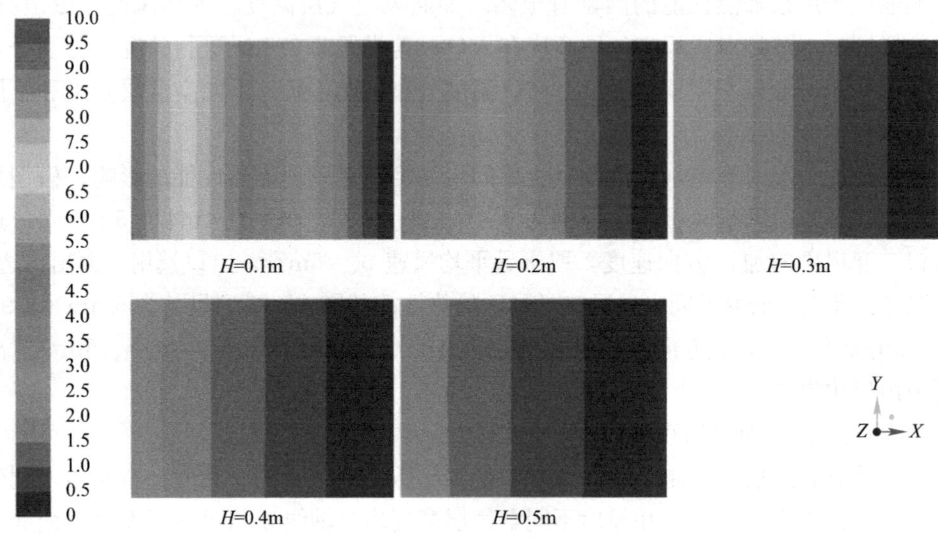

图 7-27　不同间层高度下表面压力分布云图（彩图见文后插页）

图 7-27 中的压力分布云图则显示，当空气层高度较小时，下层屋面受到的压力变化幅度更大且沿 X 方向的变化频率快，随着空气间层高度的增加下层屋面受到的压力逐渐减小且变化频率减慢。

综合速度和压力分布可以看出，随着空气间层高度的增加，中间通风对于下层屋面速度和压力的影响逐渐减小。

（2）不同间层高度下层屋面温度分布

绘制下表面温度分布云图如图 7-28 所示，从图中可以看出，尽管有上层屋面隔热，下表面的温度依然可以达到 34℃以上。当空气间层高度较小时，下层屋面的等温线间距较大，说明屋面的温度分布较为均匀，但同时屋面温度较高，空气间层中空气流通对下层屋面温度的降低作用较小。随着空气间层高度的增加，下层屋面的温度最大值和最小值并未

发生变化，但下层屋面的等温线越来越密集，高温段的区域逐渐缩小，低温段的区域逐渐增大，说明空气流通对下层屋面温度场的影响逐渐增强。随着间层高度的增加，温度最高的区域逐渐缩小，当空气间层高度增加到 0.3m 时开始，出口处有一小段温度与入口段温度相等，这部分空气相当于并未从间层中带走热量。

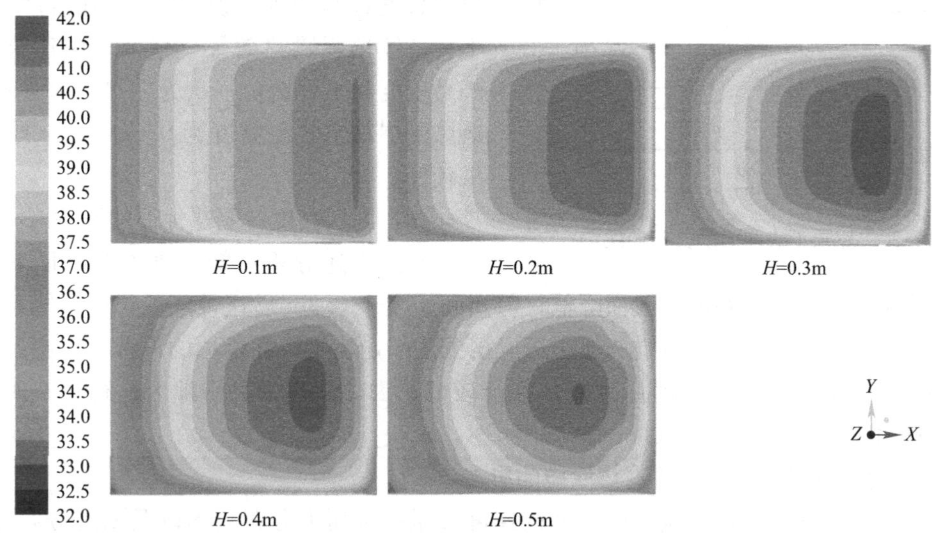

图 7-28　不同间层高度下表面温度分布云图（彩图见文后插页）

图 7-29 中横轴为 Z 方向的高度，纵轴为轴线上的温度分布，每间隔 0.02m 导出一个温度，将离散的点平滑连接。由图可知，当空气层高度为 0.1m 时，屋顶出口轴线处的温度由下至上持续升高，但当空气层高度增加到 0.3m 时，出口轴线处有一段温度与入口温度相等，说明这段空气在流过通风间层时，并未吸收表面的热量。当空气层高度增加到 0.5m 时，屋顶出口处中间与入口处温度相同的高度增加，说明增加空气层高度对通风层带走热量的作用有限。

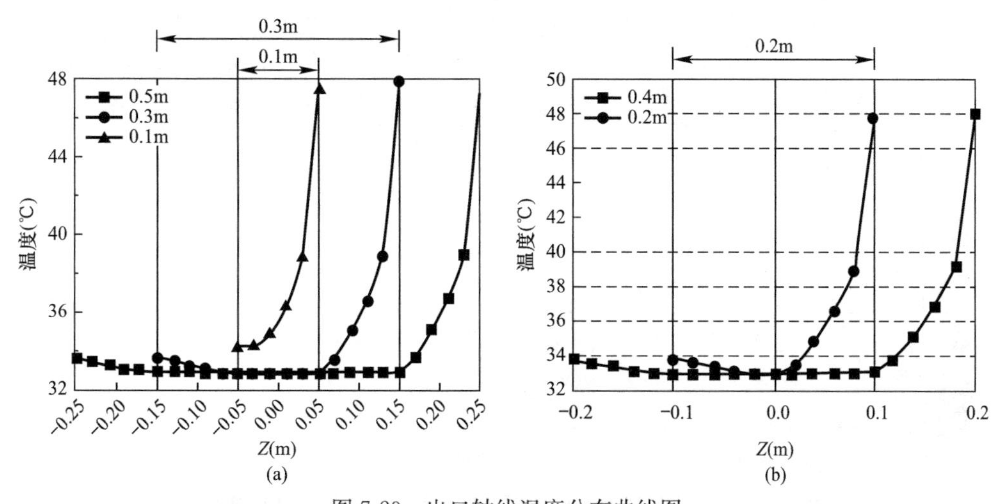

图 7-29　出口轴线温度分布曲线图

(a) 0.1m、0.3m、0.5m 出口轴线温度分布曲线图；(b) 0.2m、0.4m 出口轴线温度分布曲线图

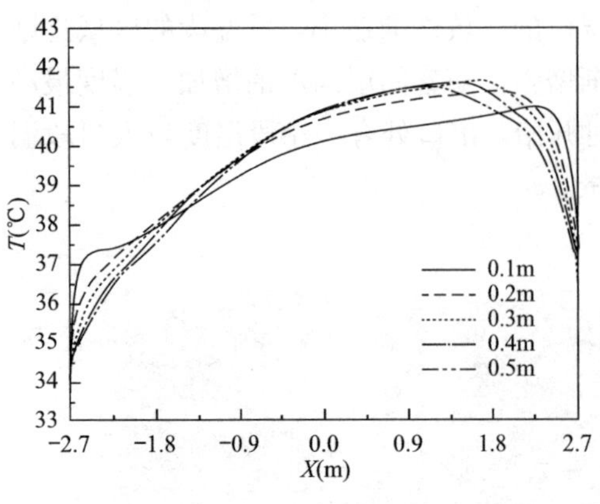

图 7-30 屋顶下表面温度分布曲线图

将下表面中心轴线的温度分布情况绘制成温度分布曲线如图 7-30 所示。由曲线图可以看出，屋顶下表面温度分布随着空气层高度的增加，出口段温度逐渐降低，但出口降温段长度逐渐增加，说明空气层的持续增加不会持续增强隔热效果，综合考虑建筑施工难易程度和工程造价，认为在热带海岛地区，通风平屋顶空气层高度为 0.2～0.3m 隔热效果较好。

(3) 间层高度对隔热性能的影响

经过上述分析可知，通风平屋顶下层屋面的温度随着空气层间距的增大而降低，但当间距大于 0.3m 后这种降低作用减弱，随着通风层高度的增加，有一部分空气流出通风层无法带走热量，在模拟的五种模型中，通风空气层的间距为 0.2～0.3m 时屋顶隔热性能较好，因此在热带岛礁地区进行建筑通风平屋顶设计时，推荐使用 0.2～0.3m 的空气层。

3. 不同入口风速对平屋顶隔热性能的影响

工况二计算收敛后，绘制下层屋面的速度矢量图和压力分布云图以及温度分布云图，并导出不同空气层高度出口轴线处和屋顶下表面轴线处的温度数据绘制曲线图。

(1) 不同入口风速下层屋面速度压力分布

图 7-31 为不同入口风速下层屋面速度矢量图，从图中可以看出，当入口风速为 1m/s 时，由于入口风速过小，导致空气在间层内无法顺畅流出，出现了紊乱的回流现象，当风速增加至 2m/s 后，回流现象消失。随着入口风速的增加，下层屋面的速度分布逐渐均匀，同时屋面对风速的影响逐渐增加，风速沿 X 轴降低的频率逐渐加快。

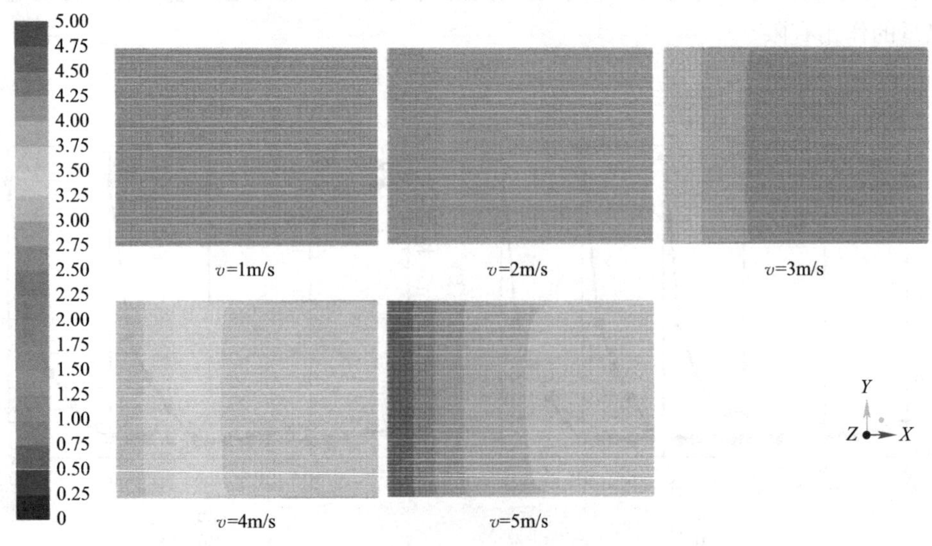

图 7-31 不同入口风速下层屋面速度矢量图（彩图见文后插页）

图 7-32 为不同入口风速下层屋面压力分布云图。从图中可以看出，当入口风速为 1m/s 时，空气在壁面的黏滞力作用下有速度衰减，导致气流无法流出空气间层，产生了负压段，随着入口风速的增加，下层屋面压力分布逐渐均匀，当空气流速增大到 3m/s 后，负压段消失，说明风速过小的区域不适合使用通风平屋顶，下层屋面压力随着空气流速的增大而增大，同时变化频率越来越快。

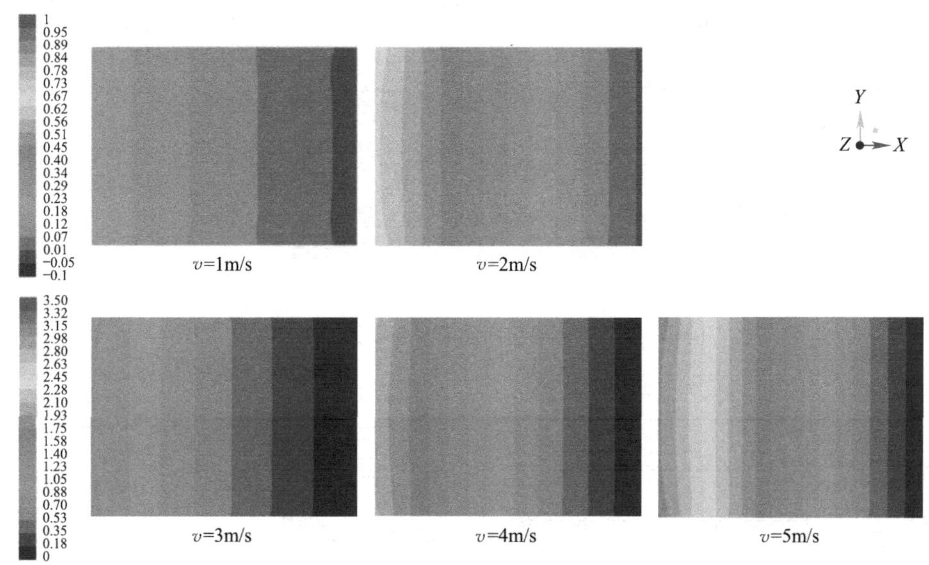

图 7-32　不同入口风速下层屋面压力分布云图（彩图见文后插页）

（2）不同入口风速下层屋面温度分布

图 7-33 为不同入口风速下表面温度分布云图，从图中可以看出，随着入口风速的增大，下层屋面温度降低明显，当速度为 1m/s 时，下层屋面温度最高处达到了 70℃，而入口风速达到 5m/s 后，下层屋面温度最高处则为 40℃，风速从 1m/s 增大到 5m/s 的过程中，屋顶下表面温度降低了约 30℃。由于空气间层高度相等，从图中可以发现等温线分布的疏密程度相近。随着入口风速的增大，下表面温度分布的温度差也逐渐减小。

图 7-34 为不同风速出口处轴线温度分布曲线，每隔 0.02m 取点，从图中可以看出，屋顶出口处整体的温度随入口风速增大而降低，入口风速为 1m/s 时的温度与其他风速时的温度有较大差异，其他风速情况下除上下表面温度外，温度差异大，出口处上下表面的温度均随气流速度的增大而减小，但减小程度有限。

将屋顶下表面轴线温度分布情况绘制成温度分布曲线图，如图 7-35 所示，由图 7-35 知，随着空气层入口风速的增大，下层屋面的温度逐渐减小，但不同风速下表面轴线的温度差随入口风速的增大而逐渐减小，这说明入口风速的增加使屋顶下表面温度降低，但这种降低作用随风速的增大而逐渐减弱。热带海岛地区的平均风速为 5m/s，在此风速下通风平屋顶空气层带走热量的效果良好，在该地区建筑建造中使用通风平屋顶能够有效起到隔热作用。虽然入口处空气流速的增加能够降低下层屋顶的温度，但是加大风速对空调冷负荷的降低额度有限，综合考虑工程造价及施工便利，通过加强入口风速来降低能耗的措施不可取。

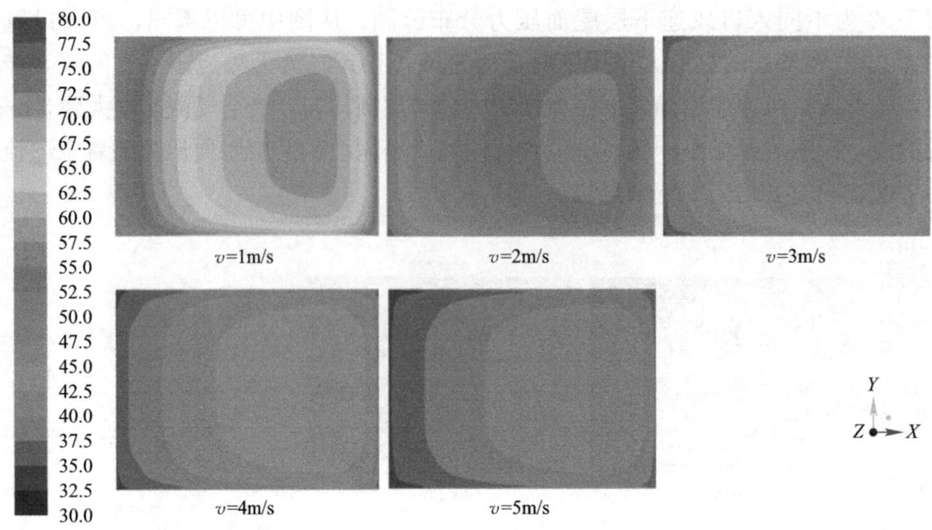

图 7-33 不同入口风速下层屋面温度分布云图（彩图见文后插页）

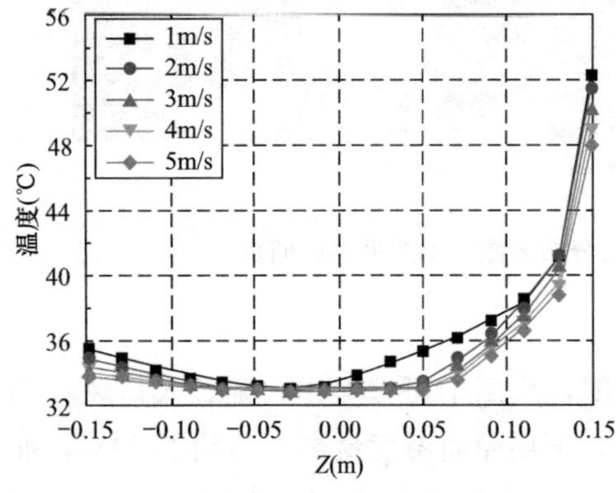

图 7-34 不同风速出口轴线温度分布曲线图

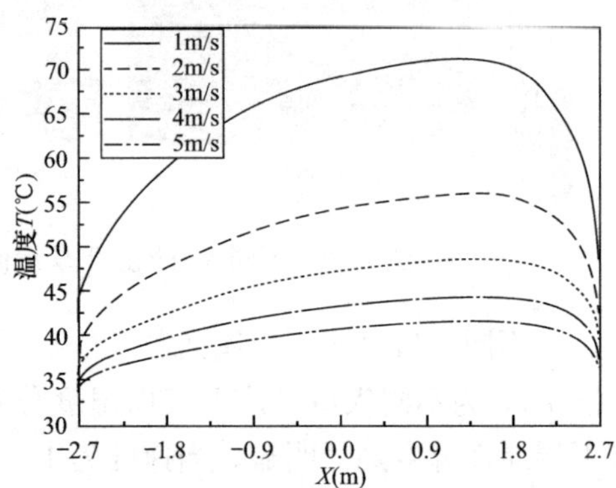

图 7-35 不同风速下表面轴线温度分布曲线图

（3）入口风速对平屋顶隔热性能的影响

通过上述分析可以发现，通风层入口处的风速对通风平屋顶的隔热性能有显著的影响效果。风速过小时，通风平屋顶的隔热效果有限，同时容易产生回流现象，随着入口风速的增加，通风平屋顶的隔热效果逐渐增强，通风平屋顶下层屋面的温度随通风层入口风速的增大而降低，且降低作用明显，但是随着入口风速的增加，增大风速带来的下层屋面温度下降幅度逐渐减小。南海岛礁地区风速较大，平均风速为 5m/s，在该地区使用通风平屋顶可起到良好的隔热作用，是节能的有效措施。

7.2.3 通风坡屋顶隔热性能模拟研究

本节利用 CFD 数值计算软件 Fluent 对通风坡屋顶的倾斜角和开口位置进行模拟研究。以屋顶下表面温度为指标，研究不同倾斜角和不同开口位置时屋顶下表面的温度分布情况，并据此讨论不同工况对屋顶隔热性能的影响，提出极端热湿气候区通风坡屋顶较优的结构形式。

1. 计算模型及模拟条件设定

（1）几何模型

在通风坡屋顶的模拟研究中，由于下部房间对屋顶的影响有限，有些是针对屋顶的截面进行二维模拟，有些建立三维简化模型进行计算分析，与前文平屋顶相同，底面设置为5.4m×3.9m的长方形，分别研究不同倾斜角和不同开口位置对坡屋顶隔热性能的影响。在研究不同倾斜角对坡屋顶隔热性能的影响时，选择屋脊通风作为几何模型，底面长边设置两个进风口，外屋面设置出风口，模型如图7-36所示，模型网格采用四面体网格。

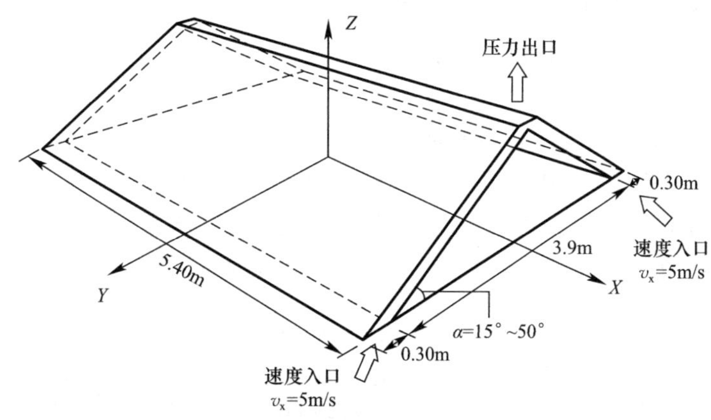

图7-36　屋脊通风不同倾斜角坡屋面几何模型

（2）边界条件

表7-17是通风坡屋顶隔热性能模拟研究边界条件设置。边界条件与平屋顶边界条件相同。上层屋面设置$q=817\text{W/m}^2$，下层屋面设置对流换热系数为$8.7\text{W/(m}^2\cdot\text{K)}$，室内空调温度26℃，入口均为5m/s的速度入口，出入口温度均为33℃。

坡屋顶隔热性能模拟研究边界条件设置　　**表7-17**

工况	模型尺寸	离散方法	算法	边界条件			
				上层屋面	下层屋面	速度入口	压力出口
一	5.4m×3.9m×25°	对流项采用二阶迎风差分，扩散项采用一阶迎风差分	SIMPLE	$q=817\text{W/m}^2$	$h=8.7\text{W/(m}^2\cdot\text{K)}$；$t=26$℃	$v_x=5\text{m/s}$；$t=33$℃	表压=0；$t=33$℃
	5.4m×3.9m×30°						
	5.4m×3.9m×35°						
	5.4m×3.9m×40°						
	5.4m×3.9m×45°						
	5.4m×3.9m×50°						
二	5.4m×3.9m(天窗)						
三	5.4m×3.9m(山墙)						

（3）工况设置

影响通风坡屋顶隔热性能的因素有很多，如屋顶的倾斜角度、通风口位置、屋顶材料、通风口尺寸等，本节针对屋顶倾斜角度和不同通风口位置两个工况进行研究，分别分析该工况下变量变化时通风坡屋顶的速度压力分布、温度分布情况，研究不同倾斜角度和不同开口位置对屋顶隔热性能的影响。

研究屋顶倾斜角度对隔热性能的影响时，选择屋脊通风结构形式，模型底面尺寸为5.4m×3.9m，屋顶倾斜角度分别为25°、30°、35°、40°、45°、50°，下表面设置两个速度入口，速度均为5m/s，上端外表面设置一个压力出口。

研究屋顶不同开口位置对隔热性能的影响时，设置屋顶倾斜角度为30°，通风口位置为山墙通风和天窗通风，模型底面尺寸为5.4m×3.9m，开口大小均设置为1m×0.5m，入口设置为速度入口，出口设置为压力出口。并将模拟结果与同角度下屋脊通风的模拟结果比较，选出隔热效果最佳的屋顶通风方式。

2. 倾斜角对坡屋顶隔热性能的影响

(1) 屋脊通风不同倾斜角度速度压力分布

图7-37和图7-38分别为屋脊通风时不同倾斜角度上层屋面速度分布矢量图和中层屋面压力分布云图。从图7-37中可以看出，屋脊通风使得屋顶外表面附近的风速下侧速度快，在空气向上流动时，由于屋面的摩擦力产生速度损耗，从而导致风速由下至上逐渐减小。随着屋顶倾斜角度的增加，屋顶最外侧屋面处的风速逐渐减小。

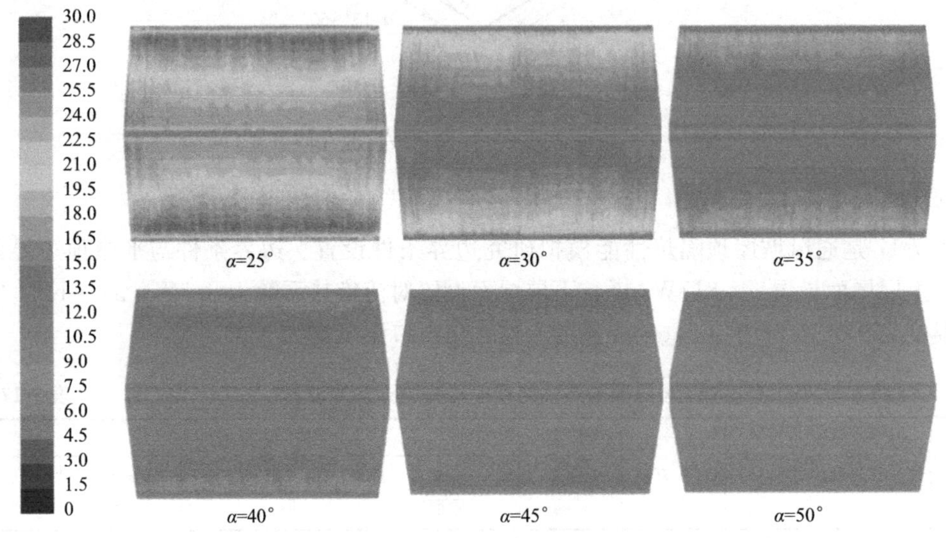

图7-37 不同倾斜角度上层屋面速度分布矢量图（彩图见文后插页）

图7-38中，屋顶中层表面所受的压力由下至上逐渐增大，这与风速变化情况一致，动压大的位置静压小，即速度大的位置压力小。当屋顶倾斜角度为25°时，屋脊通风的入口处压力较小，接近大气压。由图可知，随着屋顶倾斜角度的增加，屋顶中层表面受压的压差逐渐减小，即屋顶出入口处的压差减小，主导屋顶通风的方式由风压通风逐渐转变为热压通风。

(2) 不同倾斜角度下层屋面温度分布

图7-39为屋脊通风时，不同倾斜角度屋顶下表面温度分布云图。

从图中可以看出，当屋顶倾斜角度为25°时，屋顶下表面温度呈现两侧温度低、中间温度高的分布情况，随着倾斜角度增加到40°，屋顶下表面温度分布开始呈现中心温度高、

四周温度低的分布，当屋顶倾斜角度小于 40°时，温度分布范围在 31～32℃之间，当屋顶倾斜角度大于 40°后，屋顶下表面的温度均高于 32℃。随着屋顶倾斜角度的增加，温度分布呈现先减小后增大的变化趋势，当倾斜角度为 30°～35°时，屋顶的隔热性能更好。

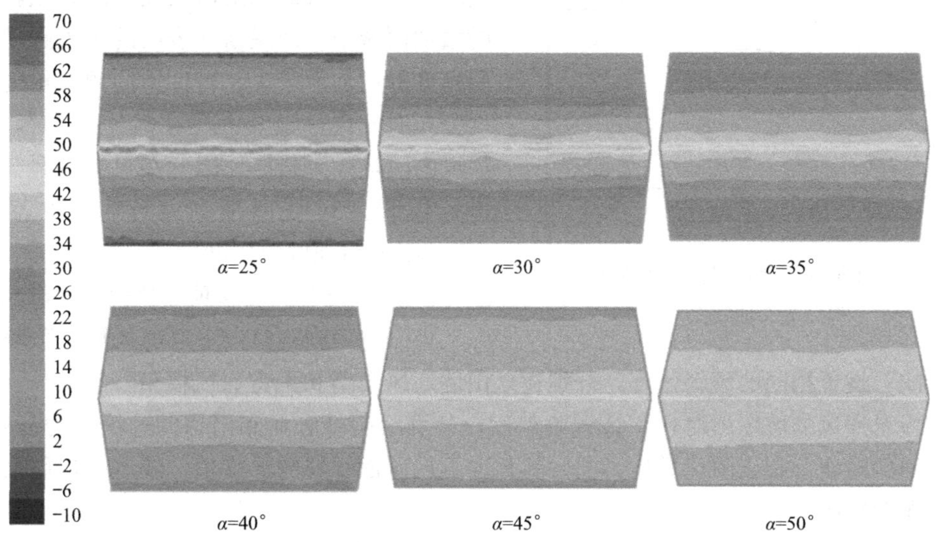

图 7-38　不同倾斜角度中层屋面压力分布云图（彩图见文后插页）

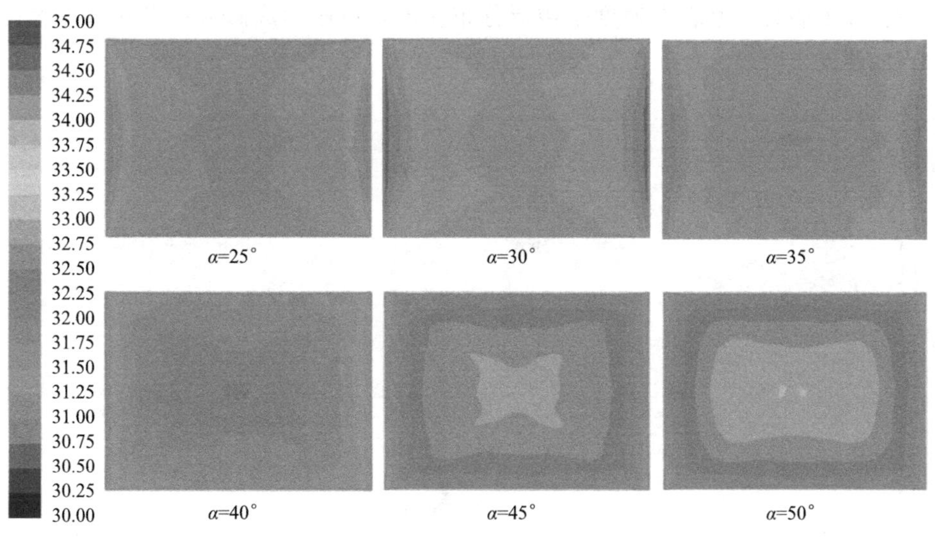

图 7-39　不同倾斜角度屋顶下表面温度分布云图（彩图见文后插页）

将屋顶下表面轴线温度导出并绘制温度分布曲线图如图 7-40 所示。从图中可以看出，当屋顶倾斜角度为 25°时，下表面轴线最高温度为 31.8℃，随着倾斜角度的增加，当屋顶倾斜角度为 30°和 35°时，下表面轴线最高温度为 31.5℃，而当倾斜角度增加至 45°和 50°时，下表面轴线的最高温度则达到了 33℃。根据下表面轴线温度分布情况可以发现，当屋顶的倾斜角度为 30°～35°时，屋顶的隔热性能最好。

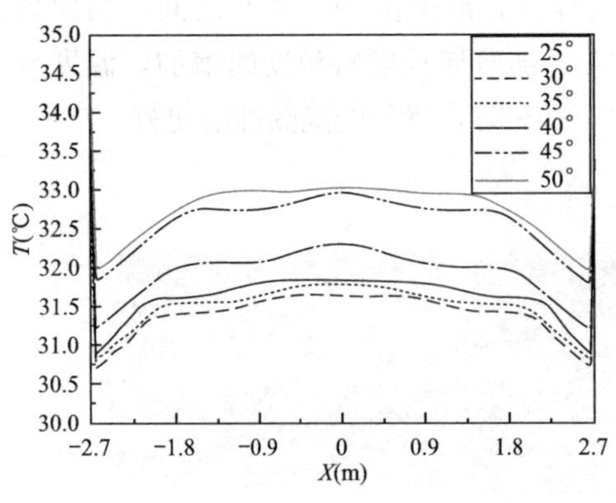

图 7-40 不同倾斜角度屋顶下表面轴线温度分布曲线图

(3) 倾斜角度对坡屋顶隔热性能的影响

通过上述分析可以发现，屋脊通风的坡屋顶具有良好的隔热效果。当屋顶的倾斜角度不同时，屋顶外表面和出口的速度随着倾斜角度的增加而减小，而屋顶外表面的压力则随着倾斜角度的增加而增大。对比不同倾斜角度的温度分布时发现，倾斜角度为30°～35°时，屋脊通风的隔热效果最好，因此在极端热湿气候区进行屋脊通风坡屋顶的设计时，推荐使用30°～35°的屋顶倾斜角度。

3. 开口位置对坡屋顶隔热性能的影响

为研究不同开口位置对通风坡屋顶隔热性能的影响，设置相同的倾斜角度，分别建立山墙通风模型和天窗通风模型，与上节相同倾斜角度屋脊通风的坡屋顶对比，计算收敛后，分别绘制外表面和出口的速度压力分布图，下层屋面的温度分布云图，导出不同倾斜角度下层屋面轴线的温度值，绘制下层屋面轴线温度分布曲线图。

(1) 不同开口位置下层屋面速度压力分布

如图 7-41 为山墙通风和天窗通风时，坡屋顶上表面速度矢量图。从图中可以看出，当开口位置在山墙时，上表面速度呈梭形分布在出入口段形成涡流；当开口位置在天窗时，上表面速度呈扇形分布，在出入口周围形成涡流。

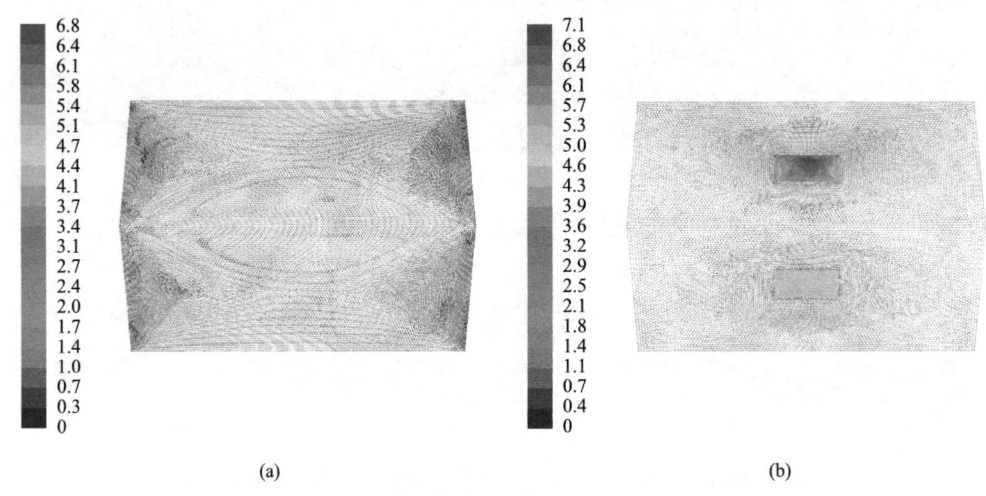

图 7-41 不同开口位置上表面速度矢量图（彩图见文后插页）

(a) 山墙通风；(b) 天窗通风

绘制不同开口位置坡屋顶 $Z=0.5$m 平面速度分布云图如图 7-42 所示。从图中可以看出，当通风口位置在山墙时，$Z=0.5$m 的平面处入口段速度较大，随着空气不断吸收来自屋顶外表面的热量屋顶被加热，在近出口段形成涡流，速度逐渐减小，空气沿 X 方向吸收屋顶的热量。当通风口位置在天窗时，$Z=0.5$m 平面处在屋顶的两侧形成涡流，空气沿 Y 方向吸收屋顶热量。

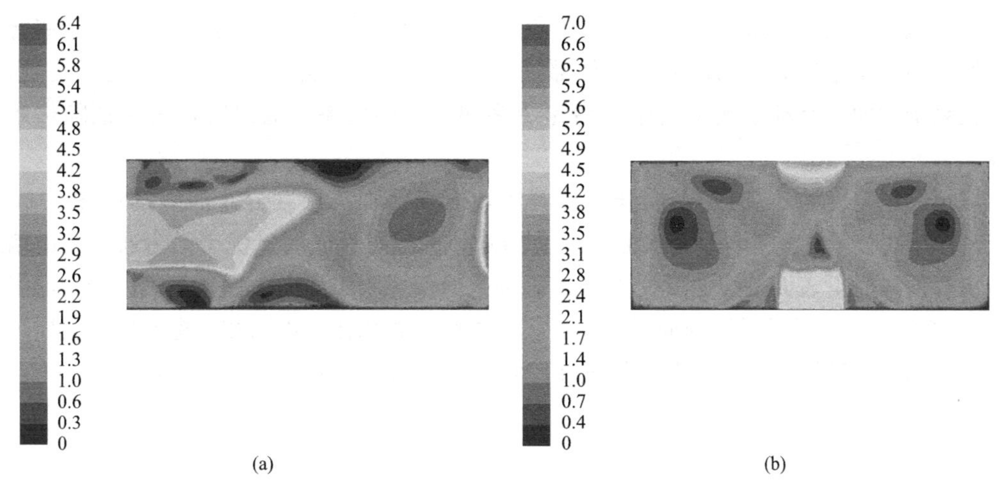

图 7-42　不同开口位置坡屋顶 $Z=0.5\text{m}$ 平面速度分布云图（彩图见文后插页）
（a）山墙通风；（b）天窗通风

图 7-43 为不同开口位置的坡屋顶上表面压力分布云图。从图中可以看出，山墙通风的坡屋顶上表面压力沿着通风道逐渐增大，而天窗通风的坡屋顶则在整个上表面压力分布较为均匀。

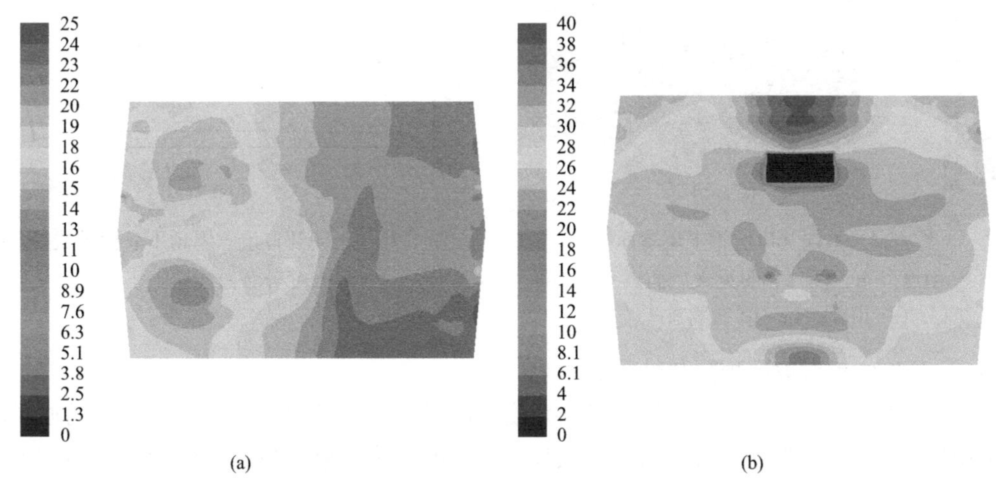

图 7-43　不同开口位置的坡屋顶上表面压力分布云图（彩图见文后插页）
（a）山墙通风；（b）天窗通风

（2）不同开口位置下层屋面温度分布

图 7-44 为屋顶通风口位置分别在山墙和天窗处时，屋顶下表面温度分布云图。从图中可以看出，当坡屋顶通风方式为山墙通风时，下表面温度分布较均匀，沿着屋顶呈现横向分布趋势，而天窗通风时，下表面温度分布呈现中间低周围高的趋势。同时可以看出，当通风坡屋顶通风位置在山墙和天窗时，屋顶下表面的温度范围在 35～45℃之间，由上一节不同倾斜角度屋脊通风模拟结果可知，相同角度下，坡屋顶的通风方式为屋脊通风时，屋顶下表面温度分布范围在 30～32℃之间，低于山墙通风和天窗通风时的温度。由此可

知，当通风坡屋顶倾斜角度相同时，采用屋脊通风的方式隔热效果最佳。这是由于屋脊通风的坡屋顶在架空层的外侧还有一层外部遮阳，相当于有三层屋面隔热，且通风道更长，分布在整个屋面，有利于流动的空气带走更多热量，因此屋脊通风时，坡屋顶隔热效果最佳。

屋顶倾斜角度为30°时，不同开口位置屋顶下表面轴线温度分布曲线图如图7-45所示。从图中可以看出，相同倾斜角度下，屋脊通风的隔热性能明显优于天窗通风和山墙通风。屋脊通风时下表面轴线温度低于35℃，而天窗通风和山墙通风屋顶下表面轴线的温度均高于40℃，同时屋脊通风的通风屋顶下表面温度分布相比较山墙和天窗通风的坡屋顶更加均匀，因此当通风坡屋顶的开口位置在屋脊时，通风坡屋顶的隔热性能最好。

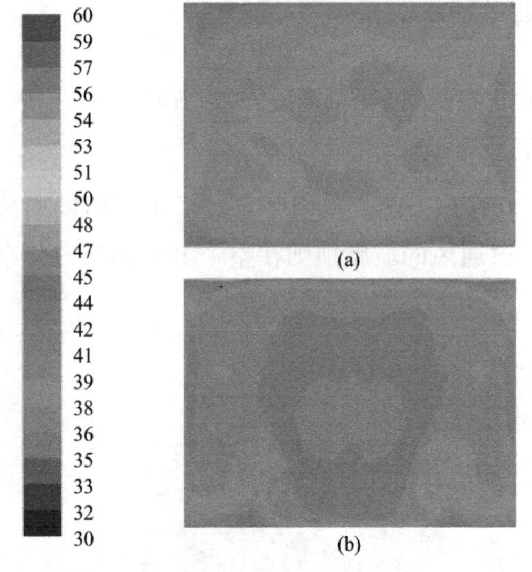

图7-44　不同开口位置下层屋面温度分布云图（彩图见文后插页）

(a) 山墙通风；(b) 天窗通风

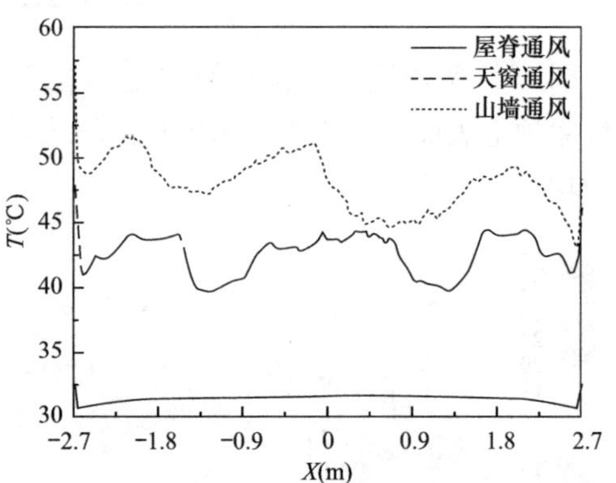

图7-45　不同开口位置屋顶下表面轴线温度分布曲线图

(3) 开口位置对坡屋顶隔热性能的影响

通过上述分析可以发现，当屋顶倾斜角度相同时，与开口位置在山墙和天窗的通风坡屋顶相比，开口方式为屋脊通风的坡屋顶具有更好的隔热效果。当通风位置在山墙和天窗时，屋顶下表面温度范围在35～45℃之间，而相同角度屋脊通风时，下表面温度范围在30～32℃之间，屋脊通风的隔热效果明显优于山墙通风和天窗通风。

7.3　海岛宾馆建筑的窗墙比优化

窗户作为围护结构中的透明部位，为室内提供舒适天然采光的同时也极大影响着室内的冷热负荷[7-12]。窗墙比增大，居住者可以获得良好的天然采光环境，但通过窗户传入室内的热量以及太阳辐射得热都会增加建筑冷负荷。南海诸岛纬度较低，存在高温、高湿、强辐射的气候特点，透过窗户所获得热量对室内冷负荷的影响是相当可观的。此外，相比其他四个热工气候分区，夏热冬暖地区地域覆盖范围纬度跨度大，直接将该地区热工设计

标准中关于窗墙比的规定应用于能源紧缺的岛礁地区存在一定的局限，因此针对该地区建筑确定适宜的窗墙比取值具有实际意义。

7.3.1 外遮阳工况下窗墙比对空调负荷的影响

1. 宾馆建筑模型介绍

（1）建筑概况

本节以南海某岛礁拟建宾馆建筑为研究对象，宾馆建筑一层平面图如图 7-46 所示，几何模型在 SketchUp 中建立，如图 7-47 所示。

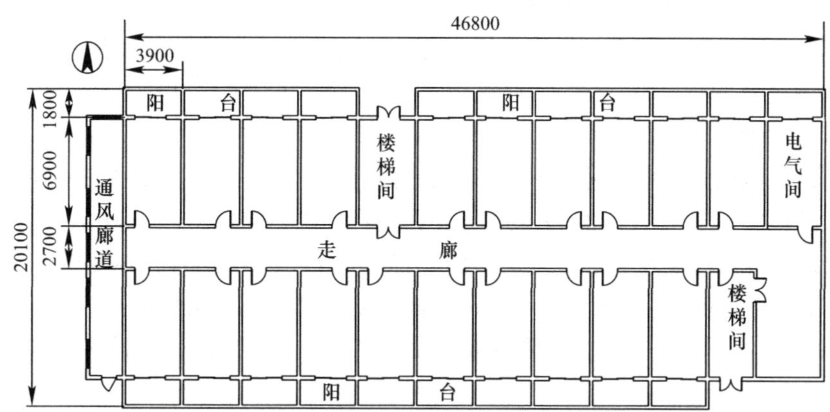

图 7-46 建筑一层平面图

该建筑共三层，总建筑面积为 2049.6m²，内含 48 个标准间，客房面积占 63%。二层、三层西端为露台，故每层房间数目不一致，一层、二层、三层分别为 20 间、16 间、12 间。各楼层功能房间布置相同，中间为走廊宽 2.7m，两侧为客房。客房尺寸相同，宽 3.9m，进深 6.9m，层高为 3.9m，窗口大小（阳台门及窗户）为 2.7m×2.1m，折合成窗墙比为 0.37。

图 7-47 建筑模型图

该建筑为南北朝向，以走廊为中心，两侧客房基本呈对称分布，故南北侧外墙面积相同。客房分布在走廊两侧，数目一致。为了便于研究，仅改变南向客房的窗户面积，当研究东、西、北三个朝向窗墙比对建筑能耗的影响时，将此建筑分别在原来的基础上转过 270°、90°及 180°。这样当各朝向窗墙比为同一数值时，其各朝向窗户面积大小是一样的。

岛礁地区常夏无冬，建筑空调能耗大，因此建筑进行设计时便采用了诸多通风隔热及遮阳设施：

1）屋顶采用了双层屋面的构造，坡度为 30°，屋顶部分总高度为 4.8m，两层屋面之间距离为 1m；外檐超出建筑南北立面 3m，超出东立面 1.5m，屋顶部分窗户全部设为百叶窗。岛礁地区太阳高度角大，因此建筑顶部会接受较多的太阳辐射，采用双层屋顶可以起到通风隔热的作用，从而减少通过屋顶传入室内的热量。

2）东西立面接受到的太阳辐射强度大，因此楼梯间、电梯间等非功能空间布置在走廊东侧，减少东墙传热；走廊西侧设有 2.4m 宽的通风廊道，其窗口同样全部为百叶窗，且通风廊道南北面及西面的屋顶外檐设有 1.5m 宽的水平百叶遮阳。

3）客房外侧均有外露阳台，宽 1.8m，相邻客房的阳台部分用 1.8m 宽的垂直遮阳板分隔，其上部设有长 0.7m、高 0.35m 的开口，以避免阻碍空气流动。

几何模型建立过程中对拟建建筑进行了一定的简化：忽略了露台及阳台上护栏等复杂结构，将阳台以水平遮阳的形式给出且由于东侧为楼梯间、电梯间，因此忽略了其东侧相邻建筑的影响。此外，双层屋顶、通风廊道、走廊、楼梯间等均作为单独的空间设置一个 zone；为了更准确地计算房间的空调负荷，同时也为了了解各朝向典型房间（仅有阳台侧围护结构的边界条件为室外环境）负荷及温湿度情况，将客房也单独设置为 zone。

（2）参数设置

1）主要围护结构

该宾馆以低能耗为目标，围护结构热工设计过程中主要参考了《夏热冬暖地区居住建筑节能设计标准》JGJ 75—2012 和《公共建筑节能设计标准》GB 50189—2015，此外还参考了中国香港、新加坡、马来西亚等地区常用的 OTTV 标准[13-16]。该建筑主要围护结构信息设置见表 7-18，其中屋面传热系数为 0.503W/(m^2·K)，外墙传热系数为 0.707W/(m^2·K)。外窗采用双层铝合金中空玻璃，传热系数为 1.803W/(m^2·K)，太阳得热系数（SHGC）为 0.568。

主要围护结构信息 **表 7-18**

围护结构	材料	总传热系数[W/(m^2·K)]
屋面	水泥砂浆	0.503
	细石混凝土	
	水泥砂浆	
	水泥膨胀珍珠岩	
	挤塑乙烯泡沫塑料板	
	水泥砂浆	
	钢筋混凝土	
外墙	水泥砂浆	0.707
	蒸压灰砂砖	
	聚苯乙烯泡沫塑料	
	蒸压灰砂砖	
	水泥砂浆	
外窗	单层普通玻璃	5.740

2）内热源及新风量

模拟过程中保持其他参数不变，仅窗墙面积比为变量。由于该建筑还未竣工，实际的人员入住率、灯光设备使用情况不详，固定条件的取值主要参照国家相关标准[17]，内热源及新风量设定见表 7-19，照明、设备逐时使用率及人员逐时在室情况如图 7-48 所示。

客房为标准间，设定 2 人/间，新风量为 30m^3/(h·人)，渗透作用换气次数为 0.5 次/h。灯光密度为 7W/m^2，电器设备功率为 15W/m^2。

内热源及新风量设定　　表 7-19

人员密度	2 人/间	电器设备功率	$15W/m^2$
灯光密度	$7W/m^2$	新风量	$30m^3/(h·人)$

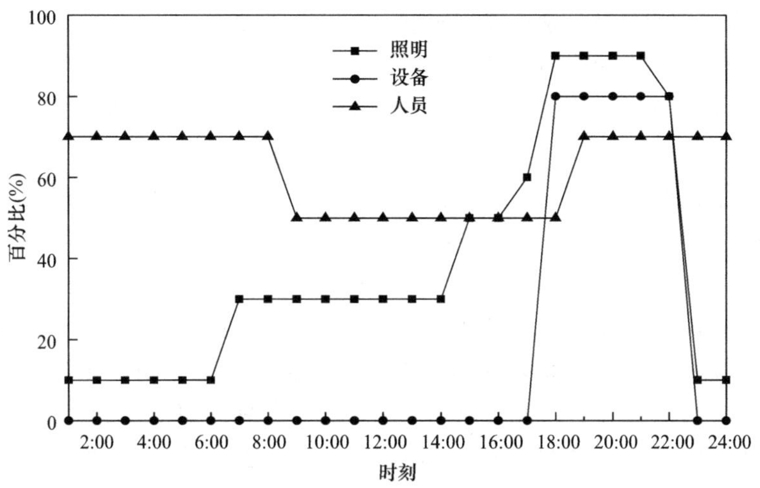

图 7-48　照明、设备逐时使用率及人员逐时在室情况

3）空调系统

根据《公共建筑节能设计标准》GB 50189—2015[17] 中关于宾馆建筑的相关规定，设定空调系统为全年运行，每天运行时间 1:00～24:00，空调温度设定为 25℃。由于走廊的室内外温差小于 10℃，因此不设置空调；布置在建筑东侧有一定隔热作用的楼梯间、杂货间，通风廊道及双层屋顶等空间也不设置空调。由于该地区空气相对湿度大，在不进行相对湿度设定时，各朝向典型房间相对湿度约有一半的时间都要超过 65%，因此本次模拟将相对湿度设定为 65%。此外，本次模拟考虑了空气渗透作用的影响，设定每小时渗透作用换气次数为 0.5。

（3）工况设置

本章节中旨在研究遮阳情况下窗墙比对空调能耗的影响，具体工况设置如表 7-20 所示。

工况设置　　表 7-20

项目	外遮阳情况		窗墙比范围
	方向	宽度	
工况一	无	—	自 0.3～0.9 变化
工况二	水平遮阳	0.6m，1.2m，1.8m	
	垂直遮阳	0.6m，1.2m，1.8m	
	综合遮阳	0.6m，1.2m，1.8m	

2. 窗墙比对建筑空调负荷的影响

（1）基准负荷的确定

以拟建的宾馆建筑为原型，将其窗墙比设定为满足采光要求的最小窗墙比为 0.32，此时所对应的建筑全年累计空调负荷称作基准负荷，即以此来判断后续添加遮阳设施是否有节能效果。此外，原型建筑为南北朝向，为了全面了解东、西、南、北 4 个主要朝向窗墙比对建筑能耗的影响，并且为了保证不同朝向窗墙比为同一数值时所对应的窗户面积一致，因此以“原建筑南向墙面”作为研究立面，各工况下仅改变该立面的窗墙比，在研究其他 3 个朝向窗墙比变化时分别将建筑转过 90°、180°、270°。

建筑不同朝向时的基准负荷如图 7-49 所示，西、东、南、北向时单位建筑面积全年累计空调负荷分别为 155.0kWh、155.3kWh、140.4kWh、140.2kWh。

可见，建筑位于东西朝向时的空调能耗要高于南北朝向，每平方米空调负荷相差 15kWh 左右，因此建议建筑以南北朝向为宜。东向和西向、南向和北向的基准空调负荷虽然不完全一致，但相差很小，主要是由于所选建筑本身以走廊为中心，两侧几乎呈对称布置，且两侧客房数目一致，因此空调负荷相差甚小。

改变建筑各朝向的窗墙比，使其从 0.3～0.9 变化，通过 Energyplus 进行能耗模拟计算，获得全年累计空调负荷，结果如图 7-50 所示。图中一次函数的表达式经函数拟合得到，拟合结果 R^2 均大于 0.99，说明建筑空调负荷随各朝向窗墙比变化基本呈线性增长。窗墙比增大，即相应立面的透明围护结构面积增大，非透明围护结构面积减少。从围护结构对空调能耗的影响来看，即通过窗户进入室内的太阳辐射增加，通过窗户传入室内的热量增加，而通过墙体的传热减少，综合作用的结果即使得建筑空调负荷增大。

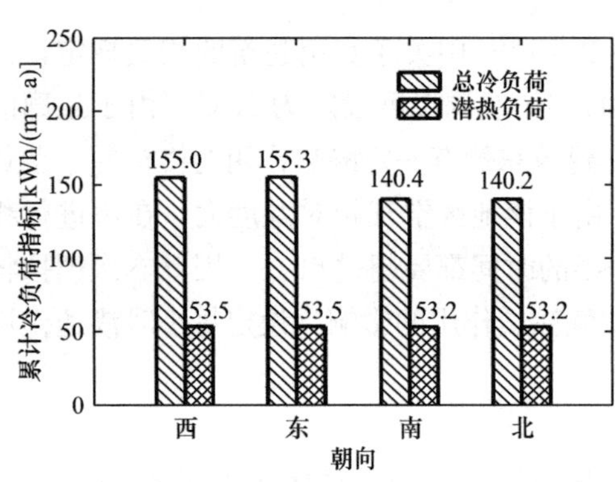

图 7-49 建筑不同朝向时的基准负荷

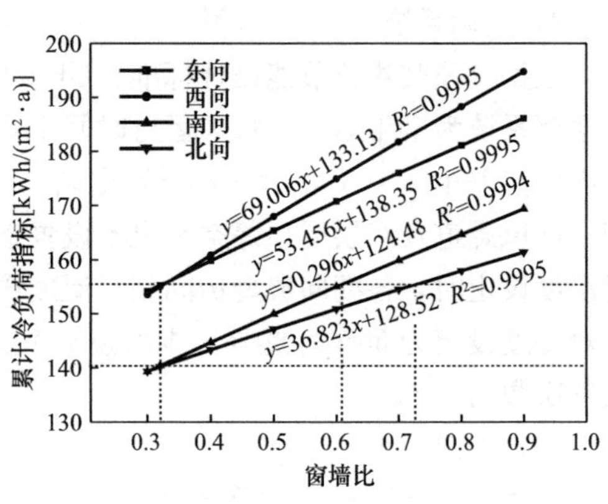

图 7-50 窗墙比变化对空调负荷的影响

从线性拟合结果来看，西向的线性拟合斜率是各朝向最大的，窗墙比每增加 0.1，建筑全年累计空调负荷约增加 7kWh/m²，东向、南向斜率次之，北向最小，与各朝向全年所接受到的太阳辐射量的相对大小一致。综上所述可以断定，窗墙比对建筑空调能耗的作用主要受太阳辐射的影响。

(2) 典型房间空调负荷年变化

取各朝向二层中间位置且仅有一面墙体与室外接触的房间为典型房间，以降低屋顶、地面传热以及边缘效应的影响。典型房间不同月份空调负荷见图 7-51，可以看出 4 月至 10 月各朝向房间空调负荷均高于 15kWh/(m²·月)，7 月份空调负荷最高，各朝向房间空调负荷均大于 25kWh/m²。11 月至翌年 3 月空调负荷较低，1 月份最低，不足 8kWh/m²。东、西、北向房间空调负荷全年均是西向最高，北向最低，东向居中。南向房间空调负

荷在5月至8月低于北向，为各朝向最低；10月至翌年2月空调负荷为各朝向最高。空调负荷受太阳辐射影响较大，5月至8月太阳全天均位于建筑北侧，因此北立面可以接受太阳直接照射，而南向却不能，故南向房间空调负荷最低，此不同于我国多数内陆建筑。

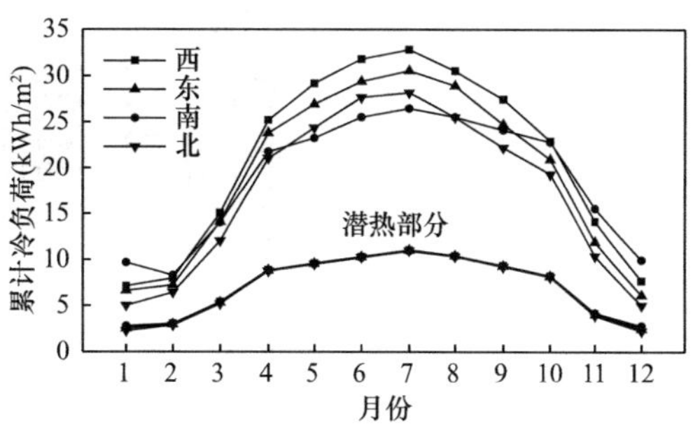

图 7-51 典型房间不同月份空调负荷

空调负荷中的潜热部分逐月变化趋势与各房间空调负荷变化趋势类似，从1月份至12月份整体上呈先增大后减小，7月份达到最大约为11kWh/m^2。各朝向房间潜热负荷大小几乎一样，可见潜热负荷部分与房间朝向无关，由此可以断定，朝向对于空调负荷的影响是由于影响了显热部分空调负荷，从而导致了差异。

(3) 西向窗墙比对空调负荷的影响

西向所接受到的太阳辐射最多，在无遮阳情况下对建筑全年累计冷负荷指标的影响最大，因此首先对西向窗墙比进行分析。

1) 不同外遮阳情况下，建筑空调负荷计算

建筑西侧在垂直遮阳、水平遮阳和综合外遮阳情况下，窗墙比在0.3～0.9范围内变化时，采用不同形式外遮阳，西向窗墙比对空调负荷的影响如图7-52所示，为了便于比较，将无外遮阳情况下的空调负荷用虚线表示。由图可以看出，外遮阳在不同窗墙比情况下均能够降低建筑冷负荷。对于同种形式的外遮阳，遮阳板越宽，可遮挡的太阳辐射越多，建筑冷负荷也越小。窗墙比为0.6时，1.2m、1.8m水平遮阳情况下，建筑全年累计冷负荷指标分别为166kWh/m^2、161kWh/m^2。

从整体上看，外遮阳并不能够完全抵消由于窗墙比增大而带来的冷负荷增加，因此在同种遮阳方式情况下，建筑的冷负荷指标在窗墙比增加时仍然呈增长趋势，但增长趋势有所减缓。采用综合外遮阳方式，当窗墙比大于0.6时，冷负荷指标的增长趋势减缓较为明显。

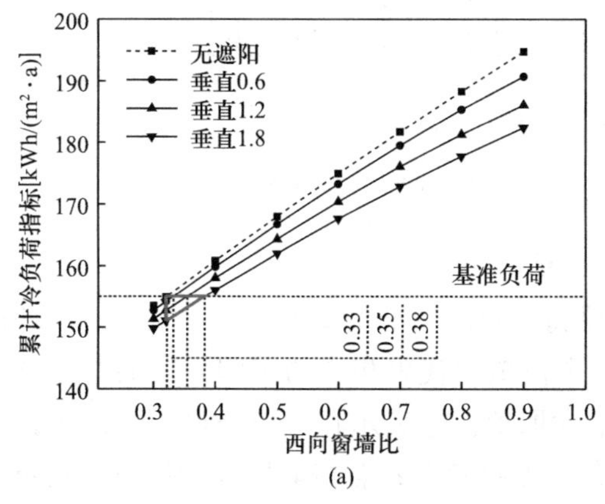

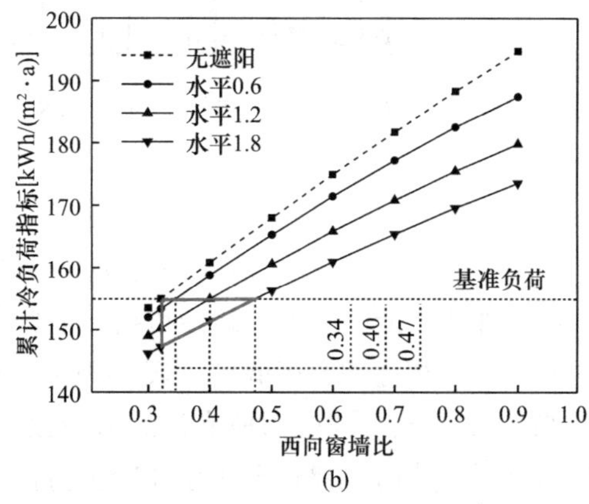

图 7-52 采用不同形式外遮阳，西向窗墙比对空调负荷的影响（一）

(a) 垂直；(b) 水平

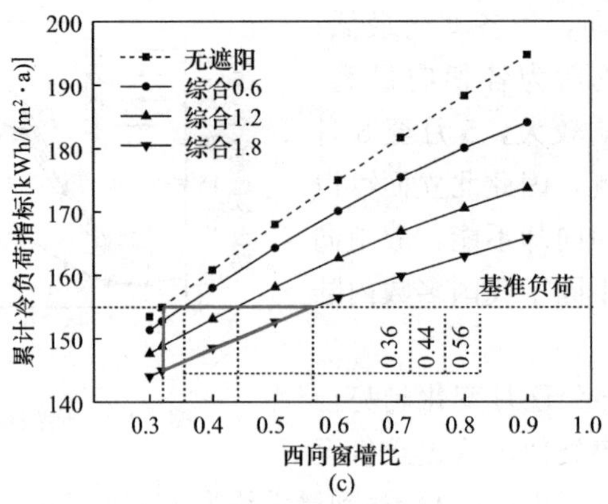

图 7-52 采用不同形式外遮阳，西向窗墙比对空调负荷的影响（二）

（c）综合

2）窗墙比为 0.32 时，不同外遮阳工况的节能效果

图 7-53 给出了窗墙比为 0.32 时，外遮阳情况下负荷及其降低率。可以看出，对于同种遮阳方式，遮阳宽度越大，空调负荷越低，外遮阳所能起到的节能效果越大。以综合遮阳为例，宽度为 0.6m 时，相对于无遮阳时空调负荷降低了 1.4%，宽度为 1.2m 时，降低了 4.0%，宽度为 1.8m 时，降低了 6.5%。此外，三种遮阳方式中，综合遮阳的效果最好。宽度同为 1.8m 时，垂直时空调负荷降低了 2.5%，水平时降低了 5.0%，综合遮阳时降低了 6.5%。

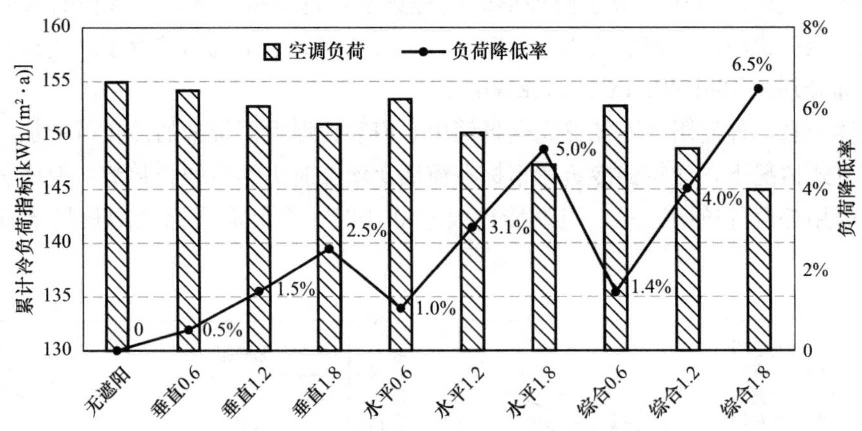

图 7-53 西向窗墙比为 0.32 时，外遮阳情况下空调负荷及其降低率

3）不同外遮阳工况，所允许的窗墙比最大取值

由于外遮阳能够降低建筑冷负荷，因此若维持建筑的基准负荷不变，在采用不同外遮阳情况下，可相应增大窗墙比。表 7-21 中的三个值依次代表相应的遮阳方式的遮阳宽度为 0.6m、1.2m、1.8m 时所允许的窗墙比的最大取值。它表示在相应外遮阳情况下，窗墙比为该最大值时，建筑全年累计冷负荷指标等于基准负荷；若窗墙比大于该值，建筑累计冷负荷指标将超过基准负荷。将水平、垂直及综合遮阳情况下西向窗墙比范围汇总于表 7-21。

外遮阳能够起到节能效果的西向窗墙比范围　　表 7-21

外遮阳宽度	0	0.6m	1.2m	1.8m
垂直遮阳	0.32（基准）	0.33	0.35	0.38
水平遮阳		0.33	0.34	0.47
综合遮阳		0.36	0.44	0.56

从表中可以看出，对于同种遮阳方式，外遮阳越宽，累计冷负荷指标越低，所允许的窗墙比范围也更大。采用 0.6m、1.2m、1.8m 水平遮阳时，窗墙比可分别增大至 0.33，0.34，0.47。而同样是 1.8m 宽外遮阳，垂直、水平及综合方式可分别将窗墙比增大至 0.38、0.47、0.56，可见综合遮阳所允许的窗墙比范围最大。

4）外遮阳宽度为 1.8m 时，相对于基准负荷的节能率

当外遮阳宽度同为 1.8m 时，不同窗墙比下相对于基准负荷的节能率如表 7-22 所示。相应工况下建筑冷负荷低于基准负荷时节能率为正值，高于基准负荷时节能率为负值。由同一窗墙比的节能率可以看出，综合遮阳的效果最高，水平遮阳次之。

西向外遮阳宽度为 1.8m 时，相对于基准负荷的节能率（%）　　表 7-22

窗墙比	0.3	0.32	0.4	0.5	0.6	0.7	0.8	0.9
无	1.0	0（基准）	−3.8	−8.4	−12.9	−17.3	−21.5	−25.7
垂直遮阳	3.3	2.5	−0.7	−4.5	−8.2	−11.5	−14.7	−17.7
水平遮阳	5.7	5.0	2.3	−0.8	−3.9	−6.7	−9.4	−12.0
综合遮阳	7.1	6.5	4.2	1.5	−1.0	−3.2	−5.2	−7.0

建筑西向立面主要接受太阳直射光线照射，且琼海纬度较低，太阳高度角大，因此西向采用水平遮阳相较于垂直遮阳可遮挡更多的太阳辐射，节能效果也更好。垂直遮阳在窗墙比为 0.32 时的节能效果（2.5%）与水平遮阳在窗墙比为 0.4 时的节能效果（2.3%）相当；垂直遮阳在窗墙比为 0.4 时的节能效果（−0.7%）还不及水平遮阳在 0.5 时的节能效果（−0.8%）。从节能效果及节约建材的角度考虑，建议使用水平遮阳，而综合遮阳结合了垂直遮阳与水平遮阳的特点，节能效果也更为明显，可以根据建筑需要实现的窗墙比大小决定是否采用。

（4）东向窗墙比对空调负荷的影响

1）不同外遮阳情况下，建筑空调负荷计算

建筑东向所接受到的太阳辐射量仅次于西向，前面已经得出东向基准负荷即东向窗墙比为 0.32 时该建筑全年累计冷负荷指标为 155.3kWh/(m^2 · a)。当改变东向窗墙比自 0.3～0.9 变化时，采用不同形式外遮阳，窗墙比变化对空调负荷的影响如图 7-54 所示，无遮阳情况下的结果同样使用虚线表示。

从图中可以看出，无论附加何种外遮阳形式，相较于无外遮阳情况，建筑累计冷负荷指标均不同程度降低，但随着窗墙比的增大，冷负荷指标仍然呈增长趋势。对于同种外遮阳形式，遮阳板越宽，空调负荷则越低。以水平方式外遮阳为例，当窗墙比为 0.6 时，遮阳板宽度分别为 0.6m、1.2m、1.8m 时，所对应的建筑全年累计冷负荷指标分别为 168kWh/(m^2 · a)、163kWh/(m^2 · a)、159kWh/(m^2 · a)。

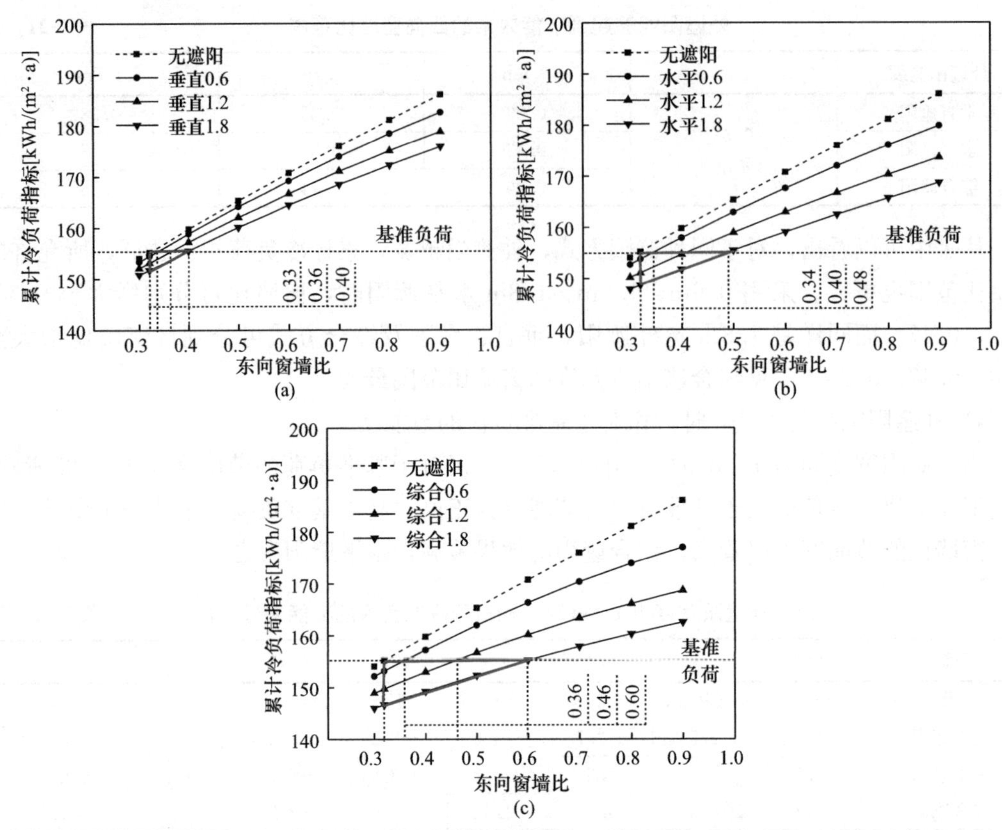

图 7-54 采用不同形式外遮阳，东向窗墙比变化对空调负荷的影响

(a) 垂直；(b) 水平；(c) 综合

2）窗墙比为 0.32 时，不同外遮阳工况的节能效果

最小窗墙比（0.32）情况下，建筑东侧无遮阳、垂直遮阳、水平遮阳及综合外遮阳情况下建筑全年累计冷负荷指标及其节能效果进行了对比，外遮阳情况下空调负荷及其降低率见图 7-55。

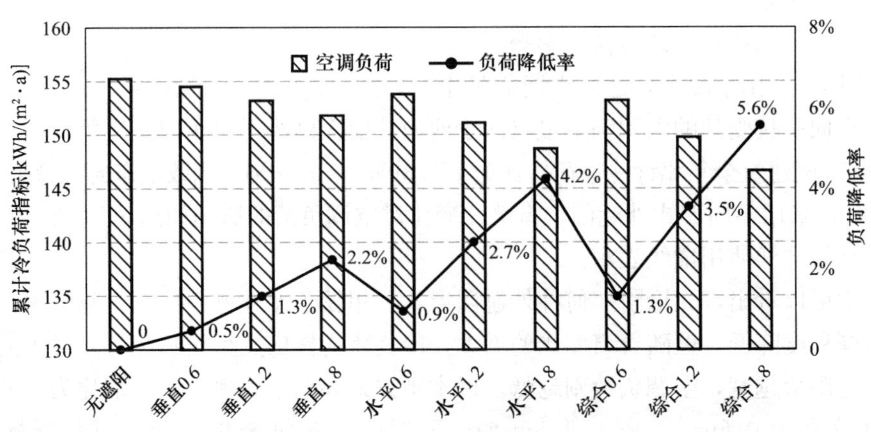

图 7-55 东向窗墙比为 0.32 时，外遮阳情况下空调负荷及其降低率

可以看出，对于同种遮阳方式，遮阳宽度越大，累计冷负荷指标越低，同时外遮阳的节能效果越明显。以综合遮阳为例，东向所采用的遮阳板宽度为 0.6m 时，相对于无遮阳时空调负荷降低了 1.3%，宽度为 1.2m 时，降低了 3.5%，宽度为 1.8m 时，降低了 5.6%。此外，3 种遮阳方式中，综合遮阳的效果最好。宽度同为 1.8m 时，垂直时空调负荷降低了 2.2%，水平时降低了 4.2%，综合遮阳时降低了 5.6%，要低于相应情况下建筑西向附加相同遮阳形式时的节能率。

同样以基准负荷为限，若在增大东向窗墙比的同时建筑累计冷负荷指标不得超过基准负荷，则相应于不同的外遮阳形式及不同遮阳板宽度窗墙比所能达到的最大值标注如图 7-55 所示。当西向增加 1.8m 综合外遮阳时，窗墙比可由 0.32 增大至 0.60；增加 1.2m 综合外遮阳时窗墙比可增大至 0.46；增加 0.6m 综合外遮阳时窗墙比可增大至 0.36。

3）外遮阳宽度为 1.8m 时，相对于基准负荷的节能率

当外遮阳宽度同为 1.8m 时，不同窗墙比下相对于基准负荷的节能率如表 7-23 所示。当窗墙比为同一数值时，综合遮阳的效果最好，水平遮阳次之，垂直遮阳节能效果最差。窗墙比越大，节能率逐渐减小，甚至成为负值。东向窗墙比由 0.3 增大至 0.9，在无外遮阳时其节能率由 0.7%过渡到－19.8%，综合遮阳情况下其节能率由 6.0%过渡至－4.7%。

建筑东向立面一年四季均可接受到太阳的直接照射，且由于该地太阳高度角大，因此东向采用水平遮阳相较于垂直遮阳可遮挡更多的太阳辐射，节能效果也更好。

东向外遮阳宽度为 1.8m 时，相对于基准负荷的节能率（%）　　表 7-23

窗墙比	0.3	0.32	0.4	0.5	0.6	0.7	0.8	0.9
无	0.7	0（基准）	−2.9	−6.5	−10.0	−13.4	−16.6	−19.8
垂直遮阳	2.8	2.2	−0.2	−3.1	−5.9	−8.5	−11.0	−13.3
水平遮阳	4.7	4.2	2.2	−0.2	−2.5	−4.7	−6.7	−8.7
综合遮阳	6.0	5.6	3.9	1.9	0.0	−1.7	−3.3	−4.7

垂直遮阳在窗墙比为 0.32 时的节能效果为 2.2%相当于水平遮阳在窗墙比为 0.4 时的节能效果；垂直遮阳在窗墙比为 0.4 时的节能效果为−0.2%相当于采用水平遮阳窗墙比为 0.5 时的节能效果；而在综合遮阳情况下窗墙比为 0.6 时其节能率为 0。从节能效果及节约建材的角度考虑，建议在东向使用水平遮阳，不建议使用垂直遮阳的方式，而综合遮阳的使用与否可以根据建筑需要实现的窗墙比大小决定，该结果与西向推荐的遮阳方式一致。

（5）南向窗墙比对空调负荷的影响

1）不同外遮阳情况下，建筑空调负荷计算

通过前面太阳辐射分析及基准负荷的确定可以看出建筑的全年累计冷负荷指标在建筑位于南北朝向时要明显低于建筑位于东西朝向时的结果。当建筑为东西朝向时，其累计冷负荷指标变化范围为 140～200kWh/(m^2 · a)，而建筑位于南北朝向时，其累计冷负荷指标变化范围为 120～180kWh/(m^2 · a)。南向基准负荷为 140.4kWh/(m^2 · a)，当南向窗墙比自 0.3～0.9 变化时，采用不同形式外遮阳，窗墙比变化对空调负荷的影响如图 7-56 所示。

从图中可以看出，无论附加何种外遮阳形式，相较于无外遮阳情况，建筑累计冷负荷

指标均不同程度降低，但随着窗墙比的增大，冷负荷指标仍然呈增长趋势。对于同种外遮阳形式，遮阳板越宽，空调负荷则越低。以水平方式外遮阳为例，当窗墙比为 0.6 时，遮阳板宽度分别为 0.6m、1.2m、1.8m 时，所对应的建筑全年累计冷负荷指标分别为 168kWh/(m^2·a)、163kWh/(m^2·a)、159kWh/(m^2·a)。

不同形式的外遮阳均可降低建筑空调负荷，若保持基准负荷不增加，不同形式外遮阳情况下所能达到的窗墙比范围见在图中以竖向数字标注。例如，当建筑南向采用 1.8m 综合外遮阳时，窗墙比可由 0.32 增大至 0.78；增加 1.2m 综合外遮阳时窗墙比可增大至 0.55；增加 0.6m 综合外遮阳时窗墙比可增大至 0.37。

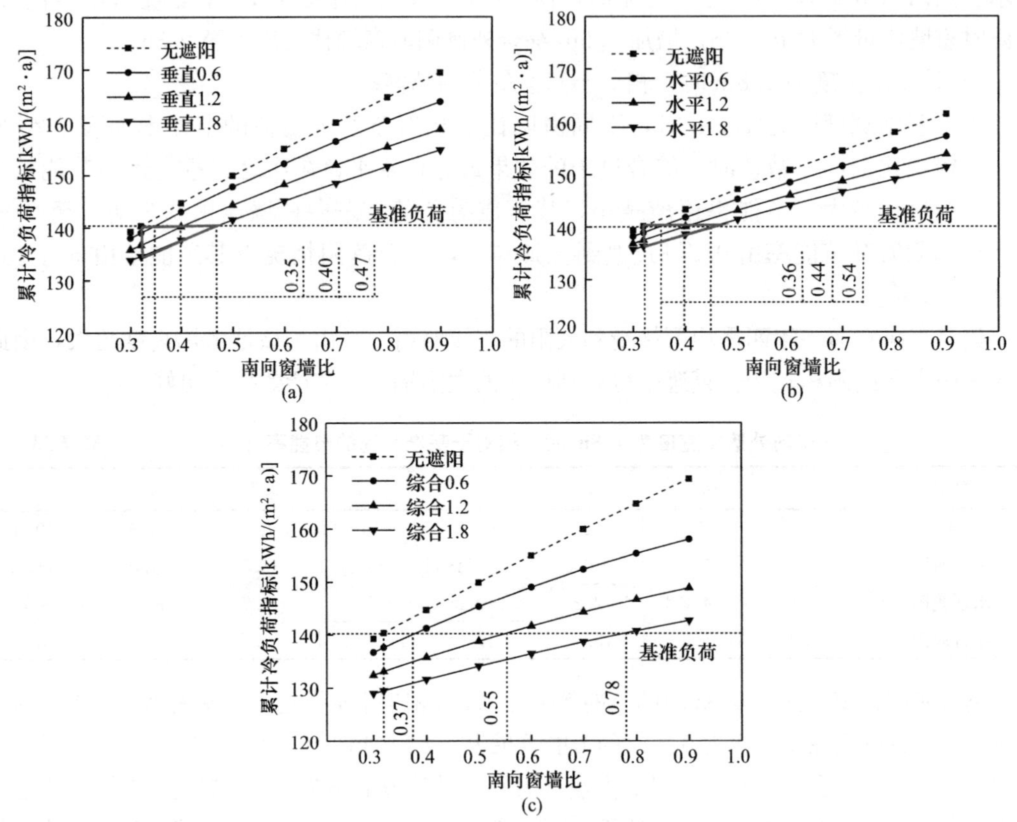

图 7-56　采用不同形式外遮阳，南向窗墙比变化对空调负荷的影响

(a) 垂直；(b) 水平；(c) 综合

2）窗墙比为 0.32 时，不同外遮阳工况的节能效果

窗墙比为 0.32 时，建筑南侧无遮阳及不同外遮阳情况下建筑空调负荷及其降低率如图 7-57 所示。

可以看出，对于同种遮阳方式，遮阳宽度越大，空调负荷越低，外遮阳所能起到的节能效果越大。以综合遮阳为例，宽度为 0.6m 时，相对于无遮阳时空调负荷降低了 1.9%，宽度为 1.2m 时，降低了 5.2%，宽度为 1.8m 时，降低了 7.7%。此外，三种遮阳方式中，综合遮阳的效果最好。宽度同为 1.8m 时，垂直时空调负荷降低了 2.6%，水平时降低了 5.4%，综合遮阳时降低了 7.7%。

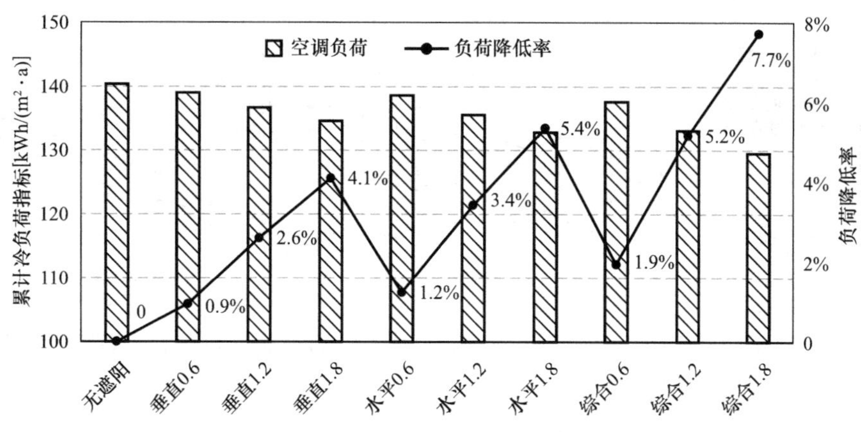

图 7-57　南向窗墙比为 0.32 时，外遮阳情况下空调负荷及其降低率

3）外遮阳宽度为 1.8m 时，相对于基准负荷的节能率

当外遮阳宽度同为 1.8m 时，不同窗墙比下相对于基准负荷的节能率如表 7-24 所示。同样随着窗墙比的增大，不同外遮阳情况下的节能率由正值向负值过渡。由同一窗墙比的节能率可以看出，综合遮阳的效果最好，水平遮阳次之。

南向外遮阳宽度为 1.8m 时，相对于基准负荷的节能率（%）　　表 7-24

窗墙比	0.3	0.32	0.4	0.5	0.6	0.7	0.8	0.9
无	0.8	0(基准)	−3.1	−6.8	−10.4	−13.9	−17.3	−20.7
垂直遮阳	4.7	4.1	1.9	−0.8	−3.3	−5.7	−8.0	−10.2
水平遮阳	5.9	5.4	3.4	1.0	−1.3	−3.5	−5.5	−7.5
综合遮阳	8.1	7.7	6.2	4.5	2.8	1.2	−0.3	−1.6

5 月中旬至 7 月末时间除外，建筑的南向立面在一年中的其他时间均可接收到太阳的直接照射，在冬季时甚至还要高于西向所接收到的太阳辐射，因此南向同样采用水平遮阳相较于垂直遮阳可遮挡更多的太阳辐射，节能效果也更好。垂直遮阳在窗墙比为 0.32 时的节能效果为 4.1%比水平遮阳的节能效果低 1.3%；当窗墙比为 0.7 时，垂直遮阳的节能效果比水平遮阳低 2.2%，当窗墙比达到 0.9 时两者节能率差值达到 2.7%，可见窗墙比越大，两者节能效果相差也越大。若从节能效果及节约建材两方面考虑，同样建议南向立面使用水平遮阳。而综合遮阳结合了垂直遮阳与水平遮阳的特点，节能效果最大可以达到 8%左右，因此可以根据建筑需要实现的窗墙比大小进行反选。

（6）北向窗墙比对空调负荷的影响

1）不同外遮阳情况下，建筑空调负荷计算

建筑北向立面所接收到的太阳辐射量为各朝向最低，在建筑北侧添加垂直遮阳、水平遮阳和综合外遮阳时，北向窗墙比自 0.3～0.9 变化时，采用不同形式的外遮阳，窗墙比变化对空调负荷的影响如图 7-58 所示，北向的基准负荷由前面结果可知为 140.2kWh，与南向基本一样。可见，不同形式的外遮阳均可降低建筑累计冷负荷指标，但若保持基准负荷不增加，不同形式外遮阳情况下窗墙比可相应增大，其窗墙比所能达到的最大值在图中以竖向的数字表示。可以看出，相同的遮阳方式，遮阳板宽度越大，所允许的窗墙比越大。

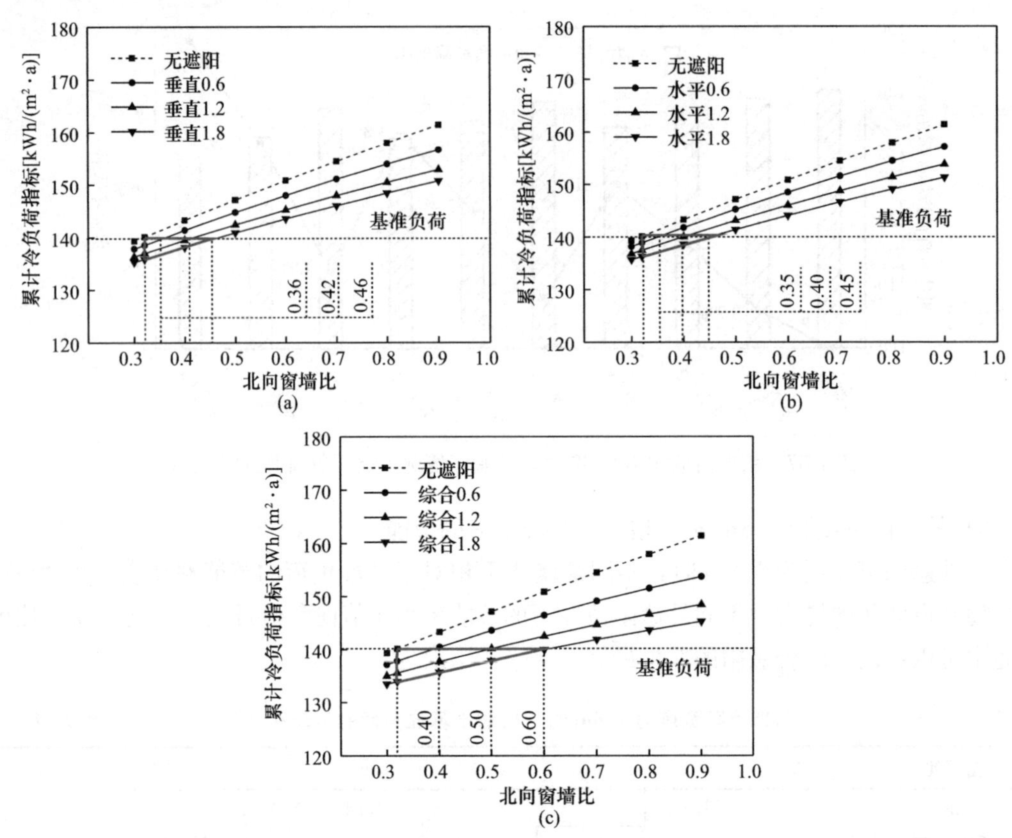

图 7-58 采用不同形式外遮阳，北向窗墙比变化对空调负荷的影响

(a) 垂直；(b) 水平；(c) 综合

垂直遮阳在遮阳板宽度分别为 0.6m、1.2m、1.8m 时其窗墙比可分别由原定的 0.32 增加至 0.36、0.42、0.46。若遮阳板均为 1.2m，垂直遮阳、水平遮阳及综合遮阳可分别允许窗墙比增大至 0.42、0.40 和 0.60。可见综合遮阳所允许的窗墙比范围最大，垂直遮阳次之，水平遮阳最小，不过水平遮阳和垂直遮阳所达到的效果相差不大。

2）窗墙比为 0.32 时，不同外遮阳工况的节能效果

为了比较不同遮阳方式在北向立面的节能效果，图 7-59 给出了窗墙比为 0.32 时，建筑北侧无外遮阳及不同外遮阳情况下建筑的空调负荷及其降低率。

从图中可以看出，同种遮阳方式，遮阳板越宽，累计冷负荷指标越小，相较于基准负荷的节能率也就越大。垂直遮阳在遮阳板宽度分别为 0.6m、1.2m 和 1.8m 时其节能率分别为 1.1%、2.2%和 3.0%。同样是 1.2m 的遮阳板宽，水平遮阳的节能率为 1.9%，要低于垂直遮阳的节能率，而综合遮阳的节能率为 3.3%，可见对于建筑北向立面而言，仍然是综合遮阳的节能效果最好，但垂直遮阳的效果要略好于水平遮阳的效果，有别于其他三个朝向。

3）外遮阳宽度为 1.8m 时，相对于基准负荷的节能率

当外遮阳宽度同为 1.8m 时，不同窗墙比下相对于基准负荷的节能率如表 7-25 所示。同种遮阳形式下，随着窗墙比的增大，相较于基准负荷的节能率逐渐减小，由正值过渡到

负值。窗墙比由0.3增大到0.9，采用垂直遮阳时，节能率由3.4%降低为−7.5%；采用水平遮阳时，节能率由3.2%降低至−8.0%；采用综合遮阳时，节能率由4.7%降低至−3.7%。由同一窗墙比的节能率可以看出，综合遮阳的效果最好，水平遮阳次之。

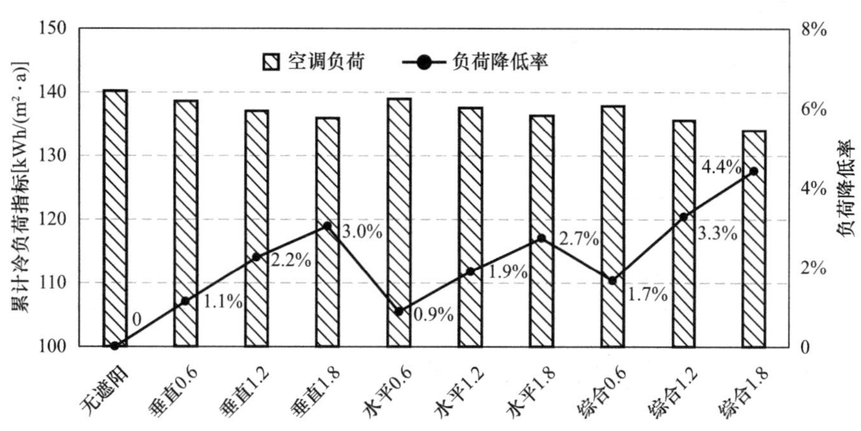

图7-59 北向窗墙比为0.32时，外遮阳情况下空调负荷及其降低率

北向外遮阳宽度为1.8m时，相对于基准负荷的节能率（%） **表7-25**

窗墙比	0.3	0.32	0.4	0.5	0.6	0.7	0.8	0.9
无	0.6	0(基准)	−2.2	−5.0	−7.6	−10.2	−12.7	−15.1
垂直遮阳	3.4	3.0	1.4	−0.6	−2.4	−4.2	−5.9	−7.5
水平遮阳	3.2	2.7	1.1	−0.9	−2.8	−4.6	−6.3	−8.0
综合遮阳	4.7	4.4	3.1	1.6	0.1	−1.2	−2.5	−3.7

建筑北向立面一般接受不到太阳的直接照射，由于琼海位于北回归线与赤道之间，因此太阳在夏季一小段时间内位于建筑北侧，但时间很短。从全年角度来看，北向接受的散射辐射是最多的，因此在北向附加垂直遮阳的节能效果相较于水平遮阳效果略好，但这两种方式的节能效果仅相差0.6%，并不明显。由于垂直遮阳要比水平遮阳消耗更多的建筑材料，且会遮挡左右两侧的视线，因此仍然建议北向采用水平遮阳的方式。综合遮阳的节能效果最好，同样可根据最终需要达到的效果进行反选。

（7）实现节能的窗墙比范围

附加不同的外遮阳可降低建筑的空调负荷使得各朝向窗墙比取值相应增大，将各工况下各朝向可实现节能的最大窗墙比进行汇总，如表7-26所示。

外遮阳各工况下各朝向可实现节能的最大窗墙比 **表7-26**

朝向	遮阳形式	宽度			
		0	0.6m	1.2m	1.8m
西向	垂直遮阳	0.32（基准）	0.33	0.35	0.38
	水平遮阳		0.34	0.40	0.47
	综合遮阳		0.36	0.44	0.56

续表

朝向	遮阳形式	宽度			
		0	0.6m	1.2m	1.8m
东向	垂直遮阳	0.32（基准）	0.33	0.36	0.40
	水平遮阳		0.34	0.40	0.48
	综合遮阳		0.36	0.46	0.60
南向	垂直遮阳	0.32（基准）	0.35	0.40	0.47
	水平遮阳		0.36	0.44	0.54
	综合遮阳		0.37	0.55	0.78
北向	垂直遮阳	0.32（基准）	0.36	0.42	0.46
	水平遮阳		0.35	0.40	0.45
	综合遮阳		0.40	0.50	0.60

7.3.2 外遮阳工况下窗墙比对天然采光的影响

1. 天然采光模拟分析

(1) 模型简介

本研究以岛礁拟建宾馆建筑为原型，该宾馆含有标准间和套间两种房型，但标准间房型居多，占 80%，仅有少量客房为套间，在进行采光模拟时以标准间客房作为分析计算单元。

客房标准间的尺寸为 6.9m×3.9m×3.9m，内含独立卫生间，尺寸为 2.7m×2m×3.9m，其平面图如图 7-60(a) 所示。模型图在 Ecotect 中建立，如图 7-60(b) 所示。

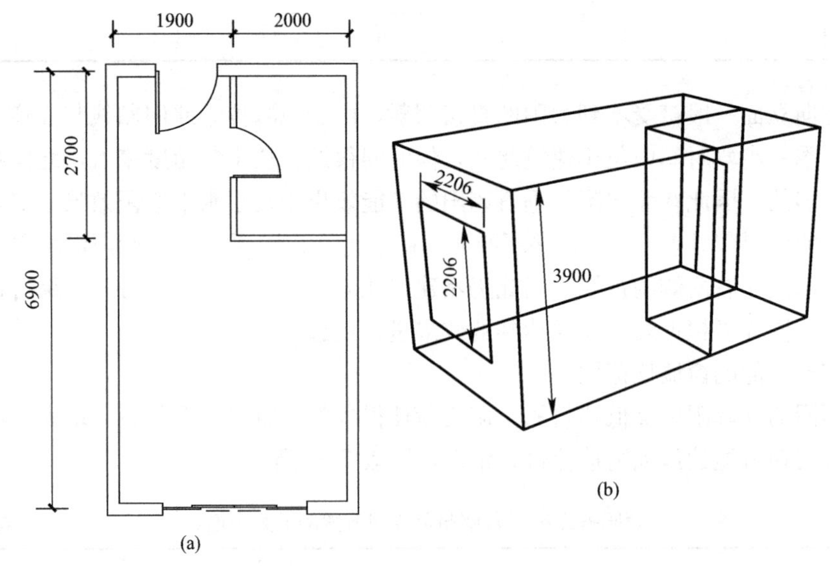

图 7-60 标准间平面图和模型图

(a) 平面图；(b) 模型图

参考平面距地面 0.75m，每隔 0.1m 设置一个计算网格，一共有 1338 个网格，如图 7-61 所示。网格数量满足网格独立性要求，再增加网格数量不影响计算结果。

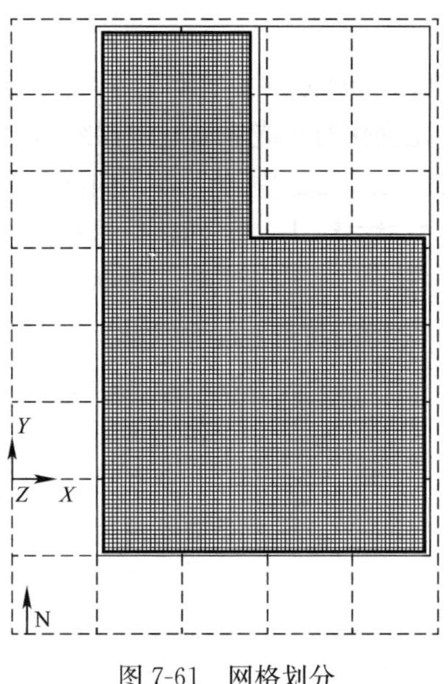

图 7-61　网格划分

采光模拟过程中各表面的反射比参考了《建筑采光设计标准》GB 50033—2013[18] 中的相关规定和天然采光相关文献中的实际测量值，具体参数设置见表 7-27。其中窗户材质为 6mm 普通玻璃，透射比为 0.737。

表面反射比　　　　**表 7-27**

表面名称	反射比
顶棚	0.753
墙面	0.718
地面	0.350

此次模拟采用 CIE 标准全阴天天空模型进行计算，参考平面上 75%的参考点采光系数大于 2%视为满足建筑天然采光要求。

(2) 工况设置

通过对岛礁地区气候特点的分析得出该地常夏无冬，对空调依赖性大，因此建筑节能只需考虑如何降低空调能耗。有研究表明，透过建筑的太阳辐射是构成夏季空调能耗的重要组成部分，而外遮阳能够直接将太阳辐射挡在室外，是一种有效的节能措施，但同时外遮阳也会影响室内采光。因此，本节针对垂直、水平及综合遮阳三种不同的遮阳方式及不同的遮阳板宽度情况下，窗墙比对室内采光系数的影响，具体的外遮阳工况见表 7-28。

外遮阳工况　　　　**表 7-28**

宽度	遮阳形式			
	无外遮阳	垂直遮阳	水平遮阳	综合遮阳
遮阳宽度	—	0.3m	0.6m	0.9m
遮阳长度	—	3.9m	3.9m	3.9m

注：相应于以上各种工况，窗墙比均在 0.1～0.9 范围内变化。

(3) 结果分析

1) 不同窗墙比时满足采光需求的房间面积比

无遮阳情况下各朝向窗墙比变化时采光系数达到2%的房间面积比见图7-62。可以看出，各朝向同一窗墙比满足天然采光要求的房间面积比是相同的，可见采光系数与窗户朝向无关。本研究中采用CIE全阴天天空模型进行天然采光模拟计算，该模型具有旋转对称性，与太阳的位置无关，因此采光系数不受建筑朝向的影响。

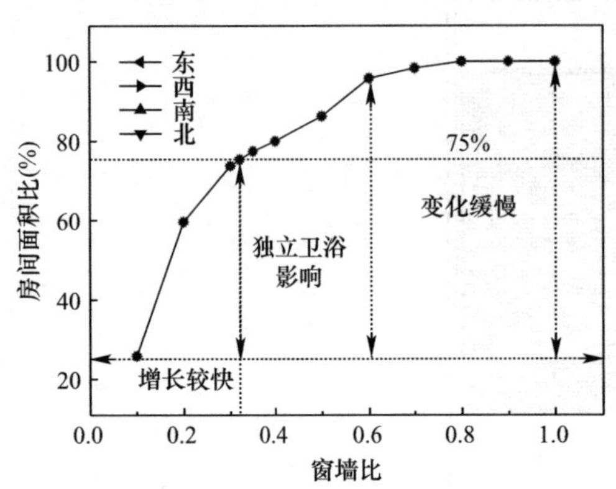

图7-62 窗墙比对采光系数的影响

从整体上看，窗墙比增大，满足采光标准要求的房间面积增大，室内天然采光效果越好。窗墙比较小时（0.1～0.3）对室内天然采光的影响较大，窗墙比增大时满足要求的房间面积迅速增大。窗墙比由0.1增加到0.2时，满足要求的房间面积增加了31%；由0.2增加到0.3时，满足要求的房间面积增加了13%。窗墙比较大时（>0.3），满足要求的房间面积增长相对缓慢，窗墙比由0.3变为0.4时，满足要求的房间面积增长不足5%。窗墙比大于0.7时，采光系数基本不受窗户面积的影响。此外，窗墙比由0.5变为0.6时增长较快是由于宾馆标准间内设有独立卫浴，进行采光模拟时不考虑独立卫浴的面积。当窗墙比为0.32时，满足采光要求的房间面积达到75%。在后续的能耗模拟过程中，以此时所对应的空调负荷为基准，判断添加遮阳设施是否具有节能效果。

2) 不同窗墙比时，75%房间面积所能达到的采光系数值

建筑在无外遮阳情况下，不同窗墙比时，采光系数平均值及75%房间面积所能达到的采光系数值见表7-29。从表中可以看出，窗墙比增大，采光系数平均值增大，说明室内天然采光效果更好。当窗墙比为0.3时，采光系数平均值为5.16。此处采光系数平均值指的是参考平面上各计算点采光系数的平均值。

75%房间面积所能达到的采光系数随着窗墙比增大也呈增大趋势，当窗墙比为0.3时，75%房间面积采光系数大于或等于1.78%，当窗墙比为0.4时，75%的房间面积采光系数大于等于2.63%。

不同窗墙比时的采光系数 **表7-29**

窗墙比	0.1	0.2	0.3	0.4	0.5	0.6	0.7	0.8	0.9
采光系数平均值(%)	1.73	3.47	5.16	6.72	7.90	9.08	9.92	10.86	11.64
75%的房间面积能达到的采光系数(%)	0.63	1.29	1.78	2.63	3.26	4.13	4.48	5.03	5.57

2. 不同外遮阳方式下窗墙比对天然采光的影响

(1) 垂直遮阳

垂直遮阳情况下窗墙比对采光系数的影响如图7-63所示，为了便于比较，将无遮阳

情况下的结果以虚线表示。可以看出，不同宽度垂直外遮阳情况下，同一窗墙比时，满足采光标准要求的房间面积与无遮阳情况下的结果基本相同，可见采光系数基本不受垂直遮阳的影响。

建筑在无外遮阳情况下，不同窗墙比时，75%房间面积所能达到的采光系数值见表7-30。添加不同宽度的垂直遮阳，天然采光达到标准要求时所对应的窗墙比仍为0.32。全阴天空下虽然室外光线全部为漫射光，没有方向，所以垂直遮阳基本不会影响室内采光。

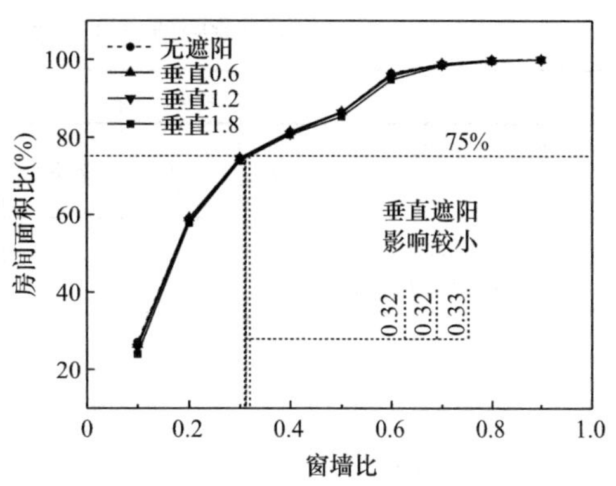

图7-63 垂直遮阳窗墙比对采光系数的影响

垂直遮阳情况下，75%的房间面积所能达到的采光系数 **表7-30**

窗墙比	0.1	0.2	0.3	0.4	0.5	0.6	0.7	0.8	0.9
垂直0.6m时采光系数(%)	0.63	1.28	1.90	2.60	3.25	3.85	4.43	4.95	5.43
垂直1.2m时采光系数(%)	0.62	1.27	1.85	2.55	3.20	3.77	4.32	4.84	5.27
垂直1.8m时采光系数(%)	0.61	1.25	1.80	2.51	3.13	3.69	4.23	4.76	5.18

(2) 水平遮阳

建筑在水平外遮阳情况下，不同窗墙比时，75%房间面积所能达到的采光系数值见图7-64。水平遮阳宽度越大，遮挡更多的室外光线，室内采光效果也就越差。相比于无遮阳情况下，窗墙比为0.5时，达标房间面积在0.6m宽水平遮阳时下降了0.5%，1.2m宽时下降了2%，1.8m宽时下降了4%。受独立卫浴影响而变化的拐点在水平遮阳情况下后移，无遮阳情况下窗墙比由0.5增大为0.6时达标面积增长较快；在1.2m外遮阳情况下，达标面积在窗墙比为0.5～0.7之间增长较快；1.8m水平遮阳情况下，达标面积在窗墙比为0.7～0.8之间增长较快。

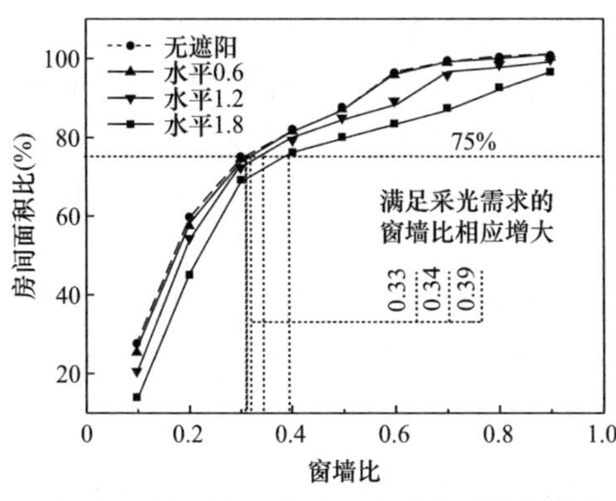

图7-64 水平遮阳窗墙比对采光系数的影响

由于水平遮阳的添加使得满足采光要求的窗墙面积比增大：在0.6m水平遮阳时的窗墙比为0.33，1.2m水平遮阳时窗墙比增大为0.34，1.8m水平遮阳时窗墙比增大为0.39。

建筑在水平外遮阳情况下，不同窗墙比时，75%房间面积所能达到的采光系数见表7-31。从整体上看，窗墙比增大，室内采光效果越好，达标面积比例增大。相比于无遮阳情况，水平遮阳的添加遮挡了进入室内的太阳光线，同一窗墙比时达标的房间面积比例降低。0.6m水平遮阳对室内采光几乎没有影响，主要是因为水平遮阳并非在窗户的边沿，而是在房间顶棚的边沿。全阴天空情况下室外光线虽都是漫射光，但依然是天顶最亮，水平面亮度最低，因此相比于垂直遮阳，水平遮阳对室内采光的影响更大。

水平遮阳情况下，75%的房间面积所能达到的采光系数　　表 7-31

窗墙比	0.1	0.2	0.3	0.4	0.5	0.6	0.7	0.8	0.9
水平 0.6m 时采光系数(%)	0.60	1.23	1.89	2.55	3.19	3.80	4.28	4.66	4.98
水平 1.2m 时采光系数(%)	0.59	1.20	1.83	2.46	2.94	3.40	3.81	4.17	4.48
水平 1.8m 时采光系数(%)	0.57	1.17	1.75	2.00	2.70	3.13	3.46	3.81	4.09

（3）综合遮阳

综合遮阳窗墙比对采光系数的影响如图 7-65 所示。综合遮阳可以看作是水平遮阳和垂直遮阳的组合，将遮挡更多的太阳光线，这种情况下的采光效果是最差的。通过前面的分析可以得出，综合遮阳中起主要作用的仍然是水平部分。建筑在综合外遮阳情况下，不同窗墙比时，75%房间面积所能达到的采光系数见表 7-32。

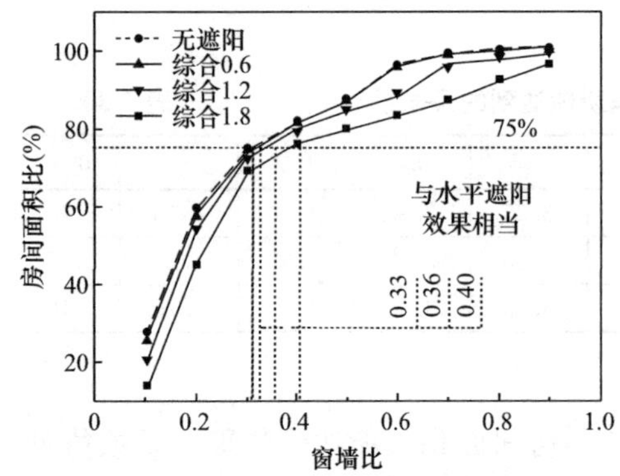

图 7-65　综合遮阳窗墙比对采光系数的影响

外遮阳越宽，满足采光标准的房间面积比例越低，但由于综合遮阳的水平部分与顶棚等高，垂直部分位于房间开间定位线上，并非在窗户的周围，因此 0.6m 宽的综合遮阳基本不影响室内的采光效果。窗墙比为 0.3 时，相比于无遮阳情况下，达标面积在 0.6m 宽的遮阳板情况下降低 0.5%，达标面积在 1.2m 宽的遮阳情况下降低 3%，达标面积在 1.8m 宽的遮阳情况下降低 6%。由于独立卫浴所导致的曲线拐点突变在 1.2m 宽遮阳情况下发生在窗墙比为 0.6～0.7 之间，1.8m 宽遮阳情况下窗墙比增大至 0.9 时仍未出现明显拐点。

综合外遮阳情况下，采光系数大于 2%的房间面积达到 75%时所对应的窗墙比在 0.6m 综合遮阳情况下窗墙比增大为 0.33，1.2m 综合遮阳情况下窗墙比增大为 0.36，1.8m 综合遮阳情况下窗墙比增大为 0.40。

综合遮阳情况下，75%的房间面积所能达到的采光系数　　表 7-32

窗墙比	0.1	0.2	0.3	0.4	0.5	0.6	0.7	0.8	0.9
综合 0.6m 时采光系数(%)	0.59	1.22	1.81	2.52	3.18	3.76	4.21	4.56	4.79
综合 1.2m 时采光系数(%)	0.53	1.11	1.71	2.34	2.80	3.19	3.53	3.80	3.97
综合 1.8m 时采光系数(%)	0.50	1.00	1.53	2.01	2.35	2.70	2.98	3.22	3.38

（4）满足采光需求的窗墙比范围

附加外遮阳使得满足采光需求的最小窗墙比相应增大，各工况下的最小窗墙比见表 7-33：

外遮阳工况下满足采光需求的最小窗墙比 表 7-33

遮阳形式	遮阳宽度			
	无遮阳	0.6m	1.2m	1.8m
垂直遮阳	0.32 (最小值)	0.32	0.32	0.33
水平遮阳		0.33	0.34	0.39
综合遮阳		0.33	0.36	0.40

三种遮阳方式中，垂直遮阳对室内采光效果影响最小，宽度在 1.2m 范围内不需要增加窗户面积即可满足采光标准的要求。综合遮阳由于可以遮挡各个朝向的光线，对室内的采光的影响是最大的。

7.3.3 基于采光和节能需求的窗墙比取值

根据 7.3.2 节所得到不同外遮阳工况下满足采光需求最小窗墙比，可对 7.3.1 节得到不同外遮阳工况下满足节能需求的窗墙比结果进行筛选，从而得到既能够满足室内采光需求又能够实现节能的窗墙比取值范围，结果如图 7-66 所示。斜线部分为适宜的窗墙比取值范围，当窗墙比取值超出该范围时，偏小时则不能够满足采光需求，偏大时将无法满足节能需求。

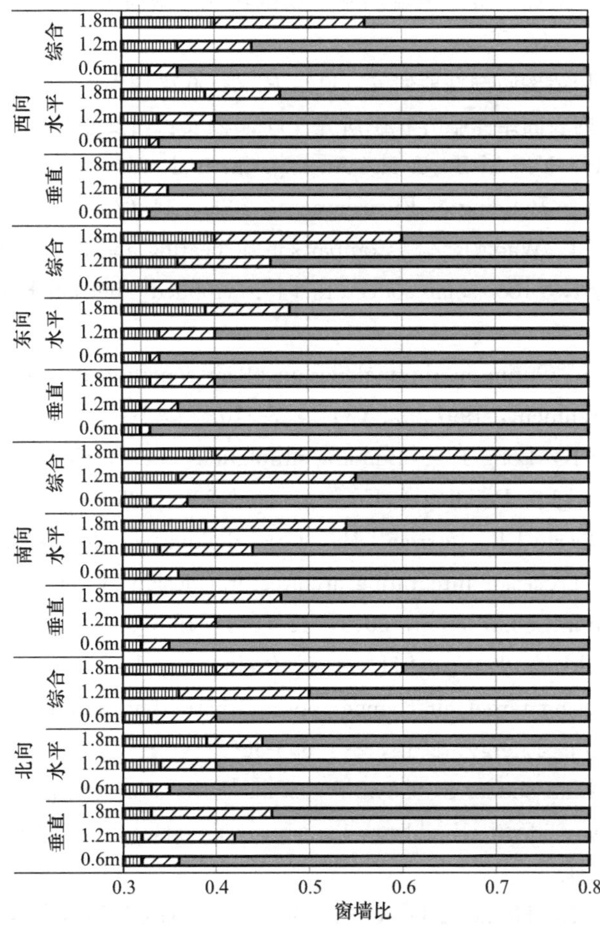

图 7-66 同时满足采光与节能需求的窗墙比取值范围

从图 7-66 中可以看出，相对于不同的外遮阳形式，各朝向均存在一个适宜的窗墙比区间，在该区间内取值能够同时满足采光和节能需求。设计者可根据不同的外遮阳工况，选取合适的窗墙比，也可根据所要达到的立面效果，对外遮阳进行反选。例如，西向采用 1.8m 水平遮阳时，窗墙比可在 0.39～0.47 范围内选择；若南向窗墙比达到 0.5，可选择 1.8m 水平遮阳及 1.2m 综合遮阳两种方案，还可结合其他因素，如工程预算、立面美观性等做进一步的取舍。

在相同的外遮阳形式下，南向所能达到的窗墙比为各朝向最大：1.8m 宽综合遮阳情况下，南向窗墙比可达到 0.78，东、北向窗墙比可达到 0.6 左右，西向窗墙比可增大至 0.56；1.2m 宽水平遮阳情况下，南向窗墙比可增大至 0.44，其他三个朝向窗墙比可增大至 0.4 左右，能够与我国建筑“坐北朝南”的传统相一致。

参考文献

[1] 中华人民共和国住房和城乡建设部. 民用建筑热工设计规范：GB 50176—2016 [S]. 北京：中国建筑工业出版社，2016

[2] 崔亚平，谢静超，刘加平等. 极端热湿气候区建筑外壁面总换热系数研究 [J]. 太阳能学报，2019 (40)：586-592.

[3] 沈显超. 建筑围护结构防潮性能研究 [D]. 武汉：武汉理工大学，2006.

[4] 程鹏. 围护结构内表面结露临界状态研究 [D]. 西安：西安建筑科技大学，2013.

[5] Lee S，Park S H，Yeo M S，et al. An experimental study on airflow in the cavity of a ventilated roof [J]. Building & Environment，2009，44 (7)：1431-1439.

[6] Zhai X Q，Dai Y J，Wang R Z . Comparison of heating and natural ventilation in a solar house induced by two roof solar collectors [J]. Applied Thermal Engineering，2005，25 (5-6)：741-757.

[7] Al-Homoud M S. Optimum thermal design of air-conditioned residential buildings [J]. Building & Environment，1997，32 (3)：203-210.

[8] Hong T，Chou S K，Bong T Y. Building simulation：an overview of developments and information sources [J]. Building & Environment，2000，35 (4)：347-361.

[9] Granadeiro V，Duarte J P，Correia J R，et al. Building envelope shape designin early stages of the design process：Integrating architectural design systems and energy simulation [J]. Automation in Construction，2013，32 (32)：196-209.

[10] Hiyama K，Glicksman L，Lund H，et al. Preliminary design method for naturally ventilated buildings using target air change rate and natural ventilation potential maps in the United States [J]. Energy，2015，89：655-666.

[11] Samuelson H，Claussnitzer S，Goyal A，et al. Parametric energy simulation in early design：High-rise residential buildings in urban contexts [J]. Building & Environment，2016，101：19-31.

[12] Attia S，Gratia E，Herde A D，et al. Simulation-based decision support tool for early stages of zero-energy building design [J]. Energy & Buildings，2012，49 (2)：2-15.

[13] Chan K. A study on the feasibility of using the overall thermal transfer value (OTTV) on assessing the use of building energy in Hong Kong [D]. Hong Kong: Department of Building Services Engineering, Hong Kong Polytechnic University, 1996.

[14] Chow W K, Chan K T. Overall thermal transfer values for building envelopes in Hong Kong [J]. Applied Energy, 1992, 42 (4): 289-312.

[15] Chow W K, Philip C H. Controlling building energy use by overall thermal transfer value (OTTV) [J]. Energy, 2000, 25 (5): 463-478.

[16] Chan L S. Investigating the environmental effectiveness of overall thermal transfer value code and its implication to energy regulation development [J]. Energy Policy, 2019, 130 (7): 172-180.

[17] 中华人民共和国住房和城乡建设部. 公共建筑节能设计标准: GB 50189—2015 [S]. 北京: 中国建筑工业出版社, 2015

[18] 中华人民共和国住房和城乡建设部. 建筑采光设计标准: GB 50033—2013 [S]. 北京: 中国建筑工业出版社, 2013.

附　　录

附录 A　台站基本信息

台站基本信息见附表 A。

台站基本信息　　附表 A

编号	台站号	位置	所属省份	东经(°)E	北纬(°)N	海拔(m)	台站类型	备注
1	54579	长海	辽宁	122.58	39.00	35.5	基准站	海岛
2	54751	长岛	山东	120.72	37.93	40.0	基本站	海岛
3	58041	西连岛	江苏	119.43	34.78	26.9	一般站	海岛
4	58366	崇明	上海	121.50	31.67	4.3	一般站	海岛
5	58472	嵊泗	浙江	122.45	30.73	80.0	基准站	海岛
6	58477	定海	浙江	122.10	30.03	36.0	基本站	海岛
7	58570	普陀	浙江	122.30	29.95	85.2	一般站	海岛
8	58666	大陈	浙江	121.90	28.45	86.0	基准站	海岛
9	58667	玉环	浙江	121.27	28.08	96.0	基本站	海岛
10	58760	洞头	浙江	121.15	27.83	68.6	基本站	海岛
11	58944	平潭	福建	119.78	25.52	32.0	基本站	海岛
12	59647	涠洲岛	广西	109.10	21.03	55.0	基准站	海岛
13	58358	东山	广东	117.50	23.78	53.3	基本站	海岛
14	59324	南澳	广东	117.03	23.43	8.0	基本站	海岛
15	59673	上川岛	广东	112.77	21.73	22.0	基准站	海岛
16	—	东沙	海南	116.43	20.40	6.0	—	海岛
17	59757	琼山	海南	110.37	20.00	9.9	一般站	海岛
18	59758	海口	海南	110.25	20.00	64.0	基准站	海岛
19	59842	临高	海南	109.68	19.90	31.7	一般站	海岛
20	59843	澄迈	海南	110.00	19.73	31.4	一般站	海岛
21	59851	定安	海南	110.33	19.67	53.3	一般站	海岛
22	59856	文昌	海南	110.75	19.62	21.7	一般站	海岛
23	59845	儋州	海南	109.58	19.52	169.0	基本站	海岛
24	59854	屯昌	海南	110.10	19.37	118.3	一般站	海岛
25	59847	昌江	海南	109.05	19.27	98.1	一般站	海岛
26	59848	白沙	海南	109.43	19.23	215.6	一般站	海岛
27	59855	琼海	海南	110.47	19.23	24.0	基本站	海岛
28	59838	东方	海南	108.62	19.10	8.0	基准站	海岛
29	59849	琼中	海南	109.83	19.03	250.9	基本站	海岛
30	59951	万宁	海南	110.33	18.80	39.9	一般站	海岛
31	59941	五指山	海南	109.52	18.77	328.5	一般站	海岛
32	59940	乐东	海南	109.17	18.75	155.0	一般站	海岛
33	59945	保亭	海南	109.70	18.65	68.6	一般站	海岛
34	59954	陵水	海南	110.03	18.55	35.2	基本站	海岛

续表

编号	台站号	位置	所属省份	东经(°)E	北纬(°)N	海拔(m)	台站类型	备注
35	59948	三亚	海南	109.52	18.23	6.0	基本站	海岛
36	59981	西沙	海南	112.33	16.83	5.0	基准站	海岛
37	59985	珊瑚	海南	111.62	16.53	4.0	基准站	海岛
38	—	南沙	海南	114.22	10.23	—	—	海岛
39	—	美济	海南	115.32	9.55	—	—	海岛
40	—	永暑	海南	112.53	9.23	—	—	海岛
41	54337	锦州	辽宁	121.12	41.13	70.0	基本站	沿海城市
42	54471	营口	辽宁	122.20	40.67	4.0	基本站	沿海城市
43	54497	丹东	辽宁	124.33	40.05	14.0	基本站	沿海城市
44	54662	大连	辽宁	121.63	38.90	97.0	基本站	沿海城市
45	54449	秦皇岛	河北	119.52	39.85	2.4	基本站	沿海城市
46	54534	唐山	河北	118.15	39.67	29.0	基本站	沿海城市
47	54539	乐亭	河北	118.90	39.43	12.0	基本站	沿海城市
48	54623	塘沽	天津	117.72	39.05	4.8	基本站	沿海城市
49	54753	龙口	山东	120.32	37.62	5.0	基准站	沿海城市
50	54774	威海	山东	122.13	37.47	65.4	基本站	沿海城市
51	54776	成山头	山东	122.68	37.40	47.7	基准站	沿海城市
52	54843	潍坊	山东	119.18	36.77	22.0	基本站	沿海城市
53	54857	青岛	山东	120.33	36.07	77.0	基本站	沿海城市
54	54945	日照	山东	119.53	35.43	37.0	基本站	沿海城市
55	54863	海阳	山东	121.17	36.77	64.0	基本站	沿海城市
56	58369	南汇	上海	121.78	31.05	5.0	一般站	沿海城市
57	58463	奉贤	上海	121.50	30.88	4.6	一般站	沿海城市
58	58460	金山	上海	121.35	30.73	5.2	一般站	沿海城市
59	58040	赣榆	江苏	119.13	34.83	10.0	基本站	沿海城市
60	58150	射阳	江苏	120.25	33.77	7.0	基本站	沿海城市
61	58251	东台	江苏	120.32	32.87	4.0	基本站	沿海城市
62	58259	南通	江苏	120.88	31.98	6.0	基本站	沿海城市
63	58457	杭州	浙江	120.17	30.23	42.0	基准站	沿海城市
64	58659	温州	浙江	120.65	28.03	28.0	一般站	沿海城市
65	58569	石浦	浙江	121.95	29.20	128.4	基本站	沿海城市
66	58846	宁德	福建	119.52	26.67	32.0	基本站	沿海城市
67	58847	福州	福建	119.28	26.08	84.0	基准站	沿海城市
68	59126	漳州	福建	117.65	24.50	28.9	基本站	沿海城市
69	59134	厦门	福建	118.07	24.48	139.0	基本站	沿海城市
70	58754	福鼎	福建	120.20	27.33	36.0	基本站	沿海城市
71	59632	钦州	广西	108.62	21.95	5.0	基本站	沿海城市
72	59631	防城	广西	108.35	21.78	32.4	基准站	沿海城市
73	59644	北海	广西	109.13	21.45	13.0	基本站	沿海城市
74	59316	汕头	广东	116.68	23.40	3.0	基准站	沿海城市
75	59287	广州	广东	113.33	23.17	41.0	基本站	沿海城市

续表

编号	台站号	位置	所属省份	东经(°)E	北纬(°)N	海拔(m)	台站类型	备注
76	59289	东莞	广东	113.73	22.97	56.0	基本站	沿海城市
77	59501	汕尾	广东	115.37	22.80	17.0	基本站	沿海城市
78	59493	深圳	广东	114.00	22.53	63.0	基本站	沿海城市
79	59485	中山	广东	113.40	22.52	33.7	基本站	沿海城市
80	59488	珠海	广东	113.57	22.28	51.4	基本站	沿海城市
81	59663	阳江	广东	111.97	21.83	90.0	基本站	沿海城市
82	59659	茂名	广东	110.92	21.75	33.5	一般站	沿海城市
83	59658	湛江	广东	110.30	21.15	53.0	基本站	沿海城市
84	54433	朝阳	辽宁	120.45	41.55	176.0	一般站	近海城市
85	54423	承德	河北	117.95	40.98	386.0	基本站	近海城市
86	54401	张家口	河北	114.88	40.78	772.8	基本站	近海城市
87	54436	青龙	河北	118.95	40.40	254.3	基本站	近海城市
88	54405	怀来	河北	115.50	40.40	570.9	基本站	近海城市
89	54602	保定	河北	115.57	38.85	16.8	基本站	近海城市
90	54618	泊头	河北	116.55	38.08	13.2	基本站	近海城市
91	53698	石家庄	河北	114.42	38.03	81.0	基本站	近海城市
92	54705	南宫	河北	115.38	37.37	27.4	基本站	近海城市
93	53798	邢台	河北	114.50	37.07	183.0	基本站	近海城市
94	54525	宝坻	天津	117.28	39.73	5.1	基本站	近海城市
95	54527	西青	天津	117.05	39.08	3.5	基本站	近海城市
96	54725	惠民	山东	117.53	37.50	11.7	基准站	近海城市
97	54715	陵城	山东	116.57	37.33	19.0	基本站	近海城市
98	54823	济南	山东	117.05	36.60	169.0	基本站	近海城市
99	54836	沂源	山东	118.15	36.18	302.0	基本站	近海城市
100	54916	兖州	山东	116.85	35.57	53.0	基本站	近海城市
101	54909	定陶	山东	115.55	35.10	51.5	基本站	近海城市
102	58027	徐州	江苏	117.15	34.28	41.2	基本站	近海城市
103	58238	南京	江苏	118.80	32.00	7.0	基准站	近海城市
104	58345	溧阳	江苏	119.48	31.43	8.0	基本站	近海城市
105	58365	嘉定	上海	121.20	31.38	6.5	一般站	近海城市
106	58461	青浦	上海	121.12	31.13	4.0	一般站	近海城市
107	58361	闵行	上海	121.37	31.10	5.5	一般站	近海城市
108	58462	松江	上海	121.18	31.02	8.1	一般站	近海城市
109	58367	徐家汇	上海	121.43	31.20	4.6	一般站	近海城市
110	58556	嵊州	浙江	120.82	29.60	104.3	基本站	近海城市
111	58633	衢州	浙江	118.90	29.00	82.0	基本站	近海城市
112	58646	丽水	浙江	119.92	28.45	60.0	基本站	近海城市
113	58731	浦城	福建	118.53	27.92	227.0	基本站	近海城市
114	58725	邵武	福建	117.47	27.33	218.0	基本站	近海城市
115	58834	南平	福建	118.17	26.65	126.0	基本站	近海城市
116	58921	永安	福建	117.35	25.97	206.0	基准站	近海城市

续表

编号	台站号	位置	所属省份	东经(°)E	北纬(°)N	海拔(m)	台站类型	备注
117	58911	长汀	福建	116.37	25.85	310.0	基本站	近海城市
118	58926	漳平	福建	117.42	25.30	205.0	基本站	近海城市
119	57957	桂林	广西	110.30	25.32	164.0	基本站	近海城市
120	59023	河池	广西	108.03	24.70	260.0	基本站	近海城市
121	59046	柳州	广西	109.40	24.35	97.0	基本站	近海城市
122	59058	蒙山	广西	110.52	24.20	146.0	基本站	近海城市
123	59211	百色	广西	106.60	23.90	174.0	基本站	近海城市
124	59265	梧州	广西	111.30	23.48	115.0	基准站	近海城市
125	59209	那坡	广西	105.83	23.42	794.0	基本站	近海城市
126	59254	桂平	广西	110.08	23.40	43.0	基本站	近海城市
127	59431	南宁	广西	108.22	22.63	122.0	基本站	近海城市
128	59417	龙州	广西	106.85	22.33	129.0	基本站	近海城市
129	59072	连县	广东	112.38	24.78	98.0	基本站	近海城市
130	59082	韶关	广东	113.60	24.68	61.0	基本站	近海城市
131	59096	连平	广东	114.48	24.37	215.0	基本站	近海城市
132	59117	梅县	广东	116.10	24.27	88.0	基本站	近海城市
133	59087	佛冈	广东	113.53	23.87	69.0	基本站	近海城市
134	59278	高要	广东	112.45	23.03	41.0	基本站	近海城市
135	59456	信宜	广东	110.93	22.35	85.0	基本站	近海城市

附录 B　气候区划专用气象参数数据集

气候区划专用气象参数数据集见附表 B。

气候区划专用气象参数数据集　　**附表 B**

位置	$\bar{t}_{min}$ (℃)	$\bar{t}_{max}$ (℃)	DR_7 (℃)	$d_{\leqslant 5}$ (d)	$d_{\geqslant 25}$ (d)	v_{max} (m/s)	RH_7 (%)	PRE (mm)	分级分区
朝阳	−9.2	24.9	10.0	140	34	20.0	74	481.4	Ⅱ
锦州	−7.5	24.7	7.6	137	31	20.0	77	578.7	Ⅱ
营口	−8.2	25.1	6.4	138	35	21.0	78	648.0	Ⅱ
丹东	−7.2	23.2	6.2	140	12	18.0	88	985.2	Ⅱ
长海	−4.0	22.3	4.9	126	12	32.7	90	623.3	Ⅱ
大连	−3.6	23.7	5.5	119	22	24.7	83	610.4	Ⅱ
承德	−9.2	24.1	11.1	144	23	16.0	73	516.2	Ⅱ
张家口	−8.1	24.2	10.9	142	23	16.1	62	396.9	Ⅱ
青龙	−7.8	24.5	9.7	139	25	13.9	77	670.6	Ⅱ
怀来	−7.0	24.8	10.9	136	30	17.7	66	371.7	Ⅱ
秦皇岛	−4.9	24.7	6.4	127	29	16.0	83	617.7	Ⅱ
唐山	−4.8	26.0	8.4	123	49	17.3	76	596.5	Ⅱ
乐亭	−4.9	25.3	7.4	127	38	18.3	80	573.5	Ⅱ
保定	−2.9	27.1	8.9	110	69	19.0	72	509.1	Ⅱ
泊头	−3.1	27.2	9.2	110	69	19.0	75	532.6	Ⅱ

续表

位置	$\bar{t}_{min}$ (℃)	$\bar{t}_{max}$ (℃)	DR_7 (℃)	$d_{\leqslant 5}$ (d)	$d_{\geqslant 25}$ (d)	v_{max} (m/s)	RH_7 (%)	PRE (mm)	分级分区
石家庄	−1.6	27.5	9.1	101	75	17.0	71	525.6	Ⅱ
南宫	−2.6	27.2	9.0	107	71	22.0	75	461.5	Ⅱ
邢台	−0.9	27.6	8.8	96	79	13.7	72	498.4	Ⅱ
宝坻	−4.8	26.1	9.1	123	51	29.0	77	569.5	Ⅱ
西青	−3.4	26.9	8.4	114	67	21.0	74	515.0	Ⅱ
塘沽	−2.8	26.9	6.4	112	68	27.0	74	545.3	Ⅱ
长岛	−0.9	24.1	6.6	106	27	30.0	84	562.9	Ⅱ
龙口	−1.5	26.0	7.5	107	50	19.0	77	596.7	Ⅱ
惠民县	−2.7	26.8	9.0	109	62	18.7	78	560.2	Ⅱ
威海	−0.7	24.6	6.3	102	34	30.3	81	721.1	Ⅱ
成山头	−0.3	23.7	4.4	110	6	34.9	89	692.1	Ⅱ
陵县	−2.5	26.9	9.2	109	64	21.7	78	543.4	Ⅱ
潍坊	−2.6	26.4	9.1	110	55	20.0	78	580.6	Ⅱ
海阳	−1.5	25.2	6.7	108	34	26.0	81	710.0	Ⅱ
济南	−0.3	27.6	8.5	88	81	16.2	71	698.9	Ⅱ
沂源	−2.4	25.7	8.6	110	46	17.0	77	708.5	Ⅱ
青岛	−0.1	24.4	4.9	95	35	25.7	87	681.6	Ⅱ
兖州	−0.9	27.0	8.8	98	67	20.7	81	687.9	Ⅱ
日照	0.0	25.7	5.6	94	45	19.6	83	784.4	Ⅱ
定陶	−0.5	26.9	8.5	78	56	16.0	82	533.6	Ⅱ
赣榆	0.1	26.6	6.3	91	58	18.3	83	929.8	Ⅲ
西连岛	1.7	26.5	4.9	76	62	29.0	81	904.3	Ⅲ
徐州	0.8	27.6	7.6	81	75	15.4	79	821.3	Ⅲ
射阳	1.5	26.8	6.9	78	58	20.0	84	980.7	Ⅲ
东台	2.2	27.4	6.9	69	65	17.4	83	1063.6	Ⅲ
南京	2.9	28.3	7.3	59	80	18.7	79	1081.9	Ⅲ
南通	3.4	27.9	6.9	55	72	17.0	83	1126.7	Ⅲ
溧阳	3.3	28.6	7.5	55	80	17.0	80	1144.6	Ⅲ
崇明	3.7	27.9	6.4	52	71	23.0	83	1128.9	Ⅲ
嘉定	4.3	28.5	7.1	45	81	15.0	79	1140.0	Ⅲ
徐家汇	5.0	28.9	7.1	37	86	17.0	76	1259.5	Ⅲ
青浦	4.2	28.5	7.2	46	78	17.0	79	1128.5	Ⅲ
闵行	4.5	28.5	6.9	43	81	18.0	79	1180.9	Ⅲ
南汇	4.5	27.9	6.3	44	75	18.0	82	1208.6	Ⅲ
松江	4.2	28.4	7.0	46	79	19.0	80	1200.3	Ⅲ
奉贤	4.2	28.0	6.3	46	74	17.1	83	1191.7	Ⅲ
金山	4.2	28.2	6.3	46	76	20.3	82	1181.7	Ⅲ
嵊泗	5.9	26.6	5.3	29	69	44.7	85	1102.1	Ⅲ
杭州	4.7	29.2	8.4	40	87	23.0	74	1434.3	Ⅲ
定海	6.0	27.4	6.6	29	77	24.0	83	1416.8	Ⅲ
普陀	6.2	26.6	6.1	27	71	33.0	88	1292.0	Ⅲ

续表

位置	$\bar{t}_{min}$ (℃)	$\bar{t}_{max}$ (℃)	DR_7 (℃)	$d_{\leqslant 5}$ (d)	$d_{\geqslant 25}$ (d)	v_{max} (m/s)	RH_7 (%)	PRE (mm)	分级分区
嵊州	4.8	28.9	9.4	41	85	21.0	74	1329.1	Ⅲ
石浦	6.1	27.3	6.1	28	76	36.8	85	1448.1	Ⅲ
衢州	5.6	29.2	9.0	31	94	17.0	74	1674.0	Ⅲ
大陈	7.3	26.5	3.4	15	78	44.1	91	1393.8	Ⅲ
丽水	6.9	29.7	10.5	21	105	15.0	71	1431.4	Ⅲ
玉环	7.5	27.0	4.4	16	84	39.6	88	1408.7	Ⅲ
温州	8.4	28.6	7.7	9	98	21.0	80	1766.5	Ⅲ
洞头	8.0	27.2	4.3	11	89	34.0	87	1418.8	Ⅲ
浦城	6.7	27.8	10.2	24	89	17.3	77	1728.8	Ⅲ
福鼎	9.0	28.6	8.5	6	101	26.9	78	1753.8	Ⅲ
邵武	7.5	28.0	10.3	17	99	13.7	77	1842.6	Ⅲ
宁德	10.3	29.3	7.3	1	110	14.3	76	2022.8	Ⅳ
南平	9.9	29.1	10.0	4	118	14.7	73	1641.0	Ⅳ
福州	11.2	29.3	8.7	1	117	23.5	74	1413.4	Ⅳ
永安	10.0	28.6	10.5	5	117	16.0	72	1521.4	Ⅳ
长汀	8.2	27.4	10.1	14	98	14.6	77	1686.8	Ⅲ
平潭	11.4	28.3	7.6	1	114	25.0	82	1269.6	Ⅳ
漳平	11.9	28.2	10.9	1	124	18.3	75	1515.2	Ⅳ
漳州	13.8	29.2	8.4	0	142	15.7	76	1602.6	Ⅳ
厦门	12.8	28.1	7.0	0	120	25.3	80	1327.3	Ⅳ
桂林	8.1	28.3	7.7	12	118	15.7	78	1869.2	Ⅳ
河池	10.9	28.2	7.6	2	136	14.5	78	1451.2	Ⅳ
柳州	10.5	29.1	7.8	3	148	11.0	73	1422.7	Ⅳ
蒙山	9.9	27.7	8.6	5	126	10.8	80	1757.2	Ⅳ
百色	13.3	28.4	8.8	0	156	13.9	79	1064.3	Ⅳ
梧州	12.0	28.2	8.8	2	147	14.4	81	1447.0	Ⅳ
那坡	11.3	24.8	7.3	2	52	7.8	82	1347.9	Ⅳ
桂平	12.8	28.8	7.7	1	159	10.7	79	1730.3	Ⅳ
南宁	12.7	28.3	7.5	0	158	13.9	81	1292.1	Ⅳ
龙州	14.0	28.2	8.4	0	167	15.7	82	1242.1	Ⅳ
钦州	13.8	28.7	6.3	0	176	13.6	84	2168.9	Ⅳ
防城	13.6	28.0	6.5	0	162	26.3	86	2629.5	Ⅳ
北海	14.4	29.0	5.5	0	179	29.2	82	1814.1	Ⅳ
涠洲岛	15.4	29.2	4.6	2	182	42.0	81	1424.5	Ⅳ
连县	9.1	28.7	9.2	8	126	19.1	77	1622.5	Ⅲ
韶关	10.1	28.9	8.5	4	135	16.4	75	1593.7	Ⅳ
连平	10.9	27.8	9.0	4	123	13.0	78	1741.9	Ⅳ
梅县	12.6	28.8	9.2	1	149	14.3	76	1472.7	Ⅳ
佛冈	12.0	28.2	8.2	2	141	13.8	80	2101.3	Ⅳ
东山	13.6	27.8	5.3	0	130	33.7	83	1160.2	Ⅳ
南澳	14.4	27.8	5.5	1	140	29.3	86	1384.6	Ⅳ

续表

位置	$\bar{t}_{min}$ (℃)	$\bar{t}_{max}$ (℃)	DR_7 (℃)	$d_{\leqslant 5}$ (d)	$d_{\geqslant 25}$ (d)	v_{max} (m/s)	RH_7 (%)	PRE (mm)	分级分区
汕头	14.4	28.8	6.3	0	150	30.0	81	1588.0	Ⅳ
广州	13.7	28.9	7.4	0	163	18.7	79	1820.5	Ⅳ
高要	14.0	29.0	7.4	0	170	23.4	77	1630.8	Ⅳ
东莞	14.6	28.8	7.0	0	168	16.8	79	1829.0	Ⅳ
汕尾	15.1	28.4	5.3	0	155	33.4	84	1920.8	Ⅳ
深圳	15.5	28.9	5.9	0	173	20.3	78	1897.3	Ⅳ
中山	14.3	28.8	6.8	0	169	19.0	80	1870.3	Ⅳ
信宜	14.9	28.3	8.3	0	175	16.0	80	1779.3	Ⅳ
珠海	15.0	28.7	6.0	0	166	31.4	83	2050.6	Ⅳ
阳江	15.2	28.2	5.8	0	166	34.6	84	2395.7	Ⅳ
茂名	16.0	28.6	6.8	0	182	20.0	83	1762.2	Ⅳ
上川岛	15.3	28.5	5.2	0	172	37.9	84	2235.1	Ⅳ
湛江	5.8	28.9	6.0	0	181	26.3	82	1690.2	Ⅳ
东沙	21.3	28.9	2.2	0	222	35.1	85	1797.6	—
琼山	18.0	28.8	7.6	0	206	25.0	80	1715.9	Ⅳ
海口	18.0	28.8	7.6	0	205	27.5	80	1750.6	Ⅳ
临高	17.6	28.6	8.4	0	193	23.0	81	1476.2	Ⅳ
澄迈	17.8	28.4	9.4	0	196	21.0	82	1801.2	Ⅳ
定安	18.1	28.7	8.5	0	203	23.4	81	1992.7	Ⅳ
文昌	18.5	28.5	7.3	0	200	22.0	83	1975.0	Ⅳ
儋州	17.8	28.0	8.6	0	188	23.0	79	1909.1	Ⅳ
屯昌	18.0	28.2	8.7	0	193	20.0	80	2080.3	Ⅳ
昌江	19.4	28.8	8.6	0	213	23.0	74	1693.1	—
白沙	17.6	27.3	9.6	0	166	23.0	81	1948.3	Ⅳ
琼海	18.8	28.7	7.6	0	208	21.0	82	2082.3	Ⅳ
东方	19.2	29.5	5.3	0	220	33.7	75	982.5	—
琼中	17.4	27.3	9.1	0	159	23.0	81	2376.4	Ⅳ
万宁	19.5	28.7	6.4	0	217	25.0	82	2070.3	Ⅳ
五指山	18.5	26.3	8.3	0	141	32.0	84	1870.3	Ⅳ
乐东	20.1	27.6	8.2	0	207	23.0	83	1181.1	Ⅳ
保亭	20.3	27.7	8.5	0	209	30.0	85	2162.8	Ⅳ
陵水	20.6	28.6	6.6	0	227	33.3	83	1740.2	—
三亚	21.3	28.2	5.3	0	227	35.8	83	1521.8	—
西沙	23.6	29.4	3.7	0	284	40.0	82	1497.0	—
珊瑚	21.3	28.6	5.4	0	288	42.0	85	2493.0	—
南沙	26.9	28.2	2.1	0	365	27.1	86	2509.8	—
美济	27.2	28.1	2.4	0	365	28.7	85	2280.0	—
永暑	26.6	28.2	2.0	0	364	31.9	85	2492.7	—

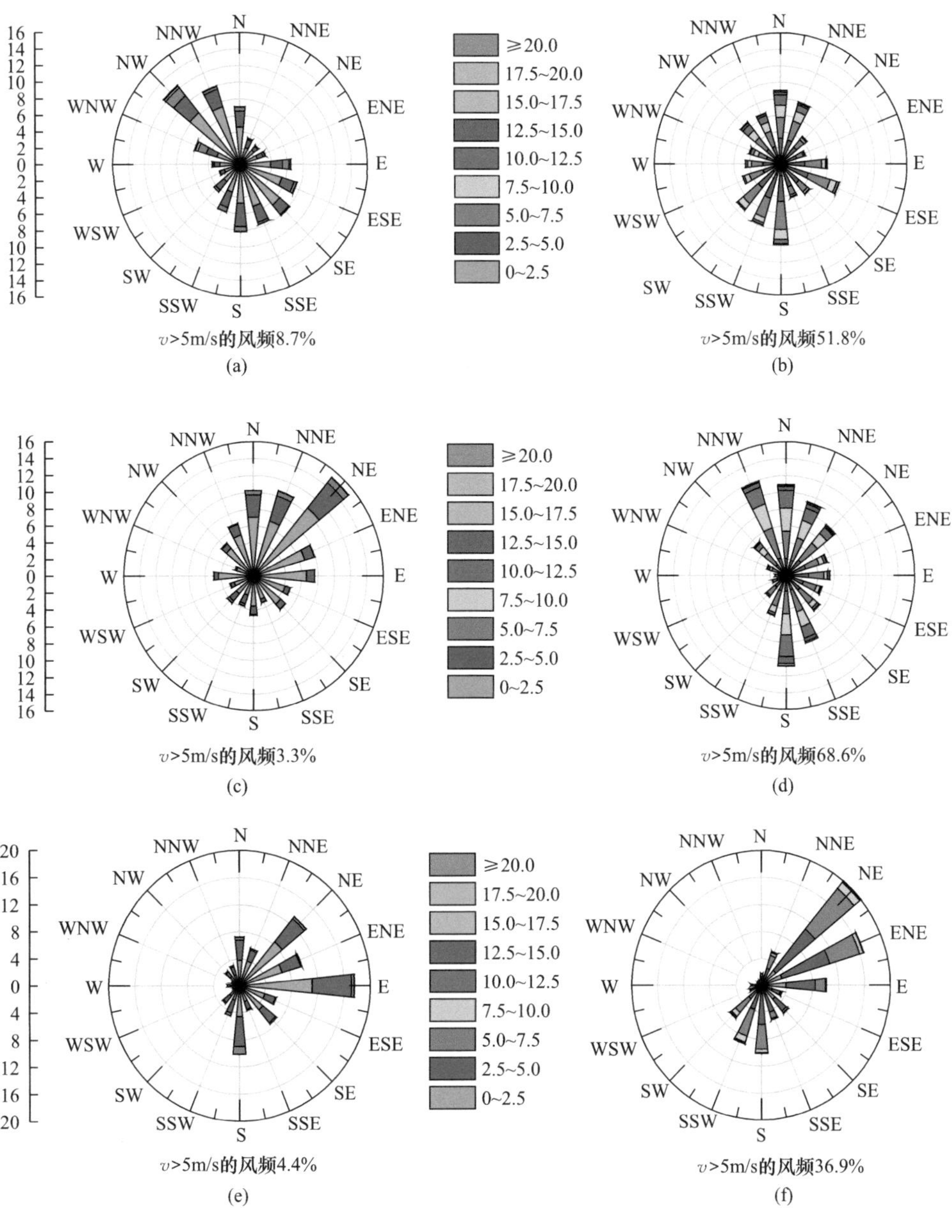

图 2-6 海陆对照组的风玫瑰图

（a）龙口；（b）长岛；（c）上海；（d）嵊泗；（e）广州；（f）西沙

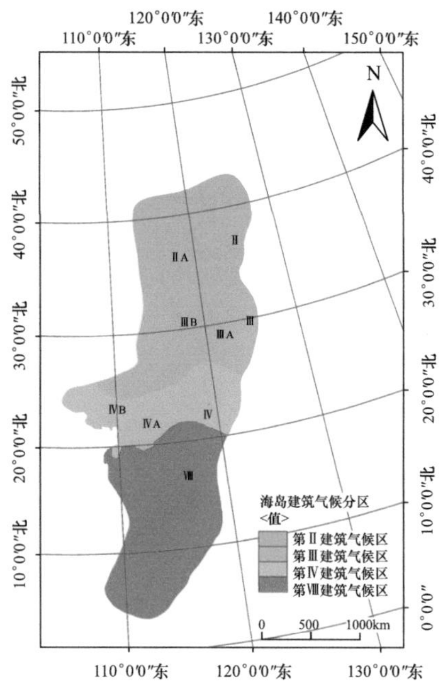

图 2-29　海岛建筑气候分区图

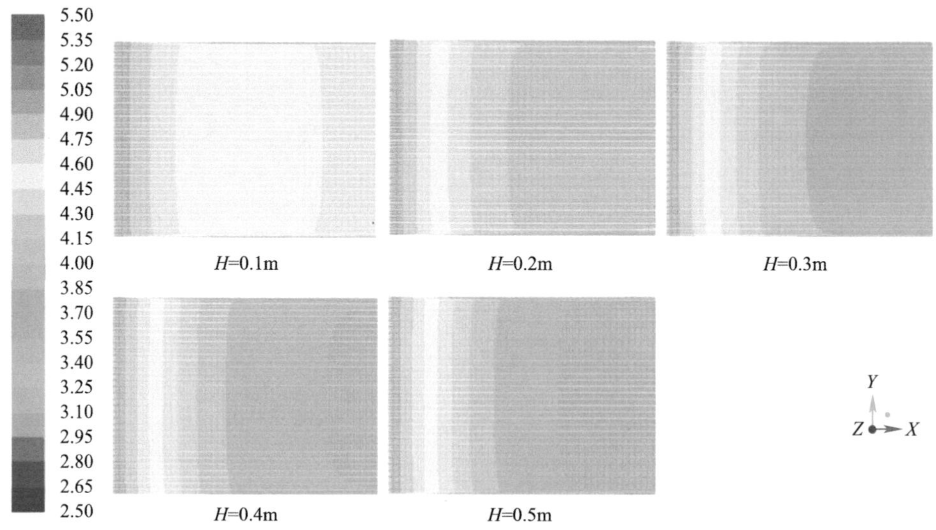

图 7-26　不同间层高度下表面速度矢量图

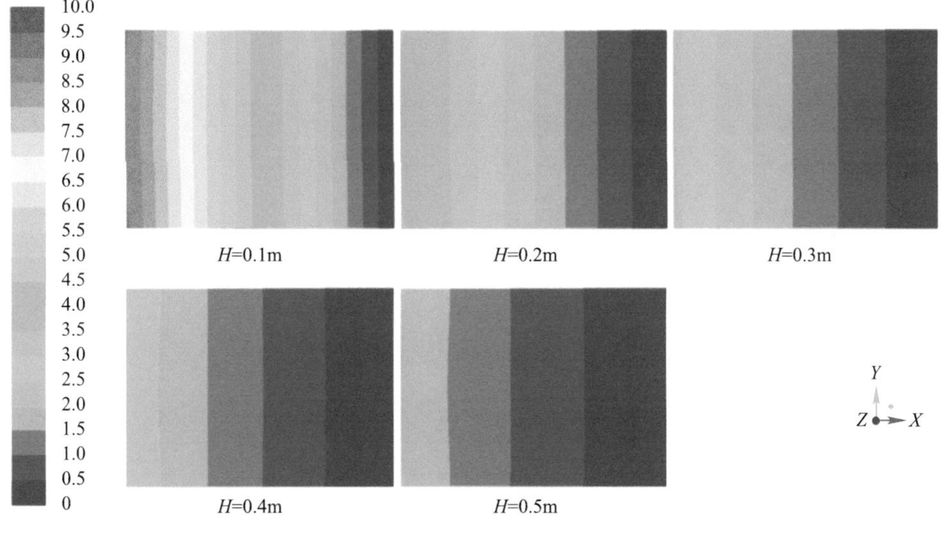

图 7-27　不同间层高度下表面压力分布云图

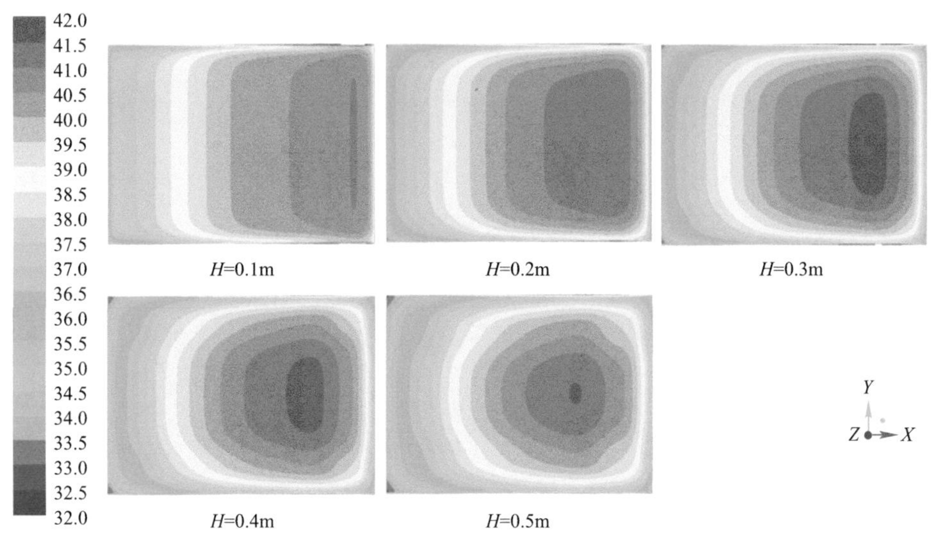

图 7-28　不同间层高度下表面温度分布云图

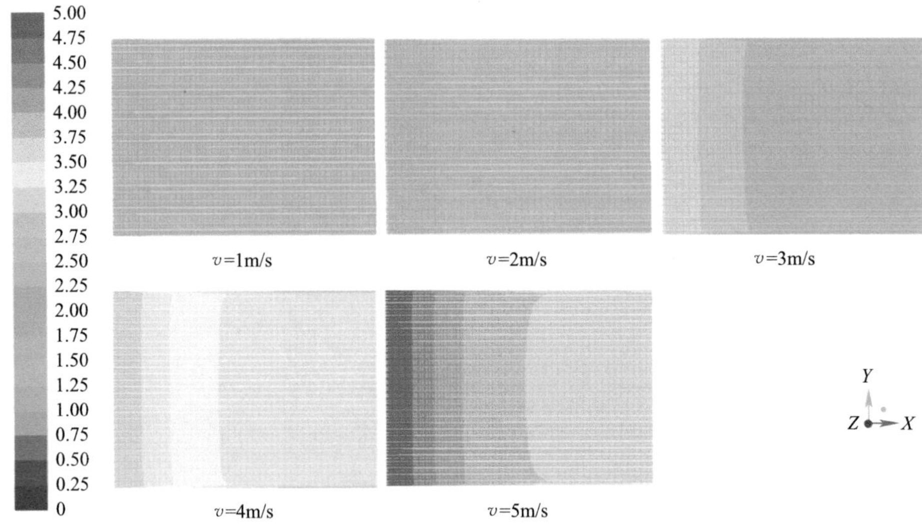

图 7-31　不同入口风速下层屋面速度矢量图

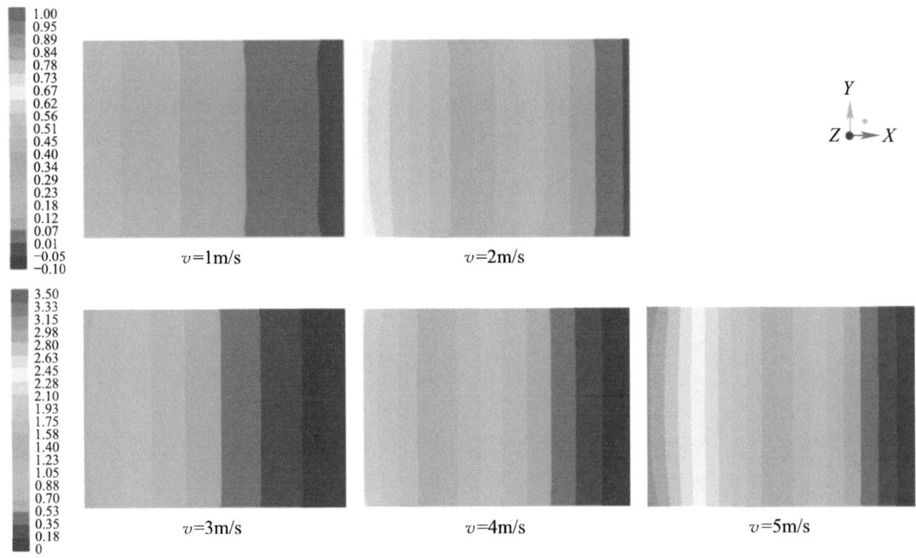

图 7-32　不同入口风速下层屋面压力分布云图

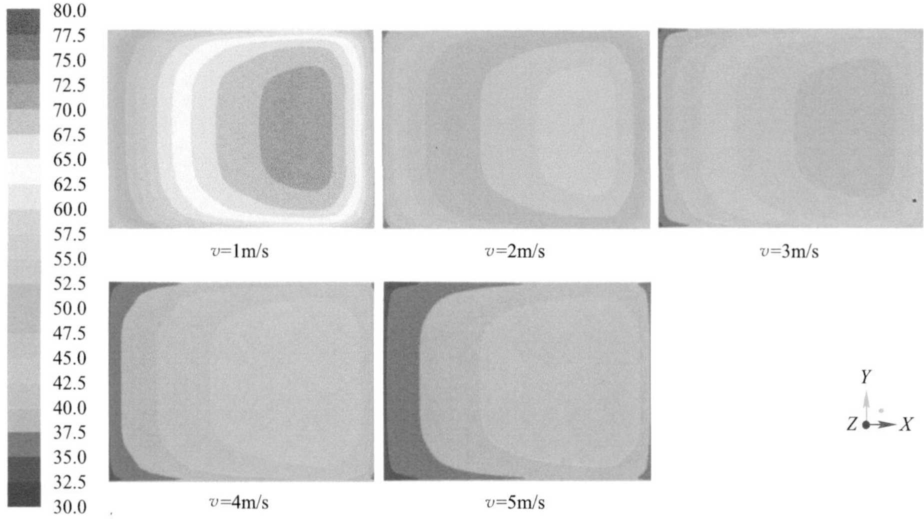

图 7-33　不同入口风速下层屋面温度分布云图

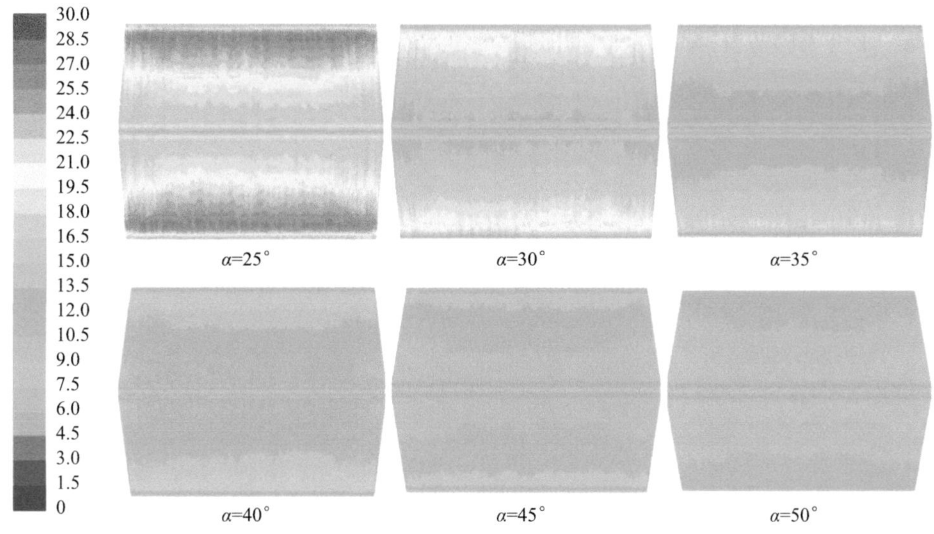

图 7-37　不同倾斜角度上层屋面速度分布矢量图

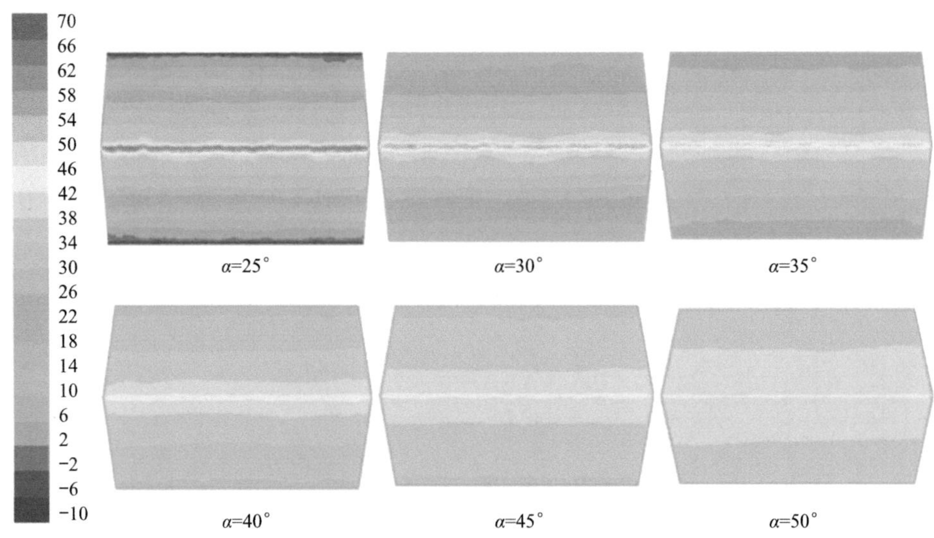

图 7-38　不同倾斜角度中层屋面压力分布云图

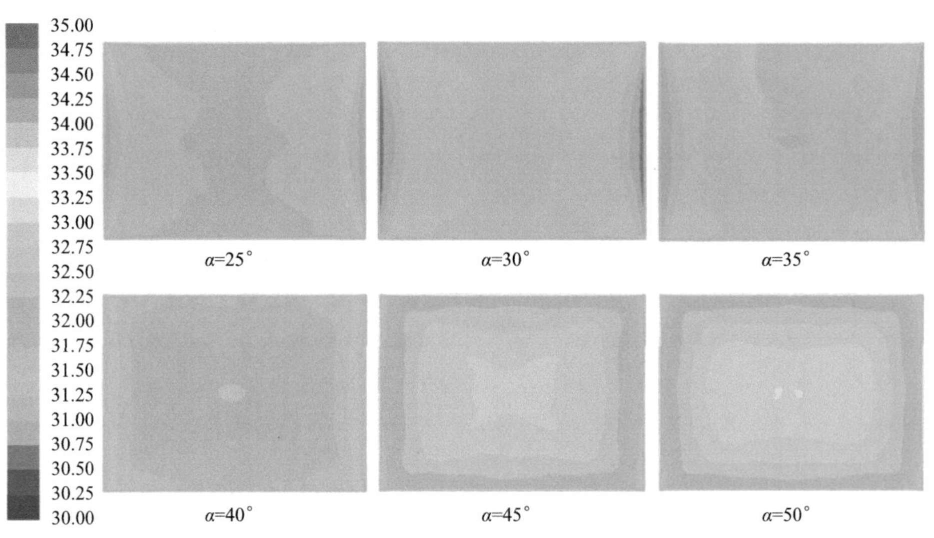

图 7-39　不同倾斜角度屋顶下表面温度分布云图

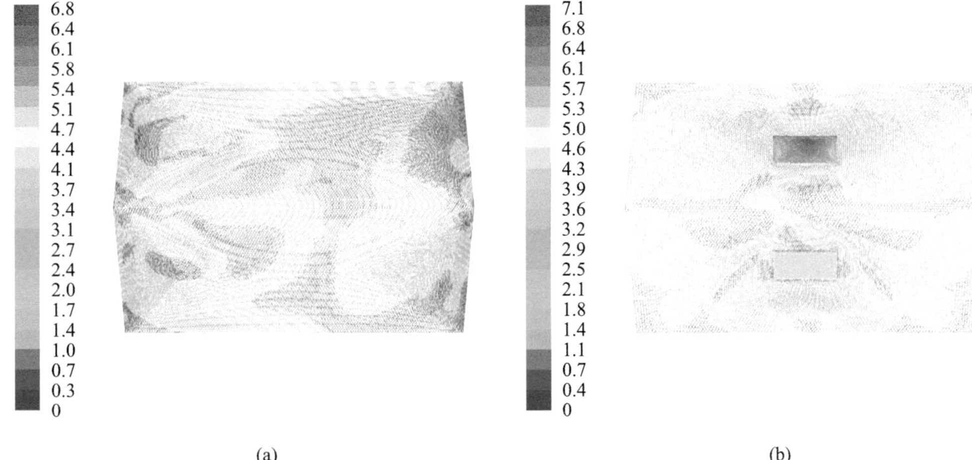

(a) (b)

图 7-41　不同开口位置上表面速度矢量图

（a）山墙通风；（b）天窗通风

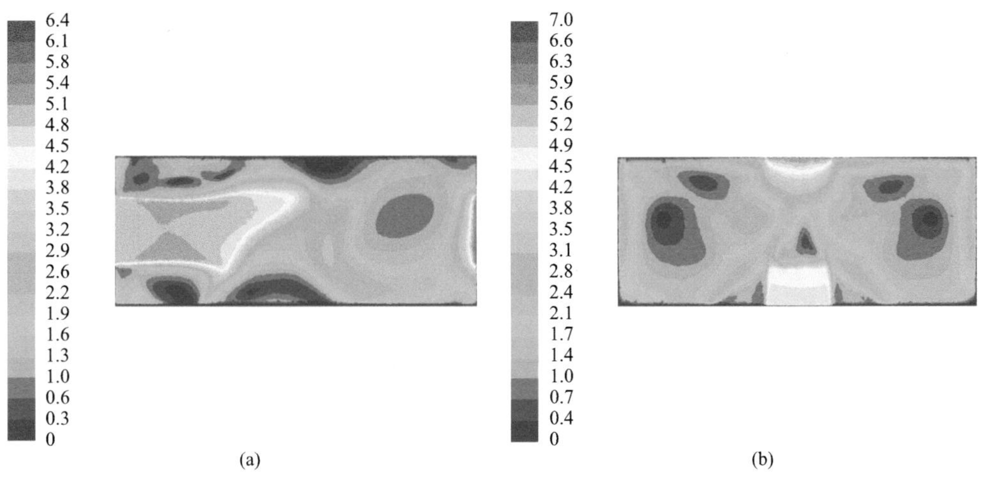

(a) (b)

图 7-42　不同开口位置坡屋顶 $Z=0.5$m 平面速度分布云图

（a）山墙通风；（b）天窗通风

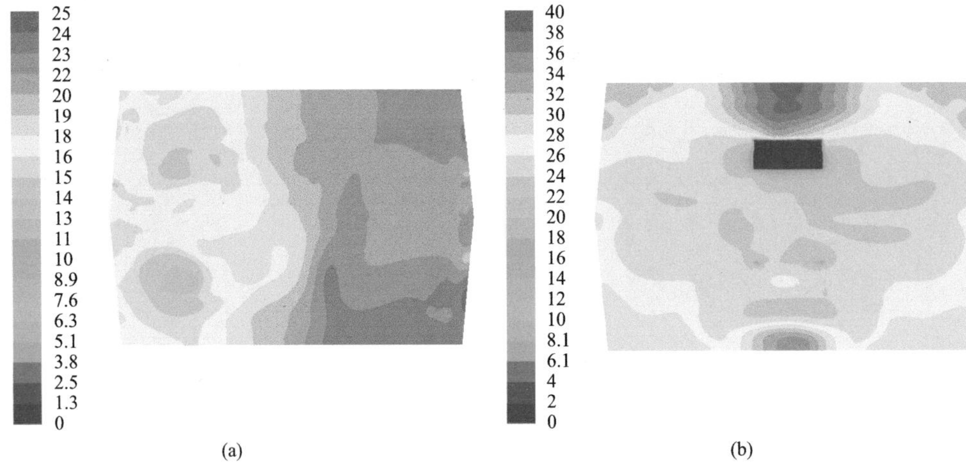

图 7-43　不同开口位置的坡屋顶上表面压力分布云图

（a）山墙通风；（b）天窗通风

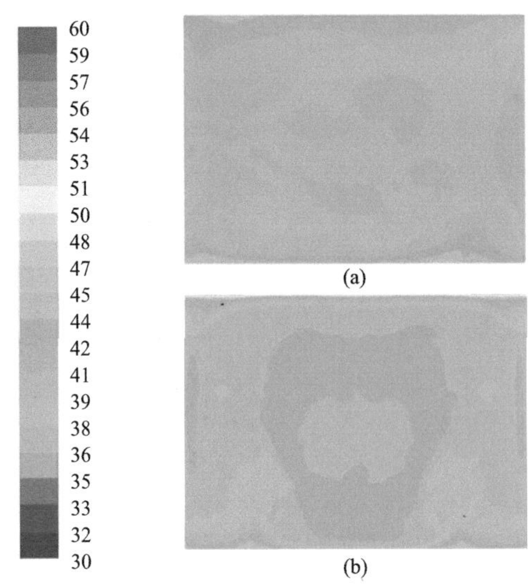

图 7-44　不同开口位置下层屋面温度分布云图

（a）山墙通风；（b）天窗通风